AutoCAD 2020
기초와 실습

김재중 편저

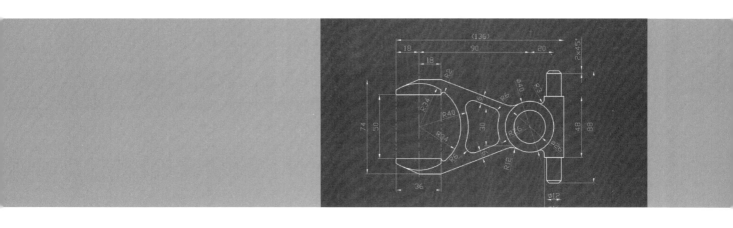

일진사

preface

> 당신의 꿈 실현을 막을 수 있는 유일한 사람은 바로 당신이다.
>
> – 톰 브래들리 –

AutoCAD는 기계나 건축, 전기 관련 분야에서 일하는 엔지니어들이 가장 선호하는 CAD 프로그램입니다. MS오피스가 전 세계를 점유한 것처럼 국내에서는 CAD란 곧 AutoCAD를 지칭하는 대명사가 되어 도면을 설계하는 디자이너들에게 결코 없어서는 안 될 툴이 되었습니다.

AutoCAD는 1982년도에 출시한 소프트웨어로 CAD프로그램 중에서 가장 오래된 역사를 지닌 툴입니다. 오랜 역사만큼 많은 사용자를 보유하고 있으며 오랜 시간 함께한 골수팬들도 굉장히 많습니다. AutoCAD가 출시된 초창기는 컴퓨터가 보급화되었던 시절이 아니었기 때문에 가정용 컴퓨터에서 사용하는 경우는 극히 드물었습니다. 슈퍼컴퓨터나 워크스테이션에서만 사용이 가능할 정도여서 AutoCAD를 사용하기 위해 한 대의 시스템을 구축하는데 대략 2000만원이란 어마어마한 금액이 들었습니다. 그러나 40여 년이 지난 지금은 가정용 컴퓨터는 물론 개인용 노트북에서까지 AutoCAD를 사용할 수 있게 되었습니다.

소프트웨어는 새로운 버전이 나올 때마다 신기술이나 기능이 추가되어 업그레이드됩니다. 오랜 기간 AutoCAD도 수많은 기능 업데이트를 통해 최적화된 소프트웨어로 업그레이드되었으며, 독자들이 쉽고 효과적으로 AutoCAD를 학습할 수 있도록 이 책을 다시 정비하여 기획했습니다. 또한 현장에서 꼭 필요한 팁들과 다양한 예제 도면들도 함께 담았습니다.

이 책에서 가장 초점을 둔 점은 독자에 대한 배려와 실용성입니다. 독자의 학습 목표에 따라 선택하여 볼 수 있도록 크게 세 부분으로 나눴습니다.

첫째, 기초편은 AutoCAD를 빨리 배워 바로 사용하고 싶은 독자를 위해 필수 명령어들만 간략하게 요약했습니다.

둘째, 고급편은 더 깊이 있는 학습을 원하는 독자를 위해 자세한 사용법과 다양한 기능을 완벽하게 정리했습니다.

셋째, 실용성을 갖추고자 현장에서 꼭 필요한 팁을 다수 수록했습니다.

톰 브래들리의 명언처럼 자신의 꿈을 실현하는 데 장애물은 바로 자기 자신임을 직시하여, 끊임없는 노력과 도전으로 헤쳐 나가길 소망합니다.

끝으로 이 책이 세상에 나오기까지 도움을 주고 지도해 준 친구 최은석과 도서출판 **일진사** 임직원 여러분에게 진심으로 감사드립니다. 앞으로도 계속 연구하고 보완하여 오랫동안 사랑받는 오토캐드 지침서가 될 수 있게 최선을 다하겠습니다.

데카르트의 파리

김재중

major72@hanmail.net

contents

4

기초편

contents

Chapter **8** 알기 쉬운 속성 편집과 도면층 정의하기

Chapter **9** 알기 쉬운 해치 및 블록 만들기

Chapter **10** 알기 쉬운 문자 입력하기

Chapter **11** 알기 쉬운 치수 기입하기

Chapter **12** 알기 쉬운 도면 출력하기

contents

Chapter **7** AutoCAD 작업환경 설정

Auto CAD **꿀팁으로 파워유저되기**

기초편

Auto CAD 2020

AutoCAD 2020 시작하기

AutoCAD 2020 기초와 실습 – 기초편

1

이 장에서는 다음과 같은 내용을 배울 수 있습니다.

- AutoCAD 빠른 실행
- AutoCAD 사용자 인터페이스
- 작업 명령어 입력
- 도면 영역에서 화면을 확대/축소
- 드로잉 작업 시 도움을 주는 기능
- 파일 새로 만들기와 열기, 저장 및 종료

1 │ AutoCAD 빠른 진입

바탕화면의 AutoCAD 2020 을 실행하면 다음 그림과 같이 초기 화면이 표시됩니다.

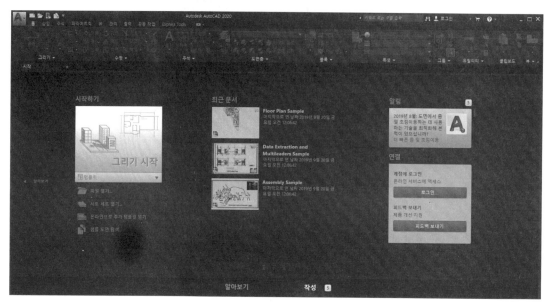

초기 화면 왼쪽에 위치한 시작하기 항목에서 그리기 시작 버튼을 클릭하거나 새 도면 + 탭을 클릭하면 도형을 작도할 수 있는 화면으로 이동됩니다.

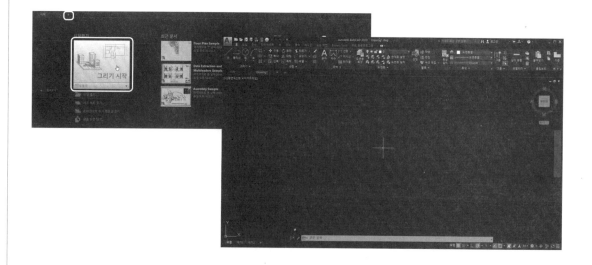

> 🔍 **더 알기**　AutoCAD를 실행 시 시작 초기 화면 표시없이 바로 새 도면으로 들어가고자 한다면 다음 두 가지 시스템 변수값을 0으로 변경하면 됩니다. 변수값 변경 후 AutoCAD를 재실행해야 적용 됩니다. (STARTMODE 기본값 1에서 0으로 변경, STARTUP 기본값 3에서 0으로 변경)

2 │ AutoCAD 사용자 인터페이스

　AutoCAD의 화면 구성은 아래 그림과 같이 윈도우 기반을 바탕으로 이루어져 있으며, AutoCAD 를 원활하게 사용하기 위해서는 작업화면의 구조나 기능에 대해 잘 이해하고 있어야만 합니다. 각각 의 명칭은 다음과 같습니다.

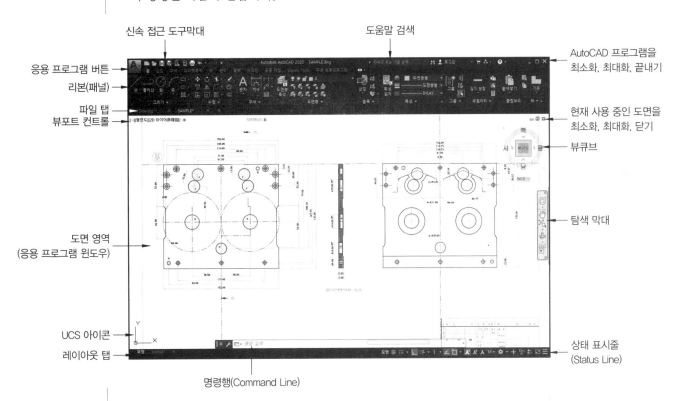

- 신속 접근 도구막대
- 도움말 검색
- 응용 프로그램 버튼
- 리본(패널)
- 파일 탭
- 뷰포트 컨트롤
- AutoCAD 프로그램을 최소화, 최대화, 끝내기
- 현재 사용 중인 도면을 최소화, 최대화, 닫기
- 뷰큐브
- 도면 영역 (응용 프로그램 윈도우)
- 탐색 막대
- UCS 아이콘
- 레이아웃 탭
- 명령행(Command Line)
- 상태 표시줄 (Status Line)

● 응용 프로그램 버튼

　새 도면을 작성, 열기, 저장, 게시, 인쇄하고 AutoCAD 작업 명령어를 검색할 수 있습니다. 또한 최근 작업한 도면 리스트를 정렬 조건을 부여하여 나열할 수 있고 AutoCAD 시스템 환경을 설정하는 옵션 버튼과 프로그램을 종료하는 버튼이 있습니다.

● **신속접근 도구 막대 (QAT)**

자주 사용하는 도구가 표시됩니다. 도구막대 오른쪽 끝에 있는 버튼▼을 클릭하여 나타나는 팝업
창에서 원하는 도구를 포함하도록 신속 접근 도구막대를 쉽게 사용자화할 수 있습니다.

● **리본(Ribbon)**

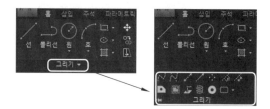

명령과 도구가 탭과 패널로 구성되어 있습니다.
예를 들어 홈 탭의 **그리기** 패널에는 선, 원, 호와 같
은 기본 객체와 복합 객체를 작성하는 도구가 포함
되어 있습니다.

리본 오른쪽 상단에 있는 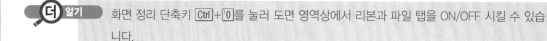 버튼을 클릭하여 리본 상태를 3단계(패널 제목으로 최소화, 패널 버
튼으로 최소화, 탭으로 최소화)로 변경할 수 있습니다.

> **더 알기** 화면 정리 단축키 Ctrl+0 를 눌러 도면 영역상에서 리본과 파일 탭을 ON/OFF 시킬 수 있습
> 니다.

● **파일 탭**

새 도면을 작성하거나 탭에서 마우스 오른쪽 버튼을 클릭 시 나타나는 팝업창에서 도면을 열거나
저장하거나 닫을 수도 있습니다.

● **도면 영역(GraphicWindow)**

객체를 작성하고 수정하여 설계를 표현하는 핵심 영역 공간입니다.

● **레이아웃 탭**

도면 작업 대부분을 수행하는 모형 공간과 도면 공간 사이를
전환해 가며 작업을 할 수 있습니다. 배치(Layout) 탭에서는 게
시할 도면 영역과 축척을 자유롭게 조정할 수 있어 템플릿에 얽
매이지 않고 도면을 배치하여 출력할 수 있습니다.

● **명령행**

수행할 작업 명령어 단어(영문자)를 입력하고 명령을 실행합니다.

명령행(commandline) 윈도우를 Ctrl+9키를 눌러 도면 영역상에서 ON/OFF시킬 수 있습니다.

● 상태 표시줄

도면의 통계나 모드 및 범위 표시를 ON/OFF시킵니다. 전반적인 도면의 통계와 설정을 할 수 있으며 또한 배치와 뷰 도구, 일반적인 제도 도구, 주석 축척 도구, 작업공간 컨트롤, 객체 분리, 화면 정리, 시스템에 설치된 여유 메모리양, 가용 디스크 공간 등도 확인할 수 있습니다.

상태 표시줄 오른쪽 끝에 있는 버튼 ▤을 클릭하면 나타나는 팝업창에서 원하는 기능을 포함하도록 상태 표시줄을 쉽게 사용자화할 수 있습니다.

3 | 작업 명령어 입력

AutoCAD에서 작업 명령을 실행하는 방법은 여러 가지가 있지만 가장 많이 사용하는 방식은 다음과 같이 두 가지가 있습니다.

● 리본(Ribbon)

리본은 '제도 및 주석', '3D 기본 사항', '3D 모델링' 작업공간으로 구성되어 있습니다.

 다른 작업공간으로 전환하기 위해서는 화면 오른쪽 아래에 있는 **상태표시줄**의 **작업공간 전환** ⚙▾ 버튼을 사용합니다.

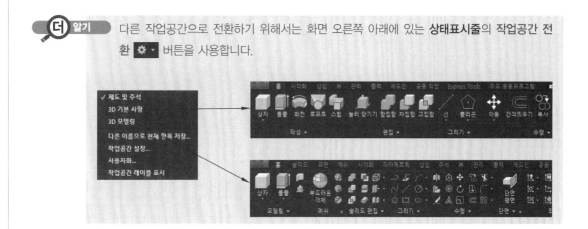

● **명령행(Command Line)**

1982년 AutoCAD 버전 1.0 출시와 함께 지금까지도 계속 사용하는 방식으로 명령행(Command: 프롬프트)에 직접 키보드로 명령어 단어를 다 입력하거나 단축키(축약어)로도 간편하게 입력하여 사용할 수 있으며, 이때 입력 영문자는 대 · 소문자 구분 없이 사용 가능합니다.

사용 예)	직선 그리기 명령	LINE	→ L
	원 그리기 명령	CIRCLE	→ C
	오프셋 명령	OFFSET	→ O
	자르기 명령	TRIM	→ TR

명령 실행문의 구조

예를 들어, LIMITS(도면 영역 한계) 명령을 입력하면 다음과 같은 프롬프트가 표시됩니다.

경우에 따라 다른 옵션을 선택하려면 해당 옵션을 마우스로 클릭하거나 키보드로 지정할 옵션의 대문자 글자(강조 표시된 문자)를 입력하면 됩니다. 간혹 명령어에 따라 소괄호( )가 표시되는데 소괄호에 들어간 내용은 옵션에 따른 설명을 표시해 주는 주서가 됩니다.

4 | 도면 영역에서 화면을 확대/축소

도형이 전체 도면 내에서 어느 위치에 있는지를 확인하고자 할 때나 복잡한 도면에서 어떤 특정 위치나 작업대상을 선택하고자 할 때는 화면을 확대/축소해야 합니다. CAD에 있어서 가장 기본적인 기능으로, 방법은 다음과 같습니다.

마우스 사용

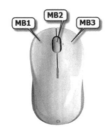

MB1	메뉴 및 도구 등 각종 개체들을 선택
MB2(휠)	화면 확대/축소, 화면 이동, 전체 보기 – 휠을 굴려 올리면 화면이 확대되고 내리면 축소됩니다. – 휠을 드래그(Drag)하면 화면 중심을 이동할 수 있습니다. – 휠을 더블 클릭하면 전체 도형이 화면에 꽉 차게 보입니다.
MB3	바로가기 메뉴(Pop-up Menu)를 사용

- 도면 영역 내에서 바로가기 메뉴(MB3)를 사용하여 화면을 이동하거나 확대/축소할 수도 있습니다.

명령행(CommandLine) 사용

명령행에 직접 명령어를 입력하여 초점이동(Pan)과 줌(Zoom)을 사용합니다.

▶ 초점 이동: PAN 입력 후 [Enter↵] [단축키: P]

마우스 왼쪽 버튼을 드래그하여 화면 중심을 이동한 후 [Enter↵] 하여 종료합니다.

▶ 확대/축소: ZOOM 입력 후 [Enter↵] [단축키: Z]

줌(Zoom) 명령의 옵션을 사용하여 다양한 방법으로 화면을 확대/축소할 수 있습니다.

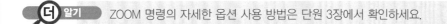

더 알기 ZOOM 명령의 자세한 옵션 사용 방법은 단원 3장에서 확인하세요.

5 | 드로잉 작업 시 도움을 주는 기능

AutoCAD에서는 도형을 직관적으로 정확하고 쉽고 빠르게 작도하기 위해서 도움을 주는 기능들이 많이 있는데 그중에서도 기본적으로 알아두어야 할 기능들은 다음과 같습니다.

제도 설정

제도 설정 대화상자에서는 스냅 및 그리드, 극좌표 추적, 객체 스냅, 동적 입력, **빠른 특성**, 선택 순환과 같은 도면 작도에 필요한 부가적인 명령들을 제어합니다.

명령: OSNAP [Enter↵] [**단축키:** O S]
DSETTINGS [Enter↵] [**단축키:** D S] 또는 DDRMODES [Enter↵]

객체 스냅 탭

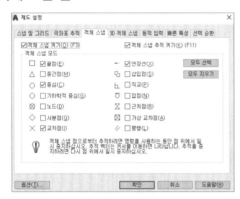

OSNAP(Object Snap)은 작도된 도형 요소에서 커서의 정확한 위치점을 **빠르고** 편하게 선택하고자 할 때 사용합니다.

● **객체 스냅 켜기**

체크 시 '객체 스냅' 대화상자에서 사용자가 미리 설정한 객체 스냅 모드를 사용할 수 있습니다.

더 알기 기능키 F3 또는 Ctrl+F 또는 상태표시줄에서 '2D 참조점으로 커서 스냅' 아이콘을 클릭하여 ON/OFF 시킬 수 있습니다.

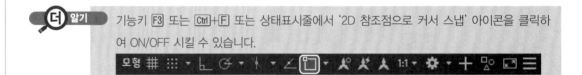

● **객체 스냅 추적 켜기**

'객체 스냅 켜기'를 같이 사용할 경우에만 사용할 수 있는 기능으로 객체 스냅 대화상자에서 사용자가 미리 설정한 객체 스냅점을 기준으로 하여 수평, 수직의 경로를 따라 추적할 수 있는 추적선을 표시합니다.

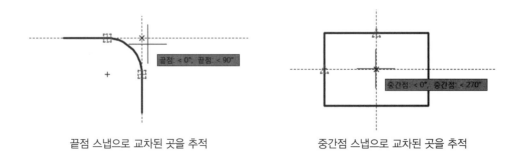

끝점 스냅으로 교차된 곳을 추적   중간점 스냅으로 교차된 곳을 추적

동적 입력 탭

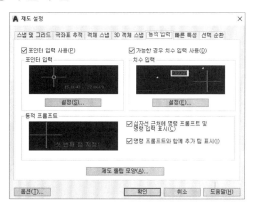

포인터 입력, 치수 입력, 동적 프롬프트의 사용 여부와 제도 툴팁 색상과 크기를 변경합니다.

● 포인트 입력 사용

체크 시 AutoCAD 명령어가 명령행이 아닌 커서 근처 툴팁 부분에 입력이 되며, 입력된 명령 프롬프트가 툴팁으로 표시가 되어 그곳에 바로 치수를 입력하여 객체를 완성할 수 있습니다.

기능키 F12 (동적 입력)를 사용하여 '포인트 입력 사용'을 ON/OFF시킬 수 있습니다.

● 가능한 경우 치수 입력 사용

체크 시 두 번째 점 또는 거리를 입력하는 명령 프롬프트가 툴팁으로 거리값과 각도값이 표시되어 직관적으로 값을 바로 입력할 수 있습니다.

❯ 빠른 특성 탭

객체 선택 시 선택한 객체 유형에 따른 특성 팔레트가 나타나며, 해당 팔레트를 통해 신속하게 객체 속성을 변경합니다.

● **선택 시 빠른 특성 팔레트 표시**

빠른 특성 팔레트를 ON/OFF시킵니다.

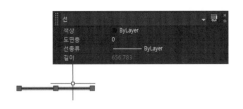

선을 선택 시 특성 팔레트 상태   원을 선택 시 특성 팔레트 상태

🔍 **더 알기** 단축키 Ctrl + Shift + P 를 사용하여 빠른 특성 탭을 ON/OFF 시킬 수 있습니다.

❯ 선택 순환 탭

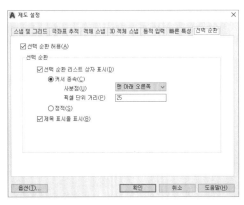

도면 작업 중 객체가 겹쳐 있거나 아주 가까이 있는 경우 원하는 객체를 쉽게 선택할 수 있도록 선택 리스트 상자를 표시해 줍니다.

● **선택 순환 허용**

선택 순환 기능을 ON/OFF시킵니다.

선이 두 개 겹쳐 있는 상태   선이 네 개 겹쳐 있는 상태

🔍 **더 알기** 단축키 Ctrl + W 를 사용하여 '선택 순환 허용'을 ON/OFF시킬 수 있습니다.

LIMITS (도면 영역 한계)

도면의 최대 작도 영역을 지정하는 명령으로 도면 크기 형식(A4, A3, A2 등)에 일치하도록 도면을 그리고자 할 때 사용합니다.

명령: LIMITS [Enter↵]

왼쪽 아래 구석 지정 또는 [켜기(ON)/끄기(OFF)] ⟨0.0000,0.0000⟩:
오른쪽 위 구석 지정 ⟨420.0000,297.0000⟩:

※ 기본 한계값은 측정 단위가 미터법에서는 A3용지(420×297)로, 인치법에서는 12×9로 설정되어 있습니다.

켜기(ON)	설정된 도면 영역 한계를 벗어나면 도면이 작성되지 않도록 합니다.
끄기(OFF)	설정된 도면 영역 한계를 벗어나도 도면이 작성되게 합니다.
왼쪽 아래 구석	설정할 도면 영역 한계 좌측 하단 모서리 좌표값을 입력합니다.
오른쪽 위 구석	설정할 도면 영역 한계 우측 상단 모서리 좌표값을 입력합니다.

GRID (모눈 표시) 모형 ⊞ ⠿ ▾ ⌐ ⊙ ▾ ⫯ ▾ ∠ ◻ ▾ ⚡ ⚡ ⚡ 1:1 ▾ ⚙ ▾ ✛ ◁° ▣ ≡

모눈종이처럼 도면 영역에 일정한 간격으로 격자를 표시하여 객체들 간의 대략적인 크기와 거리를 비교하거나 지정된 도면 영역 한계(LIMITS) 등을 확인하고자 할 때 사용할 수 있습니다.

명령: GRID [Enter↵]

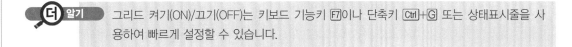
```
명령: GRID
▸ GRID 그리드 간격두기(X) 지정 또는 [켜기(ON) 끄기(OFF) 스냅(S) 주(M) 가변(D) 한계(L) 따름(F) 종횡비(A)] <10.0000>:
```

※ 기본 격자 간격값은 측정 단위가 미터법에서는 10mm로, 인치법에서는 0.5inch로 설정되어 있습니다.

더 알기 그리드 켜기(ON)/끄기(OFF)는 키보드 기능키 [F7]이나 단축키 [Ctrl]+[G] 또는 상태표시줄을 사용하여 빠르게 설정할 수 있습니다.

SNAP (스냅) 모형 ⊞ ⠿ ▾ ⌐ ⊙ ▾ ⫯ ▾ ∠ ◻ ▾ ⚡ ⚡ ⚡ 1:1 ▾ ⚙ ▾ ✛ ◁° ▣ ≡

마우스 커서의 움직이는 간격을 제한하도록 지정합니다. 일정한 간격을 가진 도형을 그리고자 할 때 GRID 간격값과 일치시켜 사용하면 편리합니다.

명령: SNAP `Enter↵` [단축키: `S` `N`]

명령: SNAP

`▸▾` **SNAP** 스냅 간격두기 지정 또는 [켜기(**ON**) 끄기(**OFF**) 종횡비(**A**) 기존(**L**) 스타일(**S**) 유형(**T**)] <10.0000>:

※ 기본 스냅 간격값은 측정 단위가 미터법에서는 10mm로 인치법에서는 0.5inch로 설정되어 있습니다.

 더 알기 스냅 켜기(ON)/끄기(OFF)는 키보드 기능키 `F9`나 단축키 `Ctrl`+`B` 또는 상태표시줄을 사용하여 빠르게 설정할 수 있습니다.

ORTHO (직교) 모형 ⌗ ⋮⋮⋮ ▾ 🔲 ⟳ ▾ ⟍ ▾ ∠ ⬜ ▾ 🗡 🗡 🗡 1:1 ▾ ⚙ ▾ ✛ 🔲° 🔳 ≡

마우스 커서의 움직임을 수직 방향과 수평 방향으로만 움직이도록 제한합니다.

더 알기 직교 켜기(ON)/끄기(OFF)는 키보드 기능키 `F8`이나 단축키 `Ctrl`+`L` 또는 상태표시줄을 사용하여 설정할 수 있습니다.

POLAR (극좌표 추적) 모형 ⌗ ⋮⋮⋮ ▾ ∟ ⟳ ▾ ⟍ ▾ ∠ ⬜ ▾ 🗡 🗡 🗡 1:1 ▾ ⚙ ▾ ✛ 🔲° 🔳 ≡

마우스 커서가 미리 설정된 각도 안에 들어올 경우 극좌표를 추적할 수 있는 추적 점선과 극좌표 추적중이라는 툴팁이 화면에 표시됩니다.

기본값 (POLARANG 변수값 〈0〉)   POLARANG 변수값 〈15〉

더 알기 극좌표 추적하기 켜기(ON)/끄기(OFF)는 키보드 기능키 `F10`이나 상태표시줄을 사용하여 설정할 수 있습니다.

6 │ 파일 새로 만들기와 열기, 저장 및 종료

AutoCAD에서 새로운 도면을 생성하거나 하드디스크에 저장된 파일을 불러오는 방법 및 현재 사용 중인 도면을 저장하는 여러 가지 방법을 배워보겠습니다.

NEW(새로운 도면)

새로운 도면을 생성하고자 할 때 사용하며 단위 선택 및 미리 설정된 설정값을 가지고 있는 템플릿 파일을 선택하여 도면을 생성할 수 있습니다.

명령: NEW [Enter↵] [단축키: [Ctrl]+[N]]

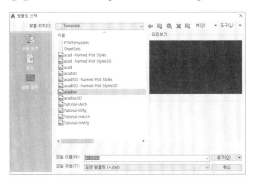

※ 열기 버튼 오른쪽에 있는 ▼ 버튼을 눌러 템플릿 파일을 선택하지 않고 간단하게 인치법(영국식)과 미터법으로 새로운 도면을 생성할 수 있습니다.

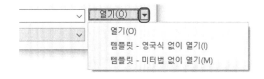

 템플릿 파일 중 'acadiso'를 선택하면 미터법으로 새로운 도면을 생성할 수 있습니다. 미터법으로 도면을 열면 LIMITS(도면 영역 한계)가 A3 용지(420×297mm)로 기본적으로 설정됩니다.

OPEN(열기)

USB 메모리나 하드디스크에 저장된 도면 파일(DWG, DWS, DXF, DWT)을 불러옵니다.

명령: OPEN [Enter↵] [단축키: [Ctrl]+[O]]

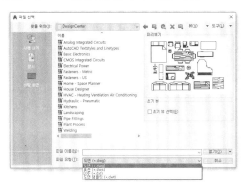

- 파일 유형(형식)
- 도면(dwg): AutoCAD의 도면 파일 형식
- 표준(dws): AutoCAD에서만 사용하는 일반적인 원본 도면 파일 형식
- DXF(dxf): 응용 프로그램 간에 도면 데이터를 공유할 수 있는 ASCII 또는 2진파일 형식
- 도면 템플릿(dwt): AutoCAD의 원형 파일 도면

QSAVE(신속 저장)

  새롭게 작성된 도면이나 편집한 도면을 저장합니다. 한 번도 저장하지 않은 새로운 도면일 경우에는 다른 이름으로 도면 저장 대화상자가 나타나므로 파일 이름, 저장 경로, 파일 형식을 변경하여 저장을 할 수 있지만, 기존의 도면을 불러와 편집한 후 저장한 경우에는 바로 저장이 됩니다.

  명령: QSAVE Enter↵ [단축키: Ctrl+S]

> **더 알기** QSAVE로 저장하면 기존 도면에 바로 덮어 씌워져 저장이 되므로 원본 도면 파일은 보관하고 변경된 도면은 새로운 사본을 만들어 저장하고자 할 때에는 'SAVE'나 'SAVEAS' 명령을 사용해야 합니다.

SAVEAS (다른 이름으로 저장)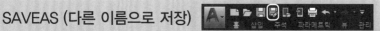

  현재 도면의 사본을 새 파일 이름, 저장 위치, 파일 유형을 변경하여 저장할 수 있습니다. 그리고 이전 도면(원본)은 변경 사항이 저장되지 않은 상태로 닫힙니다.

  명령: SAVEAS Enter↵ [단축키: Ctrl+Shift+S]

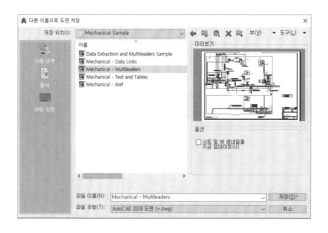

• 저장 위치: 저장할 드라이브와 폴더 경로를 지정합니다.
• 파일 이름: 새롭게 저장될 도면 파일 이름을 입력합니다
• 파일 유형: AutoCAD 사용 버전에 맞는 dwg, dxf 파일 형식을 선택합니다.

SAVE (저장)

AutoCAD에서 저장된 도면을 불러와 새롭게 편집한 경우, 새 파일 이름 또는 저장 위치를 지정하여 편집된 도면 파일을 저장하지만 이전 도면(원본)을 모니터 화면상에 그대로 둡니다.

명령: SAVE [Enter↵]

 편집된 도면은 저장되지만 원본 도면은 계속 모니터 화면상에 있기 때문에 원본에 다른 다양한 수정안을 제시하고자 할 때 효과적으로 사용할 수 있는 저장 방법입니다. 단, AutoCAD LT에서 SAVE 명령은 SAVEAS 명령과 동일합니다.

QUIT, EXIT(종료)

AutoCAD 프로그램을 종료합니다.

명령: QUIT [Enter↵] [단축키: [Ctrl]+[Q]]
　　　　 EXIT [Enter↵]

 도면이 수정된 상태에서 따로 저장없이 'QUIT'나 'EXIT' 명령을 실행하면 프로그램 종료 전에 변경된 사항을 저장할 것인지 취소할 것인지 묻는 다음 메시지 창이 나타납니다.

– 예(Y): 현재 파일 이름으로 자동 저장되고 종료됩니다.
– 아니오(N): 저장 없이 바로 종료됩니다.
– 취소: 'QUIT'나 'EXIT' 명령이 취소됩니다.

단원정리
따라하기

AutoCAD 학습 도면을 저장하기 위해 바탕화면에 폴더를 생성하고 AutoCAD를 실행하여 학습에 알맞은 작업환경을 설정한 후 생성된 폴더 안에 템플릿 파일로 저장합니다.

01 AutoCAD 학습 도면을 저장할 폴더를 바탕화면에 생성합니다.

윈도우 바탕화면에서 마우스 오른쪽 버튼(MB3)을 클릭하면 나타나는 팝업창에서 '새 폴더'나 '새로 만들기/폴더'를 클릭합니다.

02 생성된 폴더 이름을 'CAD연습도면'이라고 명명합니다.
폴더를 생성과 동시에 곧장 폴더 이름을 입력할 수 있습니다. 만약 폴더 이름을 변경하고자 할 경우에는 폴더를 한 번 클릭한 후 F2 기능키나 마우스 오른쪽 버튼(MB3)을 클릭하면 나타나는 팝업창의 '이름 바꾸기'를 클릭하여 변경합니다.

CAD연습
도면

03 AutoCAD 프로그램을 실행합니다.

AutoCAD
2020 - ...

04 도형을 작도할 수 있는 화면으로 이동합니다. 초기 화면 왼쪽에 위치한 시작하기 항목에서 그리기 시작 버튼을 클릭하거나 새 도면 ■ 탭을 클릭합니다.

05 제도 설정 대화상자에서 다음과 같이 작업환경을 설정합니다.

명령: DSETTINGS Enter↵ [단축키: D S]

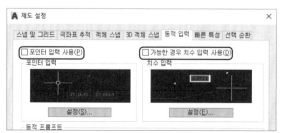

◀ 동적 입력
'포인터 입력 사용', '가능한 경우 치수 입력 사용' 2가지 모두 사용하지 않습니다. (체크 해제)

◀ 빠른 특성

'선택 시 빠른 특성 팔레트 표시'를 사용하지 않습니다. (체크 해제)

◀ 선택 순환

'선택 순환 허용'을 사용하지 않습니다. (체크 해제)

 옵션 설정 대화상자에서 각각의 탭을 클릭하여 다음과 같이 작업환경을 설정합니다.

명령: OPTIONS Enter↵ **또는 CONFIG** Enter↵ [단축키 : OP]

◀ 화면 표시

색상 주제를 '어두움'에서 '경량'으로 변경합니다.

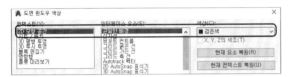

◀ 화면 표시

[색상] 버튼을 클릭하여 '균일한 배경'(도면 영역) 색을 '검은색'으로 변경합니다.

◀ 화면 표시

십자선 크기를 '5'%로 설정합니다.
(시스템 변수 CURSORSIZE)

◀ 열기 및 저장

도면 저장 시 다른 사람들과 도면을 공유하기 위해 낮은 버전 'AutoCAD 2010/LT2010 도면'으로 저장할 수 있게 설정합니다.

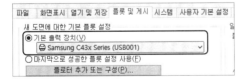

◀ 플롯 및 게시

도면 출력 시 사용할 프린터 기종을 작업자에 맞게 기본 출력 장치를 변경하길 바랍니다.

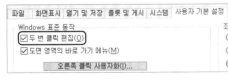

◀ 사용자 기본 설정

두 번 클릭 편집을 반드시 체크하고 사용합니다.

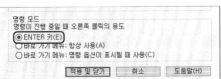

◀ 사용자 기본 설정

[오른쪽 클릭 사용자화] 버튼을 클릭하여 명령 모드 항목에서 'ENTER 키'로 변경해서 사용합니다.

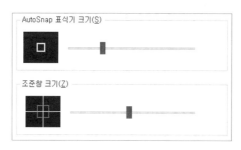

◀ 제도

AutoSnap 표식기 크기와 조준창 크기를 적당히 그림과 같이 조절합니다.

도면 영역을 검은색으로 변경했기 때문에 가급적 AutoSnap 표식기 색상을 빨간색이나 노란색으로 변경하여 사용하는 것이 좋습니다.

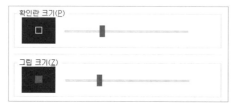

◀ 3D 모델링

ViewCube 표시의 '2D 와이어프레임 비주얼 스타일'과 '뷰포트 컨트롤 표시' 2가지 모두 사용하지 않습니다. (체크 해제)

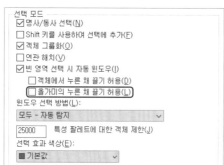

◀ 선택

확인란 크기(시스템 변수 PICKBOX)와 그립 크기(시스템 변수 GRIPSIZE)를 적당히 그림과 같이 조절합니다.

◀ 선택

선택 모드 항목이 왼쪽 그림과 같이 똑같이 기본값으로 설정되어 있어야 합니다.

단, 기본 설정값에서 '올가미의 누른 채 끌기 허용'은 사용하지 않습니다. (체크 해제)

GRID(모눈 표시), SNAP(스냅), ORTHO(직교), PTRACK(극좌표 추적), OTRACK(좌표 추적), OSNAP(객체 스냅) 모드를 모두 OFF시킵니다.

명령: OSNAP [F3], GRID [F7], ORTHO [F8], SNAP [F9], PTRACK [F10], OTRACK [F11]

모드 기능키를 사용하여 각각의 모드를 ON/OFF시키거나 상태표시줄에서 해당 모드를 클릭하여 ON/OFF시킬 수 있습니다.

그림과 같이 명령행(commandline)을 가급적 AutoCAD 도면 영역 하단에 고정시켜 사용합니다.

명령행 맨 앞 돌출 부위를 끌어서 화면 아래 방향으로 내리면 자동으로 고정됩니다.

명령행 상단 모서리에 마우스 커서를 위치시켜 위아래 화살표 모양이 나오면 끌어서 명령행의 줄 수가 3줄 정도 나오게 크기를 조절합니다.

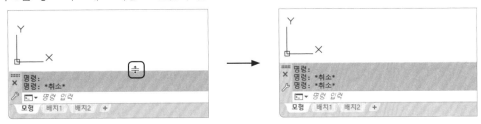

도면의 크기를 미터법의 기본 A3(420×297)에서 A4(297×210)용지 크기로 변경합니다.

명령: LIMITS [Enter↵]

모형 공간 한계 재설정:

왼쪽 아래 구석 지정 또는 [켜기(ON)/끄기(OFF)] ⟨0.0000,0.0000⟩: [Enter↵]

오른쪽 위 구석 지정 ⟨420.0000,297.0000⟩: **297,210** [Enter↵]

명령: ZOOM [Enter↵] [단축키: Z]

윈도우 구석 지정, 축척 비율(nX 또는 nXP) 입력 또는

[전체(A)/중심(C)/동적(D)/범위(E)/이전(P)/축척(S)/윈도우(W)/객체(O)] ⟨실시간⟩: **A** [Enter↵]

※ LIMITS를 변경 후 ZOOM/ALL을 해주어야 변경된 도면의 크기가 현재 화면에 반영됩니다.

지금까지 설정한 도면 파일을 오토캐드 Template 폴더 안에 템플릿 파일로 저장합니다.

명령: SAVE [Enter↵] 또는 **SAVEAS** [Enter↵] [단축키: Ctrl+Shift+S]

※ 한 번도 저장을 안 했기 때문에 QSAVE [단축키 : Ctrl+S] 명령으로도 저장할 수 있습니다.

'파일 유형'을 AutoCAD 도면 템플릿(*.dwt)으로 변경하면 자동적으로 Template 폴더로 이동되며 여기에 '파일 이름'을 A4-시작도면이라 명명하고 저장합니다.

※ 명명된 파일 이름 뒤에 자동으로 AutoCAD 확장자 '.dwt'가 생성되어 저장됩니다.

※ 템플릿으로 저장하면 오른쪽 그림과 같이 템플릿 옵션 대화창이 표시됩니다. 설명란에 저장하고자 하는 템플릿의 사용 용도에 대한 간단한 내용을 쓰면 불러올 때 해당 내용을 확인할 수 있습니다.

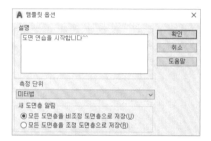

⑪ AutoCAD 프로그램을 종료합니다.

명령: QUIT Enter↵ [단축키: Ctrl+Q]
　　　　EXIT Enter↵

⑫ 다시 AutoCAD 프로그램을 실행해서 나타난 초기 화면에서 시작하기 항목의 '템플릿' 부분을 클릭하여 'A4-시작도면.dwt'를 불러옵니다.

▶ 다음 단원부터 시작할 도면 작도를 현재 만든 템플릿을 사용하여 일관된 작업환경에서 도면을 작도하기 바랍니다!

알기 쉬운 좌표계 따라하기

AutoCAD 2020 기초와 실습 – 기초편

2

이 장에서는 다음과 같은 내용을 배울 수 있습니다.

- 선(LINE) 그리기
- 절대좌표계, 상대좌표계, 직접 거리 입력 익히기
- 원(CIRCLE) 그리기
- 객체 스냅(OSNAP)
- 객체 지우기(ERASE) 및 되살리기(UNDO)

1 | 선(LINE) 그리기

LINE 명령은 단일 선을 작도하거나 계속 이어서 작도하는 일련의 연속선을 그리고자 할 때 사용합니다.

 **명령:** LINE Enter↵ [단축키: L]

● 선을 그리는 기본 방법

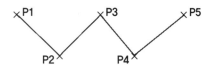

첫 번째 점 지정: P1 클릭

다음 점 지정: P2 클릭

다음 점 지정: Enter↵

첫 번째 점 지정: P1 클릭

다음 점 지정: P2 클릭

다음 점 지정: P3 클릭

다음 점 지정: P4 클릭

다음 점 지정: P5 클릭

다음 점 지정: Enter↵

● LINE 명령 옵션

```
첫 번째 점 지정:
✕  다음 점 지정 또는 [명령 취소(U)]:
⟋  다음 점 지정 또는 [종료(X)/명령취소(U)]:
    ✓ LINE 다음 점 지정 또는 [닫기(C) 종료(X) 명령취소(U)]:
```

닫기(C)	두 개 이상의 선을 연속해서 스케치 한 후 C를 입력하면 닫힌 형태의 도형이 형성됨과 동시에 해당 명령어가 종료됩니다.
명령 취소(U)	선을 작도한 순서의 역순으로 U를 입력할 때마다 선을 뒤로 되돌립니다.

C 입력   결과   U 입력   결과

 • '명령 취소(U)'를 사용할 경우에는 가성비가 더 뛰어난 단축키 Ctrl+Z를 사용하는 것이 좋습니다.

• '종료(X)'를 사용할 경우에는 Esc 또는 Enter↵ 그리고 가성비가 가장 뛰어난 Space Bar 중에서 사용하는 것이 더 효율적입니다.

2 | 절대좌표계, 상대좌표계, 직접 거리 입력 익히기

AutoCAD에서 작도되는 모든 객체의 형상과 위치를 정확한 치수로 드로잉(drawing)하기 위해서는 좌표계를 정확히 이해해야 합니다.

절대좌표계(WCS: World Coordinate System)

절대 변하지 않는 실세계 좌표(WCS)의 원점(X0, Y0)을 기준으로 X축과 Y축 방향의 점을 지정하는 좌표를 말하며, AutoCAD에서는 원점을 옮겨 사용하는 사용자 좌표(UCS)를 통해서도 절대좌표계를 사용할 수 있습니다.

> **입력 형식: X , Y** [Enter↵]   ※ 콤마(,)에 의해서 점의 좌표가 X축과 Y축으로 분리됩니다.

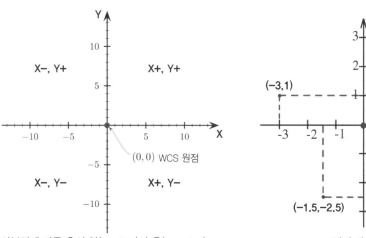

사분면에 따른 축의 양(positive)과 음(negative)

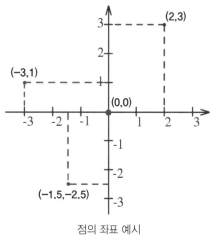

점의 좌표 예시

▶ 절대좌표를 사용하여 도형 작도하기

명령: **LINE** [Enter↵]
첫 번째 점 지정: **20,10** [Enter↵]
다음 점 지정 또는 […]: **20,60** [Enter↵]
다음 점 지정 또는 […]: **100,60** [Enter↵]
다음 점 지정 또는 […]: **100,10** [Enter↵]
다음 점 지정 또는 […]: **20,10** [Enter↵]
다음 점 지정 또는 […]: [Enter↵]

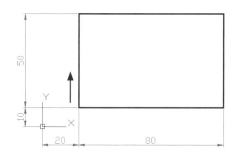

상대좌표계(Relative Coordinate) = 증분좌표

마지막으로 입력한 좌표 점을 기준(원점)으로 한 X축과 Y축에 대한 변화값을 지정하는 좌표를 말합니다. 적용 방식에 따라 상대값(@X,Y)과 극좌표값(@거리〈각도)으로 입력할 수 있습니다.

● 상대값 입력

> **입력 형식: @X , Y** [Enter↵]   ※ @를 좌표값 앞에 입력해야 상대좌표로 표시됩니다.

◉ 상대값을 사용하여 도형 작도하기

명령: LINE [Enter↵]
첫 번째 점 지정: **20,10** [Enter↵]
다음 점 지정 또는 [...]: **@0,50** [Enter↵]
다음 점 지정 또는 [...]: **@80,0** [Enter↵]
다음 점 지정 또는 [...]: **@0,-50** [Enter↵]
다음 점 지정 또는 [...]: **@-80,0** [Enter↵]
다음 점 지정 또는 [...]: [Enter↵]

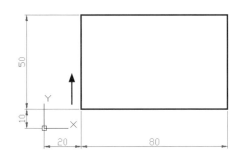

● 상대 극좌표값 입력

> **입력 형식: @거리〈각도** [Enter↵]   ※ 〈 (꺾쇠괄호) 뒤의 숫자는 무조건 각도가 됩니다.

• 거리값은 기본적으로 양수값을 입력합니다. 음수값은 입력 각도의 반대 방향으로 진행됩니다.
• 각도의 회전 방향은 표준 데카르트 방식으로 3시 방향을 기준(0도)으로 반시계 방향(CCW)은 +각도, 시계 방향(CW)은 -각도로 정의됩니다.

[극좌표 회전 방향은 다음과 같습니다.]

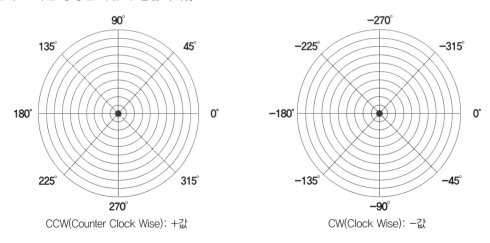

▶ 상대 극좌표값을 사용하여 직사각형 작도하기

명령: LINE [Enter↵]
첫 번째 점 지정: 20,10 [Enter↵]
다음 점 지정 또는 [...]: @50<90 [Enter↵]
다음 점 지정 또는 [...]: @80<0 [Enter↵]
다음 점 지정 또는 [...]: @50<-90 [Enter↵]
다음 점 지정 또는 [...]: @80<180 [Enter↵]
다음 점 지정 또는 [...]: [Enter↵]

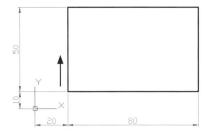

▶ 상대 극좌표값을 사용하여 정사각형 작도하기

명령: [Enter↵]
첫 번째 점 지정: 60,100 [Enter↵]
다음 점 지정 또는 [...]: @50<135 [Enter↵]
다음 점 지정 또는 [...]: @50<45 [Enter↵]
다음 점 지정 또는 [...]: @50<-45 [Enter↵]
다음 점 지정 또는 [...]: @50<-135 [Enter↵]
다음 점 지정 또는 [...]: [Enter↵]

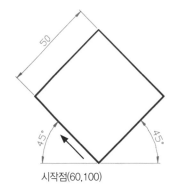

▶ 상대 극좌표값을 사용하여 정육각형 작도하기

명령: LINE [Enter↵]
첫 번째 점 지정: 150,10 [Enter↵]
다음 점 지정 또는 [...]: @30<120 [Enter↵]
다음 점 지정 또는 [...]: @30<60 [Enter↵]
다음 점 지정 또는 [...]: @30<0 [Enter↵]
다음 점 지정 또는 [...]: @30<-60 [Enter↵]
다음 점 지정 또는 [...]: @30<-120 [Enter↵]
다음 점 지정 또는 [...]: @30<180 [Enter↵]
다음 점 지정 또는 [...]: [Enter↵]

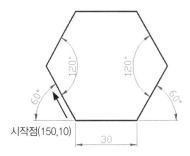

직접 거리 입력

절대좌표나 상대좌표와는 다르게 마우스 커서의 방향에 따라서 선이 작도되는 방식으로 직교 (ORTHO) 또는 스냅(SNAP) 모드가 켜져 있을 경우에만 사용할 수 있습니다.

> **입력 형식:** F8키 눌러서 ORTHO(직교 모드) ON 상태
> **거리값 입력** Enter↵ ※ 마우스 커서를 그리고자 하는 방향의 수평 또는 수직으로 이동시킨
> 후 거리값을 입력해야만 합니다.

▶ 직교 모드를 사용하여 직접 거리 입력으로 직사각형 작도하기

직교 모드 F8 – **켜기(ON)**   모형 ▦ ⫶⫶⫶ ▾ 🔲 ◔ ▾ ⎳ ▾ ∠ ⊡ ▾ 🔏 🔏 👤 1:1 ▾ ✿ ▾ ＋ ⊡ ▣ ☰

명령: LINE Enter↵
첫 번째 점 지정: **20,10** Enter↵
다음 점 지정 또는 [...]:
　　　▶ 마우스를 위쪽으로 이동 후 **50** Enter↵
다음 점 지정 또는 [...]:
　　　▶ 마우스를 오른쪽으로 이동 후 **80** Enter↵
다음 점 지정 또는 [...]:
　　　▶ 마우스를 아래쪽으로 이동 후 **50** Enter↵
다음 점 지정 또는 [...]:
　　　▶ 마우스를 왼쪽으로 이동 후 **80** Enter↵
다음 점 지정 또는 [...]: Enter↵

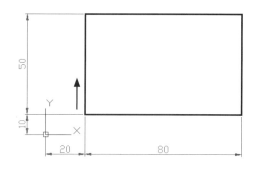

▶ 직교 모드를 사용하여 직접 거리 입력과 닫기(C) 옵션 사용하기

명령: Enter↵
첫 번째 점 지정: **20,100** Enter↵
다음 점 지정 또는 [...]:
　　　▶ 마우스를 오른쪽으로 이동 후 **80** Enter↵
다음 점 지정 또는 [...]:
　　　▶ 마우스를 위쪽으로 이동 후 **50** Enter↵
다음 점 지정 또는 [...]:
　　　▶ 마우스를 왼쪽으로 이동 후 **20** Enter↵
다음 점 지정 또는 [...]: C Enter↵

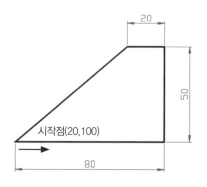

3 | 원(CIRCLE) 그리기

CIRCLE 명령은 원의 중심점과 반지름 또는 지름으로 원을 그리거나 원주상의 스냅 점을 이용하여 여러 가지 방법으로 원을 그리고자 할 때 사용합니다.

 명령: CIRCLE Enter↵ [단축키: C]

● **원을 그리는 기본 방법**

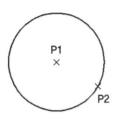

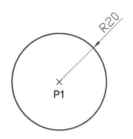

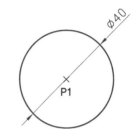

원에 대한 중심점 지정: P1 클릭
원의 반지름 지정: P2 클릭

원에 대한 중심점 지정: P1 클릭
원의 반지름 지정: **20** Enter↵

원에 대한 중심점 지정: P1 클릭
원의 반지름 지정: **D** Enter↵
원의 지름을 지정함: **40** Enter↵

● **CIRCLE 명령 옵션**

```
명령: CIRCLE
원에 대한 중심점 지정 또는 [3점(3P)/2점(2P)/Ttr - 접선 접선 반지름(T)]:
CIRCLE 원의 반지름 지정 또는 [지름(D)] <50.0000>:
```

3점(3P)	원주상의 3점(스냅)을 지나는 원을 그립니다.
2점(2P)	원주상의 2점(스냅)을 지나는 원을 그리며 반드시 두 끝점은 원의 지름이 되어야 합니다.
Ttr – 접선 접선 반지름(T)	두 개의 접하는 객체를 먼저 지정한 후 반지름값을 입력하여 그립니다.

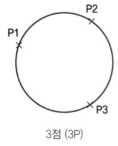

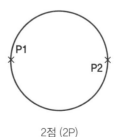

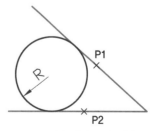

3점 (3P)

2점 (2P)

Ttr – 접선 접선 반지름 (T)

> ## 절대좌표를 사용한 원 작도하기

명령: CIRCLE Enter↵

원에 대한 중심점 지정: **50,50** Enter↵

원의 반지름 지정 또는 [지름(D)]: **20** Enter↵

명령: Enter↵

CIRCLE

원에 대한 중심점 지정: **120,50** Enter↵

원의 반지름 지정 또는 [지름(D)]: **D** Enter↵

원의 지름을 지정함: **50** Enter↵

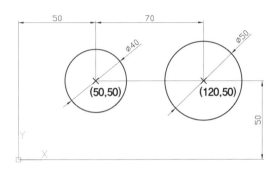

명령: Enter↵

CIRCLE

원에 대한 중심점 지정 또는 [3점...Ttr − ...(T)]: **T** Enter↵

원의 첫 번째 접점에 대한 객체 위의 점 지정:

　　　▶ 접하는 도형을 선택 P1

원의 두 번째 접점에 대한 객체 위의 점 지정:

　　　▶ 접하는 도형을 선택 P2

원의 반지름 지정 〈50.0000〉: **30** Enter↵

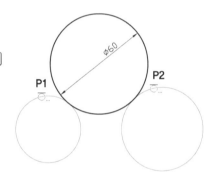

명령: Enter↵

CIRCLE

원에 대한 중심점 지정 또는 [3점(3P)/2점...]: **3P** Enter↵

원 위의 첫 번째 점 지정: **TAN** Enter↵ −〉

　　　▶ 접하는 도형을 선택 P1

원 위의 두 번째 점 지정: **TAN** Enter↵ −〉

　　　▶ 접하는 도형을 선택 P2

원 위의 세 번째 점 지정: **TAN** Enter↵ −〉

　　　▶ 접하는 도형을 선택 P3

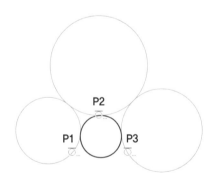

> **더 알기**　TAN은 객체 스냅(OSNAP)의 tangent(접점)로 객체를 지정하겠다는 의미입니다.
> ※ 정확한 객체 스냅(OSNAP) 사용 방법은 다음 단원의 '4. 객체 스냅'에서 설명하겠습니다.

▶ 절대좌표와 상대좌표를 사용한 원 작도하기

명령: CIRCLE [Enter↵]
원에 대한 중심점 지정: **50,50** [Enter↵]
원의 반지름 지정 또는 [지름(D)]: **20** [Enter↵]

명령: [Enter↵]
CIRCLE
원에 대한 중심점 지정 또는 [3점.../2점(2P)...]: **2P** [Enter↵]
원 지름의 첫 번째 끝점을 지정: **QUA** [Enter↵] 〈−
　　　▶ 원 Ø40의 오른쪽 사분점을 선택 **P1**
원 지름의 두 번째 끝점을 지정: **@50,0** [Enter↵]

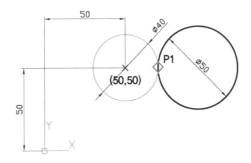

명령: [Enter↵]
CIRCLE
원에 대한 중심점 지정 또는 [3점.../2점(2P)...]: **2P** [Enter↵]
원 지름의 첫 번째 끝점을 지정: **QUA** [Enter↵] 〈−
　　　▶ 원 Ø50의 오른쪽 사분점을 선택 **P2**
원 지름의 두 번째 끝점을 지정: **@40,0** [Enter↵]

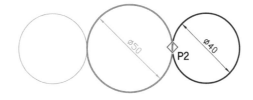

더 알기　QUA는 객체 스냅(OSNAP)의 quadrant(사분점)로 객체를 지정하겠다는 의미입니다.
※ 정확한 객체 스냅(OSNAP) 사용 방법은 다음 단원의 '4. 객체 스냅'에서 설명하겠습니다.

FROM(간격 띄우기)을 사용하여 상대좌표 입력

객체 작도 명령을 실행 후 FROM 옵션을 사용하여 상대좌표를 입력하면 지정된 임시 참조점에서 상대좌표 입력값만큼 떨어진 거리에서 객체 작도가 시작됩니다.

명령: CIRCLE Enter↵

원에 대한 중심점 지정 또는 [...]: FROM Enter↵

기준점: CEN Enter↵ ▶ 원 Ø50의 중심점을 선택 P1

〈– 〈간격 띄우기〉: @0,50 Enter↵

원의 반지름 지정 또는 [지름(D)] 〈20.0000〉: 15 Enter↵

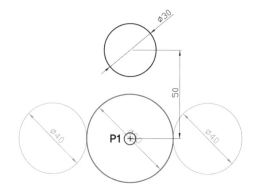

명령: CIRCLE Enter↵

원에 대한 중심점 지정 또는 [3점.../2점(2P)/...]: 2P Enter↵

원 지름의 첫 번째 끝점을 지정: FROM Enter↵

기준점: QUA Enter↵ ▶ 원 Ø30의 왼쪽 사분점을 선택 P2

〈– 〈간격 띄우기〉: @–13,0 Enter↵

원 지름의 두 번째 끝점을 지정: @–25,0 Enter↵

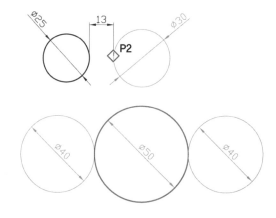

4 | 객체 스냅(OSNAP)

OSNAP(Object Snap)은 도형 요소에 커서의 위치점을 지정하는 것으로서 도면 작업 시 사용 비중이 엄청 크기 때문에 확실하게 숙지해야만 하며 사용 방법은 크게 두 가지로, 자동 또는 수동으로 나누어 사용됩니다.

객체 스냅(OSNAP) 자동 모드 사용하기

명령: OSNAP [Enter↵] [단축키: OS]

객체 스냅 모드를 편하게 자동으로 사용하고자 할 경우에는 대화상자에서 필요한 스냅 모드를 사용전 미리 정해야 합니다.

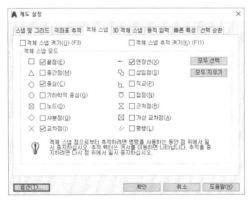

● **객체 스냅 켜기(F3)**

체크 시 객체 스냅을 자동으로 사용합니다.

● **객체 스냅 추적 켜기(F11)**

체크 시 추적선을 사용하여 스냅 위치점을 찾습니다.

● **모두 선택**

왼쪽에 있는 객체 스냅을 전부 선택합니다.

● **모두 지우기**

왼쪽에 있는 객체 스냅을 전부 선택 해제시킵니다.

• 끝점(ENDpoint)
: 선, 호, 스플라인의 양 끝점을 스냅합니다.

• 중간점(MIDpoint)
: 선, 호, 스플라인의 중간점을 스냅합니다.

• 중심(CENterpoint)
: 원, 호, 타원의 중심점을 스냅합니다.

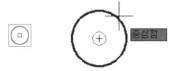

• 연장선(EXTension)
: 선, 호의 가상 연장선상으로 스냅합니다.

• 삽입점(INSert)
: 블록, 문자, 셰이프 등의 삽입점을 스냅합니다.

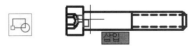

• 직교(PERpendicular)
: 지정된 직선의 법선 방향인 점을 스냅합니다.

• 기하학적 중심(Geometric CEnter)
: 닫힌 폴리선 객체의 도심(圖心)을 스냅합니다.

• 노드(NODe)
: 점 객체, 치수 정의점 또는 치수 문자 기준점을 스냅합니다.

• 사분점(QUAdrant)
: 원, 호, 타원의 극점(0°, 90°, 180°, 270°)을 스냅합니다.

• 교차점(INTersection)
: 두 도형 요소의 교차하는 점을 스냅합니다.

• 접점(TANgent)
: 원, 호, 타원의 접하는 방향을 스냅합니다.

• 근처점(NEArest)
: 모든 도형의 가장 가까운 점을 스냅합니다.

• 가상교차점(APParent intersect)
: 두 도형 요소 연장선상에 있는 가상으로 교차하는 점을 스냅합니다.

• 평행(PARallel)
: 지정된 직선에 평행이 되도록 스냅합니다.

더 알기

• 상태 표시줄(Status Line)의 객체 스냅 항목 옆에 ⬝ 버튼을 클릭해서도 어떤 객체 스냅 모드를 자동으로 사용할 것인지 설정할 수 있습니다. 이 방법은 그리기 명령 실행 중에도 설정할 수 있어 유용합니다.

• 상태 표시줄(Status Line)의 ⬚ 버튼은 기능키 F3(객체스냅 on/off)과 동일하게 작동됩니다.

객체 스냅(OSNAP) 수동 모드 사용하기

OSNAP을 자동으로 사용 시 불편할 경우나 자동으로 인식되지 않는 스냅 모드가 있을 때는 개별적으로 지정(수동)해서 사용해야 하며 그 방법은 다음과 같습니다.

1. 앞서 설명한 스냅 모드의 영문자 앞 3글자(예: END, MID, CEN 등)를 작도 명령 중에 입력하여 사용합니다.

   예 CIRCLE(원) 명령 사용 중에 끝점(ENDpoint) 스냅을 지정한 경우

   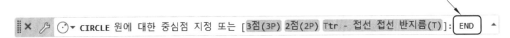

   (더 알기) 영문자 세 글자를 입력 후 [Enter↵]를 해야만 사용이 가능합니다.

2. 도면 영역에서 [Shift]나 [Ctrl]를 누른 상태로 마우스 오른쪽 버튼을 클릭 시 나타나는 OSNAP 팝업창(pop-up)을 사용합니다.

사용하고자 하는 스냅을 팝업창에서 클릭하거나 각각의 스냅 모드 오른쪽에 써있는 영문자 한 글자(단축키)를 키보드로 입력하여 바로 사용할 수도 있습니다.

(더 알기) 팝업창에서 클릭하거나 영문자 한 글자를 입력 후 [Enter↵] 없이 바로 사용이 가능합니다.

객체 스냅 팝업창 단축키 사용 예:	끝점은 E 입력
	중간점은 M 입력
	중심점은 C 입력
	사분점은 Q 입력
	직교는 P 입력

5 │ 객체 지우기(ERASE) 및 되살리기(UNDO)

여러 가지 방법으로 객체를 지우거나 잘못 지워진 객체를 복원시킬 수 있습니다.

객체 지우기

● 도면에서 선택적으로 객체를 지울 때 사용하는 명령

명령: ERASE `Enter↵` [단축키: `E`]

```
× 점을 예상하거나 또는 윈도우(W)/최종(L)/걸치기(C)/상자(BOX)/모두(ALL)/울타리(F)/윈도우 폴리곤(WP)/걸침 폴리곤(CP)/
  그룹(G)/추가(A)/제거(R)/다중(M)/이전(P)/명령 취소(U)/자동(AU)/단일(SI)/하위 객체(SU)/객체(O)
  ERASE 객체 선택:
```

※ ERASE 명령을 입력한 후 객체 선택 항목에서 ?를 입력하면 ERASE 명령의 모든 도형 선택 옵션 항목을 볼 수 있습니다.

점을 예상하거나	객체를 마우스(MB1)로 하나씩 선택하여 지웁니다.
모두(ALL)	모든 객체를 선택하여 지울 경우 사용하는 옵션입니다.
울타리(F)	윈도우(W)나 걸치기(C)와 같은 방법으로 선택 선에 걸친 도형만을 지웁니다.
윈도우(W)	선택 상자 안으로 완전히 포위된 객체들만 선택할 수 있습니다.
걸치기(C)	윈도우(W)와 울타리(C)를 동시에 사용하는 결과가 됩니다.

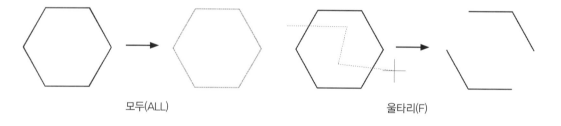

모두(ALL)   울타리(F)

 간단하게 지우는 방법은 지우고자 하는 객체를 먼저 선택한 후 키보드의 `Del`키를 누릅니다.

● 방금 전에 작도한 도형을 한꺼번에 지울 때 사용하는 명령

명령: UNDO `Enter↵` [단축키: `U`] 또는 `Ctrl`+`Z`

```
× 명령: UNDO
  현재 설정: 자동 = 켜기, 조정 = 전체, 결합 = 예, 도면층 = 예
  UNDO 취소할 작업의 수 또는 [자동(A) 조정(C) 시작(BE) 끝(E) 표식(M) 뒤(B)] 입력 <1>:
```

취소할 작업의 수	U를 여러 번 입력한 결과와 동일하게 입력된 수만큼 이전 작업으로 되돌립니다.

정확히 말하자면 UNDO 명령이나 Ctrl+Z는 객체를 지우는 것이 아니라 최근에 사용한 명령을 취소시켜 전 단계로 되돌아가는 기능입니다.

잘못 지운 객체 되살리기

● ERASE 명령 또는 Del키로 지워진 객체의 복원

OOPS 명령은 ERASE 명령으로 마지막에 지워버린 객체를 다시 복원시킬 때 사용합니다.

명령: OOPS Enter↵

 UNDO 명령 또는 Ctrl+Z로도 ERASE 명령을 취소시켜 지워진 객체를 복원합니다.

● UNDO 또는 U 명령으로 지워진 객체의 복원

1. REDO 명령은 단일 UNDO(U) 명령으로 취소시킨 이전 명령을 다시 복원시킬 때 사용합니다. 단, UNDO(U) 명령을 사용한 후 바로 사용해야만 하며 바로 이전 한 번만 적용됩니다.

명령: REDO Enter↵

 반드시 UNDO 또는 U 명령을 실행한 후 바로 사용해야 복원됩니다.

2. MREDO 명령은 이전 한 번만 적용되는 REDO와 다르게 여러 번 이전 명령을 다시 복원할 수 있습니다.

 명령: MREDO Enter↵ 또는 [Ctrl+Y]

 REDO 명령과 마찬가지로 반드시 UNDO 또는 U 명령을 실행한 후 바로 적용해야 실행됩니다.

```
명령: MREDO
작업의 수 입력 또는 [전체(A)/최종(L)]:
▣▾ 명령 입력
```

작업의 수	입력된 수만큼 이전 작업으로 되돌려줍니다.
전체(A)	모든 이전 작업으로 되돌려줍니다.
최종(L)	REDO와 같은 방법으로 마지막 이전 작업만 되돌려줍니다.

ㅇ단원 정리
따라 하기

아래 도면을 좌표계(절대 및 상대)를 사용하여 작도한 후 정확하게 그려졌는지 면적(AREA)을 확인합니다.

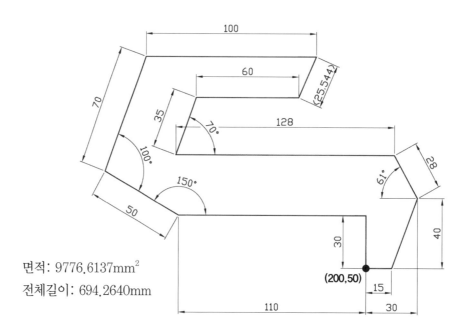

면적: 9776.6137mm²
전체길이: 694.2640mm

01 LINE 명령을 입력하고 절대좌표 200,50에서 시작하여 수직선 30mm를 그립니다.

명령: LINE [Enter↵]
첫 번째 점 지정: **200,50** [Enter↵]
다음 점 지정: **@0,30** [Enter↵]

02 수평선 110mm를 그립니다. (@–110,0)

다음 점 지정: **@–110,0** [Enter↵]

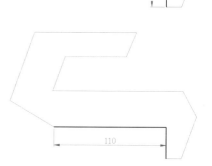

03 길이 50mm에 각도가 150°인 선을 상대극좌표로 그립니다. (@50<150)

다음 점 지정: **@50<150** [Enter↵]

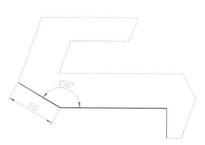

길이 70mm에 각도가 70°인 선을 상대극좌표로 그립니다. (@70⟨70)
※ 3시 방향 0도가 기준이므로 100°-30°=70°

다음 점 지정: **@70⟨70** Enter↵

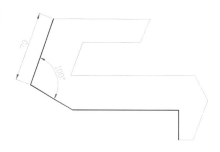

수평선 100mm를 그리고 LINE 명령을 종료합니다. (@100,0)

다음 점 지정: **@100,0** Enter↵
다음 점 지정: Enter↵

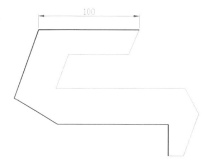

Enter↵를 눌러 LINE 명령을 다시 실행한 후 SNAP(끝점)으로 시작점(200,50)을 클릭하고 수평선 15mm를 그립니다. (@15,0)

명령: LINE Enter↵
첫 번째 점 지정: ▶ 끝점 스냅으로 시작점을 선택
다음 점 지정: **@15,0** Enter↵

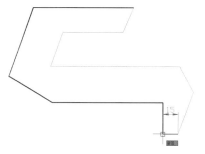

가로 15mm, 세로 40mm의 대각선을 상대좌표로 그립니다. (@15,40)

다음 점 지정: **@15,40** Enter↵

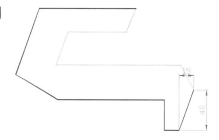

길이 28mm에 각도가 119°인 선을 상대극 좌표로 그립니다. (@28⟨119)
※ 3시 방향 0도가 기준이므로 180°-61°=119°

다음 점 지정: **@28⟨119** Enter↵

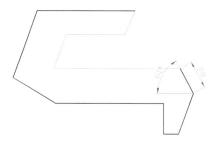

09 수평선 128mm를 그립니다. (@-128,0)

다음 점 지정: **@-128,0** [Enter↵]

10 길이 35mm에 각도가 70°인 선을 상대극좌표로 그립니다. (@35⟨70)

다음 점 지정: **@35⟨70** [Enter↵]

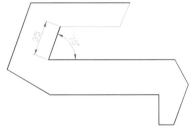

11 수평선 60mm를 그립니다. (@60,0)

다음 점 지정: **@60,0** [Enter↵]

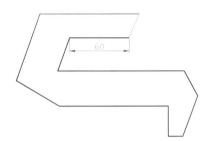

12 SNAP(끝점)으로 마지막 점을 클릭하고 LINE 명령을 종료합니다.

다음 점 지정: ▶ 끝점 스냅으로 마지막 점을 선택
다음 점 지정: [Enter↵]

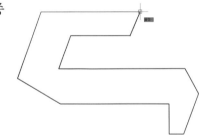

13 면적을 구하기 위해 AREA 명령을 입력합니다.

명령: AREA [Enter↵] [단축키: [A][A]]

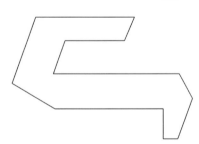

14 한 방향으로 끝점 스냅을 이용하여 모서리점을 클릭합니다.

다음 점: ▶ 1번에서 12번까지 순차적으로 선택
다음 점: [Enter↵]
영역 = 9776.6137, 둘레 = 694.2640

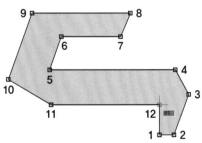

※ 도형의 면적은 9776.6137mm^{2}가 나왔으며 전체길이는 694.2640mm입니다.

 지금까지 작도한 도형을 바탕화면에 있는 '**CAD연습도면**' 폴더 안에 저장합니다.

명령: SAVE [Enter↵] [단축키: [Ctrl]+[S]]

CAD연습도면 폴더에 파일 이름을 '**연습-1**'로 명명하여 저장합니다.

AREA 명령으로 면적을 쉽게 구하는 방법도 있습니다.
〈방법〉
① **JOIN** 명령으로 전체 도형을 선택하여 하나의 폴리선으로 결합합니다. [단축키: [J]]
② **AREA** 명령을 입력하고 옵션 중 '객체(O)'를 선택하여 폴리선이 된 도형을 선택하면
   됩니다.

> 명령: AREA [Enter↵]
> 첫 번째 구석점 지정 또는 [객체(O)/면적 추가(A)/면적 빼기(S)] 〈객체(O)〉: [Enter↵]
> 객체 선택: ▶ JOIN 명령으로 결합된 폴리선 도형을 선택

AREA 명령의 다른 옵션들은 다음과 같습니다.

면적 추가 (A)	두 개 이상의 닫힌 형태의 객체를 선택하여 전체 누적 면적을 표시합니다.
면적 빼기 (S)	먼저 면적 추가(A)로 전체 면적을 선택한 후 면적 빼기(S)로 나머지를 선택 해야만 뺀 면적이 표시됩니다.

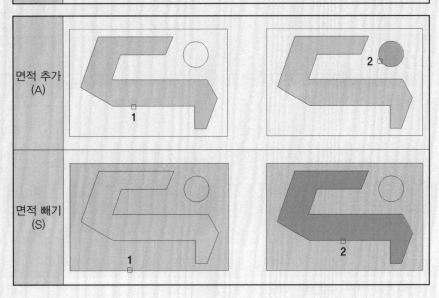

과제 1: 절대좌표와 상대좌표를 이용한 도형 그리기

①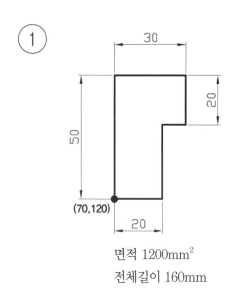

면적 1200mm^2
전체길이 160mm

②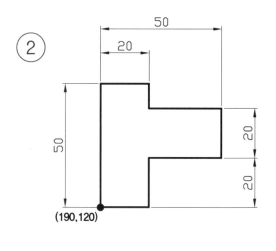

면적 1600mm^2
전체길이 200mm

③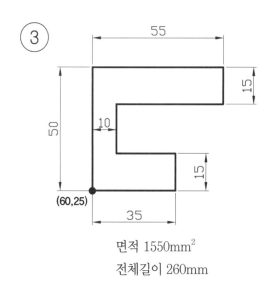

면적 1550mm^2
전체길이 260mm

④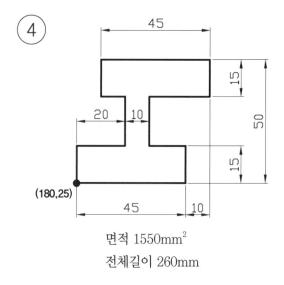

면적 1550mm^2
전체길이 260mm

※ 작도한 도형을 바탕화면에 있는 'CAD연습도면' 폴더 안에 저장합니다.

명령: SAVE [Enter↵] [단축키: Ctrl+S]

CAD연습도면 폴더에 파일 이름을 '**연습-2**'로 명명하여 저장합니다.

과제 2: 절대좌표와 상대좌표를 이용한 도형 그리기

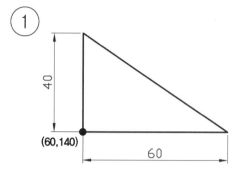

①

면적 1200mm^2
전체길이 172.111mm

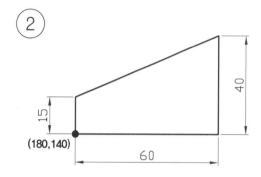

②

면적 1650mm^2
전체길이 180mm

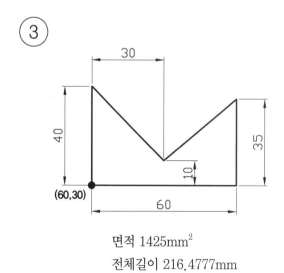

③

면적 1425mm^2
전체길이 216.4777mm

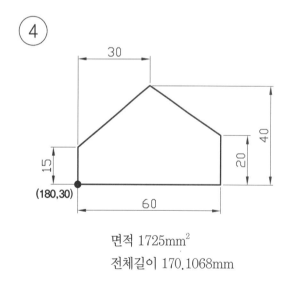

④

면적 1725mm^2
전체길이 170.1068mm

※ 작도한 도형을 바탕화면에 있는 'CAD연습도면' 폴더 안에 저장합니다.

명령: SAVE Enter↵ [단축키: Ctrl + S]

CAD연습도면 폴더에 파일 이름을 '**연습-3**'으로 명명하여 저장합니다.

과제 3: 절대좌표와 상대극좌표를 이용한 도형 그리기

① 50

(60,220)

② 50
(180,260)
60° 60°
60°

③ 60°
60° 60°
50
(100,120)

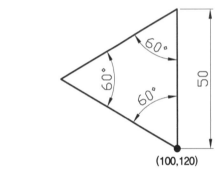

④ 60°
60° 60°
50
(180,120)

⑤ 108°
108°
(70,30)   30

정삼각형: 면적 1082.5318mm^2
전체길이 150mm

⑥ 30
(180,70)
108°
108°

정오각형: 면적 1548.4297mm^2
전체길이 150mm

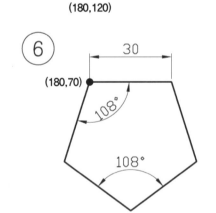

※ 작도한 도형을 바탕화면에 있는 'CAD연습도면' 폴더 안에 저장합니다.

명령: SAVE Enter↵ [단축키: Ctrl+S]

CAD연습도면 폴더에 파일 이름을 '**연습-4**'로 명명하여 저장합니다.

과제 4: 절대좌표와 상대극좌표를 이용한 도형 그리기

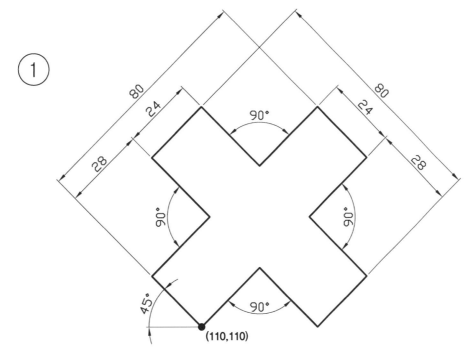

면적 3264mm^2, 전체길이 320mm

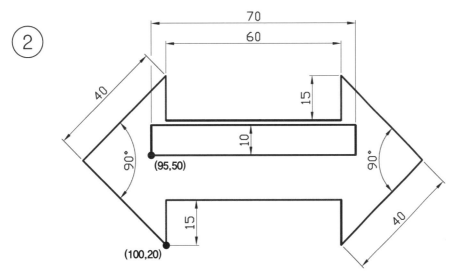

면적 2494.1125mm^2 * 바깥쪽 면적에서 안쪽 면적을 뺀 값입니다.

※ 작도한 도형을 바탕화면에 있는 'CAD연습도면' 폴더 안에 저장합니다.

명령: SAVE Enter↵ [단축키: Ctrl + S]

CAD연습도면 폴더에 파일 이름을 '**연습–5**'로 명명하여 저장합니다.

과제 5: 객체 스냅 사용하여 도형 그리기

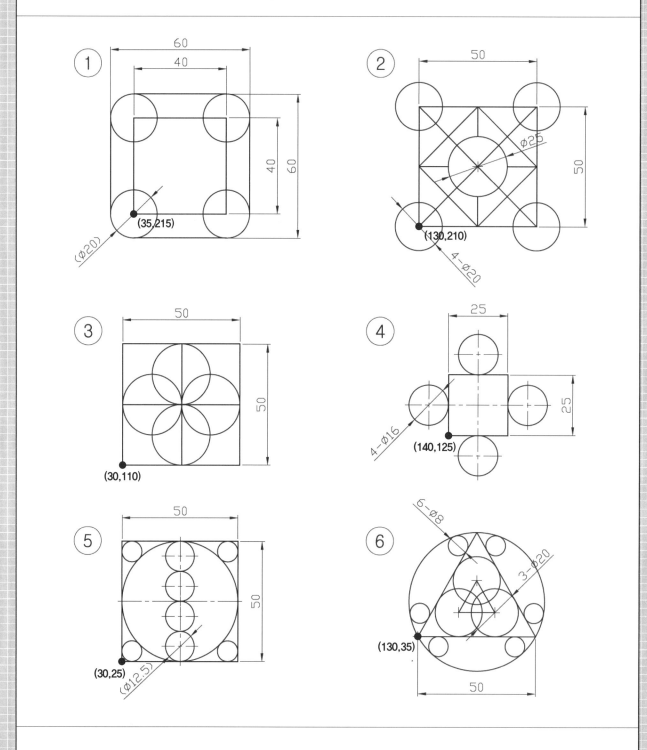

※ 작도한 도형을 바탕화면에 있는 'CAD연습도면' 폴더 안에 저장합니다.

명령: SAVE [Enter↵] [단축키: [Ctrl]+[S]]

CAD연습도면 폴더에 파일 이름을 '**연습―6**'으로 명명하여 저장합니다.

과제 6: 객체 스냅 사용하여 도형 그리기

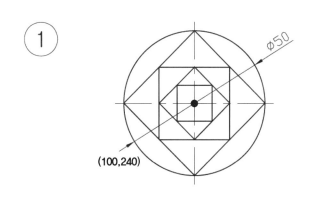

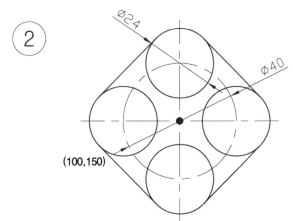

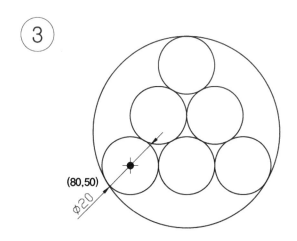

※ 작도한 도형을 바탕화면에 있는 'CAD연습도면' 폴더 안에 저장합니다.

명령: SAVE [Enter↲] [단축키: [Ctrl]+[S]]

CAD연습도면 폴더에 파일 이름을 '**연습-7**'로 명명하여 저장합니다.

윙~윙~거리며 한 마리의 파리가 날아다니다가 천장에 앉는 순간, 침대에 누워 있던 어느 스물두 살 청년의 눈이 반짝입니다!

좌표(절대좌표, 상대좌표, 상대극좌표)가 발견되는 역사적인 순간으로 수학에서 좌표평면(2차원)의 발견은 좌표평면 위에 있는 도형을 수식으로 표현할 수 있게 되어 후일에 수학과 과학의 놀라운 발전을 가능하게 함으로써 사람들이 수학에 대해 생각하는 방식을 바꾸어 놓은 아주 중요한 발견이었습니다.

뉴턴이 만유인력의 법칙을 사과나무에서 떨어지는 사과를 보고 우연하게 발견하였듯 17세기 프랑스의 물리학자, 철학자, 수학자이자 근대철학의 아버지인 데카르트 또한 사소한 파리 한 마리에 의해 위대한 발견을 하게 된 것입니다.

그럼 좌표가 현재 실생활에 우리에게 어떻게 쓰이고 있을까요?

당연히 가장 널리 사용되는 곳은 각종 지도이며 오늘날 IT와 접목이 되어 자동차 운전 때 없어서는 안될 내비게이션으로 발전하게 되었죠! 필자가 초보 운전자 시절에 내비게이션이 없었다면 운전할 엄두를 못냈을 겁니다! ㅋㅋ

또한 전쟁 시 사용되는 각종 군사 무기들도 좌표가 없었다면 정밀 타격이 안 되겠죠!! 그리고 지구에 그려진 좌표가 되는 위도와 경도가 있습니다. 만약 위도와 경도가 없다면 우리나라가 지구에서 어디에 위치하는지 말할 수가 없겠죠!!

이외에도 요새 큰 화두가 되고 있는 3D 프린터, 레이저 등 무수히 많은 곳에 좌표가 사용되고 있으므로 데카르트가 인류에 엄청난 공헌을 한 것이라 봐야겠죠!

[데카르트의 일화]

데카르트 나이 스물두 살 때 자원해서 군대에 입대하여 군 생활을 하던 어느 날 전쟁터 막사 침대에 누워 쉬고 있는데 파리가 머리 위로 날아다니다가 천장에 앉아 있는 것을 보고 문득 파리의 위치를 두 개의 붙어 있는 벽으로부터 파리까지의 거리를 어떻게 쉽게 나타내는 방법이 없는지 고민하게 되었고, 고민을 한 끝에 결국 파리의 위치를 격자무늬인 좌표로 나타냄으로써 도형과 대수식을 연결할 수 있는 발견을 하게 되었던 것입니다.

[데카르트의 명언]

'나는 생각한다. 고로 나는 존재한다.(I think, therefore, I am)'

중세적 질서가 지배하던 사회 속에서 근대철학의 아버지 데카르트는 오로지 진리 추구에 전념하고자 확실한 것을 불확실하게, 즉 다시 말해 우리가 진실이라고 알고 있는 모든 것들을 다 의심해보았다고 합니다. 그래서 그는 기하학, 감각 등을 비롯한 깨어 있을 때까지는 모든 생각도 거짓이라고 가정하였으며, 모든 것들이 거짓이었다 하더라도 그동안에 생각하는 나는 반드시 어떤 무엇이어야 한다며 'I think, therefore, I am'이라는 진리를 철학의 제 1원리로 받아들였다고 합니다.

알기 쉬운 트림/연장 따라하기

3

이 장에서는 다음과 같은 내용을 배울 수 있습니다.

- 화면을 확대/축소(ZOOM)하기
- 객체의 정밀도 조정하기
- 자르기(TRIM)
- 연장(EXTEND)하기
- 오프셋(OFFSET)하기

1 | 화면을 확대/축소(ZOOM)하기

ZOOM 명령은 작도된 객체의 크기를 변경하는 것이 아니라 화면에 보이는 크기만 변경하는 것으로 도면의 특정 부위를 확대/축소하고자 할 때 사용합니다.

 명령: ZOOM Enter↵ [단축키: Z]

● 확대/축소하는 기본적인 방법

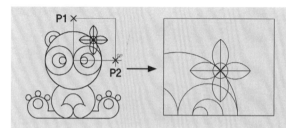

윈도우 구석 지정, 축척 비율: P1 클릭
반대 구석 지정: P2 클릭

[윈도우 기능]
- 지정된 영역을 확대

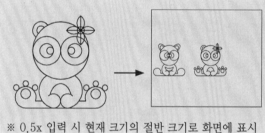

윈도우 구석 지정, 축척 비율: 0.5x Enter↵

[축척 비율 기능]
- 현재 크기를 기준으로 축척을 지정

※ 0.5x 입력 시 현재 크기의 절반 크기로 화면에 표시

● ZOOM 명령 옵션

```
명령: ZOOM
윈도우 구석 지정, 축척 비율(nX 또는 nXP) 입력 또는
±⊙▼ ZOOM [전체(A) 중심(C) 동적(D) 범위(E) 이전(P) 축척(S) 윈도우(W) 객체(O)] <실시간>:
```

확대/축소 연습하기

바탕화면에 있는 'CAD연습도면' 폴더 안에 저장된 파일 **'연습-5'**를 불러옵니다.

명령: OPEN Enter↵ [단축키: Ctrl+O]

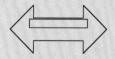

전체(A): 도면한계(Limits)만 최대한 표시되며 범위 밖에 도형이 있을 경우 그것도 포함됩니다.

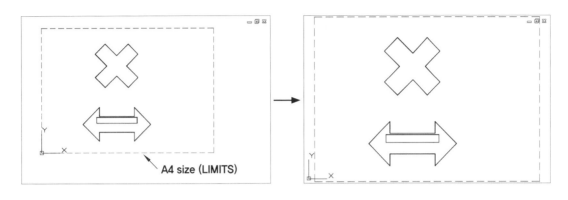

 동적(D): 마우스 왼쪽 버튼을 눌러 뷰 상자의 크기를 조정한 다음 원하는 위치로 뷰 상자를 이동시켜 Enter↵하면 뷰 상자 영역 안이 화면에 꽉 차게 확대됩니다.

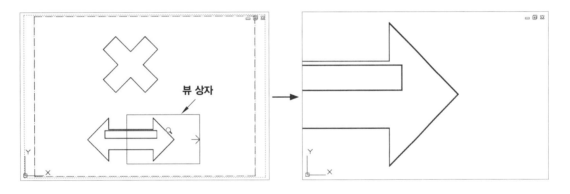

범위(E): 바로 전체 도형이 화면 내에 꽉 차게 표시됩니다. 이 옵션은 도면한계(Limits)에서 설정된 범위는 무시됩니다.

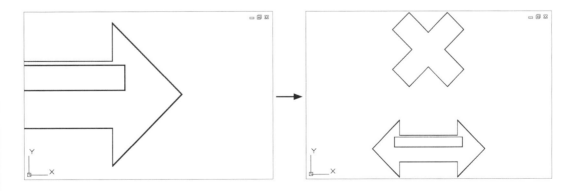

이전(P): 옵션을 사용할 때마다 바로 직전의 크기로 계속 거슬러 되돌아갑니다.

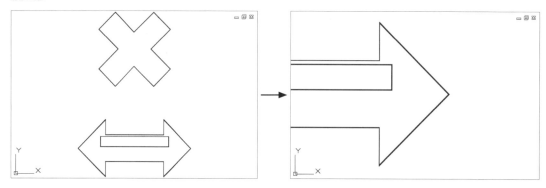

 객체(O): 한 개 이상 객체를 선택한 후 Enter↵ 하면 그 선택된 객체에 한해서만 화면 중앙에 최대한 꽉 차게 확대됩니다.

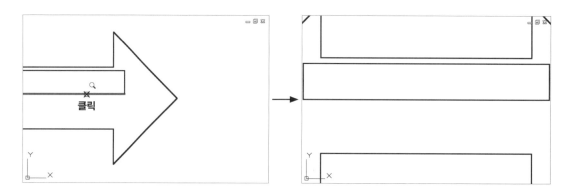

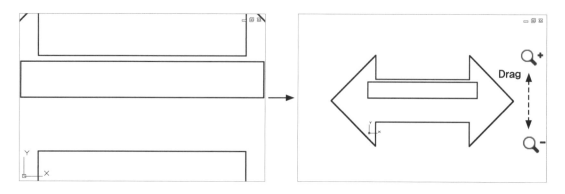

실시간: 마우스를 화면 위아래로 드래그(Drag)하여 다이내믹하게 화면을 확대(위 드래그)/축소(아래 드래그) 합니다.

2 | 객체의 정밀도 조정하기

곡률이 있는 객체(원, 호, 스플라인 등)를 트림하거나 연장하기 위해 ZOOM 명령으로 크게 확대를 하다보면 곡률이 각이 진 형태로 보이게 됩니다. 그 이유는 소프트웨어 알고리즘에 의해 처리 속도를 빠르게 하고자 가상화면으로 불리는 다각형 형태로 디스플레이 해주기 때문입니다.

화면 재생성(REGEN)

현재 도면 모든 객체의 가시성과 위치 정보를 재계산하여 화면에 다시 그려주는 기능입니다.

명령: REGEN Enter↵ [단축키: RE]

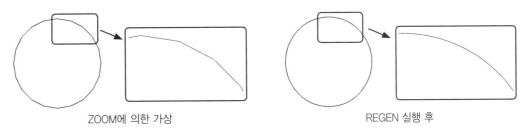

ZOOM에 의한 가상   REGEN 실행 후

- 급격하게 확대를 해서 도형의 라운드진 부분이나 원이 다각형 형태로 표시될 때 REGEN 명령을 사용하면 각각의 객체를 다시 계산해 주기 때문에 왜곡된 도형이 원상태로 되돌아 옵니다.

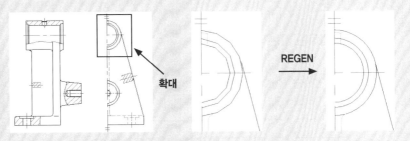

확대   REGEN

- 초점이동(PAN) 또는 줌(ZOOM) 명령을 사용 중에 화면에 아무런 반응이 없을 경우에는 REGEN을 한 후 다시 초점이동이나 줌 명령을 사용해야 합니다.

해상도 조정(VIEWRES)

현재 도면에서 원 및 호와 같은 곡률이 있는 객체들이 모니터 화면상에 그려지는 정확도를 조정할 때 사용됩니다.

명령: VIEWRES [Enter↵]

| VIEWRES 설정값=10 | VIEWRES 설정값=30 | VIEWRES 설정값=100 |

줌 퍼센트 입력값을 1~20,000까지 정수로 입력할 수 있으며 VIEWRES 설정값을 높이면 원과 호가 부드러워지지만 도면을 재생성하는 데 시간이 많이 소요되어 선이 많이 포함된 복잡한 도면을 작업할 경우에는 컴퓨터 성능의 저하를 초래합니다.

3 | 자르기(TRIM)

TRIM 명령은 교차된 경계 객체를 기준으로 하여 필요 없는 특정 부위를 제거합니다.

 명령: TRIM [Enter↵] [단축키: T R]

● **트림하는 기본적인 방법**

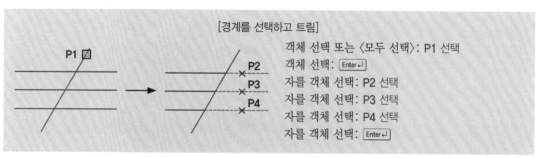

[경계를 선택하고 트림]
객체 선택 또는 〈모두 선택〉: P1 선택
객체 선택: [Enter↵]
자를 객체 선택: P2 선택
자를 객체 선택: P3 선택
자를 객체 선택: P4 선택
자를 객체 선택: [Enter↵]

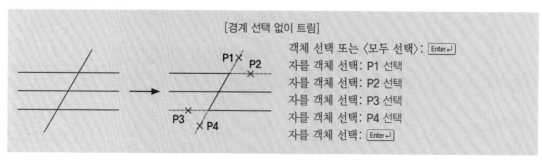

[경계 선택 없이 트림]
객체 선택 또는 〈모두 선택〉: [Enter↵]
자를 객체 선택: P1 선택
자를 객체 선택: P2 선택
자를 객체 선택: P3 선택
자를 객체 선택: P4 선택
자를 객체 선택: [Enter↵]

● TRIM 명령 옵션

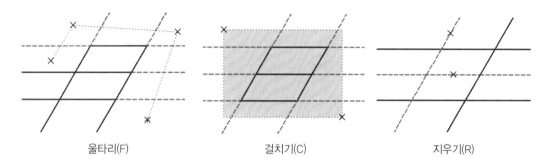

울타리(F)	두 점 이상을 클릭하여 울타리를 만들어 울타리에 걸친 객체만을 트림합니다.
걸치기(C)	점선 박스를 만들어 박스 테두리에 걸치거나 박스 안에 있는 객체를 트림합니다.
지우기(R)	ERASE 명령을 트림 명령 안에서 사용합니다.

울타리(F)　　　　　　　걸치기(C)　　　　　　　지우기(R)

트림 연습하기

바탕화면에 있는 'CAD연습도면' 폴더 안에 저장된 파일 **'연습-6'**을 불러옵니다.

명령: OPEN [Enter↵] [단축키: [Ctrl]+[O]]

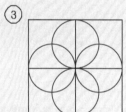

경계를 선택하고 트림하기

명령: TRIM [Enter↵]

객체 선택 또는 〈모두 선택〉: ▶ P1 선택

객체 선택: ▶ P2 선택

객체 선택: [Enter↵]

자를 객체 선택 또는 … 또는 [울타리(F)/.../명령 취소(U)]: ▶ 그림과 같이 한 개씩 선택

자를 객체 선택 또는 … 또는 [울타리(F)/.../명령 취소(U)]: [Enter↵]

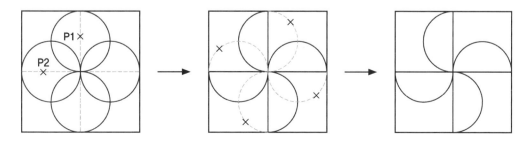

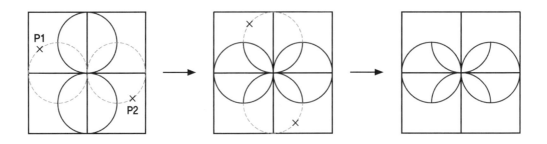

⊘ 경계 선택 없이 트림하기

명령: TRIM [Enter↵]

객체 선택 또는 〈모두 선택〉: [Enter↵]

자를 객체 선택 또는 … 또는 [울타리(F)…명령 취소(U)]: ▶ 그림과 같이 한 개씩 선택

                                     :

자를 객체 선택 또는 … 또는 [울타리(F)…명령 취소(U)]: [Enter↵]

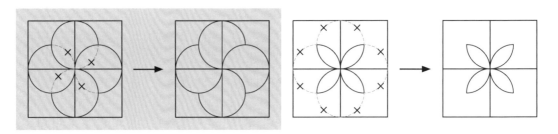

4 | 연장(EXTEND)하기

EXTEND 명령은 TRIM 명령과 마찬가지 방법으로 객체를 선택하면 되지만 결과는 반대로 경계 객체까지 연장이 됩니다.

명령: EXTEND [Enter↵] [단축키: E X]

● 연장하는 기본적인 방법

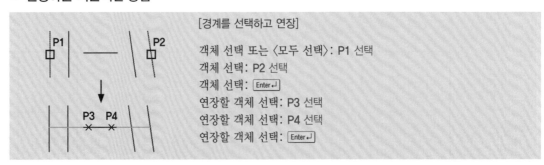

[경계를 선택하고 연장]

객체 선택 또는 〈모두 선택〉: P1 선택
객체 선택: P2 선택
객체 선택: [Enter↵]
연장할 객체 선택: P3 선택
연장할 객체 선택: P4 선택
연장할 객체 선택: [Enter↵]

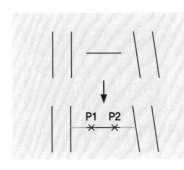

[경계 선택 없이 연장]

객체 선택 또는 〈모두 선택〉: Enter↵
연장할 객체 선택: P1 선택
연장할 객체 선택: P2 선택
연장할 객체 선택: Enter↵

● EXTEND 명령 옵션

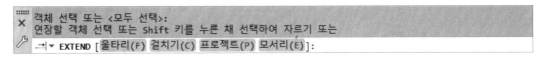

객체 선택 또는 〈모두 선택〉:
연장할 객체 선택 또는 Shift 키를 누른 채 선택하여 자르기 또는
EXTEND [울타리(F) 걸치기(C) 프로젝트(P) 모서리(E)]:

울타리(F)	두 점 이상을 클릭하여 울타리를 만들어 울타리에 걸친 객체만을 연장합니다.
걸치기(C)	점선 박스를 만들어 박스 테두리에 걸치거나 박스 안에 있는 객체를 연장합니다.

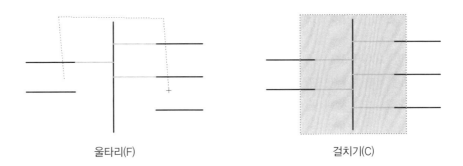

울타리(F)　　　　　　　　　　걸치기(C)

연장 연습하기

바탕화면에 있는 'CAD연습도면' 폴더 안에 저장된 파일
연습-2를 불러옵니다.

명령: OPEN Enter↵ [단축키: Ctrl+O]

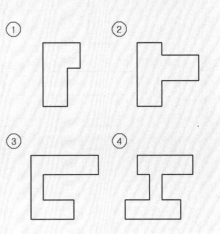

▶ 경계를 선택하고 연장하기

명령: EXTEND [Enter↵]

객체 선택 또는 〈모두 선택〉: ▶ P1 선택

객체 선택: [Enter↵]

연장할 객체 선택 또는 Shift 키… 또는 [울타리(F)…명령 취소(U)]: ▶ 한 개씩 선택
:
연장할 객체 선택 또는 Shift 키… 또는 [울타리(F)…명령 취소(U)]: [Enter↵]

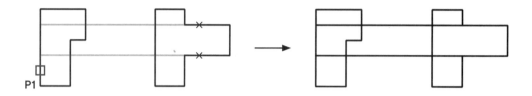

▶ 경계 선택 없이 연장하기

명령: EXTEND [Enter↵]

객체 선택 또는 〈모두 선택〉: [Enter↵]

연장할 객체 선택 또는 Shift 키… 또는 [울타리(F)…명령 취소(U)]: ▶ 한 개씩 선택
:
연장할 객체 선택 또는 Shift 키… 또는 [울타리(F)…명령 취소(U)]: [Enter↵]

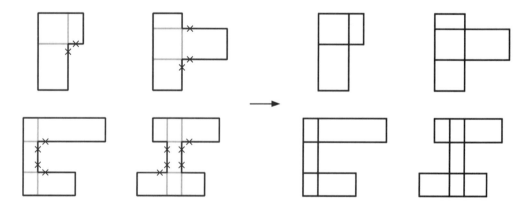

5 | 오프셋(OFFSET)하기

　　OFFSET 명령은 객체를 평행하게 지정된 방향과 거리만큼 간격을 띄워 복사합니다. 또한 거리 대신 스냅점을 통해서도 평행하게 간격을 띄울 수 있습니다.

 명령: OFFSET [Enter↵] [단축키: O]

● 오프셋하는 기본적인 방법

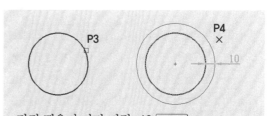

간격 띄우기 거리 지정: **15** [Enter↵]
간격 띄우기할 객체 선택: **P1** 선택
간격 띄우기할 면의 점 지정: **P2** 클릭
간격 띄우기할 객체 선택: [Enter↵]

간격 띄우기 거리 지정: **10** [Enter↵]
간격 띄우기할 객체 선택: **P3** 선택
간격 띄우기할 면의 점 지정: **P4** 클릭
간격 띄우기할 객체 선택: [Enter↵]

● OFFSET 명령 옵션

```
간격띄우기 거리 지정 또는 [통과점(T)/지우기(E)/도면층(L)] <통과점>:
간격띄우기할 객체 선택 또는 [종료(E)/명령 취소(U)] <종료>:
OFFSET 통과점 지정 또는 [종료(E) 다중(M) 명령 취소(U)] <종료>:
```

통과점(T)	지정한 스냅점까지 간격을 띄웁니다.
지우기(E)	오프셋을 하기 위해 지정된 원본 객체를 보존할 것인지 지울 것인지를 설정합니다.
명령 취소(U)	잘못 오프셋시킨 객체를 오프셋 전으로 되돌립니다.
다중(M)	반복적으로 지정된 한 개의 거리값이나 여러 개의 통과점을 사용하여 오프셋을 합니다.

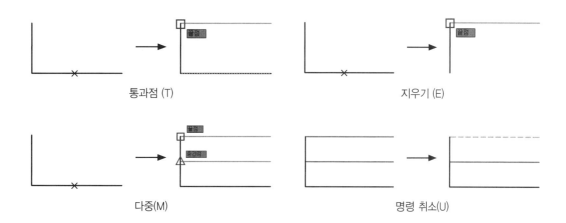

통과점 (T)　　　　　　　　　　　　　　　지우기 (E)

다중(M)　　　　　　　　　　　　　　　명령 취소(U)

오프셋 연습하기

다음 명령을 참조하여 오른쪽 그림을 임의의 위치에 그립니다.

명령: LINE [Enter↵]
첫 번째 점 지정: ▶ 임의의 위치를 클릭
다음 점 지정 또는 [명령 취소(U)]: **@50,0** [Enter↵]
다음 점 지정 또는 [명령 취소(U)]: **@50⟨120** [Enter↵]
다음 점 지정 또는 [닫기(C)/명령 취소(U)]: **C** [Enter↵]

명령: CIRCLE [Enter↵] ※ 같은 방법으로 총 세 개의 원을 그립니다.
원에 대한 중심점 지정 또는 [...Ttr – 접선 접선 반지름(T)]: **T** [Enter↵]
원의 첫 번째 접점에 대한 객체 위의 점 지정: ▶ 선 선택
원의 두 번째 접점에 대한 객체 위의 점 지정: ▶ 반대편 선 선택
원의 반지름 지정: **10** [Enter↵]

명령: ARC [Enter↵]
호의 시작점 지정 또는 [중심(C)]: ▶ 첫 번째 꼭짓점 선택
호의 두 번째 점 또는 [중심(C)/...] 지정: ▶ 두 번째 꼭짓점 선택
호의 끝점 지정: ▶ 세 번째 꼭짓점 선택

 ARC(호) 명령 사용 시 꼭짓점 선택은 OSNAP의 END(끝점)를 사용해야만 합니다.

똑같은 간격으로 여러 개를 오프셋하기

명령: OFFSET [Enter↵]
간격 띄우기 거리 지정 또는 [...] ⟨10.0000⟩: **5** [Enter↵]
간격 띄우기할 객체 선택 또는 [...] ⟨종료⟩: ▶ P1 선택
간격 띄우기할 면의 점 지정 또는 [...] ⟨다음 객체⟩: ▶ P2 클릭
간격 띄우기할 객체 선택 또는 [...] ⟨종료⟩: ▶ P3 선택
간격 띄우기할 면의 점 지정 또는 [...] ⟨다음 객체⟩: ▶ P4 클릭

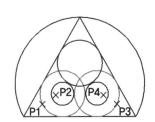

다중 오프셋으로 똑같은 간격으로 여러 개를 오프셋하기

명령: OFFSET Enter↵

간격 띄우기 거리 지정 또는 [...] ⟨10.0000⟩: **5** Enter↵

간격 띄우기할 객체 선택 또는 [...] ⟨종료⟩: ▶ P1 선택

간격 띄우기할 면의 점 지정 또는 [...다중(M)...] ⟨종료⟩: **M** Enter↵

간격 띄우기할 면의 점 지정 또는 [...] ⟨다음 객체⟩: ▶ P2 클릭

간격 띄우기할 면의 점 지정 또는 [...] ⟨다음 객체⟩: ▶ P2 클릭

간격 띄우기할 면의 점 지정 또는 [...] ⟨다음 객체⟩: Enter↵

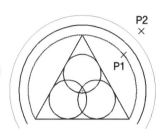

스냅점을 사용하여 오프셋하기

명령: OFFSET Enter↵

간격 띄우기 거리 지정 또는 [통과점(T)...] ⟨5.0000⟩: **T** Enter↵

간격 띄우기할 객체 선택 또는 [...] ⟨종료⟩: ▶ P1 선택

통과점 지정 또는 [...] ⟨종료⟩: ▶ END점으로 P2 선택

간격 띄우기할 객체 선택 또는 [...] ⟨종료⟩: ▶ P3 선택

통과점 지정 또는 [...] ⟨종료⟩: ▶ END점으로 P4 선택

간격 띄우기할 객체 선택 또는 [...] ⟨종료⟩: ▶ P5 선택

통과점 지정 또는 [...] ⟨종료⟩: ▶ END점으로 P6 선택

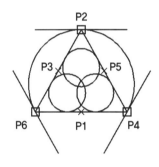

원본 객체를 지우고 스냅점을 사용하여 오프셋하기

명령: OFFSET Enter↵

간격 띄우기 거리 지정 또는 [...지우기(E)...] ⟨통과점⟩: **E** Enter↵

간격 띄우기 후 원본 객체를 지우시겠습니까? [...]...: **Y** Enter↵

간격 띄우기 거리 지정 또는 [통과점(T)...] ⟨통과점⟩: **T** Enter↵

간격 띄우기할 객체 선택 또는 [...] ⟨종료⟩: ▶ P1 선택

통과점 지정 또는 [...] ⟨종료⟩: ▶ END점으로 P2 선택

간격 띄우기할 객체 선택 또는 [...] ⟨종료⟩: ▶ P3 선택

통과점 지정 또는 [...] ⟨종료⟩: ▶ END점으로 P4 선택

간격 띄우기할 객체 선택 또는 [...] ⟨종료⟩: ▶ P5 선택

통과점 지정 또는 [...] ⟨종료⟩: ▶ END점으로 P6 선택

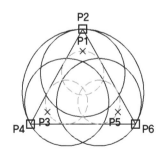

단원정리
따라하기

다음 도면을 따라 그려보세요!

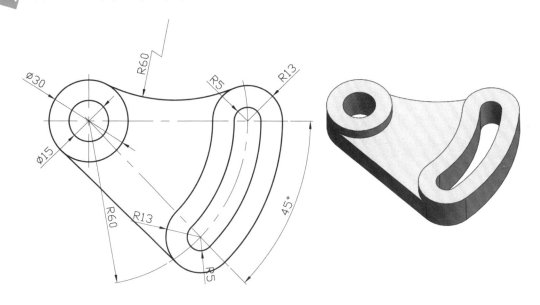

01 CIRCLE 명령으로 Ø30 원을 임의의 위치에 그립니다.

명령: CIRCLE [Enter↵]
원에 대한 중심점 지정: ▶ 임의의 한 곳을 클릭
원의 반지름 지정 또는 [지름(D)]: **D** [Enter↵]
원의 지름을 지정함: **30** [Enter↵]

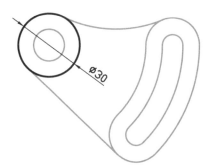

02 원 Ø30의 중심에 Ø15 원을 그립니다.

명령: [Enter↵]
원에 대한 중심점 지정: **CEN** [Enter↵] ←─ ▶ 원 선택
원의 반지름 지정 또는 [지름(D)]: **D** [Enter↵]
원의 지름을 지정함: **15** [Enter↵]

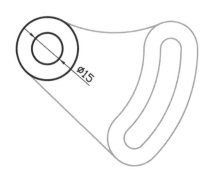

03 원 Ø30의 중심에 반지름 R60인 원을 그립니다.

    명령: [Enter↵]
    원에 대한 중심점 지정: **CEN** [Enter↵] ⟨─ ▶ 원 선택
    원의 반지름 지정: **60** [Enter↵]

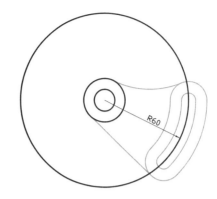

04 LINE 명령으로 수평선을 그립니다.

    명령: LINE [Enter↵]
    첫 번째 점 지정: **CEN** [Enter↵] ⟨─ ▶ 원 Ø30 선택
    다음 점 지정:
        ▶ [F8](ORTHO)로 대략 80mm 정도의 수평선 작도
    다음 점 지정: [Enter↵]

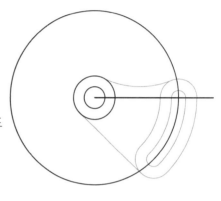

05 45° 경사선을 그림과 같이 그립니다.

    명령: [Enter↵]
    첫 번째 점 지정: **END** [Enter↵] ⟨─ ▶ 선 끝점 선택
    다음 점 지정: ⟨**-45** [Enter↵]
    다음 점 지정:
        ▶ 커서를 움직여 대략 80mm 정도에서 클릭
    다음 점 지정: [Enter↵]

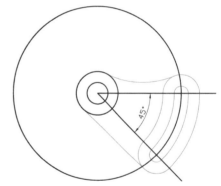

06 OFFSET 명령으로 5mm씩 오프셋시킵니다.

    명령: OFFSET [Enter↵]
    간격 띄우기 거리 지정: **5** [Enter↵]
    간격 띄우기할 객체 선택: ▶ **R60** 원 선택
    간격 띄우기할 면의 점 지정:
        ▶ **R60**의 안쪽 클릭
    간격 띄우기할 객체 선택: ▶ **R60** 원 선택
    간격 띄우기할 면의 점 지정:
        ▶ **R60**의 바깥쪽 클릭
    간격 띄우기할 객체 선택: [Enter↵]

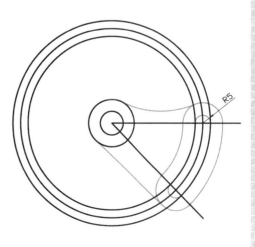

07 다시 한 번 13mm씩 오프셋시킵니다.

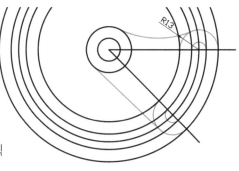

명령: Enter↵

간격 띄우기 거리 지정: 13 Enter↵

간격 띄우기할 객체 선택: ▶ R60 원 선택

간격 띄우기할 면의 점 지정: ▶ R60의 안쪽 클릭

간격 띄우기할 객체 선택: ▶ R60 원 선택

간격 띄우기할 면의 점 지정: ▶ R60의 바깥쪽 클릭

간격 띄우기할 객체 선택: Enter↵

08 TRIM 명령으로 그림과 같이 자릅니다.

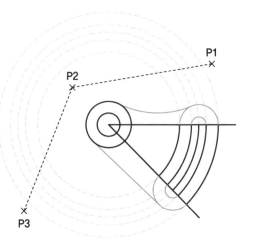

명령: TRIM Enter↵

객체 선택: ▶트림 기준이 되는 직선 두 개를 선택

객체 선택: Enter↵

자를 객체 선택…또는 [울타리(F)…]: F Enter↵

첫 번째 울타리 점 지정: ▶ P1 클릭

다음 울타리 점 지정: ▶ P2 클릭

다음 울타리 점 지정: ▶ P3 클릭

다음 울타리 점 지정: Enter↵

09 CIRCLE 명령으로 그림과 같이 그립니다.

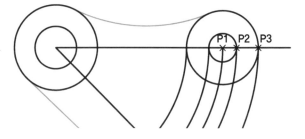

명령: CIRCLE Enter↵

원에 대한 중심점 지정: END Enter↵ ⟨−

　　　▶ P1 선택

원의 반지름 지정: END Enter↵ ⟨−

　　　▶ P2 선택

※ 같은 방법으로 P1과 P3을 선택합니다.

10 마찬가지로 아래쪽도 원을 그립니다.

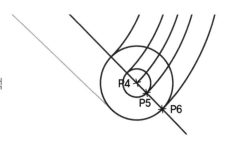

명령: Enter↵

원에 대한 중심점 지정: END Enter↵ ⟨− ▶ P4 선택

원의 반지름 지정: END Enter↵ ⟨− ▶ P5 선택

※ 같은 방법으로 P4와 P6을 선택합니다.

11 TRIM 명령으로 그림과 같이 자릅니다.

명령: TRIM Enter⏎

객체 선택: ▶ 트림 기준이 되는 직선 두 개를 선택

객체 선택: Enter⏎

자를 객체 선택: ▶ 그림과 같이 네 개의 위치를 선택

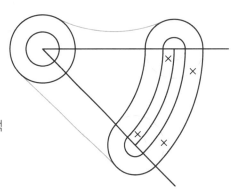

12 필요 없는 직선과 호를 지웁니다.

명령: ERASE Enter⏎

객체 선택: ▶ 그림과 같이 세 개를 선택

객체 선택: Enter⏎

※ Del 키로 지울 수도 있습니다.

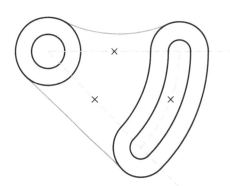

13 CIRCLE 명령으로 호 R60을 그립니다.

명령: CIRCLE Enter⏎

원에 대한 중심점 지정 또는 [...Ttr...]: **T** Enter⏎

원의 첫 번째 접점에 대한 객체...지정: ▶ P1 선택

원의 두 번째 접점에 대한 객체...지정: ▶ P2 선택

원의 반지름 지정: **60** Enter⏎

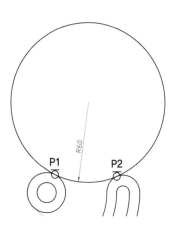

14 TRIM 명령으로 그림과 같이 자릅니다.

명령: TRIM Enter⏎

객체 선택 또는 〈모두 선택〉: Enter⏎

자를 객체 선택: ▶ 그림과 같이 선택

자를 객체 선택: Enter⏎

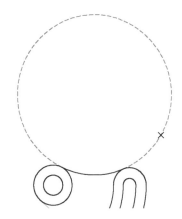

15 LINE 명령으로 오른쪽 그림과 같이 그려 완성합니다.

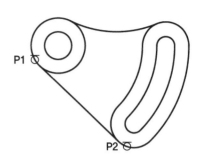

> **명령:** LINE Enter↵
>
> 첫 번째 점 지정: TAN Enter↵ −〉 ▶ P1 선택
> 다음 점 지정: TAN Enter↵ −〉 ▶ P2 선택
> 다음 점 지정: Enter↵

16 완성된 도형이 화면 상에 모두 보이게 화면뷰를 조정합니다.

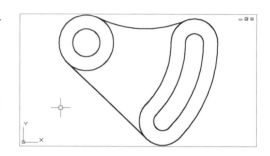

> **명령:** ZOOM Enter↵
>
> 윈도우 구석 지정…[전체(A)…범위(E)…]
> 〈실시간〉: E Enter↵

17 현재 뷰를 기준으로 0.7x축소시키고 완성된 도형의 가시성을 재조정합니다.

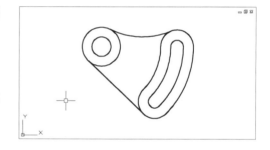

> **명령:** ZOOM Enter↵
>
> 윈도우 구석 지정, 축척 비율…〈실시간〉:
> 0.7X Enter↵
>
> **명령:** REGEN Enter↵

18 지금까지 작도한 도형을 바탕화면에 있는 'CAD연습도면' 폴더 안에 저장합니다.

> **명령:** SAVE Enter↵ [단축키: Ctrl+S]

CAD연습도면 폴더에 파일 이름을 '연습-8'로 명명하여 저장합니다.

과제 1: 간단한 도형 편집 명령을 사용하여 그리기

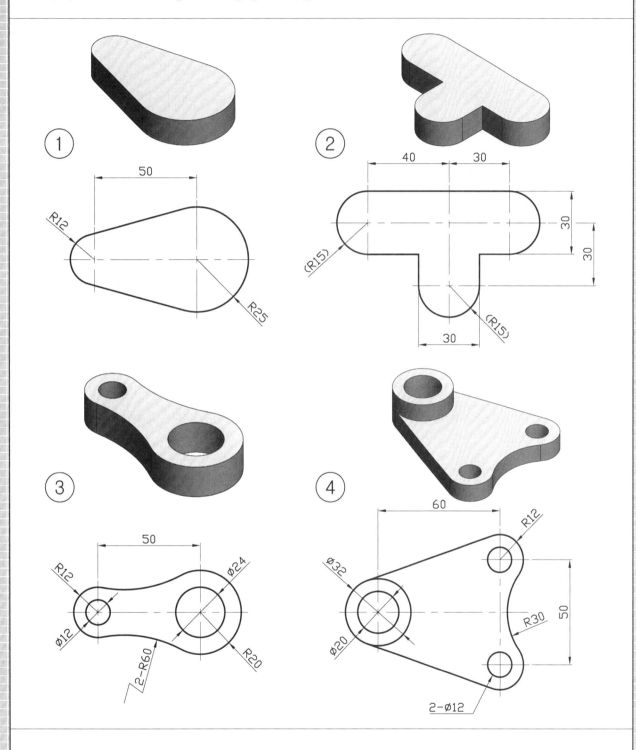

※ 작도한 도형을 바탕화면에 있는 'CAD연습도면' 폴더 안에 저장합니다.

명령: SAVE Enter↵ [단축키: Ctrl + S]

CAD연습도면 폴더에 파일 이름을 '**연습-9**'로 명명하여 저장합니다.

과제 2: 편집 명령을 사용하여 도형 그리기

①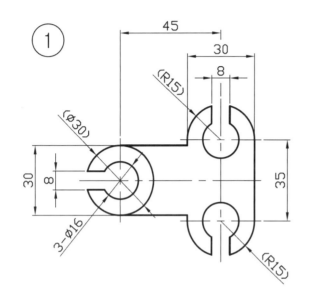

②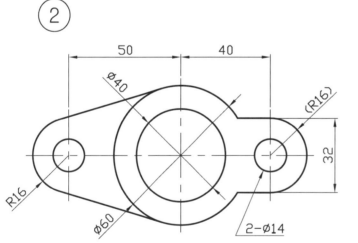

※ 작도한 도형을 바탕화면에 있는 'CAD연습도면' 폴더 안에 저장합니다.

명령: SAVE Enter↵ [단축키: Ctrl+S]

CAD연습도면 폴더에 파일 이름을 '**연습-10**'으로 명명하여 저장합니다.

과제 3: 편집 명령을 사용하여 도형 그리기

①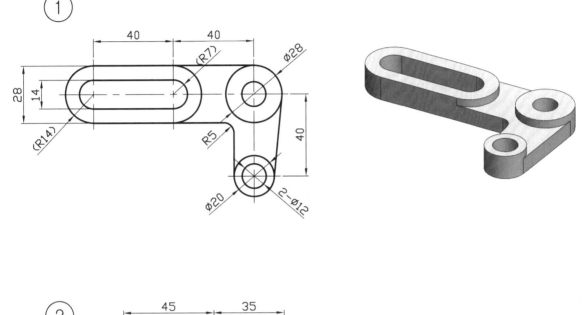

②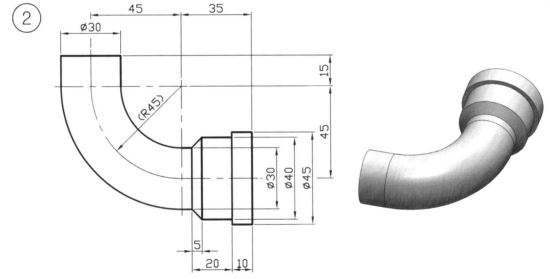

※ 작도한 도형을 바탕화면에 있는 'CAD연습도면' 폴더 안에 저장합니다.

명령: SAVE Enter↵ [단축키: Ctrl+S]

CAD연습도면 폴더에 파일 이름을 '**연습-11**'로 명명하여 저장합니다.

쉬어가는 **Time** 休

인터럽트 [interrupt]

영어사전	1. 방해하다. 2. 중단시키다. 3. 차단하다.
국어사전	프로그램이 실행되고 있을 때 외부의 어떤 변화에 의하여 그 프로그램의 실행이 정지되고, 변화에 대응하는 다른 프로그램이 먼저 실행되는 일.

AutoCAD에서는 명령을 사용하는 중간에 해당 명령을 종료하지 않은 상태에서 또 다른 명령을 사용할 수 있습니다.

중간에 새치기하듯이 실행되는 것을 인터럽트라고 부르며 AutoCAD에서는 그 같은 형태의 명령들을 '**투명 명령**'이라고 부릅니다.

[투명 명령 사용 방법]

명령 실행 중 **어포스트로피**(')를 입력 후 그 뒤에 명령을 입력하면 투명 명령으로 인식되어 실행이 됩니다. 투명 명령이 완료되면 원래 실행했던 명령이 다시 계속 진행됩니다.

> 적용 예]
> **명령: CIRCLE** Enter↵
> 원에 대한 중심점 지정 또는 [3점(3P)/2점(2P)/Ttr – 접선 접선 반지름(T)]: '**ZOOM** Enter↵
> 〉〉윈도우 구석 지정, 축척 비율(nX 또는 nXP) 입력 또는 [전체(A)...객체(O)] 〈실시간〉:
> 〉〉〉〉반대 구석 지정: ※ 특정 영역을 확대하기 위해 대각선 방향으로 선택
> CIRCLE 명령 재개 중.
> 원에 대한 중심점 지정 또는 [3점(3P)/2점(2P)/Ttr – 접선 접선 반지름(T)]:

명령행에 투명 명령이 실행되고 있다는 표시로 투명 명령 지시문 맨 앞에 이중 꺾쇠(〉〉)가 표기됩니다.

[투명 명령으로 사용 가능한 명령]

새로운 객체를 작도하거나 작도된 객체를 선택(편집)하는 명령을 뺀 나머지 명령들을 일반적으로 투명 명령으로 사용할 수 있습니다.

예] 'ZOOM, 'OSNAP, 'FILTER, 'GRID, 'SNAP, 'LIMITS 등 또는 시스템 변수

 투명 명령을 입력 시 해당 명령의 단축키를 그대로 사용할 수 있습니다.
　　　예] 'ZOOM = 'Z
　　　　 'OSNAP = 'OS
　　　　 'FILTER = 'FI

 시스템 변수: 명령과 유사한 것으로 AutoCAD의 작동 설정을 조정하기 위해 크기 또는 모드 및 제한 등을 담당합니다.
　　　　예] PICKBOX, GRIPSIZE, FILEDIA, DRAGMODE, HIGHLIGHT 등

알기 쉬운 모깎기/모따기 따라하기

AutoCAD 2020 기초와 실습 - 기초편

4

이 장에서는 다음과 같은 내용을 배울 수 있습니다.

- 호(ARC) 그리기
- 사각형(RECTANG) 그리기
- 모깎기(FILLET)하기
- 모따기(CHAMFER)하기
- 결합(JOIN)하기
- 분해(EXPLODE)하기

1 | 호(ARC) 그리기

ARC 명령은 호를 중심점, 시작점, 끝점, 반지름, 각도, 현 길이, 방향값들 중 세 가지를 조합하여 다양하게 그릴 수 있습니다. 3점을 제외한 옵션을 사용하여 호를 작도할 경우에는 반드시 반시계 방향으로 정의해야 합니다.

 명령: ARC `Enter↵` [단축키: Ⓐ]

● **호를 그리는 기본 방법**

두 번째 점   P1
P2   시작점(S)
P3
끝점(E)

시작점(S)
P1
끝점(E)   P2
P3   두 번째 점

호의 시작점 지정 또는 [중심(C)]: **P1** 클릭
호의 두 번째 점 또는 [중심(C)/끝(E)] 지정: **P2** 클릭
호의 끝점 지정: **P3** 클릭

 호를 그리는 기본 방법은 '3점'입니다. 3점 호는 시계 방향이나 반시계 방향에 상관없이 그릴 수 있으며, 반드시 한 방향으로만 3점을 지정해야 합니다.

● **ARC 명령에서 가장 많이 사용하는 옵션**

• 시작점, 끝점, 반지름

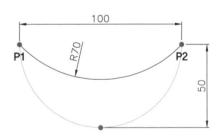

명령: ARC `Enter↵`
호의 시작점 지정 또는 [중심(C)]: ▶ 임의의 **P1** 클릭
호의 두 번째 점 또는 [중심(C)/끝(E)] 지정:
    @50,-50 `Enter↵`
호의 끝점 지정: **@50,50** `Enter↵`

명령: `Enter↵`
호의 시작점 지정 또는 [중심(C)]: **END** `Enter↵` ▶ **P1** 선택
호의 두 번째 점 또는 [중심(C)/끝(E)] 지정: **E** `Enter↵`
호의 끝점 지정: **END** `Enter↵` ▶ **P2** 선택
호의 중심점 지정 또는 [각도(A)/방향(D)/반지름(R)]: **R** `Enter↵`
호의 반지름 지정: **70** `Enter↵`

호 연습하기

바탕화면에 있는 'CAD연습도면' 폴더 안에 저장된 파일 '**연습-5**'를 불러옵니다.

명령: OPEN Enter↵ [단축키: Ctrl+O]

3점을 이용한 호 그리기

명령: ARC Enter↵
호의 시작점 지정 또는 [중심(C)]: END Enter↵ ▶ P1 선택
호의 두 번째 점 또는 [중심(C)/끝(E)] 지정: END Enter↵ ▶ P2 선택
호의 끝점 지정: END Enter↵ ▶ P3 선택

명령: Enter↵
　※ 같은 방법으로 나머지 세 곳도 완성합니다.

명령: ERASE Enter↵
객체 선택: ▶ 완성된 그림을 참조하여 필요 없는 선을 선택
객체 선택: 1개를 찾음, 총 8개 Enter↵

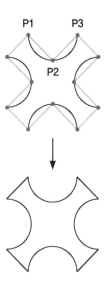

시작점, 끝점, 반지름을 이용한 호 그리기

※ 먼저 CIRCLE, LINE, OFFSET 명령을 이용하여 그림과 같이 도형을 그립니다. LINE 명령으로
　원(Ø80)에 십자선을 작도할 때 객체 스냅 사분점(QUAdrant)을 사용합니다.

명령: ARC Enter↵
호의 시작점 지정 또는 [중심(C)]: INT Enter↵ ▶ P1 선택
호의 두 번째 점 또는 [중심(C)/끝(E)] 지정: E Enter↵
호의 끝점 지정: INT Enter↵ ▶ P2 선택
호의 중심점 지정 또는 [각도(A)/방향(D)/반지름(R)]: R Enter↵
호의 반지름 지정: 40 Enter↵

※ 같은 방법으로 나머지 세 곳도 완성합니다. TRIM, ERASE 명령으로 최종적으로 완성합니다.

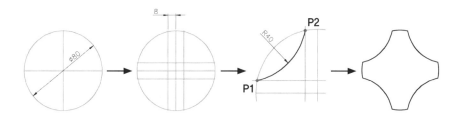

2 | 사각형(RECTANG) 그리기

RECTANG(RECTANGLE) 명령은 대각선 방향의 두 개 모서리점을 사용하여 폴리선(POLYLINE) 형태의 사각형을 그립니다.

명령: RECTANG, RECTANGLE Enter↵ [단축키: R E C]

● 사각형을 그리는 기본 방법

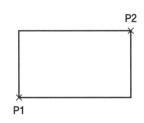
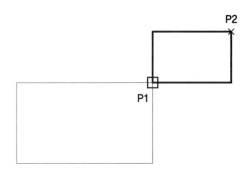

첫 번째 구석점 지정 또는 [모따기(C)/고도(E)/모깎기(F)/두께(T)/폭(W)]: **P1** 클릭
다른 구석점 지정 또는 [영역(A)/치수(D)/회전(R)]: **P2** 클릭

● RECTANG 명령 옵션

```
명령: RECTANG
첫 번째 구석점 지정 또는 [모따기(C)/고도(E)/모깎기(F)/두께(T)/폭(W)]:
□▾ RECTANG 다른 구석점 지정 또는 [ 영역(A) 치수(D) 회전(R) ]:
```

모따기(C)	사각형 4개의 모서리에 모따기를 추가하여 그립니다.
모깎기(F)	사각형 4개의 모서리에 필릿을 추가하여 그립니다.
폭(W)	폴리선인 사각형에 선 너비(두께)를 부여하여 그립니다.
회전(R)	설정된 회전각도에서 사각형이 그려집니다.

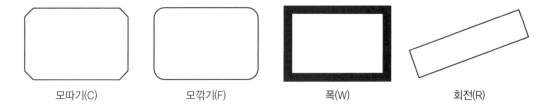

모따기(C)	모깎기(F)	폭(W)	회전(R)

 사각형은 폴리선(POLYLINE)으로 그려지기 때문에 한 개의 객체가 됩니다.
개별적인 객체로 분해하고자 한다면 EXPLODE [단축키: X] 명령을 실행하여 분해하고자 하는 객체를 선택하면 됩니다. 단, 사각형에 폭(W)이 있는 경우에는 분해를 하면 자동적으로 두께가 없어집니다.

❯ 좌표계를 사용한 사각형 작도하기

명령: RECTANG [Enter↵]
첫 번째 구석점 지정 또는 …: **30,20** [Enter↵]
다른 구석점 지정 또는 …: **@60,40** [Enter↵]

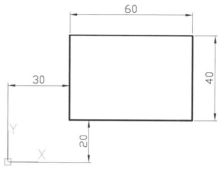

명령: [Enter↵]
첫 번째 구석점 지정 또는 …: **FROM** [Enter↵]
기준점: **END** [Enter↵] ▶ P1 선택
〈− 〈간격 띄우기〉: **@10,10** [Enter↵]
다른 구석점 지정 또는 …: **@40,20** [Enter↵]

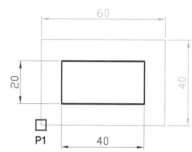

❯ 상대좌표를 사용하여 네 개의 코너에 사각형 작도하기

명령: [Enter↵]
첫 번째 구석점 지정 또는 …:
　　END [Enter↵] 〈− ▶ P2 선택
다른 구석점 지정 또는 …:
　　@30,20 [Enter↵]

명령: [Enter↵]
첫 번째 구석점 지정 또는 …:
　　END [Enter↵] 〈− ▶ P3 선택
다른 구석점 지정 또는 …:
　　@−30,20 [Enter↵]

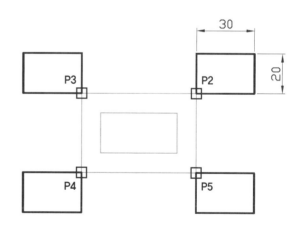

명령: [Enter↵]
첫 번째 구석점 지정 또는 …: **END** [Enter↵] 〈− ▶ P4 선택
다른 구석점 지정 또는 …: **@−30,−20** [Enter↵]

명령: [Enter↵]
첫 번째 구석점 지정 또는 …: **END** [Enter↵] 〈− ▶ P5 선택
다른 구석점 지정 또는 …: **@30,−20** [Enter↵]

3 | 모깎기(FILLET)하기

FILLET 명령은 객체의 바깥쪽 및 안쪽 모서리에 라운드를 추가하고자 할 때 사용되며, 기본적으로 라운드 추가와 동시에 선택된 객체가 트림이 됩니다.

 명령: FILLET [Enter↵] [단축키: [F]]

● **모깎기하는 기본적인 방법**

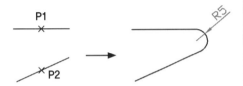

첫 번째 객체 선택 또는 [...반지름(R)...]:
    R [Enter↵]
모깎기 반지름 지정: 5 [Enter↵]
첫 번째 객체 선택: P1 선택
두 번째 객체 선택: P2 선택

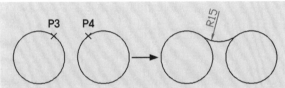

첫 번째 객체 선택 또는 [...반지름(R)...]: R [Enter↵]
모깎기 반지름 지정: 15 [Enter↵]
첫 번째 객체 선택: P3 선택
두 번째 객체 선택: P4 선택

● **FILLET 명령 옵션**

```
명령: FILLET
현재 설정: 모드 = 자르기, 반지름 = 0.0000
FILLET 첫 번째 객체 선택 또는 [명령 취소(U) 폴리선(P) 반지름(R) 자르기(T) 다중(M)]:
```

폴리선(P)	폴리선이나 폴리선 속성을 가진 객체만 선택이 가능하며 객체 모든 모서리를 한 번에 똑같은 반지름으로 필릿을 할 수 있습니다.
반지름(R)	필릿 반지름을 입력합니다.
자르기(T)	필릿 작업 시 선택된 두 개의 객체를 트림할 것인지 안할 것인지를 설정합니다.
다중(M)	1회성 작업이 아닌 똑같은 반지름값으로 계속적으로 필릿 작업을 할 수 있습니다.

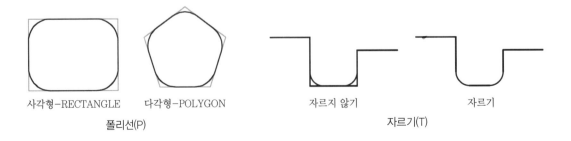

사각형–RECTANGLE   다각형–POLYGON   자르지 않기   자르기

         폴리선(P)   자르기(T)

모깎기 연습하기 1

바탕화면에 있는 'CAD연습도면' 폴더 안에 저장된 파일 **연습-5**를 불러옵니다.

명령: OPEN [Enter↵] [단축키: [Ctrl]+[O]]

⊗ 다중(M)을 사용하여 필릿하기

명령: FILLET [Enter↵]
첫 번째 객체 선택 또는 [...반지름(R)/자르기(T)/다중(M)]: **R** [Enter↵]
모깎기 반지름 지정: **6** [Enter↵]
첫 번째 객체 선택 또는 [...반지름(R)/자르기(T)/다중(M)]: **M** [Enter↵]
첫 번째 객체 선택 또는 [...반지름(R)/자르기(T)/다중(M)]: ▶ P1 선택
두 번째 객체 선택 또는 Shift 키... 또는 [반지름(R)]: ▶ P2 선택
      : ※ 같은 방법으로 나머지 세 곳 모서리도 선택합니다.
첫 번째 객체 선택 또는 [...반지름(R)/자르기(T)/다중(M)]: **R** [Enter↵]
모깎기 반지름 지정: **3** [Enter↵]
첫 번째 객체 선택 또는 [...반지름(R)/자르기(T)/다중(M)]: ▶ P3 선택
두 번째 객체 선택 또는 Shift 키... 또는 [반지름(R)]: ▶ P4 선택
      : ※ 같은 방법으로 나머지 일곱 곳 모서리도 선택합니다.
첫 번째 객체 선택 또는 [...반지름(R)/자르기(T)/다중(M)]: [Enter↵]

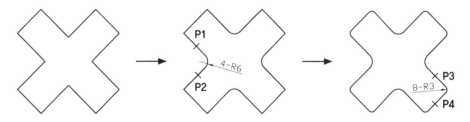

⊗ 폴리선(P)을 사용하여 필릿하기

RECTANGLE 명령으로 임의의 위치에 크기가 60×40인 직사각형을 작도합니다.

명령: FILLET [Enter↵]
첫 번째 객체 선택 또는 [...반지름(R)...]: **R** [Enter↵]
모깎기 반지름 지정: **10** [Enter↵]

첫 번째 객체 선택 또는 [...폴리선(P)...]: **P** Enter↵

2D 폴리선 선택 또는 [반지름(R)]: ▶ **P1** 선택

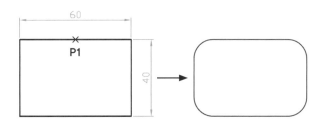

 모깎기 연습하기 2

바탕화면에 있는 'CAD연습도면' 폴더 안에 저장된 파일 **'연습-8'**을 불러온 후 위쪽 호 R60을 지웁니다.

명령: OPEN Enter↵ [단축키: Ctrl+O]

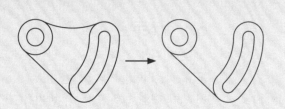

🔵 자르기(T) 모드를 사용하는 방법

- 일반적인 방법으로 필릿 작업 시 필요한 부분이 트림이 됩니다.

명령: FILLET Enter↵

첫 번째 객체 선택 또는 [...반지름(R)/자르기(T)...]: **R** Enter↵

모깎기 반지름 지정: **60** Enter↵

첫 번째 객체 선택 또는 [...]: ▶ **P1** 선택

두 번째 객체 선택 또는 ... 또는 [반지름(R)]: ▶ **P2** 선택

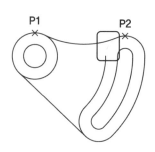

- 자르기 모드에서 '자르기 않기'를 적용하면 문제가 없어집니다.

명령: FILLET Enter↵

첫 번째 객체 선택 또는 [...반지름(R)/자르기(T)...]: **R** Enter↵

모깎기 반지름 지정: **60** Enter↵

첫 번째 객체 선택 또는 [...반지름(R)/자르기(T)...]: **T** Enter↵

자르기 모드 옵션 입력 [자르기(T)/자르지 않기(N)] 〈자르기〉: **N** Enter↵

첫 번째 객체 선택 또는 [...]: ▶ **P3** 선택

두 번째 객체 선택 또는 ... 또는 [반지름(R)]: ▶ **P4** 선택

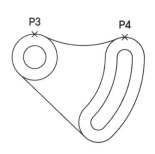

  자르기 모드에서 **자르기**가 적용되었다 하더라도 절대 원(Circle)은 트림이 되질 않습니다.

4 | 모따기(CHAMFER)하기

CHAMFER 명령은 객체의 바깥쪽 및 안쪽 모서리 부분에 경사진 선을 추가하고자 할 때 사용되며 기본적으로 경사진 선이 추가되면서 선택된 객체가 트림이 됩니다.

 명령: CHAMFER Enter↵ [단축키: CHA]

● 모따기하는 기본적인 방법

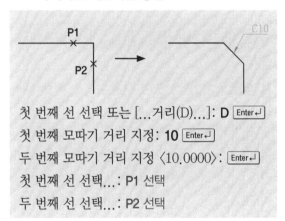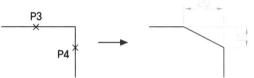

첫 번째 선 선택 또는 […거리(D)…]: **D** Enter↵
첫 번째 모따기 거리 지정: **10** Enter↵
두 번째 모따기 거리 지정 〈10.0000〉: Enter↵
첫 번째 선 선택…: **P1** 선택
두 번째 선 선택…: **P2** 선택

첫 번째 선 선택 또는 […거리(D)…]: **D** Enter↵
첫 번째 모따기 거리 지정: **20** Enter↵
두 번째 모따기 거리 지정: **10** Enter↵
첫 번째 선 선택…: **P3** 선택
두 번째 선 선택…: **P4** 선택

● CHAMFER 명령 옵션

```
× 명령: CHAMFER
  (자르기 모드) 현재 모따기 거리1 = 0.0000, 거리2 = 0.0000
  ▼ CHAMFER 첫 번째 선 선택 또는 [명령 취소(U) 폴리선(P) 거리(D) 각도(A) 자르기(T) 메서드(E) 다중(M)]:
```

폴리선(P)	폴리선이나 폴리선 속성을 가진 객체만 선택이 가능하며 객체 모든 모서리가 한 번에 모따기됩니다.
거리(D)	모서리 끝점으로부터 시작되는 첫 번째, 두 번째 모따기 거리값을 입력합니다.
각도(A)	모따기 끝점으로부터 시작되는 모따기 첫 번째 거리값과 두 번째 각도값을 입력합니다.
자르기(T)	모따기 작업 시 선택된 두 개의 객체를 트림할 것인지 안할 것인지를 설정합니다.
메서드(E)	모따기 작업 중에 적용 방식을 '거리(D)'나 '각도(A)'로 전환시킵니다.
다중(M)	1회성 작업이 아닌 똑같은 모따기값으로 계속적으로 작업할 수 있습니다.

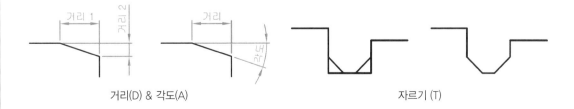

거리(D) & 각도(A)   자르기 (T)

모따기 연습하기

바탕화면에 있는 'CAD연습도면' 폴더 안에 저장된 파일 **연습-2**를 불러옵니다.

명령: OPEN [Enter↵] [단축키: Ctrl+O]

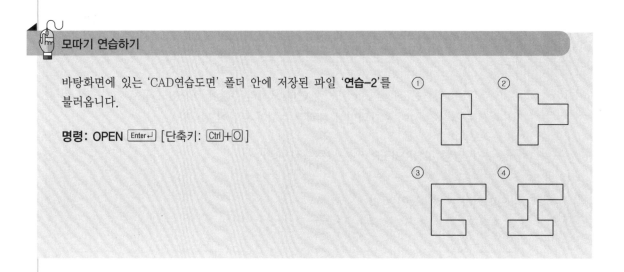

거리값을 사용하여 거리가 서로 다른 모따기하기

명령: CHAMFER [Enter↵]

첫 번째 선 선택 또는 [...거리(D)/각도(A)/자르기(T)/메서드(E)/다중(M)]: **D** [Enter↵]

첫 번째 모따기 거리 지정: **20** [Enter↵]

두 번째 모따기 거리 지정: **5** [Enter↵]

첫 번째 선 선택 또는 [...거리(D)/각도(A)...다중(M)]: **M** [Enter↵]

첫 번째 선 선택 또는 [...거리(D)/각도(A)...다중(M)]: ▶ 길이 20mm가 적용될 **P1** 선택

두 번째 선 선택 또는 Shift 키... 또는 [거리(D)...]: ▶ 길이 5mm가 적용될 **P2** 선택

: ※ 같은 방법으로 나머지 네 곳 모서리도 선택합니다.

첫 번째 선 선택 또는 [...거리(D)/각도(A)/자르기(T)/메서드(E)/다중(M)]: [Enter↵]

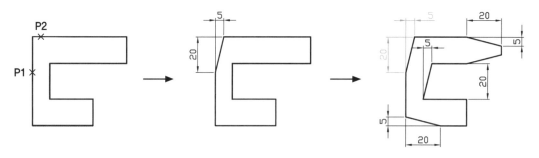

더 알기 거리나 각도로 모따기 작업 시 가로와 세로 길이가 서로 다른 경우에는 객체를 선택하는 순서가 중요합니다. 첫 번째 거리 입력값이 무조건 기준이 됩니다.

각도를 사용하여 서로 다른 기울기로 모따기하기

명령: CHAMFER [Enter↵]

첫 번째 선 선택 또는 [...거리(D)/각도(A)/자르기(T)/메서드(E)/다중(M)]: **A** [Enter↵]

첫 번째 선의 모따기 길이 지정: **20** [Enter↵]

첫 번째 선으로부터 모따기 각도 지정: **15** [Enter↵]

첫 번째 선 선택 또는 [...거리(D)/각도(A)...다중(M)]: **M** [Enter↵]

첫 번째 선 선택 또는 [...거리(D)/각도(A)...다중(M)]: ▶ 길이 20mm가 적용될 **P3** 선택

두 번째 선 선택 또는 Shift 키... 또는 [거리(D)...]: ▶ 각도 15°가 적용될 **P4** 선택

: ※ 같은 방법으로 나머지 여섯 곳 모서리도 선택합니다.

첫 번째 선 선택 또는 [...거리(D)/각도(A)/자르기(T)/메서드(E)/다중(M)]: [Enter↵]

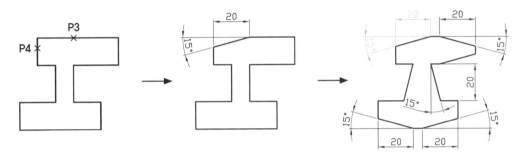

⊙ 메서드(E)를 사용하여 거리와 각도로 전환하여 모따기하기

방금 전 작업에 입력된 거리(20, 5)와 각도(20, 15°) 값은 다른 값으로 변경하지 않는 이상 현재 도면상에서는 계속 유효합니다.

명령: CHAMFER [Enter↵]

(자르기 모드) 현재 모따기 길이 = 20.0000, 각도 = 15 ◀ 방금 전 작업으로 각도가 적용된 상태

첫 번째 선 선택 또는 [...거리(D)/각도(A)/자르기(T)/메서드(E)/다중(M)]: **E** [Enter↵]

자르기 방법 입력 [거리(D)/각도(A)] 〈각도〉: **D** [Enter↵] ◀ 거리를 먼저 사용하겠습니다.

첫 번째 선 선택 또는 [...거리(D)/각도(A)...다중(M)]: **M** [Enter↵]

첫 번째 선 선택 또는 [...거리(D)/각도(A)...다중(M)]: ▶ 길이 20mm가 적용될 **P1** 선택

두 번째 선 선택 또는 Shift 키... 또는 [거리(D)...]: ▶ 길이 5mm가 적용될 **P2** 선택

첫 번째 선 선택 또는 [...거리(D)/각도(A)/자르기(T)/메서드(E)/다중(M)]: **E** [Enter↵]

자르기 방법 입력 [거리(D)/각도(A)] 〈거리〉: **A** [Enter↵] ◀ 이번에는 각도를 사용합니다.

첫 번째 선 선택 또는 [...거리(D)/각도(A)...]: ▶ 길이 20mm가 적용될 **P3** 선택

두 번째 선 선택 또는 Shift 키... 또는 [거리(D)...]: ▶ 각도 15°가 적용될 **P4** 선택

첫 번째 선 선택 또는 [...거리(D)/각도(A)/자르기(T)/메서드(E)/다중(M)]: [Enter↵]

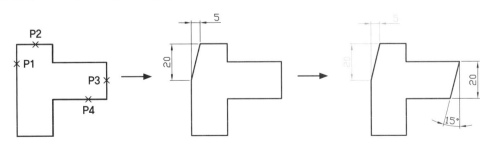

5 | 결합(JOIN)하기

JOIN 명령은 개별적인 객체들의 끝점을 결합하여 폴리선(단일 객체)으로 변경시킵니다.

명령: JOIN Enter↵ [단축키: J]

▶ 모든 모서리에 R5로 모깎기하기

명령: JOIN Enter↵
한 번에 결합할 원본 객체 또는 여러 객체 선택: ▶ 대략적인 **P1**과 **P2** 클릭(윈도우 박스 선택)
결합할 객체 선택: Enter↵
12개 객체가 1개 폴리선으로 변환되었습니다.

명령: FILLET Enter↵
첫 번째 객체 선택 또는 [...반지름(R)/자르기(T)/다중(M)]: **R** Enter↵
모깎기 반지름 지정: **5** Enter↵
첫 번째 객체 선택 또는 [...폴리선(P)/반지름(R)/자르기(T)/다중(M)]: **P** Enter↵
2D 폴리선 선택 또는 [반지름(R)]: ▶ **P3** 선택
12 선은(는) 모깎기됨

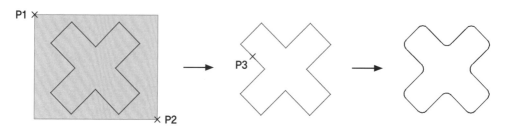

부분적으로 결합

객체를 선택적으로 일부분만 결합시켜
사용할 수도 있습니다.

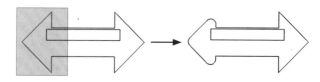

 객체를 선택하는 중에 필요 없는 객체를 선택한 경우에는 Shift 키를 누른 상태에서 다시 한
번 객체를 선택하면 해당 객체가 선택에서 제외됩니다.

6 | 분해(EXPLODE)하기

EXPLODE 명령은 폴리선(단일 객체) 속성을 가진 복합 객체를 개별적인 객체로 분해시킵니다.

 명령: EXPLODE Enter↵ [단축키: X]

폴리선(Pline)이나 폴리 속성을 가진 사각형(Rectangle), 다각형(Polygon) 도형 및 블록(Block), 영역(Boundary), 해칭(Bhatch), 치수 관련 명령으로 기입된 치수 등을 분해합니다.

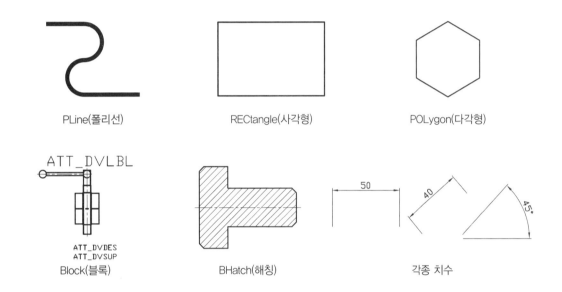

| PLine(폴리선) | RECtangle(사각형) | POLygon(다각형) |

Block(블록)   BHatch(해칭)   각종 치수

더 알기 분해가 된 경우 객체의 속성에 따라 색상이나 선가중치, 선종류가 다르게 변경될 수 있습니다.

A TXTEXP 명령

문자(SHX 글꼴 및 트루타입 글꼴)를 분해시키고자 할 때 사용하는 명령입니다. EXPLODE 명령으로는 MTEXT으로 기입된 문자를 DTEXT로만 분해가 되므로 개별적인 선 세그먼트로 분해하기 위해서는 TXTEXP 명령을 사용해야 합니다.

| AutoCAD 2020 기초와 실습 | AutoCAD 2020 기초와 실습 | AutoCAD 2020 기초와 실습 |

MTEXT 명령으로 입력   EXPLODE 명령으로 분해   TXTEXP 명령으로 분해

더 알기 TXTEXP 명령은 Express Tool이 설치되어야 사용할 수 있는 명령어입니다.

3단원정리 따라하기

아래 도면을 따라 그려보세요!

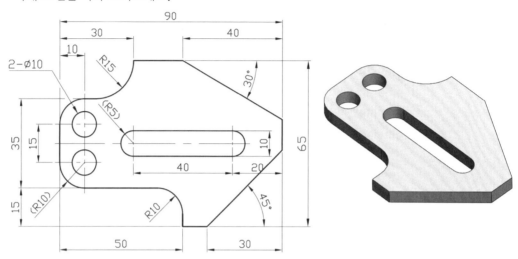

01 임의의 위치에 사각형(90×65)을 그리고 나서 분해시킵니다.

명령: RECTANGLE `Enter↵`
첫 번째 구석점 지정: ▶ 임의의 한 곳을 클릭
다른 구석점 지정: **@90,65** `Enter↵`

명령: EXPLODE `Enter↵`
객체 선택: ▶ 사각형을 선택하고 `Enter↵`

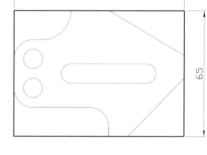

02 그림과 같이 총 네 개의 직선을 오프셋시킵니다.

명령: OFFSET `Enter↵`
간격 띄우기 거리 지정: **30** `Enter↵`
간격 띄우기할 객체 선택: ▶ P1 선택
간격 띄우기할 면의 점 지정: ▶ 임의의 점 P2 클릭
간격 띄우기할 객체 선택 〈종료〉: `Enter↵`
※ 같은 방법으로 나머지 세 곳도 오프셋합니다.

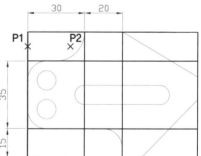

03 네 곳의 모서리에 모깎기를 합니다.

명령: FILLET `Enter↵`
첫 번째 객체 선택 또는 [...반지름(R)...]: R `Enter↵`
모깎기 반지름 지정: **10** `Enter↵`
첫 번째 객체 선택 또는 [...다중(M)]: M `Enter↵`

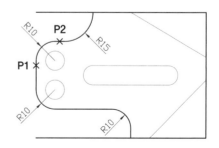

첫 번째 객체 선택: ▶ P1 선택 후 P2 선택

※ 같은 방법으로 나머지 세 곳도 필릿합니다.

04 모깎기를 이용하여 그림과 같이 트림합니다.

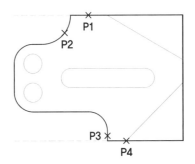

명령: Enter↵

첫 번째 객체 선택 또는 [...다중(M)]: **M** Enter↵

첫 번째 객체 선택: ▶ P1 선택

두 번째 객체 선택: ▶ Shift 클릭 상태로 P2 선택

첫 번째 객체 선택: ▶ P3 선택

두 번째 객체 선택: ▶ Shift 클릭 상태로 P4 선택

05 거리값을 사용하여 모따기를 합니다.

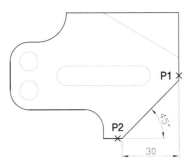

명령: CHAMFER Enter↵

첫 번째 선 선택 또는 [...거리(D)/각도(A)...]: **D** Enter↵

첫 번째 모따기 거리 지정: **30** Enter↵

두 번째 모따기 거리 지정 〈30.0000〉: Enter↵

첫 번째 선 선택: ▶ P1 선택

두 번째 선 선택: ▶ P2 선택

06 각도를 사용하여 모따기를 합니다.

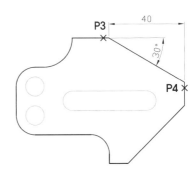

명령: Enter↵

첫 번째 선 선택 또는 [...거리(D)/각도(A)...]: **A** Enter↵

첫 번째 선의 모따기 길이 지정: **40** Enter↵

첫 번째 선으로부터 모따기 각도 지정: **30** Enter↵

첫 번째 선 선택: ▶ P3 선택 (※ 선택 순서 중요)

두 번째 선 선택: ▶ P4 선택

07 중간점을 선택하여 수평선을 그립니다.

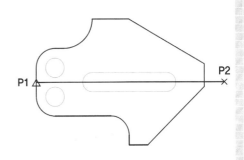

명령: LINE

첫 번째 점 지정: **MID** Enter↵ 〈─ ▶ P1 선택

다음 점 지정 또는 [명령 취소(U)]:

   ▶ F8(ORTHO) ON시키고 임의의 점 P2 클릭

다음 점 지정 또는 [명령 취소(U)]: Enter↵

08 그림과 같이 총 네 개의 직선을 오프셋시킵니다.

> **명령: OFFSET** Enter↵
>
> 간격 띄우기 거리 지정: **30** Enter↵
>
> 간격 띄우기할 객체 선택: ▶ P1 선택
>
> 간격 띄우기할 면의 점 지정: ▶ 임의의 점 P2
>
> 　　　클릭
>
> 간격 띄우기할 객체 선택 〈종료〉: Enter↵
>
> ※ 같은 방법으로 나머지 세 곳도 오프셋합니다.

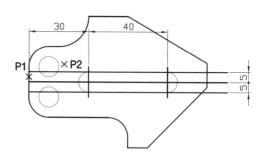

09 기준을 선택하여 트림합니다.

> **명령: TRIM** Enter↵
>
> 객체 선택 또는 〈모두 선택〉: ▶ P1 선택
>
> 객체 선택: ▶ P2 선택
>
> 객체 선택: Enter↵
>
> 자를 객체 선택: ▶ 그림과 같이 네 곳을 선택하여 트림
>
> 자를 객체 선택: Enter↵

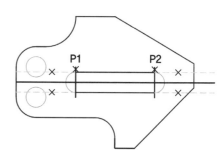

10 필요 없는 세 개의 직선을 삭제합니다.

> ▶ 그림과 같이 세 곳을 선택하고 Del키를 누릅니다.

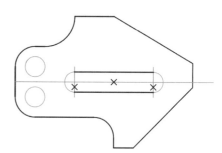

11 모깎기로 장공(SLOT)을 완성합니다.

> **명령: FILLET** Enter↵
>
> 첫 번째 객체 선택 또는 [...다중(M)]: **M** Enter↵
>
> 첫 번째 객체 선택: ▶ P1 선택
>
> 두 번째 객체 선택: ▶ P2 선택
>
> 첫 번째 객체 선택: ▶ P3 선택
>
> 두 번째 객체 선택: ▶ P4 선택
>
> 첫 번째 객체 선택: Enter↵

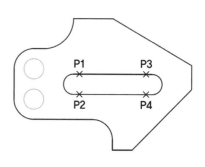

12 호의 중심 두 곳에 원 Ø10을 작도하여 완성합니다.

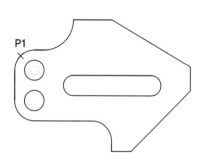

> **명령:** CIRCLE `Enter↵`
>
> 원에 대한 중심점 지정: **CEN** `Enter↵` 〈– ▶ P1 선택
>
> 원의 반지름 지정 또는 [지름(D)]: **D** `Enter↵`
>
> 원의 지름을 지정함: **10** `Enter↵`
>
> ※ 같은 방법으로 반대편에도 Ø10을 작도합니다.

13 면적을 확인하겠습니다. 면적을 쉽게 구하기 위해 객체를 결합합니다.

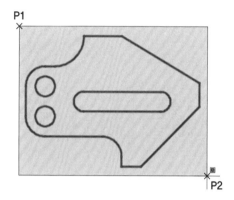

> **명령:** JOIN `Enter↵`
>
> 한 번에 결합할 원본 객체 또는 ...: ▶ 임의의 두
> 점을 그림과 같이 선택
>
> 결합할 객체 선택: `Enter↵`
>
> 17개 객체가 2개 폴리선으로 변환되었습니다.

14 바깥쪽 면적(1개)에서 안쪽 면적(3개)을 뺀 면적을 구합니다. [※전체 면적 = 3129.3256mm^2]

> **명령:** AREA `Enter↵`
>
> 첫 번째...[객체(O)/면적 추가(A)...]〈객체(O)〉: **A** `Enter↵`
>
> 첫 번째...[객체(O)/면적 빼기(S)]: **O** `Enter↵`
>
> (추가 모드) 객체 선택: ▶ P1 선택
>
> (추가 모드) 객체 선택: `Enter↵`
>
> 첫 번째...[객체(O)/면적 빼기(S)]: **S** `Enter↵`
>
> 첫 번째...[객체(O)/면적 추가(A)]: **O** `Enter↵`
>
> (빼기 모드) 객체 선택: ▶ P2 선택
>
> (빼기 모드) 객체 선택: ▶ P3 선택
>
> (빼기 모드) 객체 선택: ▶ P4 선택
>
> (빼기 모드) 객체 선택: `Enter↵`
>
> 첫 번째...[객체(O)/면적 추가(A)]: `Enter↵`

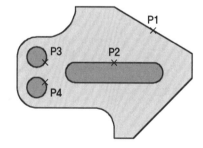

15 지금까지 작도한 도형을 바탕화면에 있는 'CAD연습도면' 폴더 안에 저장합니다.

> **명령:** SAVE `Enter↵` [단축키: `Ctrl`+`S`]

CAD연습도면 폴더에 파일 이름을 '**연습-12**'로 명명하여 저장합니다.

과제 1: 호와 모깎기의 차이점을 이해하기

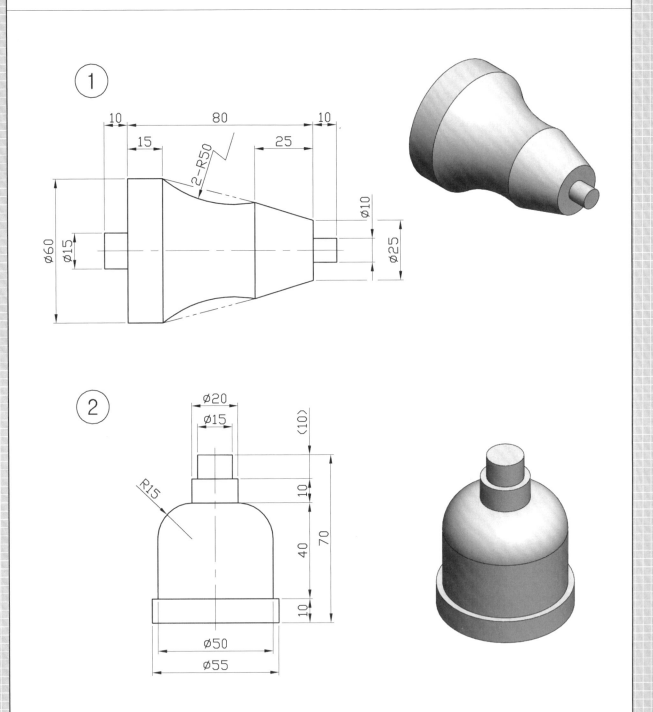

① ②

※ 작도한 도형을 바탕화면에 있는 'CAD연습도면' 폴더 안에 저장합니다.

명령: SAVE Enter↵ [단축키: Ctrl+S]

CAD연습도면 폴더에 파일 이름을 '**연습−13**'으로 명명하여 저장합니다.

과제 2: 모깎기와 모따기로 도형을 완성한 후 면적 구하기

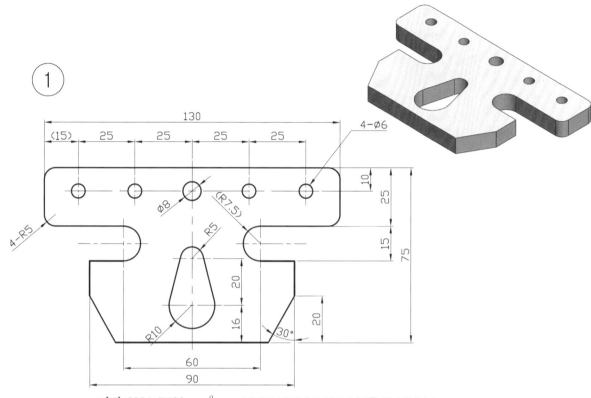

면적 6201.7480 mm² ※ 바깥쪽 면적에서 안쪽 면적을 뺀 값입니다.

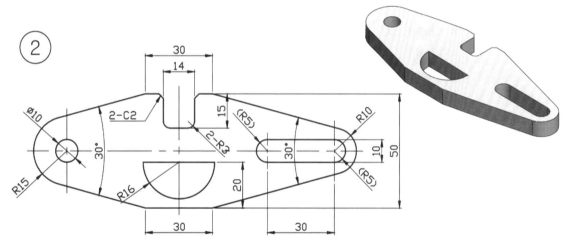

면적 4308.2303 mm² ※ 바깥쪽 면적에서 안쪽 면적을 뺀 값입니다.

※ 작도한 도형을 바탕화면에 있는 'CAD연습도면' 폴더 안에 저장합니다.

명령: SAVE Enter↵ [단축키: Ctrl+S]

CAD연습도면 폴더에 파일 이름을 '**연습-14**'로 명명하여 저장합니다.

과제 3: 모깎기와 모따기 편집 명령을 사용하여 그리기

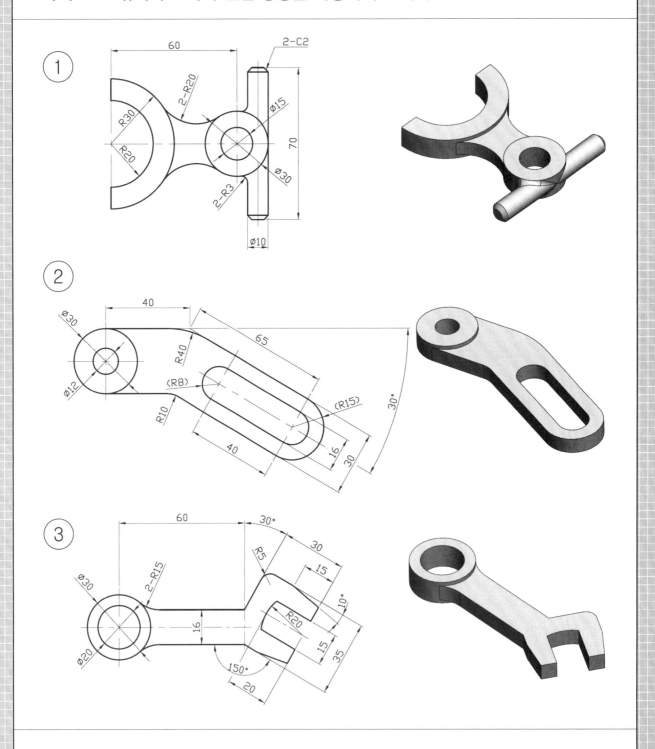

※ 작도한 도형을 바탕화면에 있는 'CAD연습도면' 폴더 안에 저장합니다.

명령: SAVE Enter↵ [단축키: Ctrl + S]

CAD연습도면 폴더에 파일 이름을 '**연습-15**'로 명명하여 저장합니다.

과제 4: 모깎기와 모따기 편집 명령을 사용하여 그리기

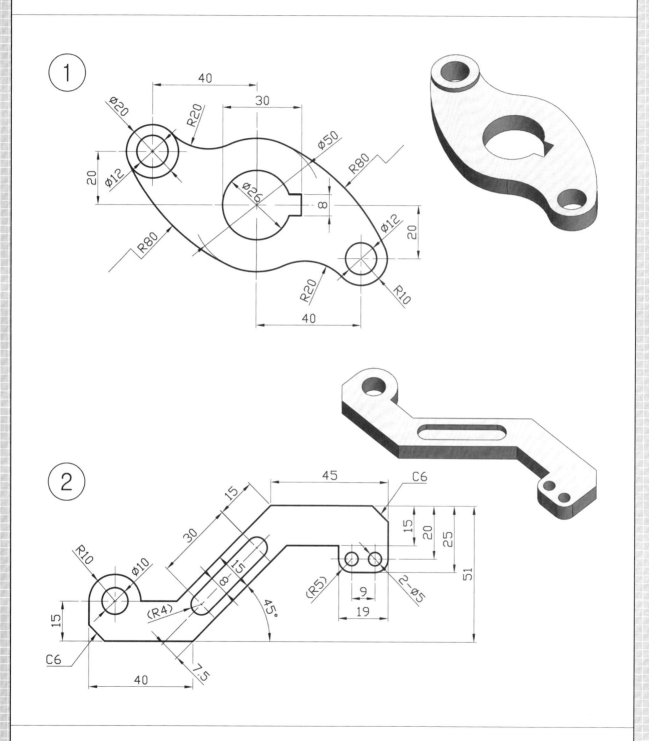

※ 작도한 도형을 바탕화면에 있는 'CAD연습도면' 폴더 안에 저장합니다.

　명령: SAVE Enter⏎ [단축키: Ctrl+S]

　CAD연습도면 폴더에 파일 이름을 '**연습-16**'으로 명명하여 저장합니다.

Question 좌표 필터가 무엇이며 어떻게 사용하나요?

좌표 필터란 한 번에 하나의 좌표값을 작도된 기존 객체의 위치에서 추출 하는 것으로 일반적으로 객체 스냅(OSNAP)과 함께 사용합니다.

 객체 스냅 대신 추출한 좌표값을 입력할 수 있습니다.

좌표 필터는 그리기 또는 수정 명령 내에서 점 입력에 대한 프롬프트가 나타날 경우에만 사용할 수 있으며 일반적으로 사각형의 중심을 지정하고자 할 때 사용됩니다.

[사용 방법]

그리기 또는 수정 명령 내에서 점 입력에 대한 프롬프트가 나타나면 제한하고자 하는 특정 좌표(X, Y, Z 문자 중 하나 이상)를 마침표를 입력한 다음 입력한 후 특정 위치를 객체 스냅으로 선택하고 남은 좌표도 같은 방법으로 작업을 수행하면 추출된 좌표가 결합되어 지정이 됩니다.

예) **.x .y .z .xy .yz**　※ Z값은 3D 좌표를 사용하고자 할 때 적용되므로 2D에서는 Z좌표는 사용할 필 요가 없습니다.

좌표 필터를 사용하여 직사각형 중심에 원을 작도하는 예

명령: **CIRCLE** Enter↵
원에 대한 중심점 지정 또는 [...]: **. X** Enter↵ ⟨ - **MID** Enter↵ ⟨ -
　▶ P1을 선택하여 X축 좌표를 추출
(YZ 필요): **MID** Enter↵ ⟨ -
　▶ P2를 선택하여 Y축 좌표를 추출
원의 반지름 지정 또는 [지름(D)]: ▶ 원의 크기 입력

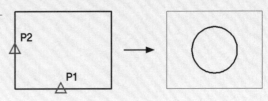

[다른 추출하는 방법]

좌표 필터 이외에도 'TRACKING(추적)' 또는 'AutoTrack(극좌표 추적 및 객체 스냅 추적)'을 사용하여 다른 객체와의 특정 관계 내에서 객체를 작도할 수 있습니다.

1. TRACKING(추적): 객체 스냅과 함께 사용해야 하며 추적을 실행하면 자동으로 잠시 직교 모드가 켜집니다. 사용 방법은 점 입력에 대한 프롬프트가 나타나면 TRACKING(=TRACK 또는 TK)을 입력하고 추적점을 두 개 이상 선택 후 Enter↵를 눌러 추적을 종료합니다. 그러면 추적된 점을 결합하여 단일 점이 지정됩니다.

2. AutoTrack(극좌표 추적 및 객체 스냅 추적): 객체 스냅과 함께 사용해야 하며 사용 방법은 F11키를 눌러 객체 스냅 추적을 ON시키고 추적할 점에 잠시 마우스 커서를 위치시켜 작은 더하기 기호(+)가 표시되면 그 +기호를 기준으로 추적 점선이 마우스 커서 위치에 따라 수평, 수직으로 표시됩니다. 추적할 점(+기호)을 두 개 이상 표시한 경우에는 추적 점선들 간에 교차된 부분을 선택할 수 있습니다.
극좌표 추적 F10을 사용하기 위해서는 DSETTINGS 명령을 실행시켜 극좌표 추적 탭에서 각도를 설정해야 합니다.

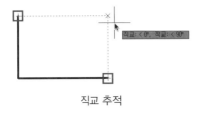

직교 추적

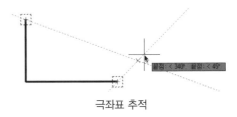

극좌표 추적

알기 쉬운 도형 이동 따라하기

5

이 장에서는 다음과 같은 내용을 배울 수 있습니다.

- 객체 선택 방법 익히기
- 복사(COPY)하기
- 이동(MOVE)하기
- 회전(ROTATE)하기
- 배열(ARRAY)하기

1 │ 객체 선택 방법 익히기

'**객체 선택(Select Object)**'은 편집(이동) 명령을 실행할 때 반드시 해야 할 작업으로 기본적으로 편집할 객체를 한 개씩 개별적으로 선택하거나 드래그하여 박스 형태로 선택할 수 있지만 이외에도 AutoCAD에는 다양한 선택 방법들이 존재합니다. 그 방법들 중 몇 가지만 익혀두어도 편집 속도가 빨라지고 도면 작업이 한결 수월해집니다.

 객체 선택 연습하기

바탕화면에 있는 'CAD연습도면' 폴더 안에 저장된 파일 '**연습-15**'를 불러옵니다.

명령: OPEN Enter⏎ [단축키: Ctrl+O]

윈도우(W)와 걸치기(C) 사용 방법

기본적으로 윈도우는 왼쪽에서 오른쪽으로 사각형을 정의하고 걸치기는 오른쪽에서 왼쪽으로 사각형을 정의해야만 사용할 수 있습니다. 그러나 편집 명령에서 W나 C를 입력하고 선택하면 방향에 상관없이 사용할 수 있습니다.

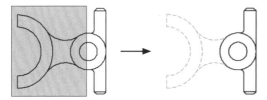
윈도우(W) 선택 상태
(파랑색 바탕의 실선 사각형이 표시됩니다.)

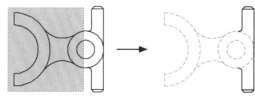
걸치기(C) 선택 상태
(초록색 바탕의 점선 사각형이 표시됩니다.)

편집 명령 ERASE(지우기), TRIM(자르기), EXTEND(연장), COPY(복사) 등을 사용해서 W와 C를 입력하여 선택 또는 W와 C를 입력하지 말고 윈도우와 걸치기로 선택하면서 차이점을 익히기 바랍니다.

▶ 선택한 객체를 제거하거나 추가하고자 할 때 [Shift]키를 사용

　객체를 선택하는 중에 일부분만 선택 해제하고자 할 때는 [Shift]키를 누른 상태로 개별 객체를 클릭하거나 윈도우 또는 걸치기로 여러 객체를 선택하면 됩니다. [Shift]키에서 손을 떼고 다시 객체를 개별 선택하거나 윈도우 또는 걸치기로 여러 객체를 선택하면 추가가 됩니다.

명령: COPY [Enter↵]
객체 선택: 21개를 찾음　▶ 복사할 객체를 A와 같이 윈도우나 걸치기로 모두 선택
객체 선택: 6개를 찾음, 6개 제거됨, 총 15개　▶ [Shift]키를 누른 상태로 C와 같이 걸치기로 선택
객체 선택: [Enter↵]
기본점 지정 또는 [변위(D)/모드(O)] 〈변위〉:　▶ E와 같이 임의의 위치 P1 클릭
두 번째 점 지정 또는 [배열(A)] 〈첫 번째 점을 변위로 사용〉:　▶ E와 같이 임의의 위치 P2 클릭
두 번째 점 지정 또는 [배열(A)/종료(E)/명령 취소(U)] 〈종료〉: [Enter↵]

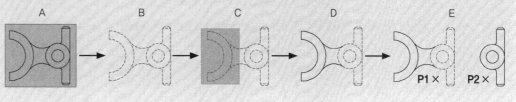

 선택된 모든 객체를 선택 해제하고자 할 경우에는 [Esc]키를 누르면 됩니다. 단, 현재 사용 중인 명령이 종료됩니다.

▶ 모두(ALL) 사용 방법

　도면상에 그린 모든 객체가 한꺼번에 선택이 되기 때문에 전체 이동이나 복사 또는 지우고자 할 때 사용할 수 있습니다.

명령: ERASE [Enter↵]
객체 선택: **ALL** [Enter↵] 51개를 찾음
객체 선택: [Enter↵]

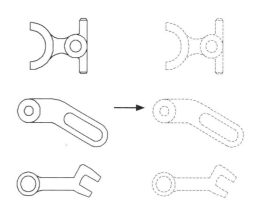

 TRIM(자르기)나 EXTEND(연장) 명령 사용 시 전체를 기준으로 선택할 경우에는 '**객체 선택 또는 〈모두 선택〉:**' 항목에서 [Enter↵]키를 누르면 되기 때문에 따로 '**모두(ALL)**'를 입력할 필요가 없습니다.

이전(P) 사용 방법

가장 마지막 작업에서 한꺼번에 선택한 객체를 다시 한 번 신속하게 재선택을 해주기 때문에 이동이나 복사하고자 할 때 많이 사용됩니다.

명령: MOVE `Enter↵`

객체 선택: ▶ 그림과 같이 윈도우 박스로 선택

객체 선택: `Enter↵`

기준점 지정 또는 [변위(D)] 〈변위〉: ▶ 임의의 점 **P1** 클릭 (이동 시 기준이 되는 점)

두 번째 점 지정 또는 〈첫 번째 점을 변위로 사용〉: ▶ 임의의 점 **P2** 클릭

명령: COPY `Enter↵`

객체 선택: **P** `Enter↵`

객체 선택: `Enter↵`

기본점 지정 또는 [변위(D)/모드(O)] 〈변위〉: ▶ 임의의 점 **P3** 클릭 (복사 시 기준이 되는 점)

두 번째 점 지정 또는 [배열(A)] 〈첫 번째 점을 변위로 사용〉: ▶ 임의의 점 **P4** 클릭

두 번째 점 지정 또는 [배열(A)/종료(E)/명령 취소(U)] 〈종료〉: ▶ 임의의 점 **P5** 클릭

두 번째 점 지정 또는 [배열(A)/종료(E)/명령 취소(U)] 〈종료〉: `Enter↵`

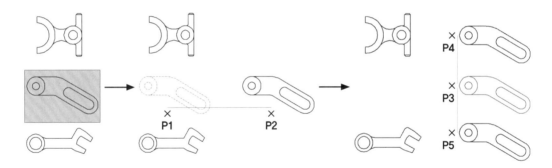

윈도우 폴리곤(WP)과 걸침 폴리곤(CP) 사용 방법

기본적인 선택 결과는 윈도우(W)와 걸치기(C)와 같지만 영역 설정을 사각형이 아닌 다각형(폴리곤) 형태로 해야 하기 때문에 최소 3점 이상을 선택하여 영역을 만들어야 합니다.

윈도우 폴리곤(WP) 선택 상태
(파랑색 바탕의 실선 다각형이 표시됩니다.)

걸침 폴리곤(CP) 선택 상태
(초록색 바탕의 점선 다각형이 표시됩니다.)

울타리(F) 사용 방법

점선에 걸쳐진 객체만 선택이 되며 두 가지 방법으로 울타리를 사용할 수 있습니다. 드래그(Drag) 또는 단일 선을 작도하는 것처럼 선을 그리는 방법입니다.

• 드래그(Drag)하여 선택

명령: ERASE Enter↵
객체 선택: **F** Enter↵
첫 번째 울타리 점 또는 선택/끌기 커서 지정: ▶ 그림과 같이 **P1**에서 **P2**까지 드래그
객체 선택: Enter↵

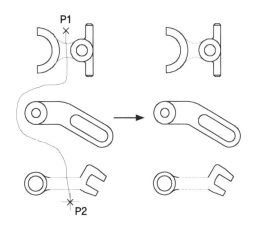

• 단일 선 작도 방식으로 선택

명령: ERASE Enter↵
객체 선택: **F** Enter↵
첫 번째 울타리 점 또는 선택/끌기 커서 지정: ▶ 그림과 같이 **P1**에서 **P6**까지 순차적으로 클릭
다음 울타리 점 지정 또는 [명령 취소(U)]: Enter↵
객체 선택: Enter↵

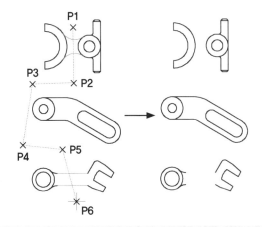

  울타리(F)를 단일 선 작도 방식으로 선택시에는 가급적 F3(OSNAP)과 F8(ORTHO)를 OFF시키고 사용하는 것이 좋습니다.

2 | 복사(COPY)하기

COPY 명령은 입력된 거리와 지정된 방향으로 객체를 복사시킵니다.

명령: COPY [Enter↵] [단축키: ⓒⓄ or ⓒⓅ]

● **복사하는 기본적인 방법**

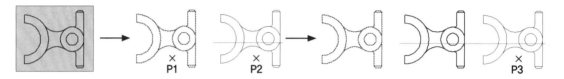

객체 선택: ▶ 복사할 객체를 그림과 같이 윈도우 박스로 선택

객체 선택: [Enter↵]

기본점 지정: ▶ 임의의 점 **P1** 클릭 (복사 시 기준이 되는 점)

두 번째 점 지정: ▶ 임의의 점 **P2** 클릭

두 번째 점 지정: ▶ 임의의 점 **P3** 클릭

두 번째 점 지정: [Enter↵]

● **COPY 명령 옵션**

```
객체 선택:
현재 설정:   복사 모드 = 다중(M)
⚙▼ COPY 기본점 지정 또는 [변위(D) 모드(O)] <변위>:
```

변위(D)	좌표를 사용하여 복사합니다. 입력된 좌표 값은 자동으로 상대좌표로 인식합니다.
모드(O)	복사를 한 번(단일)만 적용할 것인지 아니면 계속적(다중)으로 적용할 것인지를 설정합니다. 기본 모드는 다중으로 설정되어 있습니다.

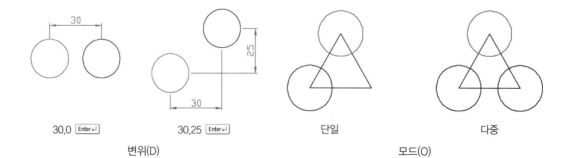

30,0 [Enter↵]	30,25 [Enter↵]	단일	다중
변위(D)		모드(O)	

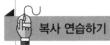

복사 연습하기

스냅점을 사용하여 복사하기

명령: COPY Enter↵

객체 선택: ▶ 복사할 객체를 그림과 같이 윈도우 박스로 선택

객체 선택: Enter↵

현재 설정: 복사 모드 = 다중(M)

기본점 지정 또는 [변위(D)/모드(O)] 〈변위〉: CEN Enter↵ 〈─ ▶ 복사 시 기준이 되는 P1 선택

두 번째 점 지정 또는 [배열(A)] 〈첫 번째 점을 변위로 사용〉: CEN Enter↵ 〈─ ▶ P2 선택

두 번째 점 지정 또는 [배열(A)/종료(E)/명령 취소(U)] 〈종료〉: CEN Enter↵ 〈─ ▶ P3 선택

두 번째 점 지정 또는 [배열(A)/종료(E)/명령 취소(U)] 〈종료〉: Enter↵

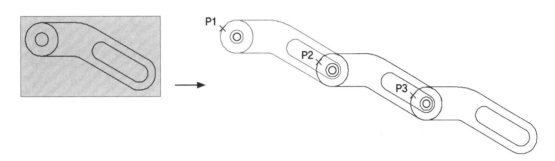

좌표값을 사용하여 복사하기

명령: COPY Enter↵

객체 선택: ▶ 복사할 객체를 그림과 같이 윈도우 박스로 선택

객체 선택: Enter↵

기본점 지정 또는 [변위(D)/모드(O)] 〈변위〉: D Enter↵

변위 지정: 130,0 Enter↵

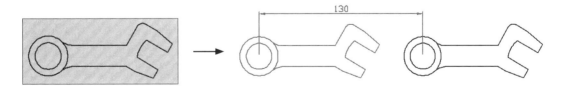

 변위 대신 기준점을 지정 한 후 상대좌표(@130,0)를 입력할 수도 있습니다.

3 │ 이동(MOVE)하기

MOVE 명령은 입력된 거리와 지정된 방향으로 객체를 이동시킵니다.

 명령: MOVE [Enter↵] [단축키: M]

● 이동하는 기본적인 방법

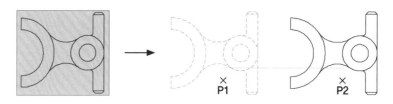

객체 선택: ▶ 이동할 객체를 그림과 같이 윈도우 박스로 선택

객체 선택: [Enter↵]

기준점 지정: ▶ 임의의 점 P1 클릭 (이동 시 기준이 되는 점)

두 번째 점 지정: ▶ 임의의 점 P2 클릭

● MOVE 명령 옵션

```
× 객체 선택:
  기준점 지정 또는 [변위(D)] <변위>:
🔧 ⌨▼ MOVE 두 번째 점 지정 또는 <첫 번째 점을 변위로 사용>:
```

변위(D)	좌표를 사용하여 이동합니다. 입력된 좌표값은 자동으로 상대좌표로 인식합니다.

 이동 연습하기

> 스냅점을 사용하여 이동하기

명령: MOVE [Enter↵]

객체 선택: ▶ 도형 안쪽에 있는 이동할 객체(네 개)를 선택

객체 선택: [Enter↵]

기준점 지정 또는 [변위(D)] ⟨변위⟩: CEN [Enter↵]

  ⟨- ▶ P1 선택

두 번째 점 지정: CEN [Enter↵] ⟨- ▶ P2 선택

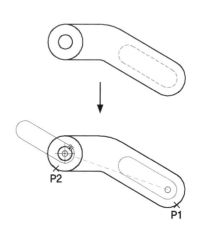

🔘 변위(D) 옵션을 사용하여 이동하기

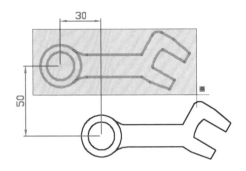

명령: MOVE Enter↵

객체 선택: ▶ 이동할 객체를 윈도우 박스로 선택

객체 선택: Enter↵

기준점 지정 또는 [변위(D)] 〈변위〉: D Enter↵

변위 지정: 30,−50 Enter↵

🔘 상대 좌표값를 사용하여 이동하기

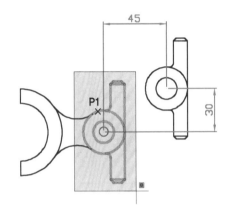

명령: MOVE Enter↵

객체 선택: ▶ 이동할 객체를 윈도우 박스로 선택

객체 선택: Enter↵

기준점 지정 또는 [변위(D)] 〈변위〉: CEN Enter↵

　〈− ▶ P1 선택 (이동 시 기준이 되는 점)

두 번째 점 지정…: @45,30 Enter↵

🔘 상대 극좌표값를 사용하여 이동하기

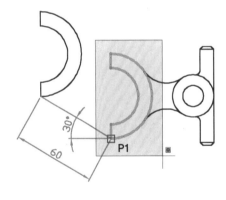

명령: MOVE Enter↵

객체 선택: ▶ 이동할 객체를 윈도우 박스로 선택

기준점 지정 또는 [변위(D)] 〈변위〉: END Enter↵

　〈− ▶ P1 선택 (이동 시 기준이 되는 점)

두 번째 점 지정…: @60〈150 Enter↵

4 │ 회전(ROTATE)하기

ROTATE 명령은 회전축이 되는 점을 중심으로 입력된 각도만큼 객체를 회전시킵니다.

 명령: ROTATE Enter↵ [단축키: R O]

● 회전하는 기본적인 방법

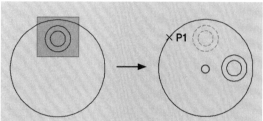 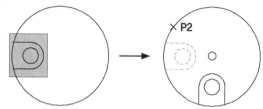

객체 선택: ▶ 복사할 객체를 윈도우 박스로 선택

객체 선택: [Enter↵]

기준점 지정: CEN [Enter↵] 〈─ P1 선택

회전 각도 지정: −90 [Enter↵] ▶ 시계 방향 회전

객체 선택: ▶ 복사할 객체를 윈도우 박스로 선택

객체 선택: [Enter↵]

기준점 지정: CEN [Enter↵] 〈─ P2 선택

회전 각도 지정: 90 [Enter↵] ▶ 시계 반대 방향 회전

● ROTATE 명령 옵션

```
객체 선택:
기준점 지정:
↻▼ ROTATE 회전 각도 지정 또는 [복사(C) 참조(R)] <0>:
```

복사(C)	회전하기 위해 선택한 객체(원본)를 남겨둔 상태에서 사본이 생성됩니다.
참조(R)	현재 객체를 다른 객체가 가지고 있는 각도를 이용하여 상대적인 각도로 회전시키거나 현재 객체에 지정된 각도를 새로운 절대 각도로 회전시켜 재정렬시킬 수 있습니다.

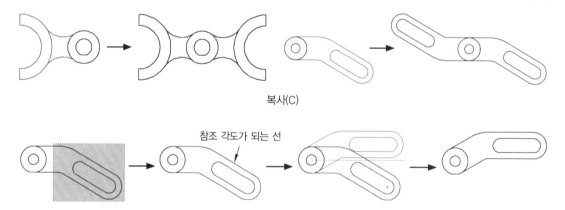

복사(C)

참조 각도가 되는 선

참조(R)

 회전 연습하기

바탕화면에 있는 'CAD연습도면' 폴더 안에 저장된 파일 '**연습-8**'을 불러옵니다.

명령: OPEN [Enter↵] [단축키: [Ctrl]+[O]]

각도를 입력하여 회전하기

명령: ROTATE [Enter↵]

객체 선택: ▶ 걸치기(P1 클릭 후 P2 클릭)로 선택   ※ 걸치기는 오른쪽에서 왼쪽으로 드래그해야 합니다.

객체 선택: [Enter↵]

기준점 지정: CEN [Enter↵] ⟨─ ▶ P3 선택

회전 각도 지정 또는 [복사(C)/참조(R)]: 120 [Enter↵]

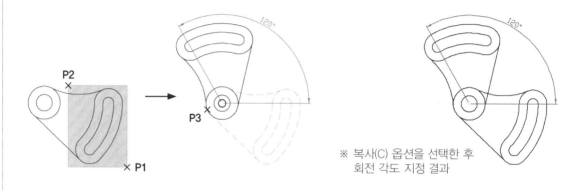

※ 복사(C) 옵션을 선택한 후
   회전 각도 지정 결과

참조(R)를 사용하여 경사진 부분을 수평하게 회전하기(절대 각도)

명령: ROTATE [Enter↵]

객체 선택: ▶ 걸치기(P1 클릭 후 P2 클릭)로 선택

객체 선택: [Enter↵]

기준점 지정: CEN [Enter↵] ⟨─ ▶ P3 선택

회전 각도 지정 또는 [복사(C)/참조(R)] ⟨0⟩: R [Enter↵]

참조 각도를 지정 ⟨0⟩: END [Enter↵] ⟨─ ▶ P4 선택

두 번째 점을 지정: END [Enter↵] ⟨─ ▶ P5 선택

새 각도 지정 또는 [점(P)]: 0 [Enter↵]

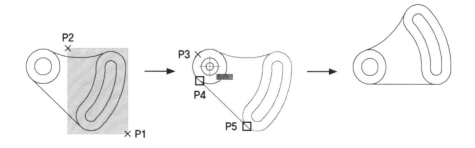

5 | 배열(ARRAY)하기

ARRAY 명령은 객체를 일정한 간격의 행과 열로 배열하는 **직사각형** 배열과 기준축을 중심으로 회전시켜 배열하는 **원형** 배열이 있습니다. 배열 명령어는 AutoCAD 버전에 따라 여러 가지가 추가되었는데, −ARRAY 및 ARRAYCLASSIC 그리고 ARRAY(ARRAYRECT, ARRAYPOLAR, ARRAYPATH) 등의 명령이 있습니다.

명령: **−ARRAY** [Enter↵] **[단축키: −AR]**   ※ 가장 기본적인 배열 명령입니다.

● **배열하는 기본적인 방법**

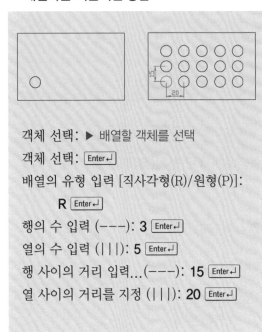

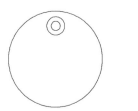
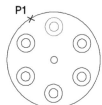

객체 선택: ▶ 배열할 객체를 선택
객체 선택: [Enter↵]
배열의 유형 입력 [직사각형(R)/원형(P)]:
　　R [Enter↵]
행의 수 입력 (−−−): **3** [Enter↵]
열의 수 입력 (|||): **5** [Enter↵]
행 사이의 거리 입력...(−−−): **15** [Enter↵]
열 사이의 거리를 지정 (|||): **20** [Enter↵]

객체 선택: ▶ 배열할 객체를 선택
객체 선택: [Enter↵]
배열의 유형 입력 [직사각형(R)/원형(P)]:
　　P [Enter↵]
배열의 중심점 지정...: **CEN** [Enter↵] 〈− P1 선택
배열에서 항목 수 입력: **6** [Enter↵]
채울 각도 지정 (...) 〈360〉: [Enter↵]
배열된 객체를 회전하겠습니까? [예(Y)...] 〈Y〉:
　　[Enter↵]

● **−ARRAY 명령 옵션**

```
명령: −ARRAY
객체 선택: 1개를 찾음
品▼ −ARRAY 객체 선택:  배열의 유형 입력 [직사각형(R) 원형(P)] <P>:
```

직사각형(R)	선택된 객체를 행과 열로 입력된 개수와 거리만큼 다수의 사본을 생성하여 배열합니다.
원형(P)	선택된 객체를 중심점(회전축)을 기준으로 입력된 개수와 각도만큼 배열합니다.

직사각형(R)	행의 수	: Y축 방향의 배열 개수를 입력합니다. (0이 아닌 정수를 입력)
	열의 수	: X축 방향의 배열 개수를 입력합니다. (0이 아닌 정수를 입력)
	행 사이의 거리	: Y축 방향으로 등간격 거리값을 입력합니다. 음(−)의 값으로 거리값을 입력한 경우 아래 방향으로 배열됩니다.
	열 사이의 거리	: X축 방향으로 등간격 거리값을 입력합니다. 음(−)의 값으로 거리값을 입력한 경우 왼쪽 방향으로 배열됩니다.
원형(P)	배열의 중심점	: 회전 중심 위치가 됩니다. (스냅하거나 상대좌표를 입력)
	기준	: 배열의 중심점으로부터 일정한 거리를 유지할 수 있도록 객체의 기준점을 변경합니다.
	배열의 항목 수	: 원형 배열될 총 개수를 입력합니다.
	채울 각도	: 배열 범위로 지정될 전체 각도를 입력합니다. 양(+)의 각도값은 시계 반대 방향으로 배열되고 음(−)의 각도값은 시계 방향으로 배열됩니다.
	객체를 회전	: 객체 자신도 배열의 중심점을 기준으로 회전될 것인지 아니면 객체가 가지고 있는 방향성을 유지하며 회전될 것인지를 제어합니다.

더 알기 배열되는 개수는 원본을 포함한 개수를 입력해야만 합니다.

배열 연습하기

직사각형 배열하기-1(행으로만 배열)

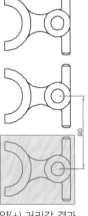

명령: **−ARRAY** Enter↵

객체 선택: ▶ 윈도우 박스로 선택

객체 선택: Enter↵

배열의 유형 입력 [직사각형(R)/원형(P)] ⟨P⟩: **R** Enter↵

행의 수 입력 (−−−) ⟨1⟩: **3** Enter↵

열의 수 입력 (|||) ⟨1⟩ Enter↵

행 사이의 거리 입력 또는 단위 셀 지정 (−−−): **80** Enter↵

※ 행 사이의 거리 입력을 −80으로 입력하면 아래로 배열됩니다.

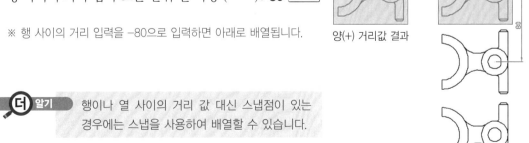

양(+) 거리값 결과

음(−) 거리값 결과

더 알기 행이나 열 사이의 거리 값 대신 스냅점이 있는 경우에는 스냅을 사용하여 배열할 수 있습니다.

▶ 직사각형 배열하기-2(열로만 배열)

명령: **–ARRAY** `Enter↵`
객체 선택: ▶ 윈도우 박스로 선택
객체 선택: `Enter↵`
배열의 유형 입력 [직사각형(R)/원형(P)] 〈P〉: **R** `Enter↵`
행의 수 입력 (–––) 〈1〉: `Enter↵`
열의 수 입력 (||||) 〈1〉 **4** `Enter↵`
열 사이의 거리를 지정 (||||): **100** `Enter↵`

※ 열 사이의 거리 입력을 –100으로 입력하면 왼쪽으로 배열됩니다.

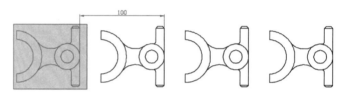

양(+) 거리값 결과

음(–) 거리값 결과

▶ 직사각형 배열하기-3(열과 행 동시에 배열)

명령: **–ARRAY** `Enter↵`
객체 선택: ▶ 윈도우 박스로 선택
객체 선택: `Enter↵`
배열의 유형 입력 [직사각형(R)/원형(P)] 〈P〉: **R** `Enter↵`
행의 수 입력 (–––) 〈1〉: **2** `Enter↵`
열의 수 입력 (||||) 〈1〉: **4** `Enter↵`
행 사이의 거리 입력 또는 단위 셀 지정 (–––): **80** `Enter↵`
열 사이의 거리를 지정 (||||): **100** `Enter↵`

> **더 알기** '**행 사이의 거리 입력 또는 단위 셀 지정 (–––):**'에서 기준 스냅점을 선택하고 상대좌표(@ X,Y)를 입력하거나 마우스 커서를 대각선 방향으로 지정하면 행과 열 사이의 거리가 동시에 적용됩니다.

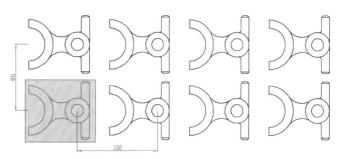

행과 열 모두 양(+) 거리값 결과

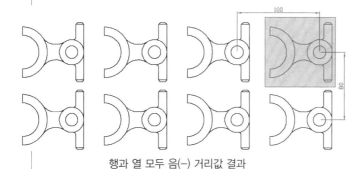

행과 열 모두 음(−) 거리값 결과

원형 배열하기−1(360도 배열)

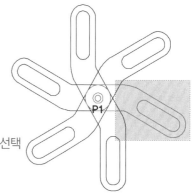

명령: **−ARRAY** Enter↵

객체 선택: ▶ 걸치기로 그림과 같이 선택

객체 선택: Enter↵

배열의 유형 입력 [직사각형(R)/원형(P)] ⟨R⟩: **P** Enter↵

배열의 중심점 지정 또는 [기준(B)]: **CEN** Enter↵ ⟨− ▶ P1 선택

배열에서 항목 수 입력: **6** Enter↵

채울 각도 지정 (...) ⟨360⟩: Enter↵

배열된 객체를 회전하겠습니까? [예(Y)...] ⟨Y⟩: Enter↵

원형 배열하기−2(180도 배열)

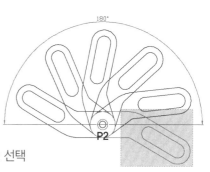

명령: **−ARRAY** Enter↵

객체 선택: ▶ 걸치기로 그림과 같이 선택

객체 선택: Enter↵

배열의 유형 입력 [직사각형(R)/원형(P)] ⟨R⟩: **P** Enter↵

배열의 중심점 지정 또는 [기준(B)]: **CEN** Enter↵ ⟨− ▶ P2 선택

배열에서 항목 수 입력: **6** Enter↵

채울 각도 지정 (...) ⟨360⟩: **180** Enter↵

배열된 객체를 회전하겠습니까? [예(Y)...] ⟨Y⟩: Enter↵

CIRCLE 명령으로 지름 150mm인 원을 그림과 같이 작도합니다.

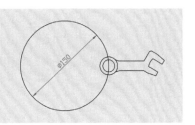

원형 배열하기-3(객체 회전을 하지 않을 때)

명령: −ARRAY `Enter↵`

객체 선택: ▶ 윈도우 박스로 선택

객체 선택: `Enter↵`

배열의 유형 입력 [직사각형(R)/원형(P)] ⟨R⟩: P `Enter↵`

배열의 중심점 지정 또는 [기준(B)]: CEN `Enter↵` ⟨− ▶ P3 선택

배열에서 항목 수 입력: 3 `Enter↵`

채울 각도 지정 (…) ⟨360⟩: −180 `Enter↵`

배열된 객체를 회전하겠습니까? [예(Y)/아니오(N)]: N `Enter↵`

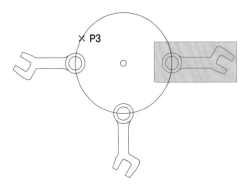

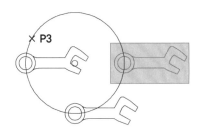

객체 회전 예(Y) 결과   객체 회전 아니오(N) 결과

원형 배열하기-4(기준점 변경)

명령: −ARRAY `Enter↵`

객체 선택: ▶ 윈도우 박스로 선택

객체 선택: `Enter↵`

배열의 유형 입력 [직사각형(R)/원형(P)] ⟨R⟩: P `Enter↵`

배열의 중심점 지정 또는 [기준(B)]: B `Enter↵`

객체의 기준점 지정: END `Enter↵` ⟨− ▶ P4 선택

배열의 중심점 지정: CEN `Enter↵` ⟨− ▶ P5 선택

배열에서 항목 수 입력: 3 `Enter↵`

채울 각도 지정 (…) 〈360〉: **−180** Enter↵
배열된 객체를 회전하겠습니까? [...아니오(N)]: **N** Enter↵

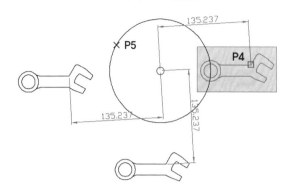

 객체의 기준점을 선택하면 배열의 중심점으로부터 일정한 거리를 유지하여 배열이 됩니다.

원형 배열하기−5(배열 항목 수 생략 시)

명령: **−ARRAY** Enter↵
객체 선택: ▶ 윈도우 박스로 선택
객체 선택: Enter↵
배열의 유형 입력 [직사각형(R)/원형(P)] 〈R〉: **P** Enter↵
배열의 중심점 지정 또는 [...]: **CEN** Enter↵ 〈−▶ P6 선택
배열에서 항목 수 입력: Enter↵
채울 각도 지정 (…) 〈360〉: **−180** Enter↵
항목 사이의 각도: **30** Enter↵
배열된 객체를 회전하겠습니까? [예(Y)...] 〈Y〉: Enter↵

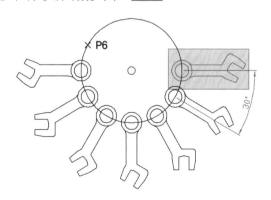

 배열 개수를 생략하면 **항목 사이의 각도**가 표시됩니다.

단원 정리 따라하기

아래 도면을 따라 그려보세요!

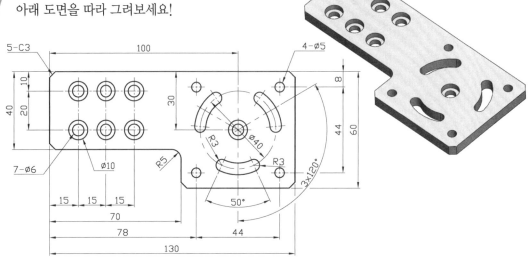

01 임의의 위치에 사각형(130×60)을 그리고 나서 분해시킵니다.

명령: RECTANGLE Enter↵

첫 번째 구석점 지정: ▶ 임의의 한 곳을 클릭

다른 구석점 지정: **@130,60** Enter↵

명령: EXPLODE Enter↵

객체 선택: ▶ 사각형을 선택하고 Enter↵

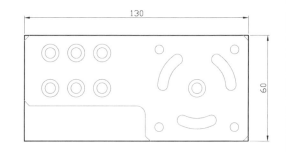

02 그림과 같이 총 두 개의 직선을 오프셋시킵니다.

명령: OFFSET Enter↵

간격 띄우기 거리 지정: **40** Enter↵

간격 띄우기할 객체 선택: ▶ P1 선택

간격 띄우기할 면의 점 지정: ▶ 임의의 점

    P2 클릭

간격 띄우기할 객체 선택 〈종료〉: Enter↵

※ 같은 방법으로 나머지 한 곳도 오프셋합니다.

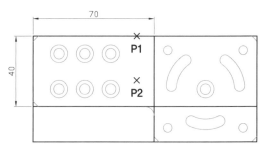

03 총 다섯 곳의 모서리에 모따기를 합니다.

명령: CHAMFER Enter↵

첫 번째 선 선택 또는 [...거리(D)...]: **D** Enter↵

첫 번째 모따기 거리 지정: **3** Enter↵

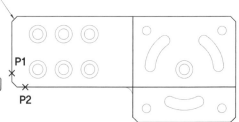

두 번째 모따기 거리 지정: Enter↵

첫 번째 선 선택 또는 [...다중(M)]: M Enter↵

첫 번째 선 선택 또는 [...]: ▶ P1 선택

두 번째 선 선택 또는 ... [...]: ▶ P2 선택

※ 나머지 네 곳에도 모따기를 합니다.

04 한 곳의 모서리에 필릿을 합니다.

명령: FILLET Enter↵

첫 번째 객체 선택 또는 [...반지름(R)...]: R Enter↵

모깎기 반지름 지정: **5** Enter↵

첫 번째 객체 선택 또는 [...]: ▶ P1 선택

두 번째 객체 선택 또는 ... [..]: ▶ P2 선택

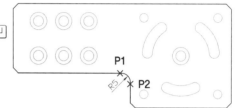

05 그림과 같이 총 네 개의 직선을 오프셋시킵니다.

명령: OFFSET Enter↵

간격 띄우기 거리 지정: **10** Enter↵

간격 띄우기할 객체 선택: ▶ P1 선택

간격 띄우기할 면의 점 지정:

▶ 임의의 점 **P2** 클릭

간격 띄우기할 객체 선택 〈종료〉: Enter↵

※ 같은 방법으로 나머지 세 곳도 오프셋합니다.

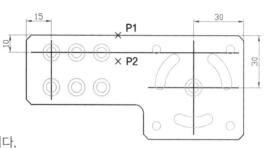

06 그림과 같은 위치에 교차점으로 원 Ø10과 Ø6을 작도하여 완성합니다.

명령: CIRCLE Enter↵

원에 대한 중심점 지정: INT Enter↵ 〈─

▶ P1 선택

원의 반지름 지정 또는 [지름(D)]: D Enter↵

원의 지름을 지정함: **10** Enter↵

※ 같은 위치에 원 Ø6을 작도합니다.

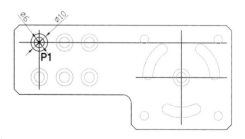

07 원 두 개를 그림과 같이 복사합니다.

명령: COPY Enter↵

객체 선택: ▶ 원 Ø10과 Ø6을 선택

객체 선택: Enter↵

기본점 지정: INT Enter↵ 〈─ ▶ P1 선택

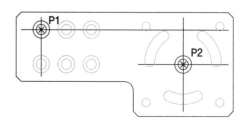

두 번째 점 지정: INT [Enter↵] ⟨– ▶ P2 선택
두 번째 점 지정 ⟨종료⟩: [Enter↵]

08 필요없는 직선 네 개를 지웁니다.

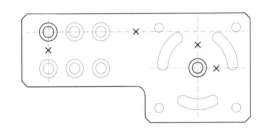

명령: ERASE [Enter↵]
객체 선택: ▶ 그림과 같이 네 개의 직선을 선택
객체 선택: [Enter↵]

※ 키보드 [Del]키를 사용해 삭제할 수도 있습니다.

09 똑같은 간격의 객체를 배열합니다.

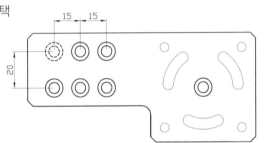

명령: −ARRAY [Enter↵]
객체 선택: ▶ 왼쪽에 있는 원 Ø10과 Ø6을 선택
객체 선택: [Enter↵]
배열의 유형 입력 [직사각형(R)/원형(P)]:
　　R [Enter↵]
행의 수 입력 (−−−): 2 [Enter↵]
열의 수 입력 (│││): 3 [Enter↵]
행 사이의 거리 입력: −20 [Enter↵]
열 사이의 거리를 지정 (│││): 15 [Enter↵]

10 원 Ø40을 그림과 같이 작도합니다.

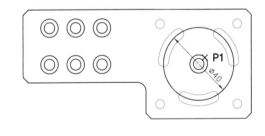

명령: CIRCLE [Enter↵]
원에 대한 중심점 지정: CEN [Enter↵] ⟨–
　　▶ P1 선택
원의 반지름 지정: 20 [Enter↵]

11 3mm 간격으로 안과 밖으로 오프셋합니다.

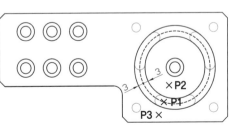

명령: OFFSET [Enter↵]
간격 띄우기 거리 지정: 3 [Enter↵]
간격 띄우기할 객체 선택: ▶ P1 선택
간격 띄우기할 면의 점 지정: ▶ 임의의 점 P2 클릭
간격 띄우기할 객체 선택: ▶ P1 선택
간격 띄우기할 면의 점 지정: ▶ 임의의 점 P3 클릭
간격 띄우기할 객체 선택 ⟨종료⟩: [Enter↵]

12 사이각이 50도인 직선을 작도합니다.

명령: LINE [Enter↵]

첫 번째 점 지정: **CEN** [Enter↵] 〈─ ▶ P1 선택

다음 점 지정: **〈─115** [Enter↵]

다음 점 지정: ▶ 대략적인 위치에 점 P2 클릭

다음 점 지정: [Enter↵]

※ 오른쪽 직선은 '〈─65'로 입력하여 작도합니다.

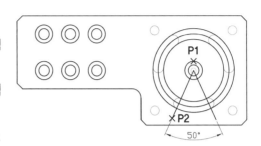

13 두 개의 원 Ø6을 그림과 같이 작도합니다.

명령: CIRCLE [Enter↵]

원에 대한 중심점 지정: **INT** [Enter↵] 〈─ ▶ P1 선택

원의 반지름 지정: **3** [Enter↵]

명령: [Enter↵]

원에 대한 중심점 지정: **INT** [Enter↵] 〈─ ▶ P2 선택

원의 반지름 지정: **3** [Enter↵]

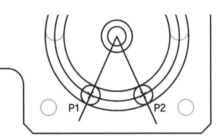

14 두 개의 기준을 선택하여 트림합니다.

명령: TRIM [Enter↵]

객체 선택 또는 〈모두 선택〉: ▶ P1과 P2 선택

객체 선택: [Enter↵]

자를 객체 선택: ▶ 그림과 같이 네 곳을 선택

자를 객체 선택: [Enter↵]

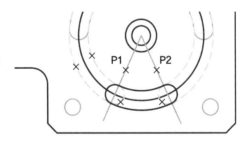

15 그림과 같이 두 개의 직선을 오프셋시킵니다.

명령: OFFSET [Enter↵]

간격 띄우기 거리 지정: 8 [Enter↵]

간격 띄우기할 객체 선택: ▶ P1 선택

간격 띄우기할 면의 점 지정:

　　　▶ 임의의 점 P2 클릭

간격 띄우기할 객체 선택: ▶ P3 선택

간격 띄우기할 면의 점 지정: ▶ 임의의 점 P4 클릭

간격 띄우기할 객체 선택 〈종료〉: [Enter↵]

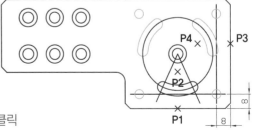

16 원 Ø5를 그림과 같이 작도합니다.

> **명령: CIRCLE** Enter↵
>
> 원에 대한 중심점 지정: **INT** Enter↵ 〈─ ▶ P1 선택
>
> 원의 반지름 지정: **2.5** Enter↵

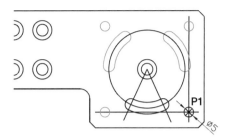

17 그림과 같이 필요 없는 객체 다섯 개를 지웁니다.

> **명령: ERASE** Enter↵
>
> 객체 선택: ▶ 그림과 같이 다섯 개의 객체를 선택
>
> 객체 선택: Enter↵
>
> ※ 키보드 Del 키를 사용해 삭제할 수도 있습니다.

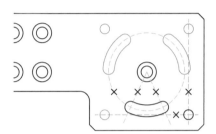

18 장공(SLOT)을 선택하여 원형 배열합니다.

> **명령: −ARRAY** Enter↵
>
> 객체 선택: ▶ 그림과 같이 윈도우로 선택
>
> 객체 선택: Enter↵
>
> 배열의 유형 입력 [직사각형(R)/원형(P)]: **P** Enter↵
>
> 배열의 중심점 지정: **CEN** Enter↵ 〈─ ▶ P1 선택
>
> 배열에서 항목 수 입력: **3** Enter↵
>
> 채울 각도 지정 〈360〉: Enter↵
>
> 배열된 객체를 회전하겠습니까? [...] 〈Y〉: Enter↵

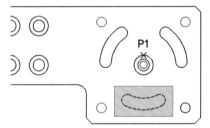

19 원 Ø5를 선택하여 직사각형 배열합니다.

> **명령: −ARRAY** Enter↵
>
> 객체 선택: ▶ 원 Ø5를 선택
>
> 객체 선택: Enter↵
>
> 배열의 유형 입력 [직사각형(R)/원형(P)]: **R** Enter↵
>
> 행의 수 입력 (−−−): **2** Enter↵
>
> 열의 수 입력 (||||): **2** Enter↵
>
> 행 사이의 거리 입력 (−−−): **44** Enter↵
>
> 열 사이의 거리를 지정 (||||): **−44** Enter↵

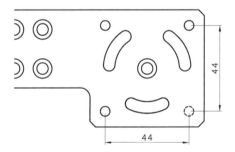

20 지금까지 작도한 도형을 바탕화면에 있는 'CAD연습도면' 폴더 안에 저장합니다.

> **명령: SAVE** Enter↵ [단축키: Ctrl + S]

CAD연습도면 폴더에 파일 이름을 '**연습−17**'로 명명하여 저장합니다.

과제 1: 복사, 회전, 이동 편집 명령을 사용하여 그리기

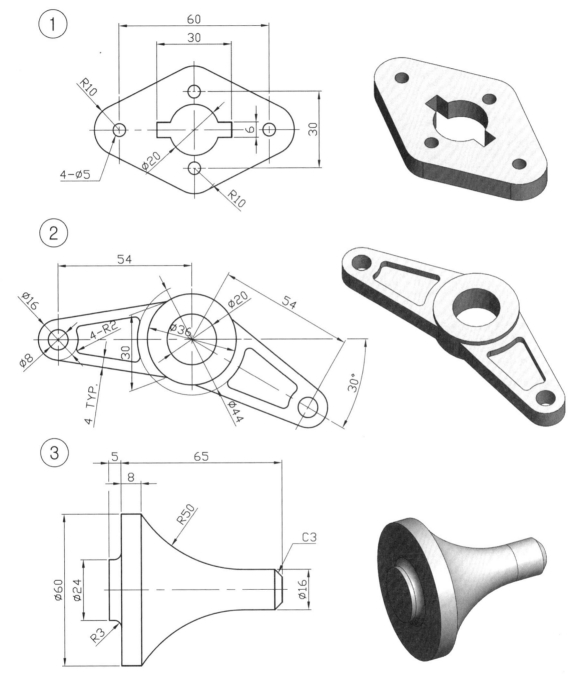

주) ③번 R50처럼 하나의 선에 접하는 호는 MOVE를 반드시 사용해야 함.

※ 작도한 도형을 바탕화면에 있는 'CAD연습도면' 폴더 안에 저장합니다.

명령: SAVE Enter↵ [단축키: Ctrl+S]

CAD연습도면 폴더에 파일 이름을 '**연습-18**'로 명명하여 저장합니다.

과제 2: 배열, 회전, 이동 편집 명령을 사용하여 그리기

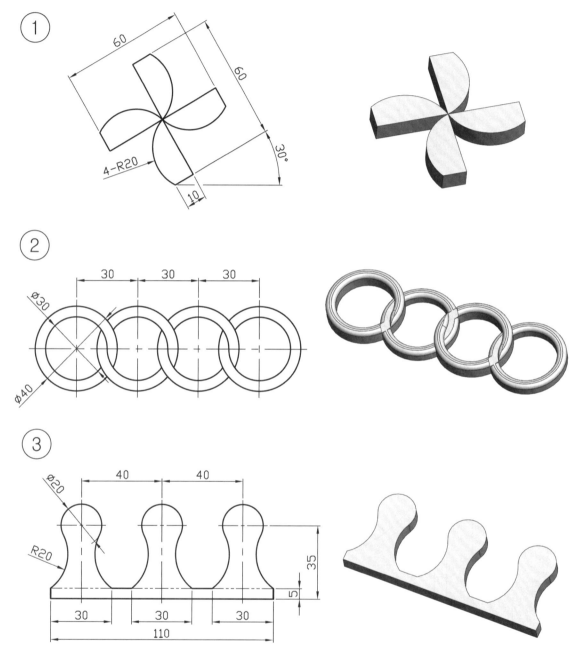

주) ③번 R20처럼 하나의 원 또는 호에 접하는 호는 ROTATE에 '참조 각도'를 반드시 사용해야 함.

※ 작도한 도형을 바탕화면에 있는 'CAD연습도면' 폴더 안에 저장합니다.

명령: SAVE Enter↵ [단축키: Ctrl+S]

CAD연습도면 폴더에 파일 이름을 '**연습–19**'로 명명하여 저장합니다.

과제 3: 배열 편집 명령을 사용하여 그리기

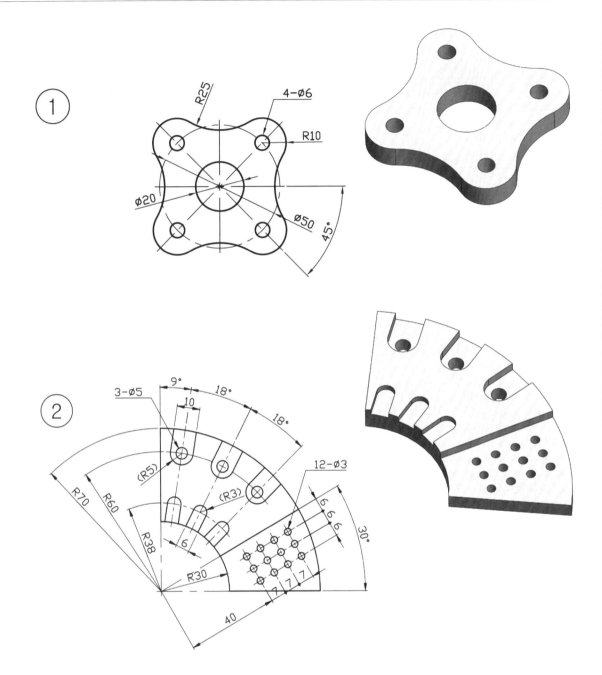

주) ②번 구멍 지름 ∅3mm를 12개 배열시에는 SNAPANG 변수값을 30°로 변경하여 사용

※ 작도한 도형을 바탕화면에 있는 'CAD연습도면' 폴더 안에 저장합니다.

  명령: SAVE Enter↵ [단축키: Ctrl + S]

  CAD연습도면 폴더에 파일 이름을 '**연습-20**'으로 명명하여 저장합니다.

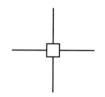

Question *마우스 커서 선택 박스의 크기를 조절할 수 있나요?*

　　오토캐드 작업환경을 설정하는 명령어 **OPTIONS**[단축키: OP]를 실행시켜 '선택' 탭에서 변경할 수 있지만 가장 빠른 방법은 시스템 변수인 'PICKBOX'를 사용하여 설정값을 변경하는 것입니다.

　　객체를 선택할 때 사용되는 PICK(피크)와 관련된 시스템 변수를 알아두면 작업자의 특성에 맞게 설정하여 도면 작업을 효율적으로 할 수가 있으므로 유용합니다.

PICKADD	윈도우에서 파일을 여러 개 선택할 때 Ctrl 이나 Shift 키를 사용하는 것과 같은 방식으로 객체를 선택할 수 있게 해 줍니다. 변수값을 0으로 설정한 경우 객체를 추가적으로 선택하거나 제거할 때 Shift 키를 누른 상태에서 선택해야만 합니다. 〈초기 설정값 2〉
PICKAUTO	빈 영역을 클릭 시 자동으로 윈도우 박스(WindowBox)나 걸치기 박스(CrossingBox) 선택이 시작됩니다. 변수값을 0으로 설정한 경우에는 박스 선택을 할 수 없으며 수정 명령을 실행시켜 C 또는 W 옵션을 입력해야만 박스 선택이 가능합니다. 〈초기 설정값 1〉
PICKBOX	객체를 선택 시에는 커서가 상자 형태로 표시가 되는데 그 상자의 크기를 픽셀 단위로 조정합니다. 변수값을 0으로 설정하면 상자가 표시가 안 되므로 객체를 선택할 수 없습니다. 〈초기 설정값 3〉
PICKDRAG	윈도우 박스(WindowBox)나 걸치기 박스(CrossingBox) 선택을 두 점으로 사용할 것인지 또는 끌기(드래그)로 사용할 것인지를 조정합니다. 변수값을 1로 설정한 경우에는 마우스 왼쪽 버튼에서 손을 떼지 않고 끌어야만 윈도우 또는 걸치기 박스 선택이 가능합니다. 〈초기 설정값 2〉
PICKFIRST	수정 명령을 실행하기 전에 객체를 미리 선택하고 그 이후에 명령을 사용할 수 있도록 조정합니다. 변수값을 0으로 설정한 경우에는 명령을 먼저 입력해야만 객체를 선택할 수 있습니다. 〈초기 설정값 1〉

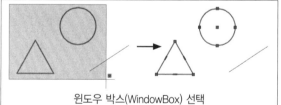

윈도우 박스(WindowBox) 선택

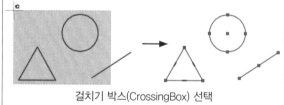

걸치기 박스(CrossingBox) 선택

더 알기

HIGHLIGHT

선택된 객체를 점선으로 강조 표시를 할 것인지 아닌지를 조정합니다. 변수값을 0으로 설정한 경우에는 강조 표시가 되지 않습니다.

〈초기 설정값 1〉

알기 쉬운 대칭/늘리기
따라하기

AutoCAD 2020 기초와 실습 – 기초편

6

이 장에서는 다음과 같은 내용을 배울 수 있습니다.

- 대칭(MIRROR)하기
- 늘리기(STRETCH)
- 확장/축소(LENGTHEN)하기
- 척도(SCALE)하기
- 그립(GRIP) 사용하기

1 | 대칭(MIRROR)하기

MIRROR 명령은 선택한 객체를 대칭축(두 점)을 기준으로 대칭시켜 사본을 생성합니다.

 명령: **MIRROR** [Enter↵] [**단축키**: [M][I]]

● 대칭하는 기본적인 방법

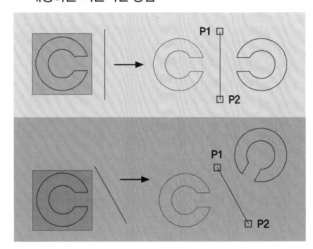

객체 선택: ▶ 대칭할 객체를 윈도우 박스로
　　　　　　선택
객체 선택: [Enter↵]
대칭선의 첫 번째 점 지정: **END** [Enter↵]
　　　　　　　　　　〈– **P1** 선택
대칭선의 두 번째 점 지정: **END** [Enter↵]
　　　　　　　　　　〈– **P2** 선택
원본 객체를 지우시겠습니까? [예(Y)/
　　　아니오(N)] 〈N〉: [Enter↵]

● MIRROR 명령 옵션

```
× 객체 선택:  대칭선의 첫 번째 점 지정:
  대칭선의 두 번째 점 지정:
  ⚠ ▾ MIRROR 원본 객체를 지우시겠습니까? [예(Y) 아니오(N)] <아니오>:
```

원본 객체를 지우시겠습니까?	예(Y) : 원본이 삭제가 되면서 대칭이 됩니다.
	아니오(N) : 원본을 그대로 유지한 상태로 대칭이 됩니다.

 대칭 연습하기

바탕화면에 있는 'CAD연습도면' 폴더 안에 저장된 파일 '**연습-18**'을 불러옵니다.

명령: OPEN [Enter↵] [단축키: [Ctrl]+[O]]

▶ 원본을 유지한 상태로 대칭하기

명령: **MIRROR** ⏎Enter

객체 선택: ▶ 대칭할 객체를 윈도우 박스로
　　　　　선택

객체 선택: ⏎Enter

대칭선의 첫 번째 점 지정: **END** ⏎Enter 〈─ P1 선택

대칭선의 두 번째 점 지정: **END** ⏎Enter 〈─ P2 선택

원본 객체를 지우시겠습니까? [...] 〈N〉: ⏎Enter

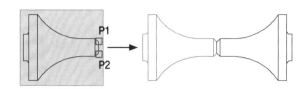

▶ 원본을 삭제하고 대칭하기

명령: **MIRROR** ⏎Enter

객체 선택: ▶ 대칭할 객체를 윈도우 박스로 선택

객체 선택: ⏎Enter

대칭선의 첫 번째 점 지정: **QUA** ⏎Enter 〈─ P1 선택

대칭선의 두 번째 점 지정: **QUA** ⏎Enter 〈─ P2 선택

원본 객체를 지우시겠습니까? [예(Y)/아니오(N)]: **Y** ⏎Enter

※ 대칭선의 두 번째 점은 F8(직교 모드)를 사용하고 있는 경우라면 마우스 커서를 위나 아래 방향으로 이동시켜 임의의 점을 클릭하여 대칭시킬 수도 있습니다.

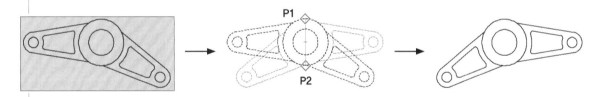

 대칭 기준축이 수평 또는 수직일 경우에는 F8(ORTHO)를 ON시켜 사용하면 편합니다.

▶ 대각선 방향으로 대칭하기

명령: **MIRROR** ⏎Enter

객체 선택: ▶ 대칭할 객체를 윈도우 박스로 선택

객체 선택: ⏎Enter

대칭선의 첫 번째 점 지정: **END** ⏎Enter
　　　　〈─ P1 선택

대칭선의 두 번째 점 지정: **END** ⏎Enter
　　　　〈─ P2 선택

원본 객체를 지우시겠습니까? [...] 〈N〉: ⏎Enter

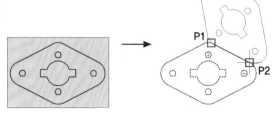

2 | 늘리기(STRETCH)

STRETCH 명령은 걸침 윈도우로 객체의 일부분을 선택하여 걸쳐진 부분만을 설정한 방향과 길이만큼 늘려줍니다.

 명령: **STRETCH** [Enter↵] [단축키: [S]]

● **신축시키는 기본적인 방법**

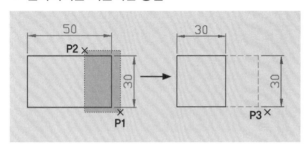
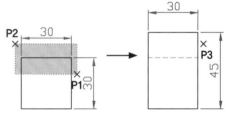

객체 선택: ▶ 걸침 윈도우(P1–P2)로 선택
객체 선택: [Enter↵]
기준점 지정: 임의의 위치인 **P3** 클릭
두 번째 점 지정: **@−20,0** [Enter↵]

객체 선택: ▶ 걸침 윈도우(P1–P2)로 선택
객체 선택: [Enter↵]
기준점 지정: 임의의 위치인 **P3** 클릭
두 번째 점 지정: **@0,15** [Enter↵]

● **STRETCH 명령 옵션**

```
객체 선택: 반대 구석 지정: 1개를 찾음
객체 선택:
STRETCH 기준점 지정 또는 [변위(D)] <변위>:
```

변위(D)	신축시키는 길이와 방향을 좌표(X,Y)로 입력합니다. 변위값은 기본적으로 상대좌표값이 되므로 좌표 앞에 @를 입력하지 않아도 됩니다.

● **STRETCH 원리 이해하기**

1. STRETCH는 반드시 걸침 윈도우만 사용하여 객체를 선택해야 합니다. [오른쪽에서 왼쪽으로 선택]

   ※ 커서 방향에 상관없이 사용하기 위해서는 객체 선택 시 C(걸치기) 또는 CP(걸침 폴리곤)를 입력하고 선택하면 됩니다.

2. 늘어나는 부분은 걸침 윈도우(점선)에 걸쳐진 객체이며 단, 늘어나는 객체의 한쪽 끝점이 걸침 윈도우 안에 포함되어 있어야만 됩니다.

3. 걸침 윈도우 안에 완전히 들어가 있는 객체는 이동(MOVE)이 됩니다.

   ※ STRETCH 작업을 윈도우(왼쪽에서 오른쪽으로 선택) 박스로 선택했을 경우에도 완전히 박스 안에 포함된 객체만 이동이 됩니다.

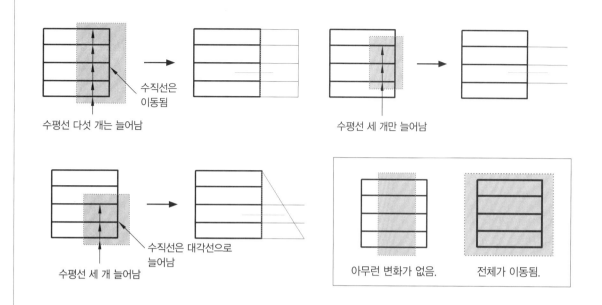

수직선은
이동됨

수평선 다섯 개는 늘어남

수평선 세 개만 늘어남

수직선은 대각선으로
늘어남

수평선 세 개 늘어남

아무런 변화가 없음.   전체가 이동됨.

신축 연습하기

변위값을 사용하여 늘리기

명령: **STRETCH** [Enter↵]

객체 선택: ▶ 걸침 윈도우(**P1–P2**)로 선택

객체 선택: [Enter↵]

기준점 지정 또는 [변위(D)] 〈변위〉: [Enter↵]

변위 지정 〈0.0000, 0.0000, 0.0000〉: **25,0** [Enter↵]

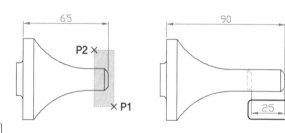

[F8](ORTHO)를 사용하여 늘리기

명령: **STRETCH** [Enter↵]

객체 선택: ▶ 걸침 윈도우(**P1–P2**)로 선택

객체 선택: [Enter↵]

기준점 지정 또는 [변위(D)]: ▶ 임의의 위치인 **P3** 클릭

두 번째 점 지정 또는 〈첫 번째 점을 변위로 사용〉:

▶ 직교 모드 상태에서 커서를 왼쪽으로 이동 후 **6** [Enter↵]

※ 늘리는 방향이 수평이나 수직일 경우에는
두 번째 점 지정 시 [F8](직교 모드)를 사용
할 수 있습니다.

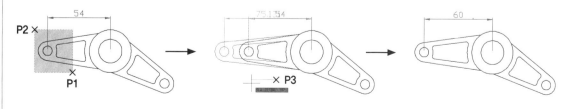

3 | 확장/축소(LENGTHEN)하기

LENGTHEN 명령은 객체의 길이나 호(ARC)의 각도를 개별적으로 변경하고자 할 때 사용합니다.

명령: LENGTHEN [Enter↵] [단축키: [L][E][N]]

● **확장하는 기본적인 방법**

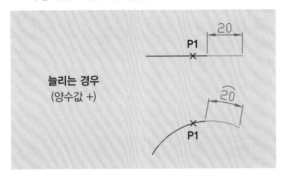

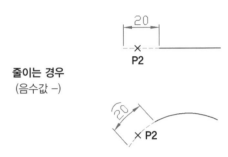

객체 선택 또는 [증분(DE)…]: **DE** [Enter↵]	객체 선택 또는 [증분(DE)…]: **DE** [Enter↵]
증분 길이 입력: **20** [Enter↵]	증분 길이 입력: **−20** [Enter↵]
변경할 객체 선택: P1 클릭	변경할 객체 선택: P2 클릭
변경할 객체 선택: [Enter↵]	변경할 객체 선택: [Enter↵]

● **LENGTHEN 명령 옵션**

```
:::::: 명령: LENGTHEN
  ×   측정할 객체 또는 [증분(DE)/퍼센트(P)/합계(T)/동적(DY)] 선택 <합계(T)>: DE
  🔧  ✎▼ LENGTHEN 증분 길이 또는 [각도(A)] 입력 <0.0000>:
```

증분(DE)	증분 길이나 호의 각으로 객체의 길이를 변경합니다.
합계(T)	입력된 길이나 호의 각이 객체의 전체 길이나 전체 각도가 됩니다.
각도(A)	확장하거나 축소할 호의 각을 입력합니다.

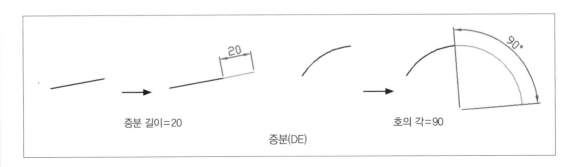

증분 길이=20

호의 각=90

증분(DE)

확장/축소 연습하기

바탕화면에 있는 'CAD연습도면' 폴더 안에 저장된 파일 **연습-9**를 불러옵니다.

명령: OPEN Enter↵ [단축키: Ctrl+O]

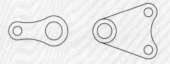

증분 길이로 확장하기

명령: **LENGTHEN** Enter↵

객체 선택 또는 [증분(DE)/퍼센트(P)/합계(T)...]:

　　DE Enter↵

증분 길이 또는 [각도(A)] 입력: **25** Enter↵

변경할 객체 선택 또는 [명령 취소(U)]:

　　▶ 그림과 같이 각각의 포인트 클릭

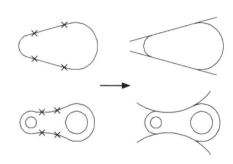

더 알기　선택한 가장 가까운 끝점으로부터 입력된 길이만큼 확장(+)되거나 축소(−)됩니다.

증분 각도로 확장하기

명령: **LENGTHEN** Enter↵

객체 선택 또는 [증분(DE)/퍼센트(P)/합계(T)...]:

　　DE Enter↵

증분 길이 또는 [각도(A)] 입력: **A** Enter↵

증분 각도 입력: **45** Enter↵

변경할 객체 선택 또는 [명령 취소(U)]:　▶ 그림과 같이 각각의 포인트 클릭

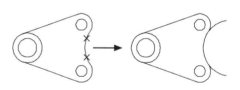

전체 길이로 재조정하기

명령: **LENGTHEN** Enter↵

객체 선택 또는 [증분(DE)/퍼센트(P)/합계(T)...]:

　　T Enter↵

전체 길이 지정 또는 [각도(A)]: **30** Enter↵

변경할 객체 선택 또는 [명령 취소(U)]:　▶ 그림과 같이 각각의 포인트 클릭

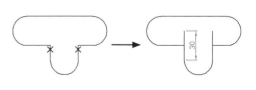

4 | 척도(SCALE)하기

SCALE 명령은 선택된 모든 객체를 동일한 비율로 배척하거나 축척시킵니다.

명령: SCALE `Enter↵` [단축키: `S` `C`]

● 척도하는 기본적인 방법

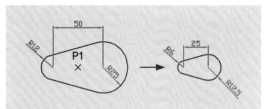

객체 선택: ▶ 복사할 객체를 윈도우 박스로 선택
객체 선택: `Enter↵`
기준점 지정: 임의의 위치인 **P1** 클릭
축척 비율 지정: 0.5 `Enter↵`

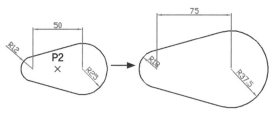

객체 선택: ▶ 복사할 객체를 윈도우 박스로 선택
객체 선택: `Enter↵`
기준점 지정: 임의의 위치인 **P2** 클릭
축척 비율 지정: 1.5 `Enter↵`

● SCALE 명령 옵션

```
객체 선택:
기준점 지정:
SCALE 축척 비율 지정 또는 [복사(C) 참조(R)]:
```

복사(C)	척도하기 위해 선택한 객체(원본)를 남겨둔 상태에서 사본이 생성됩니다.
참조(R)	척도시킬 객체의 특정 부분을 참조 길이로 지정하여 그곳에 새로운 길이값을 적용시켜 전체적으로 동등한 비율로 객체가 재조정됩니다.

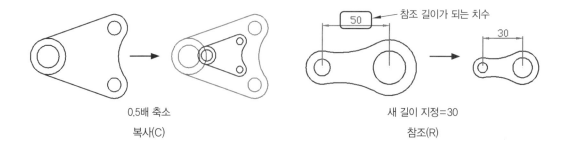

0.5배 축소
복사(C)

새 길이 지정=30
참조(R)

척도 연습하기

바탕화면에 있는 'CAD연습도면' 폴더 안에 저장된 파일 '**연습-19**'를 불러옵니다.

명령: OPEN `Enter↵` [단축키: `Ctrl`+`O`]

▶ 미터법(mm) 단위의 객체를 인치(inch)로 변경하기

명령: SCALE `Enter↵`

객체 선택: ▶ 객체를 윈도우 박스로 선택

객체 선택: `Enter↵`

기준점 지정: INT `Enter↵` ⟨─ ▶ P1 선택

축척 비율 지정 또는 [복사(C)/참조(R)]: (/ 1 25.4)
`Enter↵`

0.0393701

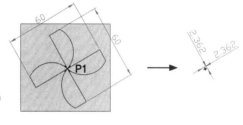

더 알기 1 Inch는 25.4mm입니다. 그러므로 축척 비율은 '1÷25.4=0.0393701'이 됩니다. 축척 비율값을 따로 계산하여 입력하거나 AutoCAD 안에 포함되어 있는 산술 표현식을 그림과 같이 입력'(/ 1 25.4)'하여 바로 적용할 수도 있습니다.

▶ 인치(inch) 단위의 객체를 미터법(mm)으로 변경하기

명령: SCALE `Enter↵`

객체 선택: ▶ 객체를 윈도우 박스로 선택

객체 선택: `Enter↵`

기준점 지정: CEN `Enter↵` ⟨─ ▶ P1 선택

축척 비율 지정 또는 [복사(C)/참조(R)]: **25.4** `Enter↵`

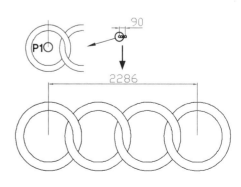

▶ **참조(R)를 사용하여 길이 재조정하기**

명령: SCALE Enter↵

객체 선택: ▶ 객체를 윈도우 박스로 선택

객체 선택: Enter↵

기준점 지정: END Enter↵ ⟨— ▶ P1 선택

축척 비율 지정 또는 [복사(C)/참조(R)]: R

참조 길이 지정: CEN Enter↵ ⟨— ▶ P2 선택

두 번째 점을 지정: CEN Enter↵ ⟨— ▶ P3 선택

새 길이 지정 또는 [점(P)]: 36 Enter↵

> **더 알기** 참조 길이는 그림과 같이 두 스냅점을 찍으면 그 사이 거리가 1(단위)이 되므로 새 길이 값이 해당 거리가 됩니다. 나머지 부분은 새 길이 값의 동등 비율로 자동으로 재조정됩니다.

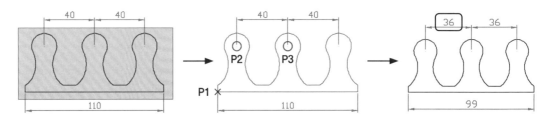

산술 표현식

AutoCAD 모든 명령 내에서 입력값을 지정 시 산술 표현식으로 입력할 수 있습니다. 단, 소괄호( ) 안에 연산자를 맨 앞에 쓰고 그 뒤에 대입할 값을 한 칸씩 띄어 써야 합니다.

입력 방법 예:	더하기 (+ 11 6) , 빼기 (- 13 7) , 곱하기 (* 9 8) , 나누기 (/ 15 3) ※ 사칙연산뿐만 아니라 수치 함수(pi, sin, cos 등)도 사용할 수 있습니다.
주의할 점 예:	정수값만 입력하면 결과가 정수로만 출력되므로 반드시 대입할 값 앞 뒤 둘 중 한개에 1/10 단위까지 입력해 주어야 합니다. • 정수로 입력하여 계산 결과가 틀린 예: (/ 5 2) = 2 • 실수로 입력하여 계산 결과가 맞은 예: (/ 5.0 2) =2.5 또는 (/ 5 2.0) =2.5

5 | 그립(GRIP) 사용하기

GRIP이란 객체를 아무런 명령 없이 선택하면 표시되는 파란색 사각형(GRIP)으로 다양한 유형의 그립 및 그립 모드를 선택하여 여러 가지 방법(신축, 이동, 복사, 회전, 축척, 대칭)으로 객체의 형태를 조정할 수 있습니다.

● 객체별 표시되는 그립 위치

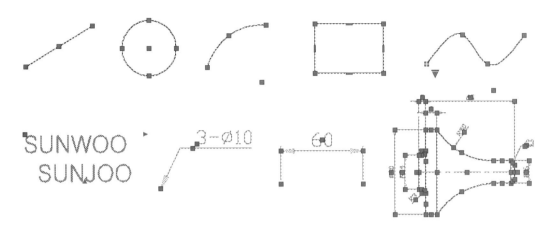

● GRIP을 선택하고 [Enter↵]키나 [Space Bar]키를 눌러 명령 전환

편집할 객체의 그립을 선택하면 '**신축(STRETCH) → 이동(MOVE) → 회전(ROTATE) → 축척(SCALE) → 대칭(MIRROR)**' 순으로 전환이 됩니다.

** 신축 **
▶신축점 지정 또는 [기준점(B) 복사(C) 명령 취소(U) 종료(X)] :

** MOVE **
▶이동점 지정 또는 [기준점(B) 복사(C) 명령 취소(U) 종료(X)] :

** 회전 **
▶회전 각도 지정 또는 [기준점(B) 복사(C) 명령 취소(U) 참조(R) 종료(X)] :

** 축척 **
▶축척 비율 지정 또는 [기준점(B) 복사(C) 명령 취소(U) 참조(R) 종료(X)] :

** 대칭 **
▶두 번째 점 지정 또는 [기준점(B) 복사(C) 명령 취소(U) 종료(X)] :

기준점(B)	해당 명령 작업의 기준점을 다른 위치의 그립으로 변경합니다.
복사(C)	선택한 그립의 객체(원본)를 남겨둔 상태에서 사본이 생성되어 변경이 됩니다.
명령 취소(U)	'복사(C)' 옵션을 사용하여 변경한 경우에 가장 최근에 작업된 객체부터 한 단계씩 취소가 됩니다.
참조(R)	**회전(ROTATE)과 축척(SCALE)**으로 변경 작업을 할 때 현재 객체에 지정된 참조 각도나 길이를 새로운 절대 각도로 회전시켜 재정렬하거나 새로운 길이 값을 적용하여 재조정할 수 있습니다.

그립 연습하기

RECTANGLE 명령으로 임의의 위치에 크기가 30×30인 정사각형을 작도합니다.

🔵 정사각형을 50×30인 직사각형으로 변경하기

① 사각형 객체를 명령 없이 선택합니다.
② 표시된 그립 중에 그림과 같이 P1 그립을 선택합니다.
③ @20,0 입력 후 Enter⏎ 합니다.

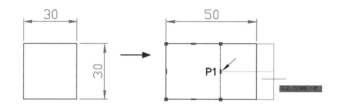

🔵 그립을 사용하여 원을 복사하기

① 우선 CIRCLE 명령으로 Ø15를 30×30 정사각형에 그림과 같이 작도합니다.
② 원 Ø15를 명령 없이 선택합니다.
③ 원 Ø15의 중심 그립(P1)을 선택합니다.
④ Ctrl 키를 누른 상태에서 ENDpoint스냅으로 P2 모서리를 선택하여
　복사합니다.

　※ Ctrl 키를 누르면 자동으로 복사 모드가 활성화됩니다.

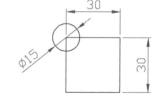

⑤ 나머지 모서리에도 ENDpoint 스냅으로 복사합니다.

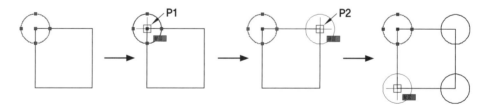

더 알기　신축(STRETCH) 모드에서도 원의 중심 그립을 선택하는 경우에는 이동이나 복사를 시킬 수 있으며, 복사를 시킬 경우에는 Ctrl 키 또는 '복사(C)' 옵션을 선택해야 합니다.

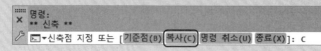

⊙ 그립을 사용하여 원 지름을 신축하기

① 원 Ø15를 명령 없이 선택합니다.
② 그림과 같이 원 Ø15의 오른쪽 사분점의 그립(P1)을 선택합니다.
③ MIDpoint 스냅으로 P2 중간점을 선택하여 신축합니다.
④ 나머지 원도 같은 방법으로 MIDpoint 스냅으로 신축하여 완성합니다.

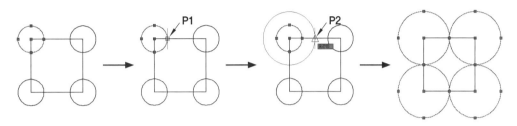

⊙ 두 개의 원을 동시에 이동하기

① 그림과 같이 원 두 개를 명령 없이 선택합니다.
② P1 그립을 선택합니다.
③ Enter↵키나 Space Bar키를 한 번 눌러 이동(MOVE)으로 전환합니다.
④ ENDpoint 스냅으로 P2를 선택합니다.

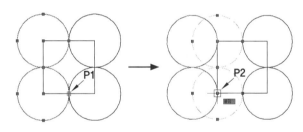

⊙ 두 개 이상의 그립을 선택하여 신축하기

① EXPLODE 명령으로 사각형을 분해시킵니다.
② 그림과 같이 위 아래 수평선을 명령 없이 선택합니다.
③ Shift키를 누른 상태에서 P1과 P2 그립을 선택합니다.
④ P1 그립을 선택하여 CENter 스냅으로 P3까지 신축합니다.

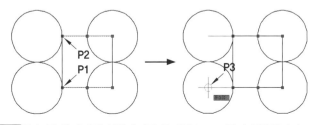

※ 편집할 그립을 Shift를 누른 상태에서 선택해야만 추가적으로 그립이 선택됩니다.

3단원정리 따라하기

아래 도면을 따라 그려보세요!

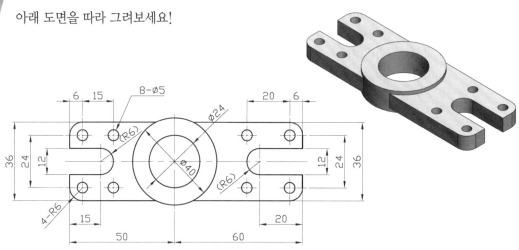

01 적당한 크기로 교차되는 수평선과 수직선을 작도합니다.

> **명령: LINE** [Enter↵]
>
> 첫 번째 점 지정: ▶ 임의의 한 곳을 클릭
> 다음 점 지정: ▶ [F8](직교)로 수평선을 작도
> 다음 점 지정 또는 [명령 취소(U)]: [Enter↵]
> ※ 같은 방법으로 교차되는 수직선을 작도합니다.

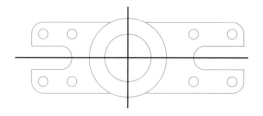

02 원 Ø40과 Ø24를 직선의 교차점에 그림과 같이 작도합니다.

> **명령: CIRCLE** [Enter↵]
>
> 원에 대한 중심점 지정: **INT** [Enter↵] ⟨−
>   ▶ P1 선택
> 원의 반지름 지정: **20** [Enter↵]
> ※ 같은 방법으로 원 Ø24를 작도합니다.

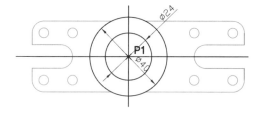

03 그림과 같이 총 세 개의 직선을 오프셋시킵니다.

> **명령: OFFSET** [Enter↵]
>
> 간격 띄우기 거리 지정: **60** [Enter↵]
> 간격 띄우기할 객체 선택: ▶ P1 선택
> 간격 띄우기할 면의 점 지정:
>   ▶ 임의의 점 P2 클릭
> 간격 띄우기할 객체 선택 〈종료〉: [Enter↵]
> ※ 같은 방법으로 나머지 두 곳도 오프셋합니다.

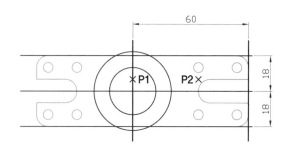

두 곳의 모서리에 R6으로 필릿을 합니다.

명령: FILLET `Enter↵`
첫 번째 객체 선택 또는 [...반지름(R)...]: **R** `Enter↵`
모깎기 반지름 지정: **6** `Enter↵`
첫 번째 객체 선택 또는 [...다중(M)]: **M** `Enter↵`
첫 번째 객체 선택: ▶ P1 선택
두 번째 객체 선택: ▶ P2 선택
첫 번째 객체 선택: ▶ P3 선택
두 번째 객체 선택: ▶ P4 선택
첫 번째 객체 선택: `Enter↵`

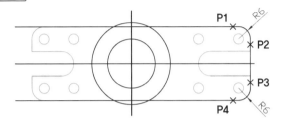

 원 Ø40을 기준으로 그림과 같이 트림합니다.

명령: TRIM `Enter↵`
객체 선택 또는 〈모두 선택〉: ▶ P1 선택
객체 선택: `Enter↵`
자를 객체 선택: ▶ 그림과 같이 네 곳을 선택
자를 객체 선택: `Enter↵`

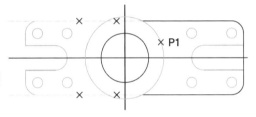

 그림과 같이 총 세 개의 직선을 오프셋시킵니다.

명령: OFFSET `Enter↵`
간격 띄우기 거리 지정: 6 `Enter↵`
간격 띄우기할 객체 선택: ▶ P1 선택
간격 띄우기할 면의 점 지정...[다중(M)...]:
　　M `Enter↵`
간격 띄우기할 면의 점 지정: ▶ 임의의 점 **P2** 클릭
간격 띄우기할 면의 점 지정: ▶ 임의의 점 **P3** 클릭
간격 띄우기할 면의 점 지정: `Enter↵`
간격 띄우기할 객체 선택 〈종료〉: `Enter↵`
※ 나머지 한 곳(20mm)도 오프셋합니다.

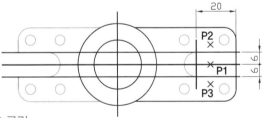

 원 Ø12를 그림과 같이 작도합니다.

명령: CIRCLE `Enter↵`
원에 대한 중심점 지정: **INT** `Enter↵` 〈─ ▶ P1 선택
원의 반지름 지정: **INT** `Enter↵` 〈─ ▶ P2 선택

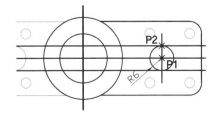

08 네 개의 직선을 기준으로 그림과 같이 트림합니다.

명령: TRIM [Enter↵]

객체 선택 또는 〈모두 선택〉:

▶ P1-P2-P3-P4 선택

객체 선택: [Enter↵]

자를 객체 선택: ▶ 그림과 같이 여섯 곳을 선택

자를 객체 선택: [Enter↵]

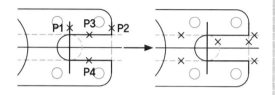

09 필요 없는 직선 세 개를 지웁니다.

명령: ERASE [Enter↵]

객체 선택: ▶ 그림과 같이 세 개의 직선을 선택

객체 선택: [Enter↵]

※ 키보드 [Del]키를 사용해 삭제할 수도 있습니다.

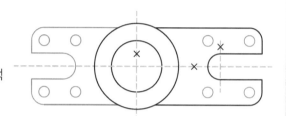

10 원 Ø5를 그림과 같이 작도합니다.

명령: CIRCLE [Enter↵]

원에 대한 중심점 지정: **CEN** [Enter↵] 〈– ▶ P1 선택

원의 반지름 지정: **2.5** [Enter↵]

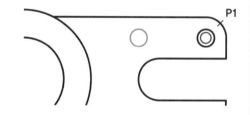

11 똑같은 간격의 객체를 배열합니다.

명령: –ARRAY [Enter↵]

객체 선택: ▶ 원 Ø5를 선택 (P1)

객체 선택: [Enter↵]

배열의 유형 입력 [직사각형(R)/원형(P)]:

R [Enter↵]

행의 수 입력 (---): **2** [Enter↵]

열의 수 입력 (|||): **2** [Enter↵]

행 사이의 거리 입력 (---): **–24** [Enter↵]

열 사이의 거리를 지정 (|||): **–20** [Enter↵]

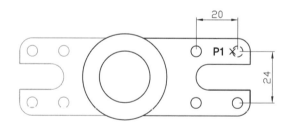

12 반대편으로 그림과 같이 대칭 복사시킵니다.

명령: MIRROR [Enter↵]

객체 선택: ▶ 그림과 같이 윈도우로 선택

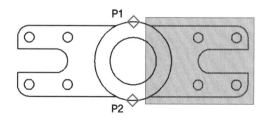

객체 선택: Enter↵

대칭선의 첫 번째 점...: **QUA** Enter↵ ⟨− ▶ P1 선택

대칭선의 두 번째 점...: **QUA** Enter↵ ⟨− ▶ P2 선택

원본 객체를 지우시겠습니까? [...] ⟨**N**⟩: Enter↵

⑬ 늘리기 명령으로 왼쪽 전체 길이를 60mm에서 50mm로 편집합니다.

명령: STRETCH Enter↵

객체 선택: ▶ 걸침 윈도우(P1−P2)로 선택

객체 선택: Enter↵

기준점 지정: ▶ 임의의 점 **P3** 클릭

두 번째 점 지정:

　　▶ F8(직교) 상태에서 커서의 방향을 오른

　　쪽으로 적당히 옮겨 놓은 후 **10** Enter↵

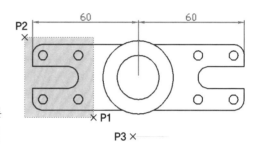

⑭ 늘리기 명령으로 왼쪽 일부분 길이를 그림과 같이 20mm에서 15mm로 편집합니다.

명령: STRETCH Enter↵

객체 선택: ▶ 걸침 윈도우(P1−P2)로 선택

객체 선택: Enter↵

기준점 지정: ▶ 임의의 점 **P3** 클릭

두 번째 점 지정:

　　▶ F8(직교) 상태에서 커서의 방향을 왼쪽

　　으로 적당히 옮겨 놓은 후 **5** Enter↵

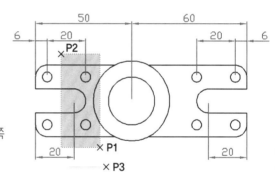

⑮ 지금까지 작도한 도형을 바탕화면에 있는 '**CAD연습도면**' 폴더 안에 저장합니다.

명령: SAVE Enter↵ [단축키: Ctrl+S]

CAD연습도면 폴더에 파일 이름을 '**연습−21**'로 명명하여 저장합니다.

과제 1: 대칭 편집 명령을 사용하여 그리기

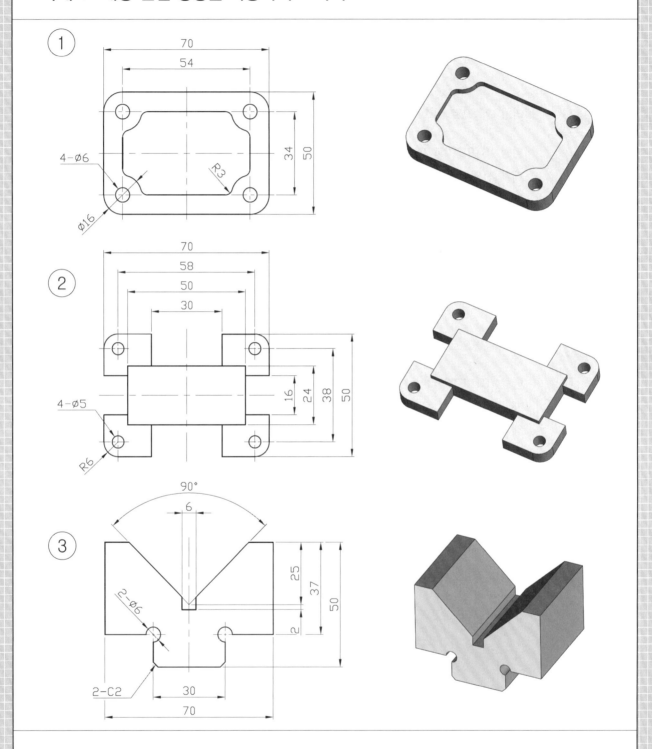

※ 작도한 도형을 바탕화면에 있는 'CAD연습도면' 폴더 안에 저장합니다.

명령: SAVE ⏎Enter [단축키: Ctrl+S]

CAD연습도면 폴더에 파일 이름을 '**연습-22**'로 명명하여 저장합니다.

과제 2: 대칭, 회전, 늘리기 편집 명령을 사용하여 그리기

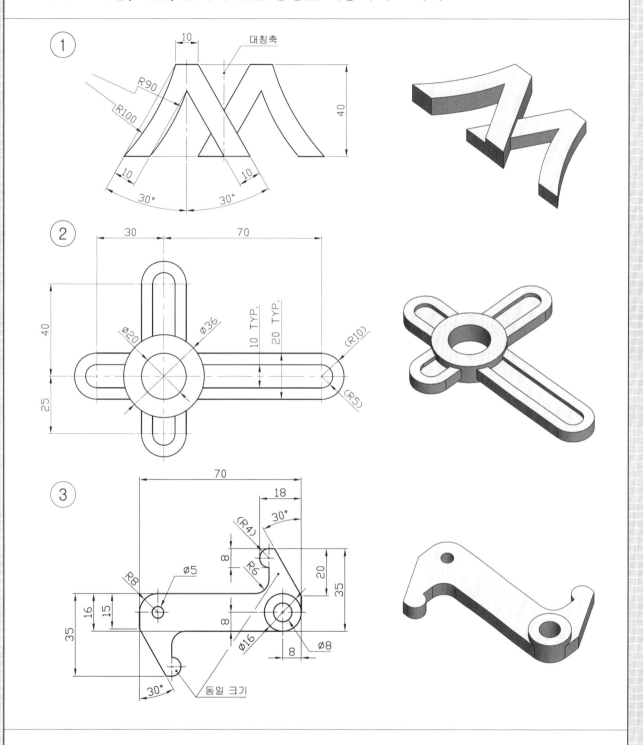

※ 작도한 도형을 바탕화면에 있는 'CAD연습도면' 폴더 안에 저장합니다.

명령: SAVE [Enter↵] [단축키 : [Ctrl]+[S]]

CAD연습도면 폴더에 파일 이름을 '**연습-23**'으로 명명하여 저장합니다.

과제 3: 대칭, 늘리기, 척도 편집 명령을 사용하여 그리기

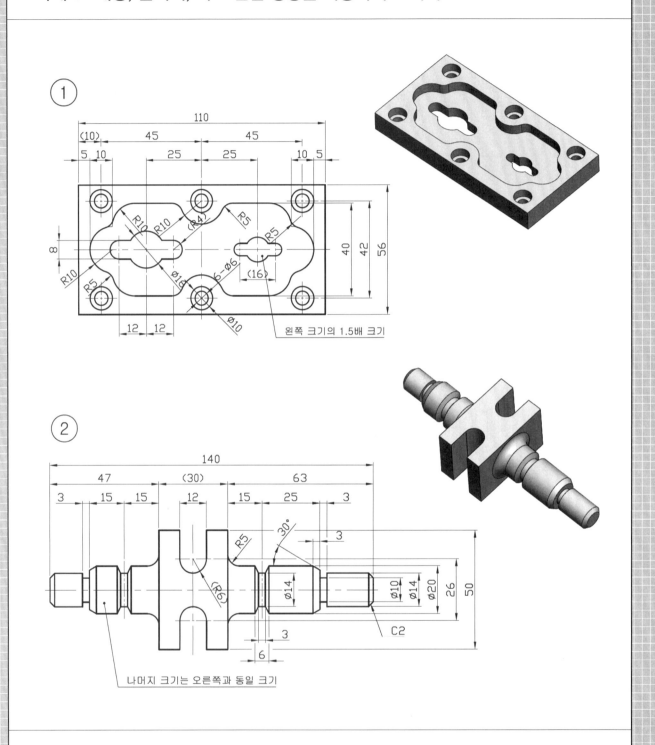

① 왼쪽 크기의 1.5배 크기

② 나머지 크기는 오른쪽과 동일 크기

※ 작도한 도형을 바탕화면에 있는 'CAD연습도면' 폴더 안에 저장합니다.

명령: SAVE Enter↵ [단축키: Ctrl+S]

CAD연습도면 폴더에 파일 이름을 '**연습-24**'로 명명하여 저장합니다.

과제 4: 대칭, 회전 편집 명령을 사용하여 그리기

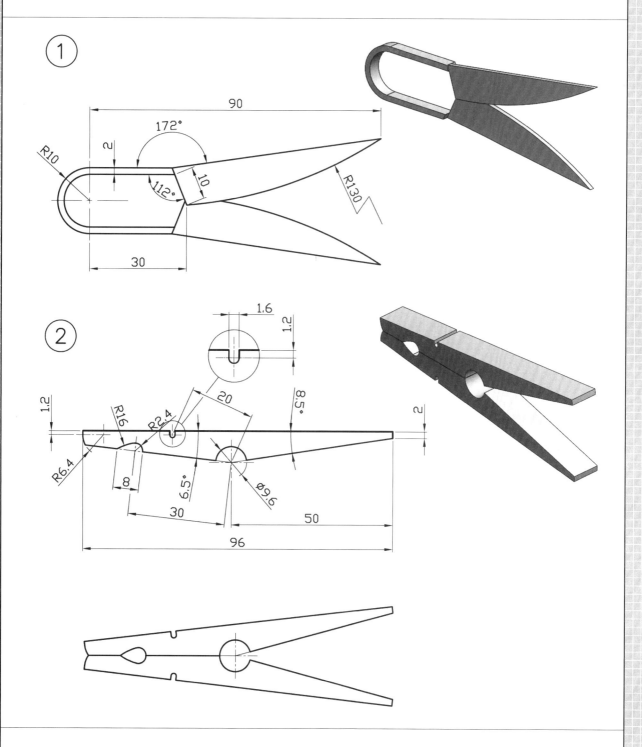

※ 작도한 도형을 바탕화면에 있는 'CAD연습도면' 폴더 안에 저장합니다.

　명령: SAVE Enter↵ [단축키: Ctrl+S]

　CAD연습도면 폴더에 파일 이름을 '**연습-25**'로 명명하여 저장합니다.

Question *기하학적 구속 조건이 무엇이며 어떻게 사용하는 건가요?*

AutoCAD를 제작한 Autodesk사의 제품군 중 3차원 모델링 프로그램인 인벤터(Inventor)에서 사용하는 방법을 AutoCAD에 접목한 것으로 현존하는 3차원 모델링 응용 프로그램 대다수가 사용하고 있는 관계 기반 설계에 의한 모델링 방식입니다.

일반적으로 AutoCAD에서 2차원 객체를 작도할 때 정확한 위치와 정확한 치수로 선(LINE) 및 원(CIRCLE)을 작도한 후 수정할 때 오프셋(OFFSET)이나 트림(TRIM) 또는 연장(EXTEND)을 사용합니다.

그러나 구속 조건을 사용할 경우에는 스케치하듯이 대충 형상에 맞게 객체를 작도하고 나서 '기하학적 구속 조건'으로는 정확한 형상을 부여하고 '치수 구속 조건'으로는 정확한 크기를 부여하여 객체를 완성시킬 수 있습니다.

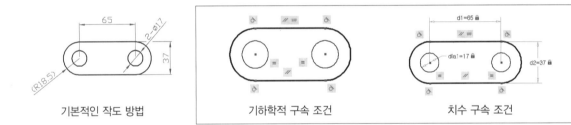

기본적인 작도 방법 　　기하학적 구속 조건 　　치수 구속 조건

또한 구속 조건으로 완성된 객체들은 서로 간에 연관되는 관계 기반으로 정의가 되는데, 예를 들어 선이 항상 호에 접하게 하거나 두 개의 선이 항상 서로 직교하도록 하거나 원과 호가 항상 동심을 이루도록 하거나 등의 관계가 부가되므로 선택한 객체를 편집 시 지정된 구속 조건에 따라서만 조정이 됩니다.

[적용 방법]

객체를 작도 후 구속조건을 부가하는 방법 두 가지

① '기하학적 구속 조건'과 '치수 구속 조건'을 사용하여 개별적으로 객체를 선택하여 부가합니다.

② AUTOCONSTRAIN 명령으로 객체를 모두 선택하여 자동으로 부가합니다.

더 알기
- 시스템 변수 CONSTRAINTINFER 값을 '1'로 설정하면 객체를 작도 시 자동으로 구속 조건이 부가됩니다.
- 명령 CONSTRAINTSETTINGS [단축키: CSETTINGS]에서 구속 조건 설정 대화상자를 사용하여 '기하학적', '치수', '자동 구속'에 대한 설정을 할 수 있습니다.

[필자의 생각]

AutoCAD에서의 관계 부가는 도면 설계 작업 시 요구 사항을 유지하면서 설계를 변경하여 연관된 다른 곳과 문제점이 없는지 시험해 보는 방법으로 사용할 수 있지만 일반적인 도면 작업 시에는 전혀 필요하지 않기 때문에 사용하지 않는 것이 도면 작업을 신속하게 하는 방법입니다.

알기 쉬운 기본 도형 정의와 편집 따라하기

AutoCAD 2020 기초와 실습 – 기초편

7

이 장에서는 다음과 같은 내용을 배울 수 있습니다.

- 다각형(POLYGON) 그리기
- 타원(ELLIPSE) 그리기
- 폴리선(PLINE) 그리기
- 폴리선 편집(PEDIT)하기
- 다중선(MLINE) 그리기
- 절단(BREAK)하기

1 | 다각형(POLYGON) 그리기

POLYGON 명령은 삼각형부터 1024각형까지의 폴리선 형태의 정다각형을 그립니다.

 명령: POLYGON Enter↵ [**단축키**: P O L]

● **다각형을 그리는 기본적인 방법**

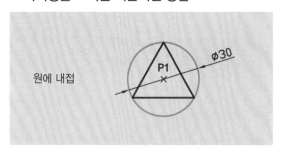

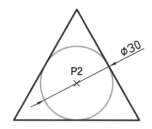

원에 내접

POLYGON 면의 수 입력: **3** Enter↵
폴리곤의 중심을 지정: 임의의 점인 **P1** 클릭
옵션을 입력 [원에 내접(I)/원에 외접(C)]: **I**
　　　Enter↵
원의 반지름 지정: **15** Enter↵

원에 외접

POLYGON 면의 수 입력: **3** Enter↵
폴리곤의 중심을 지정: 임의의 점인 **P2** 클릭
옵션을 입력 [원에 내접(I)/원에 외접(C)]: **C**
　　　Enter↵
원의 반지름 지정: **15** Enter↵

● **POLYGON 명령 옵션**

```
× 면의 수 입력 <4>: 3
× 폴리곤의 중심을 지정 또는 [모서리(E)]:
⚲ ⌂ ▾ POLYGON 옵션을 입력 [원에 내접(I) 원에 외접(C)] <I>:
```

모서리(E)	한 변의 길이(두 점)로 다각형을 작도합니다.
원에 내접(I)	다각형 중심에서 꼭짓점까지의 거리, 즉 원의 안쪽으로 다각형이 작도됩니다.
원에 외접(C)	다각형 중심에서 변의 중간점까지의 거리, 즉 원의 바깥쪽으로 다각형이 작도됩니다.

 모서리(E) 옵션으로 다각형 연습하기

▶ **모서리(E)로 5각형 작도하기**

명령: **POLYGON** Enter↵

POLYGON 면의 수 입력: **5** Enter↵

폴리곤의 중심을 지정 또는 [모서리(E)]: **E** Enter↵

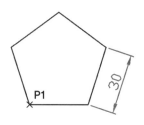

모서리의 첫 번째 끝점 지정: ▶ 임의의 점인 **P1** 클릭

모서리의 두 번째 끝점 지정: ▶ F8(직교) 상태에서 커서의 방향을 오른쪽으로 적당히 옮겨 놓은 후
30 Enter↵

▶ 모서리(E)로 각도 10도를 가진 5각형 작도하기

명령: **POLYGON** Enter↵

POLYGON 면의 수 입력: **5** Enter↵

폴리곤의 중심을 지정 또는 [모서리(E)]: **E** Enter↵

모서리의 첫 번째 끝점 지정: ▶ 임의의 점인 **P2** 클릭

모서리의 두 번째 끝점 지정: **@30<10** Enter↵

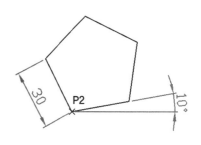

 내접(I)/외접(C) 옵션으로 다각형 연습하기

▶ 원에 내접한 역삼각형 작도하기

명령: **POLYGON** Enter↵

POLYGON 면의 수 입력: **3** Enter↵

폴리곤의 중심을 지정 또는 [모서리(E)]: ▶ 임의의 점인 **P1** 클릭

옵션을 입력 [원에 내접(I)/원에 외접(C)]: **I** Enter↵

원의 반지름 지정: **@30<270** Enter↵   ※ 또는 −90도 입력

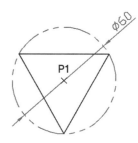

▶ 원에 외접하고 60도 기울어진 육각형 작도하기

명령: **POLYGON** Enter↵

POLYGON 면의 수 입력: **6** Enter↵

폴리곤의 중심을 지정 또는 [모서리(E)]: ▶ 임의의 점인 **P2** 클릭

옵션을 입력 [원에 내접(I)/원에 외접(C)]: **C** Enter↵

원의 반지름 지정: **@30<60** Enter↵   ※ 또는 180도 입력

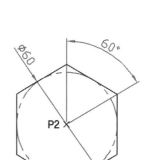

▶ 원에 외접하고 45도 기울어진 사각형 작도하기

명령: **POLYGON** Enter↵

POLYGON 면의 수 입력: **4** Enter↵

폴리곤의 중심을 지정 또는 [모서리(E)]: ▶ 임의의 점인 **P3** 클릭

옵션을 입력 [원에 내접(I)/원에 외접(C)]: **C** Enter↵

원의 반지름 지정: **@20<45** Enter↵

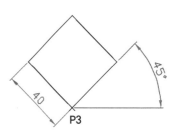

2 | 타원(ELLIPSE) 그리기

ELLIPSE 명령은 장축(Major Axis)과 단축(Minor Axis)으로 정의된 타원이나 시작 각도와 끝 각도까지 정의하여 타원형 호를 작도합니다.

 명령: ELLIPSE Enter↵ [단축키: EL]

● 타원을 그리는 기본적인 방법

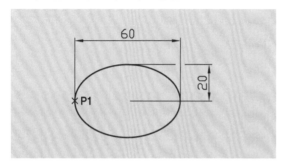

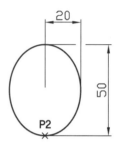

타원의 축 끝점 지정: 임의의 점인 **P1** 클릭
축의 다른 끝점 지정: **@60<0** Enter↵
다른 축으로 거리를 지정: **20** Enter↵

타원의 축 끝점 지정: 임의의 점인 **P2** 클릭
축의 다른 끝점 지정: **@50<90** Enter↵
다른 축으로 거리를 지정: **20** Enter↵

● ELLIPSE 명령 옵션

```
╳  명령: ELLIPSE
    타원의 축 끝점 지정 또는 [호(A)/중심(C)]:
🔧 ☀▾ ELLIPSE 축의 다른 끝점 지정:
```

호(A)	시작 각도와 끝 각도로 정의된 타원형 호를 작도합니다.
중심(C)	첫 번째 축 정의를 작도할 타원의 중심부터 시작합니다.

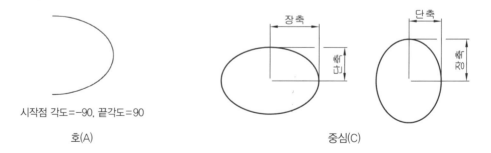

시작점 각도=−90, 끝각도=90

호(A)   중심(C)

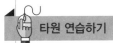 타원 연습하기

중심(C)으로 타원 작도하기

명령: ELLIPSE [Enter↵]
타원의 축 끝점 지정 또는 [호(A)/중심(C)]: C [Enter↵]
타원의 중심 지정: ▶ 임의의 점인 P1 클릭
축의 끝점 지정: ▶ F8(직교) 상태에서 커서의 방향을 오른쪽으로
　　　　　　　　적당히 옮겨 놓은 후 30 [Enter↵]
다른 축으로 거리를 지정 또는 [회전(R)]: 20 [Enter↵]

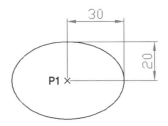

중심(C)으로 30도 기울어진 타원 작도하기

명령: ELLIPSE [Enter↵]
타원의 축 끝점 지정 또는 [호(A)/중심(C)]: C [Enter↵]
타원의 중심 지정: ▶ 임의의 점인 P1 클릭
축의 끝점 지정: @35⟨30 [Enter↵]
다른 축으로 거리를 지정 또는 [회전(R)]: 20 [Enter↵]

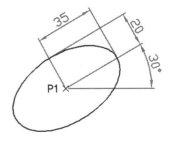

객체의 스냅점을 사용하여 타원 작도하기

RECTANGLE 명령으로 임의의 위치에 크기가 60×40인 직사각형을 작도합니다.

명령: ELLIPSE [Enter↵]
타원의 축 끝점 지정: END [Enter↵] ⟨− ▶ P1 선택
축의 다른 끝점 지정: END [Enter↵] ⟨− ▶ P2 선택
다른 축으로 거리를 지정: 15 [Enter↵]
※ 동일 방법으로 P3−P4를 선택하여 타원을 작도합니다.

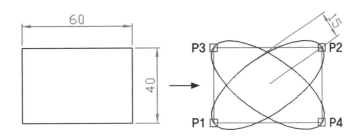

3 | 폴리선(PLINE) 그리기

PLINE 명령은 단일 객체인 폴리선을 작도합니다. 폴리선을 작도하는 중에 선과 호로 전환하여 작도가 되며 선 두께도 정의할 수 있습니다.

 명령: PLINE Enter↵ [단축키: P L]

● 폴리선을 그리는 기본적인 방법

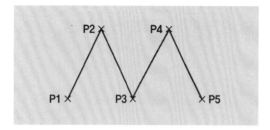 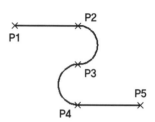

시작점 지정: **P1** 클릭	시작점 지정: **P1** 클릭
다음 점 지정: **P2** 클릭	다음 점 지정 또는 [호(A)…길이(L)…]: **P2** 클릭
다음 점 지정: **P3** 클릭	다음 점 지정 또는 [호(A)…길이(L)…]: **A** Enter↵
다음 점 지정: **P4** 클릭	호의 끝점 지정 또는 […선(L)…]: **P3** 클릭
다음 점 지정: **P5** 클릭	호의 끝점 지정 또는 […선(L)…]: **P4** 클릭
다음 점 지정: Enter↵	호의 끝점 지정 또는 […선(L)…]: L Enter↵
	다음 점 지정 또는 [호(A)…길이(L)…]: **P5** 클릭
	다음 점 지정 또는 [호(A)…길이(L)…]: Enter↵

● PLINE 명령 옵션

```
시작점 지정:
현재의 선 폭은 0.0000임
PLINE 다음 점 지정 또는 [호(A) 반폭(H) 길이(L) 명령 취소(U) 폭(W)]:
```

호(A)	호(arc)를 작도합니다.
반폭(H)	폴리선에 두께를 정의하며 두께값을 '폭(W)'의 1/2값으로 입력합니다.
길이(L)	방금 전 작도한 선과 같은 방향으로 그다음 선이 그려집니다.
명령 취소(U)	가장 최근에 그려진 폴리선부터 한 단계씩 취소가 됩니다.
폭(W)	폴리선에 두께를 정의하며 두께값을 '반폭(H)'의 두 배로 입력합니다.

폴리선 연습하기

폴리선으로 도형 작도하기

명령: PLINE [Enter↵]

시작점 지정: ▶ 임의의 점인 P1 클릭

다음 점 지정 또는 [호(A)/반폭(H)/길이(L)…]: **@60,0** [Enter↵]

다음 점 지정 또는 [호(A)/닫기(C)/반폭(H)…]: **A** [Enter↵]

호의 끝점 지정 또는 […반지름(R)/두 번째 점(S)…]:
      R [Enter↵]

호의 반지름 지정: **20** [Enter↵]

호의 끝점 지정 또는 [각도(A)]: **@0,40** [Enter↵]

호의 끝점 지정 또는 […선(L)/반지름(R)…]: **L** [Enter↵]

다음 점 지정 또는 [호(A)/닫기(C)/반폭(H)…]: **@-60,0** [Enter↵]

다음 점 지정 또는 [호(A)/닫기(C)/반폭(H)…]: **A** [Enter↵]

호의 끝점 지정 또는 [각도(A)/중심(CE)/닫기(CL)…]: **CL** [Enter↵]

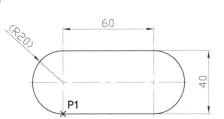

폴리선으로 화살표 작도하기

명령: PLINE [Enter↵]

시작점 지정: ▶ 임의의 점인 P2 클릭

다음 점 지정 또는 [호(A)…폭(W)]: ▶ [F8](직교) 상태에서 커서를 오른쪽으로 많이 옮겨 놓은 후
      W [Enter↵]

시작 폭 지정: **0** [Enter↵]

끝 폭 지정: **15** [Enter↵]

다음 점 지정 또는 [호(A)…폭(W)]: **30** [Enter↵]

다음 점 지정 또는 [호(A)…폭(W)]: **W** [Enter↵]

시작 폭 지정: **0** [Enter↵]

끝 폭 지정 〈0.0000〉: [Enter↵]

다음 점 지정 또는 [호(A)…폭(W)]: **60** [Enter↵]

다음 점 지정 또는 [호(A)…폭(W)]: **W** [Enter↵]

시작 폭 지정: **15** [Enter↵]

끝 폭 지정: **0** [Enter↵]

다음 점 지정 또는 [호(A)…폭(W)]: **30** [Enter↵]

다음 점 지정 또는 [호(A)…폭(W)]: [Enter↵]

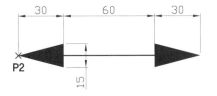

4 | 폴리선 편집(PEDIT)하기

PEDIT 명령은 폴리선 속성을 가진 객체를 편집합니다. 만약 폴리선 속성이 아닌 객체를 선택한 경우에는 폴리선으로 변환할지 묻는 프롬프트가 표시됩니다.

 명령: PEDIT [Enter↵] **[단축키: P E]**

● 폴리선 속성이 아닌 선, 호, 스플라인 객체를 선택한 경우

```
폴리선 선택 또는 [다중(M)]:
선택된 객체가 폴리선이 아님
PEDIT 전환하기를 원하십니까? <Y>
```

[Enter↵] 키를 누르면 폴리선으로 변환되어 편집을 할 수 있습니다.

● PEDIT 명령 옵션

```
폴리선 선택 또는 [다중(M)]:
PEDIT 옵션 입력 [닫기(C) 결합(J) 폭(W) 정점 편집(E) 맞춤(F) 스플라인(S) 비곡선화(D) 선종류생성(L) 반전(R)
명령 취소(U)]:
```

닫기(C)	개구간 폴리선인 경우 폐구간으로 작도됩니다. 편집할 폴리선이 폐구간인 경우 '닫기(C)'가 '열기(O)' 옵션으로 대치됩니다.
결합(J)	두 개 이상의 객체가 끝점이 서로 만나 있는 경우에만 결합하여 하나의 폴리선이 됩니다.
폭(W)	폴리선에 일정한 폭을 가진 선두께를 정의합니다.
선종류 생성(L)	일점쇄선이나 이점쇄선인 폴리선 꼭짓점(정점)에 패턴이 표시되도록 정렬시켜 줍니다.

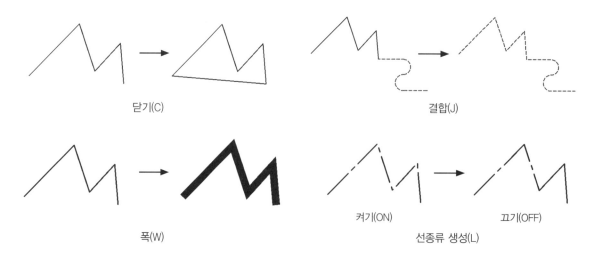

닫기(C)   결합(J)

폭(W)   켜기(ON)   끄기(OFF)
              선종류 생성(L)

폴리선 편집 연습하기

RECTANGLE 명령으로 임의의 위치에 60×40인 직사각형을 그림과 같이 작도한 후 두 곳(P1, P2)을 자르거나(**TRIM** 명령) 또는 분해(**EXPLODE** 명령)하여 지웁니다.

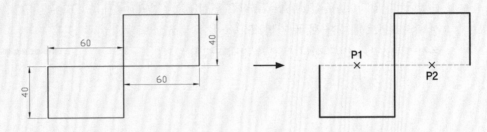

끊어진 폴리선을 결합하기

[TRIM 명령을 사용한 경우 폴리 속성이 유지]

명령: **PEDIT** `Enter↵`
폴리선 선택 또는 [다중(M)]: ▶ 둘 중 한 개 선택
옵션 입력 [닫기(C)/결합(J)/폭(W)/정점 편집(E)...]: **J** `Enter↵`
객체 선택: ▶ 결합시킬 나머지 한 개를 선택
객체 선택: `Enter↵`
옵션 입력 [닫기(C)/결합(J)/폭(W)/정점 편집(E)...]: `Enter↵`

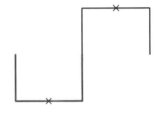

[EXPLODE 명령을 사용한 경우 일반 속성으로 변경]

명령: **PEDIT** `Enter↵`
폴리선 선택 또는 [다중(M)]: ▶ 아무거나 한 개 선택
선택된 객체가 폴리선이 아님
전환하기를 원하십니까? 〈Y〉 `Enter↵`
옵션 입력 [닫기(C)/결합(J)/폭(W)/정점 편집(E)...]: **J** `Enter↵`
객체 선택: ▶ 결합시킬 모든 객체를 윈도우 박스로 선택
객체 선택: `Enter↵`
옵션 입력 [닫기(C)/결합(J)/폭(W)/정점 편집(E)...]: `Enter↵`

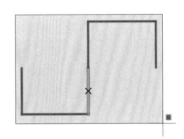

❯ 결합된 폴리선에 5mm 두께주기

명령: PEDIT [Enter↵]
폴리선 선택 또는 [다중(M)]: ▶ P3 선택
옵션 입력 [닫기(C)/결합(J)/폭(W)/정점 편집(E)…]: W [Enter↵]
전체 세그먼트에 대한 새 폭 지정: 5 [Enter↵]
옵션 입력 [닫기(C)/결합(J)/폭(W)/정점 편집(E)…]: [Enter↵]

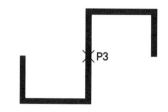

5 │ 다중선(MLINE) 그리기

MLINE 명령은 기본적으로 두 가닥의 선이 평행하게 한 번에 그려지며 작업자 정의에 따라 선의 가닥 수를 추가하여 한 번에 여러 개를 작도할 수 있습니다. 다중선은 건물 평면도 설계에서 외벽과 내벽을 동시에 작도할 수 있어 건축이나 지적도 설계에서 활용도가 높습니다.

 명령: MLINE [Enter↵] [단축키: [M][L]]

● 다중선을 그리는 기본적인 방법

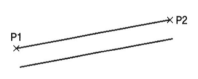

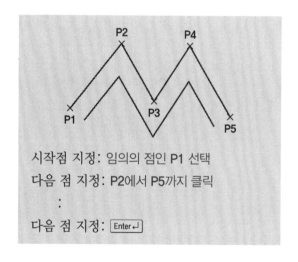

시작점 지정: 임의의 점인 P1 선택
다음 점 지정: P2 선택
다음 점 지정: [Enter↵]

시작점 지정: 임의의 점인 P1 선택
다음 점 지정: P2에서 P5까지 클릭
　　　：
다음 점 지정: [Enter↵]

● MLINE 명령 옵션

```
명령: MLINE
현재 설정: 자리맞추기 = 맨 위, 축척 = 20.00, 스타일 = STANDARD
MLINE 시작점 지정 또는 [자리맞추기(J) 축척(S) 스타일(ST)]:
```

자리맞추기(J)	'맨 위', '0', '맨 아래' 세 가지 기준점에서 한 가지를 선택하여 다중선을 작도합니다.
축척(S)	다중선의 전체 폭(두께)값을 변경합니다. 기본이 1mm로 설정되어 있으므로 축척값을 20으로 입력한 경우에는 다중선의 전체 폭이 20mm가 됩니다.

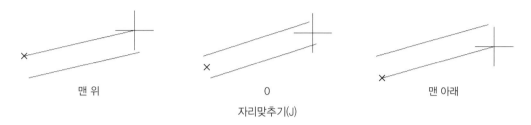

맨 위   0   맨 아래

자리맞추기(J)

다중선 연습하기

그림과 같은 벽을 작도한 후 트림하여 완성합니다.

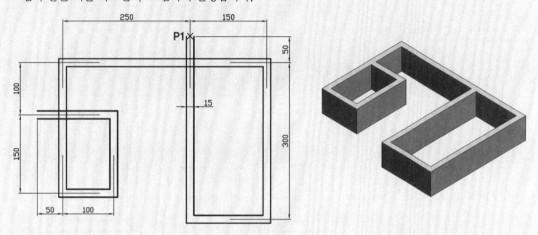

명령: MLINE [Enter↵]
시작점 지정 또는 [자리맞추기(J)/축척(S)/스타일(ST)]: **J** [Enter↵]
자리맞추기 유형 입력 [맨 위(T)/0(Z)/맨 아래(B)]: **Z** [Enter↵]
시작점 지정 또는 [자리맞추기(J)/축척(S)/스타일(ST)]: **S** [Enter↵]
여러 줄 축척 입력: **15** [Enter↵]
현재 설정: 자리맞추기 = 0, 축척 = 15.00, 스타일 = STANDARD
시작점 지정 또는 [자리맞추기(J)/축척(S)/스타일(ST)]: ▶ 임의의 위치인 **P1** 클릭
다음 점 지정: ▶ [F8](직교) 상태에서 커서의 방향을 아래로 적당히 옮겨 놓은 후 **350** [Enter↵]
다음 점 지정 또는 [명령 취소(U)]: ▶ 커서의 방향을 오른쪽으로 적당히 옮겨 놓은 후 **150** [Enter↵]
다음 점 지정 또는 [...]: ▶ 커서의 방향을 위로 적당히 옮겨 놓은 후 **300** [Enter↵]
다음 점 지정 또는 [...]: ▶ 커서의 방향을 왼쪽으로 적당히 옮겨 놓은 후 **400** [Enter↵]
다음 점 지정 또는 [...]: ▶ 커서의 방향을 아래로 적당히 옮겨 놓은 후 **250** [Enter↵]
다음 점 지정 또는 [...]: ▶ 커서의 방향을 오른쪽으로 적당히 옮겨 놓은 후 **100** [Enter↵]
다음 점 지정 또는 [...]: ▶ 커서의 방향을 위로 적당히 옮겨 놓은 후 **150** [Enter↵]
다음 점 지정 또는 [...]: ▶ 커서의 방향을 왼쪽으로 적당히 옮겨 놓은 후 **150** [Enter↵]
다음 점 지정 또는 [닫기(C)/명령 취소(U)]: [Enter↵]

⊙ 다중선 트림하기

명령: **TRIM** [Enter↵]

객체 선택 또는 〈모두 선택〉: ▶ 트림에 기준이 되는 P1 선택

객체 선택: [Enter↵]

자를 객체 선택 또는 … 또는 [울타리(F)…]: ▶ P2 선택

여러 줄 결합 옵션 입력 [닫힘(C)/열림(O)/병합됨(M)] 〈병합됨(M)〉: [Enter↵]

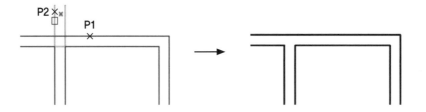

자를 객체 선택 또는 … 또는 [울타리(F)…]: ▶ P3 선택

여러 줄 결합 옵션 입력 [닫힘(C)/열림(O)/병합됨(M)] 〈병합됨(M)〉: [Enter↵]

자를 객체 선택 또는 … 또는 [울타리(F)…]: [Enter↵]

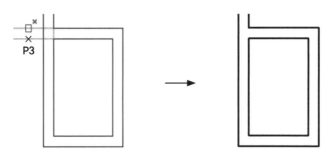

더 알기 다중선을 트림하는 경우에는 세 가지 결합 옵션[닫힘(C)/열림(O)/병합됨(M)]이 표시됩니다.

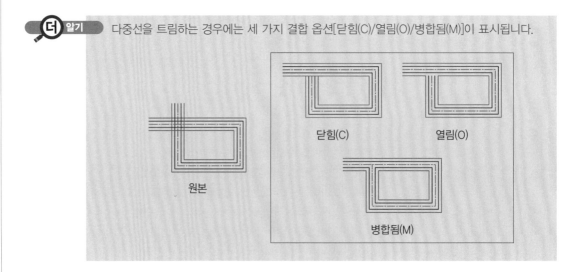

6 | 절단(BREAK)하기

BREAK 명령은 하나의 객체에 두 점을 선택하여 그 사이를 절단합니다.

 명령: BREAK Enter↵ [**단축키**: BR]

● 절단하는 기본적인 방법

객체 선택: P1 선택

두 번째 끊기점을 지정: P2 선택

※ 절단 시 F3(객체 스냅)을 끄고 사용합니다.

객체 선택: P1 선택

두 번째 끊기점을 지정: @ Enter↵

※ @(최종점)에 의해 첫 번째 점에서 등분이 됩니다.

● BREAK 명령 옵션

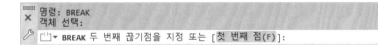

첫 번째 점(F)	객체를 끊기 위해 처음으로 지정된 점을 다시 다른 위치로 재지정합니다.

 절단 연습하기

바탕화면에 있는 'CAD연습도면' 폴더 안에 저장된 파일 **'연습-22'**를 불러옵니다.

명령: OPEN Enter↵ [**단축키**: Ctrl+O]

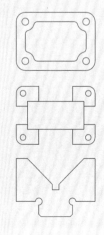

🔵 두 점 사이를 절단하기

명령: BREAK `Enter↵`

객체 선택: ▶ P1 선택

두 번째 끊기점을 지정 또는 [첫 번째 점(F)]: F `Enter↵`

첫 번째 끊기점 지정: INT `Enter↵` ⟨– ▶ P2 선택

두 번째 끊기점을 지정: INT `Enter↵` ⟨– ▶ P3 선택

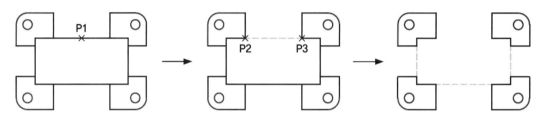

※ 그림과 같이 나머지 세 곳도 같은 방법으로 절단합니다.

🔵 한 점을 끊기

EXTEND 명령과 TRIM 명령으로 V블록을 그림과 같이 선을 연장합니다.

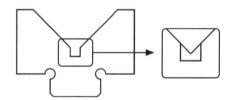

명령: BREAK `Enter↵`

객체 선택: ▶ P1 선택

두 번째 끊기점을 지정 또는 [첫 번째 점(F)]: F `Enter↵`

첫 번째 끊기점 지정: INT `Enter↵` ⟨– ▶ P2 선택

두 번째 끊기점을 지정: @ `Enter↵`

※ 반대편도 같은 방법으로 절단합니다.

V블록 안쪽에 끊은 선은 도면화 작업에서 치수
기입 시 보조선으로 변경하여 사용합니다.

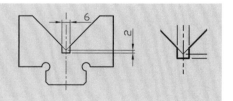

점에서 끊기

한 점을 끊고자 한다면 리본의 수정 패널 또는 AutoCAD 클래식 작업공간일 경우에는 '수정(Modify)' 아이콘 툴바에 추가된 '점에서 끊기' 아이콘을 통해 쉽게 끊을 수 있습니다.

객체 선택: ▶ P1 선택
두 번째 끊기점을 지정 또는 [첫 번째
　　　점(F)]: _f
첫 번째 끊기점 지정: INT Enter↵ ⟨−
　　　▶ P2 선택
두 번째 끊기점을 지정: @

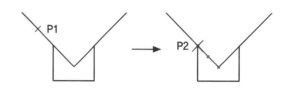

원(Circle) 두 점 사이를 절단하는 방법

원의 두 점 사이를 절단하기 위해서는 반드시 반시계 방향으로 끊기점을 선택해야 합니다.

명령: BREAK Enter↵
객체 선택: ▶ P1 선택
두 번째 끊기점을 지정 또는 [첫 번째 점(F)]: F Enter↵
첫 번째 끊기점 지정: INT Enter↵ ⟨− ▶ P2 선택
두 번째 끊기점을 지정: INT Enter↵ ⟨− ▶ P3 선택

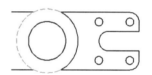

※ 시계 방향으로 끊기점 선택 시 결과

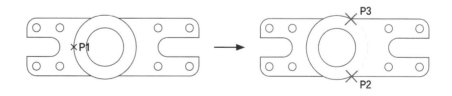

임의의 점으로 절단하기

임의의 점으로 객체의 한 쪽 끝을 절단하고자 할 때는 다음과 같이 할 수 있습니다.

명령: BREAK Enter↵
객체 선택: ▶ 임의의 위치인 P1 클릭
두 번째 끊기점을 지정: ▶ 바깥쪽 빈 공간인 P2 클릭

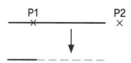

단원정리
따라하기

아래 도면을 따라 그려보세요!

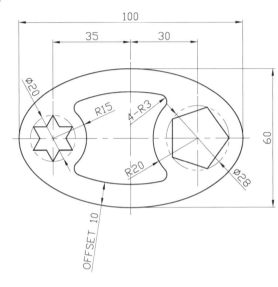

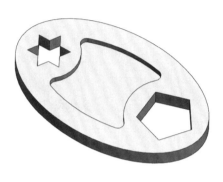

01 먼저 타원을 임의의 위치에 작도합니다.

  명령: ELLIPSE Enter↵
  타원의 축 끝점 지정 또는 [호(A)/중심(C)]: C Enter↵
  타원의 중심 지정: ▶ 임의의 점인 P1 클릭
  축의 끝점 지정: @50,0 Enter↵
  다른 축으로 거리를 지정: 30 Enter↵

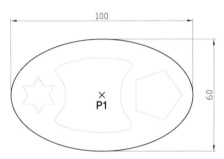

02 타원을 안쪽으로 10mm 오프셋합니다.

  명령: OFFSET Enter↵
  간격 띄우기 거리 지정: 10 Enter↵
  간격 띄우기할 객체 선택: ▶ P1 선택
  간격 띄우기할 면의 점 지정: ▶ 임의의 점 P2 클릭
  간격 띄우기할 객체 선택: Enter↵

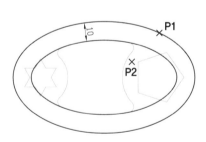

03 그림과 같이 타원 사분점에 수평선과 수직선을 작도합니다.

  명령: LINE Enter↵
  첫 번째 점 지정: QUA Enter↵ ⟨− ▶ P1 선택
  다음 점 지정: QUA Enter↵ ⟨− ▶ P2 선택
  다음 점 지정 또는 [명령 취소(U)]: Enter↵

  ※ 같은 방법으로 수직선(P3−P4)을 작도합니다.

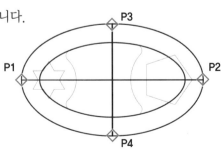

04 그림과 같이 수직선을 선택하여 양쪽으로 오프셋합니다.

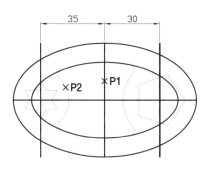

명령: **OFFSET** [Enter↵]

간격 띄우기 거리 지정: **35** [Enter↵]

간격 띄우기할 객체 선택: ▶ P1 선택

간격 띄우기할 면의 점 지정: ▶ 임의의 점 P2 클릭

간격 띄우기할 객체 선택: [Enter↵]

※ 같은 방법으로 오른쪽(30mm)에도 오프셋합니다.

05 원 Ø30과 Ø40을 그림과 같이 작도합니다.

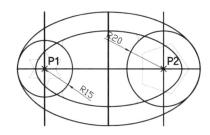

명령: **CIRCLE** [Enter↵]

원에 대한 중심점 지정: **INT** [Enter↵] ⟨− ▶ P1 선택

원의 반지름 지정: **15** [Enter↵]

※ 같은 방법으로 오른쪽 Ø40 원을 작도합니다.

06 원과 타원을 기준으로 그림과 같이 트림합니다.

명령: **TRIM** [Enter↵]

객체 선택 또는 ⟨모두 선택⟩:

　　　　▶ P1−P2−P3 선택

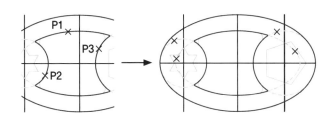

객체 선택: [Enter↵]

자를 객체 선택:

　　　　▶ 그림과 같이 네 곳을 선택

자를 객체 선택: [Enter↵]

07 그림과 같이 네 곳에 R3으로 필릿합니다.

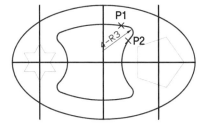

명령: **FILLET** [Enter↵]

첫 번째 객체 선택 또는 [...반지름(R)...]: **R** [Enter↵]

모깎기 반지름 지정: **3** [Enter↵]

첫 번째 객체 선택 또는 [...다중(M)]: **M** [Enter↵]

첫 번째 객체 선택: ▶ P1 선택

두 번째 객체 선택: ▶ P2 선택

　　　 : 　　　▶ 같은 방법으로 세 곳도 선택

08 5각형을 그림과 같이 작도합니다.

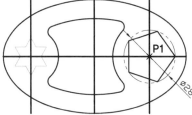

명령: **POLYGON** [Enter↵]

POLYGON 면의 수 입력: **5** [Enter↵]

폴리곤의 중심을 지정: INT `Enter↵` 〈– ▶ P1 선택

옵션을 입력 [원에 내접(I)/원에 외접(C)]: I `Enter↵`

원의 반지름 지정: @14〈0 `Enter↵`

09 정삼각형을 그림과 같이 작도합니다.

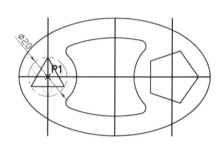

명령: **POLYGON** `Enter↵`

POLYGON 면의 수 입력: **3** `Enter↵`

폴리곤의 중심을 지정: **INT** `Enter↵` 〈– ▶ P1 선택

옵션을 입력 [원에 내접(I)/원에 외접(C)]: I `Enter↵`

원의 반지름 지정: **10** `Enter↵`

10 역삼각형을 같은 곳에 그림과 같이 작도합니다.

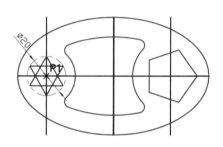

명령: **POLYGON** `Enter↵`

POLYGON 면의 수 입력: **3** `Enter↵`

폴리곤의 중심을 지정: **INT** `Enter↵` 〈– ▶ P1 선택

옵션을 입력 [원에 내접(I)/원에 외접(C)]: I `Enter↵`

원의 반지름 지정: **@10〈–90** `Enter↵`

11 필요 없는 직선 네 개를 지웁니다.

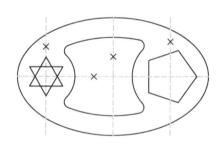

명령: **ERASE** `Enter↵`

객체 선택: ▶ 그림과 같이 네 개의 직선을 선택

객체 선택: `Enter↵`

※ 키보드 `Del`키를 사용해 삭제할 수도 있습니다.

12 삼각형 안쪽을 그림과 같이 트림합니다.

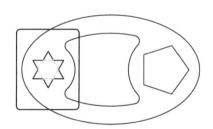

명령: **TRIM** `Enter↵`

객체 선택 또는 〈모두 선택〉: `Enter↵`

자를 객체 선택:

    ▶ 그림과 같이 여섯 곳을 선택

자를 객체 선택: `Enter↵`

13 지금까지 작도한 도형을 바탕화면에 있는 'CAD연습도면' 폴더 안에 저장합니다.

명령: SAVE `Enter↵` [단축키: `Ctrl`+`S`]

CAD연습도면 폴더에 파일 이름을 '**연습–26**'으로 명명하고 저장합니다.

과제 1: 폴리선을 사용하여 문자 도안 그리기

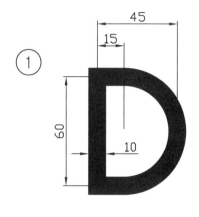

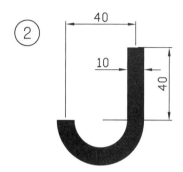

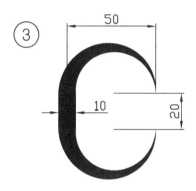

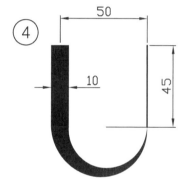

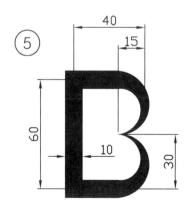

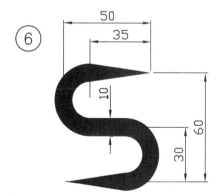

※ 작도한 도형을 바탕화면에 있는 'CAD연습도면' 폴더 안에 저장합니다.

명령: SAVE Enter↵ [단축키: Ctrl+S]

CAD연습도면 폴더에 파일 이름을 '**연습-27**'로 명명하여 저장합니다.

과제 2: 타원을 사용하여 캐릭터 그리기

①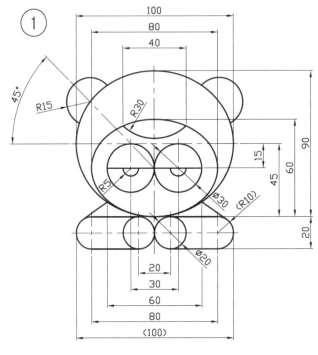

②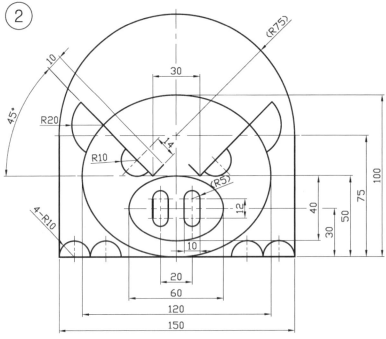

※ 작도한 도형을 바탕화면에 있는 'CAD연습도면' 폴더 안에 저장합니다.

명령: SAVE Enter↵ [단축키: Ctrl + S]

CAD연습도면 폴더에 파일 이름을 '**연습-28**'로 명명하여 저장합니다.

과제 3: 타원과 다각형을 사용하여 캐릭터 그리기

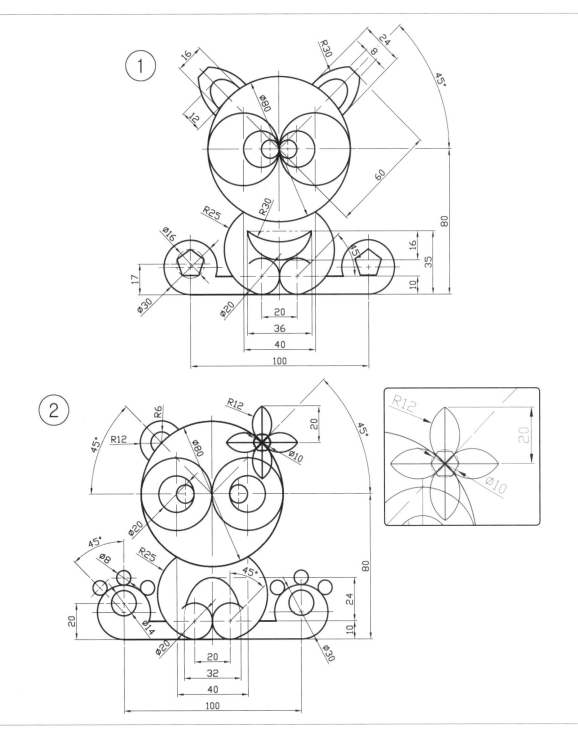

※ 작도한 도형을 바탕화면에 있는 'CAD연습도면' 폴더 안에 저장합니다.

명령: SAVE [Enter↵] [단축키: [Ctrl]+[S]]

CAD연습도면 폴더에 파일 이름을 '**연습-29**'로 명명하여 저장합니다.

Question *AutoCAD 화면이 이상해요?*

객체를 작도하다 보면 폭(Width)을 부여한 객체(PLINE, DONUT 등)인 경우 폭 안이 채워지지 않은 상태로 표시가 되는 경우가 있습니다. 낮은 버전의 AutoCAD 일 경우에는 치수가 기입된 도면일 때 치수선 화살표에도 채워지지 않은 상태로 보이는 경우도 있습니다.

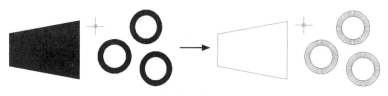

채워지지 않은 객체

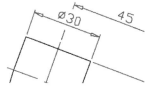

채워지지 않은 치수 화살표

원인은!

작업자가 의도하지는 않았지만 작업 중에 불필요한 동작이 입력되어 AutoCAD 그래픽 화면이 약간 회전이 되어 3차원 시점으로 변경이 되었기 때문입니다.

키보드의 Shift 키를 누른 상태에서 마우스 휠(가운데 버튼)을 드래그하면 3차원 공간 시점으로 변경이 되며, 그 이외에 도 여러 가지 방법으로 공간 시점으로 변경이 가능합니다.

여러 가지 방법으로 공간 시점으로 변경하듯이 그 여러 가지 방법을 사용하여 다시 원래 상태로 변경을 할 수가 있지만 필자는 'PLAN' 명령이나 'VPOINT' 명령을 사용합니다.

[PLAN 명령]

PLAN 명령은 사용자 좌표계(UCS)의 XY평면에 직교가 되는 뷰로 시점을 변경합니다.

명령: PLAN Enter↵

옵션 입력 [현재 UCS(C)/UCS(U)/표준(W)] 〈현재〉: Enter↵

[VPOINT 명령]

VPOINT 명령은 작업자 관측 시점을 대화상자에서 관측 각도로 설정하여 변경하고자 할 때 사용합니다.

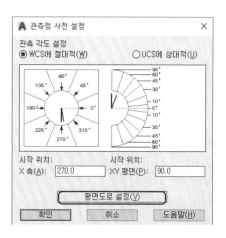

① VPOINT 명령을 실행 (단축키 V P)
② '관측점 사전 설정' 대화창에서 '평면도로 설정'을 선택
③ '확인' 버튼 클릭

※ 평면도로 설정: 선택된 좌표계를 기준으로 평면 뷰(XY 평면)로 자 동으로 시점 각도를 변경해줍니다.

알기 쉬운 속성 편집과
도면층 정의하기

8

이 장에서는 다음과 같은 내용을 배울 수 있습니다.

- 색상(COLOR) 설정하기
- 선종류(LINETYPE) 설정하기
- 선가중치(LWEIGHT) 설정하기
- 도면층(LAYER) 만들기
- 특성(PROPERTIES) 편집하기
- 특성 복사(MATCHPROP)하기

1 | 색상(COLOR) 설정하기

COLOR 명령은 새롭게 작도되는 객체의 색상을 미리 지정합니다.

 명령: COLOR Enter↵ [단축키: C O L]

● 색상 선택 대화상자

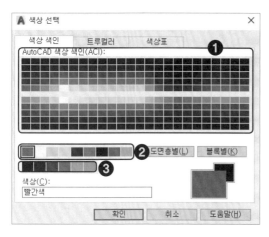

◀ 색상 색인 [탭]

AutoCAD 색상 색인(ACI) 255개 중에서 사용할 색상을 클릭하여 선택하거나 색상 번호 또는 이름을 직접 입력하여 지정합니다.

1-팔레트: 10~249번까지의 색상이 표시
2-팔레트: 1~9번까지의 표준(Standard) 색상이 번호와 이름으로 표시
3-팔레트: 250~255번까지 회색 음영 처리 색상이 표시

더 알기

도면 작도 시 사용되는 색상은 AutoCAD 기반 제품에서 사용하는 AutoCAD 색상 색인(ACI)의 표준 색상입니다.
표준 색상 이름은 1~7까지의 색상에서만 사용할 수 있으며, 색상은 1 빨간색(Red), 2 노란색(Yellow), 3 초록색(Green), 4 하늘색(Cyan), 5 파란색(Blue), 6 선홍색(Magenta), 7 흰색/검은색(White/Black)입니다.

색상 변경 연습하기

⊙ 빨간색으로 변경하여 객체를 작도하기

명령: **COLOR** Enter↵

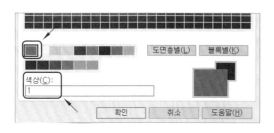

◀ 표준 색상 팔레트에서 해당 색상을 클릭하거나 '색상(C):'란에 빨간색 색상 번호 1 또는 색상 이름 **빨간색**을 입력하고 확인 버튼을 클릭하여 대화상자를 닫고 작도할 객체의 명령을 입력하여 객체를 작도합니다.

▶ 다른 방법으로 색상 변경하기

PROPERTIES[단축키: PR] 명령이나 리본의 특성 색상란을 사용하면 좀 더 편리하게 색상을 변경할 수 있습니다.

특성(PROPERTIES) 팔레트

리본의 특성

◀ **특성** 항목의 색상 조정란을 클릭하여 사용하고자 하는 색상으로 변경 후 작도할 객체의 명령을 입력하여 객체를 작도합니다.

작도된 객체의 색상을 변경하기

PROPERTIES[단축키: PR] 명령이나 리본의 특성 색상란을 사용하여 작도된 객체의 색상을 변경할 수 있습니다.

① 명령 없이 변경할 객체를 모두 선택합니다.

② 리본의 특성 항목이나 모든 작업 공간에서 사용할 수 있는 특성(Properties) 팔레트의 색상 조정란에서 변경하고자 하는 색상을 선택합니다.

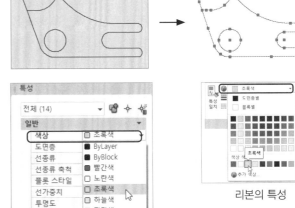

특성(PROPERTIES) 팔레트

리본의 특성

③ 색상 변경을 확인했으면 Esc키를 눌러 선택된 객체를 해제시킵니다.

2 선종류(LINETYPE) 설정하기

LINETYPE 명령은 미리 정의된 선 유형을 가져와 현재 선종류를 설정하거나 수정합니다.

 명령: **LINETYPE** [Enter↵] [단축키: [L][T]]

● **선종류 관리자 대화상자**

• 선종류 필터: 선종류 리스트에 표시될 선종류 정렬 조건을 선택합니다.

• 현재: 리스트에서 선택된 선종류를 작업 도면에 사용하도록 활성화시킵니다.

• 삭제: 리스트에 추가하여 사용하지 않은 선종류를 선택하여 삭제합니다.

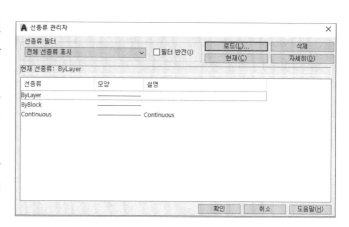

로드(L) ▶

acad.lin 또는 acadlt.lin 파일에 정의된 선종류를 로드하여 리스트에 추가합니다.

• 파일: 저장된 선종류(*.lin) 파일을 불러옵니다.

• 사용 가능한 선종류: 불러온 선종류 파일 내에 정의된 사용 가능한 선종류 리스트가 표시됩니다. 여기에서 필요한 선종류를 로드시켜 사용합니다.

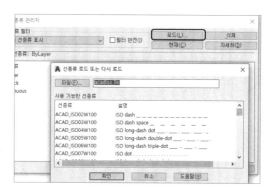

🖱 선 유형 설정 연습하기

중심선, 숨은선, 가상선을 로드하여 객체 작도하기

명령: **LINETYPE** [Enter↵]

① 선종류 관리자 대화상자에서 '로드' 버튼을 클릭합니다.

② 선종류 로드 대화상자에서 가장 축척 비율이 작은 'CENTER2'를 선택하고 확인 버튼을 클릭하면 선종류 관리자 대화상자 리스트 사용 목록에 'CENTER2'라는 중심선 선종류가 추가됩니다.

③ 위 내용과 같은 방법으로 나머지 숨은선(HIDDEN2)과 가상선(PHANTOM2)도 로드시킵니다. 그 러고 나서 중심선으로 객체를 작도하기 위해 'CENTER2'를 선택하고 **현재** 버튼을 클릭하여 활성화 합니다.

※ 활성화하고자 하는 선종류를 더블 클릭하면 바로 활성화가 됩니다.

④ 선종류 관리자 대화상자를 닫고 직선(LINE)이나 원(CIRCLE)을 그리면 중심선으로 작도가 됩니다.

⑤ 특성(Properties) 리본을 사용하면 로드시킨 선종류를 바로 활성화시킬 수 있습니다. 특성창에서 'HIDDEN2'(숨은선) 또는 'PHANTOM2'(가상선)를 선택하여 직선이나 원을 작도합니다.

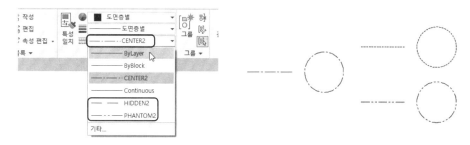

⑥ LTSCALE 시스템 변수를 사용하여 선 축척 비율값을 1에서 2로 변경합니다.

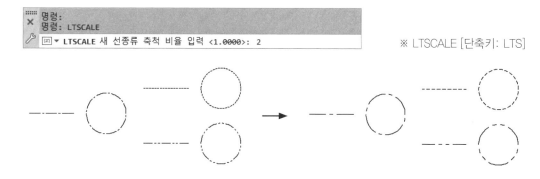

※ LTSCALE [단축키: LTS]

작도된 객체의 선종류를 변경하기

앞에서 설명한 작도된 객체의 색상을 변경하는 것과 같은 방법(PROPERTIES 명령, 리본의 특성)을 사용하여 객체의 선종류를 변경할 수 있습니다.

3 | 선가중치(LWEIGHT) 설정하기

LWEIGHT 명령은 새롭게 작도되는 그래픽 객체, 해칭, 치수 형상 등의 선 굵기와 표시 옵션 및 단위를 설정합니다.

명령: **LWEIGHT** Enter↵ [단축키: ⓛⓦ]

● **선가중치 설정 대화상자**

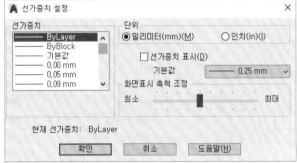

- **선가중치**: 사용할 수 있는 선가중치 값의 리스트가 표시됩니다.
- **단위**: 선가중치를 밀리미터 또는 인치로 표시할지를 지정합니다.
- **선가중치 표시**: 현재 작도되는 도면에 선가중치를 ON/OFF시킵니다. 단, 도면 출력시 영향을 주지 않습니다.
- **화면표시 축척 조정**: 도면 출력 실제 단위값에 비례하는 픽셀 폭을 사용하여 선가중치의 축척을 조정합니다.

 선가중치 연습하기

▶ **작도된 객체에 선가중치를 부여하기**

명령: **LWEIGHT** Enter↵

① 선가중치 설정 대화상자에서 '선가중치 표시'를 체크하고 기본값 선가중치 값을 '0.50mm'로 선택한 후 '확인' 버튼을 눌러 대화상자를 닫습니다.

※ 선가중치의 기본값은 **0.25mm**입니다.

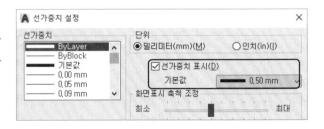

② 그림과 같이 선가중치가 적용됩니다.

작도된 객체에 부분적으로 선가중치 변경하기

　　앞에서 설명한 작도된 객체의 색상을 변경하는 것과 같은 방법(PROPERTIES 명령, 리본의 특성)
을 사용하여 객체의 선가중치를 변경할 수 있습니다.

4 | 도면층(LAYER) 만들기

　　LAYER 명령은 도면층을 사용하여 객체의 색상과 선종류 등의 특성을 지정하고 화면상에서 객체
의 표시 여부를 결정합니다. 설계 시 체계적으로 도면요소(객체, 치수, 주서 등)를 관리하고자 할 때
많이 사용됩니다. 단, 너무 많은 도면층을 사용하면 관리하기가 어렵습니다.

  명령: **LAYER** Enter↵ [단축키: LA]

● **도면층 특성 관리자 대화상자**

㉘ 여러 가지 도면층을 추가한 상태

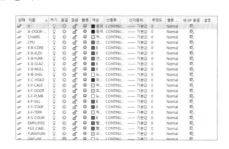

● 도면층 리스트 창

• 상태: 현재 도면층, 사용 중인 도면층, 빈 도면층 등을 아이콘 형태로 알아보기 쉽게 표시합니다.

✔ – 현재 활성화된 도면층 표시

▱ – 도면층이 사용되었음을 표시

▱ – 도면층이 사용 중이 아니었음을 표시

• 이름: 도면층 이름을 표시하며 선택된 이름에 F2키를 눌러 새 이름으로 변경할 수 있습니다.

• 켜기: 선택된 도면층을 ON/OFF시킵니다.

💡💡 – 도면층을 OFF시키면 해당 도면층에 있는 객체가 숨겨지고 또한 출력 시 숨겨진 도면층의 객체가 플로팅이 되지 않습니다.

• 동결: 선택된 도면층을 모든 뷰포트에서 동결(Freeze)시킵니다.

☀ ❄ – 복잡한 도면 설계 시 오랫동안 필요 없는 도면층을 동결하여 컴퓨터 성능을 향상시키고 객체의 재생성 시간을 줄일 수 있는 유용한 기능입니다.

• 잠금: 선택된 도면층을 잠그거나 잠금을 해제시킵니다.

🔓🔒 – 잠금으로 설정된 도면층의 객체는 잠금을 해제하지 않는 한 수정할 수 없으므로 실수로 객체가 수정되지 못하게 할 때 유용하게 사용할 수 있는 기능입니다.

 도면층 설정 연습하기

⊙ 외형선, 중심선, 숨은선, 가상선의 도면층을 설정하여 객체 작도하기

명령: LAYER Enter↵

① 도면층 특성 관리자 대화상자에서 '새 도면층 🖾' 버튼을 클릭합니다.

② 기본 이름을 '**외형선**'으로 명명하고 Enter↵ 키를 두 번 눌러 다시 새 도면층을 자동으로 재실행시켜 '**중심선**'이라고 명명합니다. 똑같은 방법으로 나머지 '**숨은선**', '**가상선**' 도면층도 생성합니다.

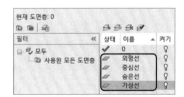

③ '**외형선**' 도면층의 색상을 클릭하여 색상 선택 대화상자에서 '초록색(GREEN)' 색상을 선택합니다.

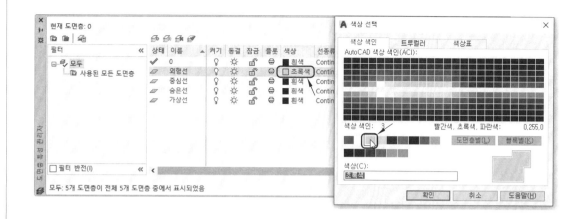

④ 작업 ③번과 같은 방법으로 도면층 중심선은 **빨간색**, 숨은선은 **노란색**, 가상선은 **빨간색**으로 변경합니다.

※ 현재 색상 변경은 기계 분야 국가 자격증 시험 기준입니다.

⑤ **'중심선'** 도면층의 선종류를 클릭하여 선종류 선택 대화상자에서 '로드' 버튼을 클릭합니다. 선종류 로드 대화상자에서 'CENTER2'를 찾아 로드시킨 후 로드된 선종류 리스트에서 'CENTER2'를 선택하여 확인 버튼을 클릭하여 **'중심선'** 도면층에 'CENTER2' 선종류를 적용시킵니다.

⑥ 작업 ⑤번과 같은 방법으로 도면층 숨은선은 HIDDEN2, 가상선은 PHANTOM2를 로드시켜 적용시킵니다.

⑦ 도면층 작업이 완료되었으며 '외형선' 도면층을 선택하고 **'현재로 설정 ✍'** 버튼을 클릭하여 활성화시킵니다.

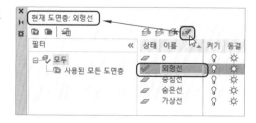

⑧ 도면층 특성 관리자 창을 닫습니다.

⑨ 임의의 위치에 지름 Ø20 원을 작도합니다.

명령: **CIRCLE** [Enter↵]

원에 대한 중심점 지정…: ▶ 임의의 위치를 선택

원의 반지름 지정 또는 [지름(D)]: **D** [Enter↵]

원의 지름을 지정함: **20** [Enter↵]

⑩ 리본의 도면층 항목을 선택하여 '중심선' 도면층으로 변경합니다.

※ 도면층의 설정 속성을 그대로 적용하기 위해서는 도면층 오른쪽에 위치한 특성(Properties) 리본의 세 가지 속성
이 반드시 **ByLayer**(도면층별)로 되어 있어야 합니다.

⑪ 작업 ⑨번과 같이 원(Ø20)을 작도합니다. 똑같은 방법으로 '숨은선'과 '가상선' 도면층을 활성화시
켜 원을 작도하여 올바르게 도면층이 설정되었는지 확인합니다.

> **선 축척 비율값을 1에서 0.5로 변경하기**

명령: **LTSCALE** [Enter↵]

새 선종류 축척 비율 입력 〈1.0000〉: **0.5** [Enter↵]

■ 해당 도면층의 모든 객체에 똑같은 연관된 특성(색상, 선종류, 가시성 등)을 부여하기 위
해서는 반드시 ByLayer로 설정되어 있어야 합니다. 특성(Properties) 도구상자를 사용하여
선택된 객체 특성을 특정 값으로 변경할 경우 해당 도면층의 객체 연관성이 없어져 도면
요소 관리가 어려워집니다.

■ 도면층 0은 모든 도면층에 기본적인 도면층으로 포함되어 있기 때문에 삭제하거나 이름
을 변경할 수 없습니다.

작도된 객체의 도면층 변경하기

리본의 도면층 항목이나 AutoCAD 클래식 작업공간일 경우에는 도면층 도구모음 또는 모든 작업 공간에서 사용할 수 있는 특성(Properties) 팔레트의 도면층(Layer)을 사용하여 편리하게 변경할 수 있습니다.

① 명령 없이 변경할 객체를 모두 선택합니다.

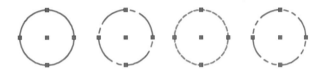

② 도면층(Layer) 도구에서 변경하고자 하는 도면층을 선택합니다.

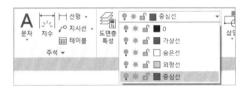   

리본의 특성   특성(PROPERTIES) 팔레트

③ 도면층 변경을 확인했으면 Esc 키를 눌러 선택된 객체를 해제시킵니다.

5 | 특성(PROPERTIES) 편집하기

PROPERTIES 명령은 선택된 객체의 여러 특성이 하나의 팔레트에 나열되어 손쉽게 기존 특성을 수정할 수 있습니다. 객체의 특성을 도면층(ByLayer)별로 수정하거나 도면층에 관계없이 명시적으로 특성을 수정합니다.

 명령: **PROPERTIES** Enter↵ [단축키: PR , CH] 또는 [Ctrl + 1]

● 특성 팔레트

객체를 선택하지 않은 경우
팔레트 표시

직선 객체만 선택했을 경우
팔레트 표시

여러 객체를 선택했을 경우
팔레트 표시

치수 객체를 선택했을 경우
팔레트 표시

• 객체를 선택하지 않은 경우 팔레트 표시: 일반 특성의 현재 설정값만 표시하여 나열됩니다.

• 특정 객체만 선택한 경우 팔레트 표시: 모든 객체의 특성은 객체 유형에 따라 다르기 때문에 선택된 객체의 특성만 표시되어 나열됩니다.

• 여러 객체를 선택한 경우 팔레트 표시: 선택한 모든 객체에 대해 공통으로 적용되는 몇 가지 일반 특성만 표시되어 나열됩니다.

특성 편집 연습하기

바탕화면에 있는 'CAD연습도면' 폴더 안에 저장된
파일 **'연습-29'**를 불러옵니다.

명령: OPEN Enter↵ [단축키: Ctrl+O]

①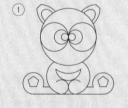

②

객체의 특성을 도면층(Bylayer)별로 수정하기

① 앞서 학습한 내용을 참조하여 도면층을 오른쪽 그림과 같이 생성합니다.

명령: **LAYER** Enter↵

② 왼쪽의 곰돌이만 선택한 후 특성 팔레트 리스트 중 도면층 란을 선택해서 '곰돌이'로 변경합니다.

명령: PROPERTIES Enter↵

※ 도면층을 사용하기 위해서는 반드시 다른 특성들이 ByLayer로 되어 있어야만 합니다.

③ 같은 방법으로 곰순이만 선택한 후 특성 팔레트 도면층 란을 선택해서 '곰순이'로 변경합니다.

④ 객체를 아무 것도 선택하지 않은 상태에서 특성 팔레트 도면층을 '중심선'으로 변경합니다. 그리고 나서 LINE 명령으로 그림과 같이 중심선을 추가하고 LENGTHEN 명령으로 중심선 양쪽 끝을 확장합니다.

명령: LINE Enter↵   ※ QUA와 MID 스냅을 사용하여 작도합니다.

명령: LENGTHEN Enter↵   ※ DE 옵션을 입력하고 증분 길이값 '3'을 적용하여 중심선을 선택합니다.

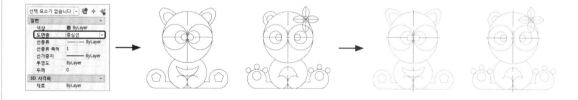

⑤ 나머지 부분도 그림과 같이 중심선과 가상선을 추가하여 완성시킵니다.

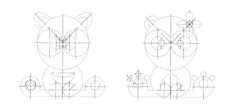

 더 알기

- 중심선과 가상선의 밀도(비율)를 조정하고자 한다면 **LTSCALE** 시스템 변수를 사용합니다.
- 따로 선택한 중심선과 가상선만 밀도를 조정하고자 한다면 해당 객체를 선택 후 특성 팔레트의 '선종류 축척' 란에 축척값을 입력하면 됩니다.

▶ 도면층에 관계 없이 명시적으로 객체의 특성을 수정하기

① 왼쪽의 곰돌이의 귀와 반달 가슴 마크 부분만을 선택한 후 특성 팔레트 리스트 중 색상 란을 선택해서 '초록색'으로 변경합니다.

명령: **PROPERTIES** Enter↵

② 같은 방법으로 곰순이의 꽃 머리핀과 배 및 발바닥 부분만 선택해서 '빨간색'으로 변경합니다.

③ 그림과 같이 중심선 네 개를 선택하고 선종류 축척란에 축척값을 '0.5'로 입력합니다.

6 | 특성 복사(MATCHPROP)하기

MATCHPROP 명령은 선택된 객체의 모든 특성을 다른 객체에 그대로 일치시킵니다.

명령: **MATCHPROP** Enter↵ [단축키: M A]

● 특성 복사하는 기본적인 방법

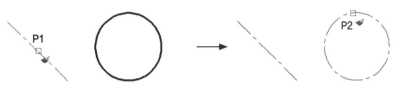

원본 객체를 선택하십시오: **P1** 선택

대상 객체를 선택 또는 [설정(S)]: **P2** 선택

대상 객체를 선택 또는 [설정(S)]: Enter↵

※ 기본적으로 모든 객체의 특성이 선택되어 복사가 되며 옵션 **[설정(S)]**을 통해 특성 복사 조건을 조정할 수 있습니다.

● 특성 설정 대화상자

선택된 원본 객체의 특성 중 복사하고자 하는 특성을 선택적으로 필요한 것만 기본 특성 및 특수 특성에서 지정합니다.

• 기본 특성: 색상, 도면층, 선종류 등 기본적인 특성이 나열되어 있으며 선택된 특성만 모든 대상 객체에 복사가 됩니다.

• 특수 특성: 기복 특성 이외에도 치수, 문자, 해치 등 선택된 특성만 원본 객체에서 가져와 모든 대상 객체에 복사가 됩니다.

특성 복사 연습하기

바탕화면에 있는 'CAD연습도면' 폴더 안에 저장된 파일 **'연습-26'**을 불러옵니다.

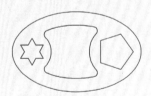

명령: OPEN Enter↵ [단축키: Ctrl+O]

중심선과 숨은선을 추가하여 도면층(Bylayer)으로 특성 복사하기

① 앞서 학습한 내용을 참조하여 도면층을 오른쪽 그림과 같이 생성합니다.

명령: LAYER Enter↵

상태	이름	▲	켜기	동결	잠금	플롯	색상	선종류
✓	0		◊	☼	⟋	⊖	■ 흰색	Continuous
▱	외형선		◊	☼	⟋	⊖	□ 초록색	Continuous
▱	중심선		◊	☼	⟋	⊖	■ 빨간색	CENTER2
▱	가상선		◊	☼	⟋	⊖	■ 빨간색	PHANTOM2

② 모든 객체를 선택한 후 도면층(Layer) 항목에서 '외형선' 도면층으로 변경합니다.

※ 도면층을 사용하기 위해서는 반드시 다른 특성들이 ByLayer로 되어 있어야만 합니다.

③ CIRCLE 명령으로 그림과 같이 원을 두 개 그립니다. 그런 후 우선 한 개 원만 선택한 후 도면층
　(Layer)에서 '가상선' 도면층으로 변경합니다.

　명령: **CIRCLE** Enter↵　※ '3점(3P)' 옵션과 END 스냅을 사용하여 원을 정확하게 작도합니다.

④ MATCHPROP 명령을 실행하여 나머지 원을 가상선으로 특성을 복사시킵니다.

　명령: **MATCHPROP** Enter↵
　원본 객체를 선택하십시오: ▶ P1 선택
　대상 객체를 선택 또는 [설정(S)]: ▶ P2 선택

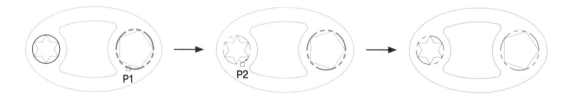

⑤ LINE 명령으로 그림과 같이 선을 추가하고 LENGTHEN 명령으로 선의 양쪽 끝을 확장합니다.
　그런 후 우선 추가한 선 한 개를 선택한 후 도면층(Layer)에서 '중심선' 도면층으로 변경합니다.

　명령: **LINE** Enter↵　※ QUA 스냅을 사용하여 가운데 선을 추가합니다.
　명령: **LENGTHEN** Enter↵　※ DE옵션을 입력하고 증분 길이값 '3'을 적용하여 중심선을 선택합니다.

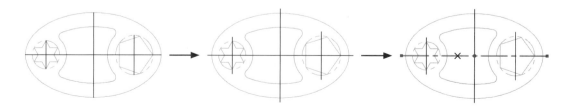

⑥ MATCHPROP 명령을 실행하여 나머지 선도 중심선으로 특성을 복사시킵니다.

명령: **MATCHPROP** [Enter↵]

원본 객체를 선택하십시오: ▶ P1 선택

대상 객체를 선택 또는 [설정(S)]: ▶ 나머지 선 선택

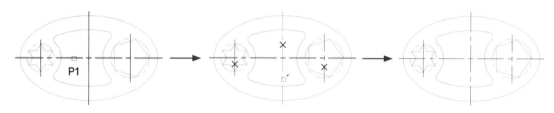

⑦ 선 비율이 커서 일점쇄선의 표시가 없는 중심선을 선택하고 특성 팔레트를 실행시켜 선종류 축척 란에 축척값을 '0.5'로 입력합니다.

명령: **PROPERTIES** [Enter↵]

● **원본 객체에서 색상을 뺀 나머지 특성만 복사하기**

명령: **MATCHPROP** [Enter↵]

원본 객체를 선택하십시오: ▶ 중심선을 선택

대상 객체를 선택 또는 [설정(S)]: **S** [Enter↵] ▶ 특성 설정 대화상자에서 '색상' 체크 박스를 해제

대상 객체를 선택 또는 [설정(S)]: ▶ 특성 복사할 객체를 선택

※ 색상을 뺀 나머지 원본 객체의 특성이 복사됩니다.

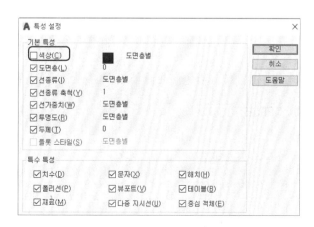

단원정리 따라하기

아래 도면을 도면층(Layer)으로 분류하여 작도합니다. 좌우가 대칭인 제품이므로 반쪽만 작도한 후 대칭시켜 완성하겠습니다.

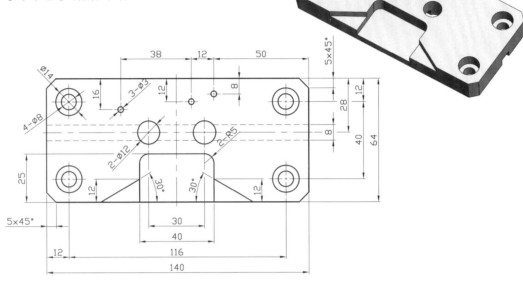

01 앞서 학습한 내용을 참조하여 도면층을 그림과 같이 생성합니다.

명령: LAYER Enter↵

상태	이름	켜기	동결	잠금	플롯	색상	선종류
✔	0	☼	☼	🔓	🖶	■ 흰색	Continuous
⊘	외형선	☼	☼	🔓	🖶	□ 초록색	Continuous
⊘	숨은선	☼	☼	🔓	🖶	□ 노란색	HIDDEN2
⊘	중심선	☼	☼	🔓	🖶	■ 빨간색	CENTER2

도면층을 만들고 '외형선' 도면층을 현재 도면층으로 활성화시킵니다.

02 사각형을 작도한 후 분해시킵니다.

명령: RECTANGLE Enter↵
첫 번째 구석점 지정: ▶ 임의의 점인 **P1** 클릭
다른 구석점 지정]: @70,64 Enter↵
명령: EXPLODE Enter↵
객체 선택: ▶ 작도된 사각형을 선택 후 Enter↵

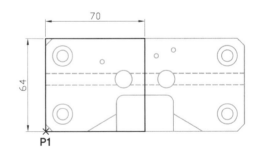

03 그림과 같이 총 다섯 개의 직선을 오프셋시킵니다.

명령: OFFSET Enter↵
간격 띄우기 거리 지정: 12 Enter↵
간격 띄우기할 객체 선택: ▶ P1 선택
간격 띄우기할 면의 점 지정: ▶ 임의의 점 P2 클릭

※ 같은 방법으로 나머지 네 곳도 오프셋합니다.

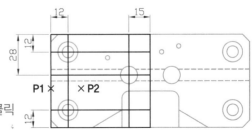

04 그림과 같은 위치에 교차 스냅으로 원(Ø8, Ø14, Ø12)을 작도합니다.

명령: CIRCLE [Enter↵]
원에 대한 중심점 지정: INT [Enter↵] 〈- ▶ P1 선택
원의 반지름 지정 또는 [지름(D)]: D [Enter↵]
원의 지름을 지정함: 8 [Enter↵]
※ 같은 방법으로 원 Ø14(**P1**)와 Ø12(**P2**)를 작도합니다.

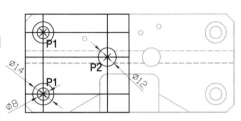

05 작도한 원을 기준으로 선택하여 트림합니다.

명령: TRIM [Enter↵]
객체 선택 또는 〈모두 선택〉: ▶ P1, P2, P3 선택
객체 선택: [Enter↵]
자를 객체 선택: ▶ 그림과 같이 아홉 곳을 선택
자를 객체 선택: [Enter↵]

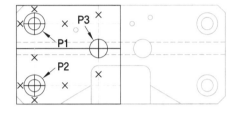

06 그림과 같이 총 세 개의 직선을 오프셋시킵니다.

명령: OFFSET [Enter↵]
간격 띄우기 거리 지정: 20 [Enter↵]
간격 띄우기할 객체 선택: ▶ P1 선택
간격 띄우기할 면의 점 지정: ▶ 임의의 점 P2 클릭
※ 같은 방법으로 나머지 두 곳도 오프셋합니다.

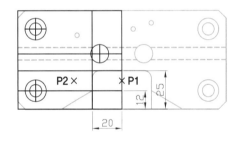

07 한 곳의 모서리에 필릿합니다.

명령: FILLET [Enter↵]
첫 번째 객체 선택 또는 [...반지름(R)...]:
        R [Enter↵]
모깎기 반지름 지정: 5 [Enter↵]
첫 번째 객체 선택 또는 [...]: ▶ P1 선택
두 번째 객체 선택 또는 ... [..]: ▶ P2 선택

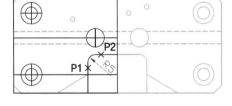

08 각도 30°의 직선을 교차점에서 작도합니다.

명령: LINE [Enter↵]
첫 번째 점 지정: INT [Enter↵] 〈- ▶ P1 선택
다음 점 지정 또는 [...]: 〈30 [Enter↵]

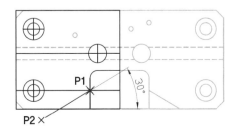

다음 점 지정 또는 [...]: ▶ 임의의 위치인 P2 지정

다음 점 지정 또는 [명령 취소(U)]: Enter↵

09 그림과 같이 선을 트림하고 필요 없는 선을 지웁니다.

명령: TRIM Enter↵

객체 선택 또는 〈모두 선택〉: Enter↵

자를 객체 선택: ▶ P1 선택

자를 객체 선택: Enter↵

명령: ERASE Enter↵

객체 선택: ▶ P2 선택

객체 선택: Enter↵

※ 키보드 Del 키를 사용해 삭제할 수도 있습니다.

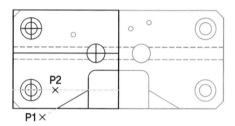

10 왼쪽 두 곳의 모서리에 모따기를 합니다.

명령: CHAMFER Enter↵

첫 번째 선 선택 또는 [...거리(D)...]: D Enter↵

첫 번째 모따기 거리 지정: 5 Enter↵

두 번째 모따기 거리 지정: Enter↵

첫 번째 선 선택 또는 [...다중(M)]: M Enter↵

첫 번째 선 선택 또는 [...]: ▶ P1 선택

두 번째 선 선택 또는 ... [...]: ▶ P2 선택

※ 나머지 위쪽에도 모따기를 합니다.

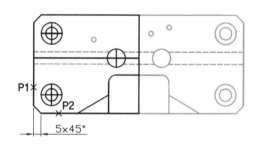

11 중심선 양쪽 끝을 2mm 확장시킵니다.

명령: LENGTHEN Enter↵

객체 선택 또는 [증분(DE)/퍼센트(P)...]: DE Enter↵

증분 길이 또는 [각도(A)] 입력: 2 Enter↵

변경할 객체 선택: ▶ 그림과 같이 총 열세 곳을 선택

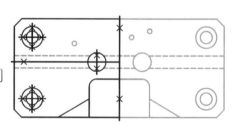

12 중심선이 될 선을 선택하여 '중심선' 도면
층으로 변경합니다.

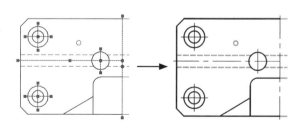

그림과 같이 총 일곱 개의 선을 선택한 후 '중심선' 도면
층을 선택합니다.

13 일점쇄선 표시가 없는 중심선을 선택하
여 축척값을 조정합니다.

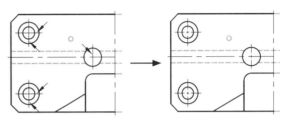

그림과 같이 총 다섯 개의 중심선을 선택
한 후 특성 팔레트를 실행시켜 선종류 축
척란에 축척값을 '0.5'로 입력합니다.

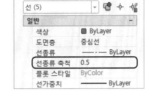

　　명령: **PROPERTIES** Enter↵

14 도면층을 '숨은선'으로 지정한 후 다중선
을 사용하여 그림과 같이 작도합니다.

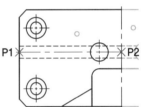

　　명령: **MLINE** Enter↵
　　시작점 지정 또는 [자리맞추기(J)...]: **J** Enter↵
　　자리맞추기 유형 입력 [맨 위(T)/0(Z)...]: **Z** Enter↵
　　시작점 지정 또는 [자리맞추기(J)/축척(S)...)]: **S** Enter↵
　　여러 줄 축척 입력: **8** Enter↵
　　시작점 지정 또는 [...]: **INT** Enter↵ 〈─ ▶ P1 선택
　　다음 점 지정: **INT** Enter↵ 〈─ ▶ P2 선택
　　다음 점 지정 또는 [명령 취소(U)]: Enter↵

15 원을 기준으로 필요 없는 숨은선 부위를 그림과 같이 트림합니다

　　명령: **TRIM** Enter↵
　　객체 선택 또는 〈모두 선택〉: ▶ P1 선택
　　객체 선택: Enter↵
　　자를 객체 선택: ▶ P2 선택
　　자를 객체 선택: Enter↵

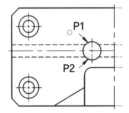

16 공통 부위를 모두 완성했으므로 왼쪽 부분을 모두 선택 후 오른쪽으로 대칭시킵니다.

　　명령: **MIRROR** Enter↵

객체 선택: ▶ 드래그하여 모두 선택 (대칭축은 제외)

객체 선택: Enter↵

대칭선의 첫 번째 점 지정: END Enter↵

　　　▶ P1 선택

대칭선의 두 번째 점 지정: END Enter↵

　　　▶ P2 선택

원본 객체를 지우시겠습니까? [...아니오(N)]: Enter↵

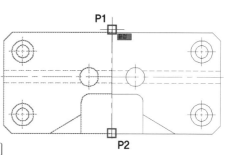

17 그림과 같이 총 여섯 개의 직선을 오프셋시킵니다.

명령: OFFSET Enter↵

간격 띄우기 거리 지정: 16 Enter↵

간격 띄우기할 객체 선택: ▶ P1 선택

간격 띄우기할 면의 점 지정: ▶ 임의의 점 P2 클릭

※ 같은 방법으로 나머지 다섯 곳도 오프셋합니다.

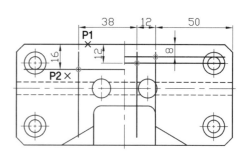

18 그림과 같은 위치에 교차 스냅으로 원 Ø3로 세 개를 작도합니다.

명령: CIRCLE Enter↵

원에 대한 중심점 지정: INT Enter↵ 〈─ ▶ P1 선택

원의 반지름 지정 또는 [지름(D)]: D Enter↵

원의 지름을 지정함: 3 Enter↵

※ 같은 방법으로 나머지 P2와 P3에도 작도합니다.

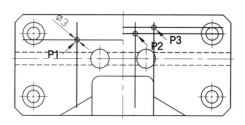

19 작도한 원을 기준으로 선택하여 트림합니다.

명령: TRIM Enter↵

객체 선택 또는 〈모두 선택〉: ▶ P1, P2, P3 선택

객체 선택: Enter↵

자를 객체 선택: ▶ 그림과 같이 열두 곳을 선택

자를 객체 선택: Enter↵

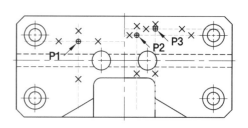

20 중심선 양쪽 끝을 2mm 확장시킵니다.

명령: LENGTHEN Enter↵

객체 선택 또는 [증분(DE)/퍼센트(P)...]:

　　　DE Enter↵

증분 길이 또는 [각도(A)] 입력: 2 Enter↵

변경할 객체 선택: ▶ 그림과 같이 총 열두 곳을 확장

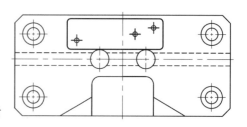

중심선이 될 선 한 개를 그림과 같이 선택하여 '중심선' 도면층으로 변경합니다.

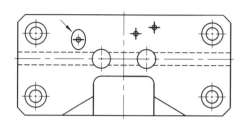

그림과 같이 한 개의 선을 선택한 후 '중심선' 도면층을 선택합니다.

 중심선을 선택하여 축척값을 조정하고 특성 복사 명령으로 나머지 중심선을 변경합니다.

명령: PROPERTIES [Enter↵]

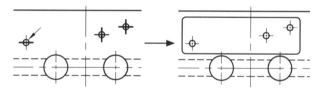

※ 선종류 축척 항목의 비율값을 0.2로 변경

명령: MATCHPROP [Enter↵]

원본 객체를 선택하십시오: ▶ 중심선 선택

대상 객체를 선택 또는 [설정(S)]: ▶ 중심선으로 변경할 나머지 다섯 개 직선을 선택

23 지금까지 작도한 도형을 바탕화면에 있는 'CAD연습도면' 폴더 안에 저장합니다.

명령: SAVE [Enter↵] [단축키: [Ctrl]+[S]]

CAD연습도면 폴더에 파일 이름을 '**연습-30**'으로 명명하여 저장합니다.

과제 1: 도면층을 사용하여 그리기

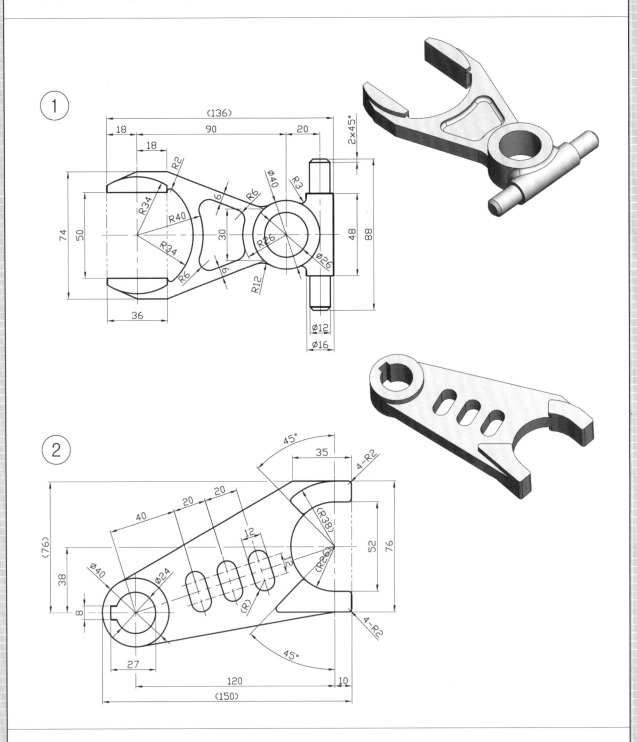

※ 작도한 도형을 바탕화면에 있는 'CAD연습도면' 폴더 안에 저장합니다.

명령: SAVE Enter↵ [단축키: Ctrl+S]

CAD연습도면 폴더에 파일 이름을 '**연습–31**'로 명명하여 저장합니다.

과제 2: 도면층을 사용하여 그리기

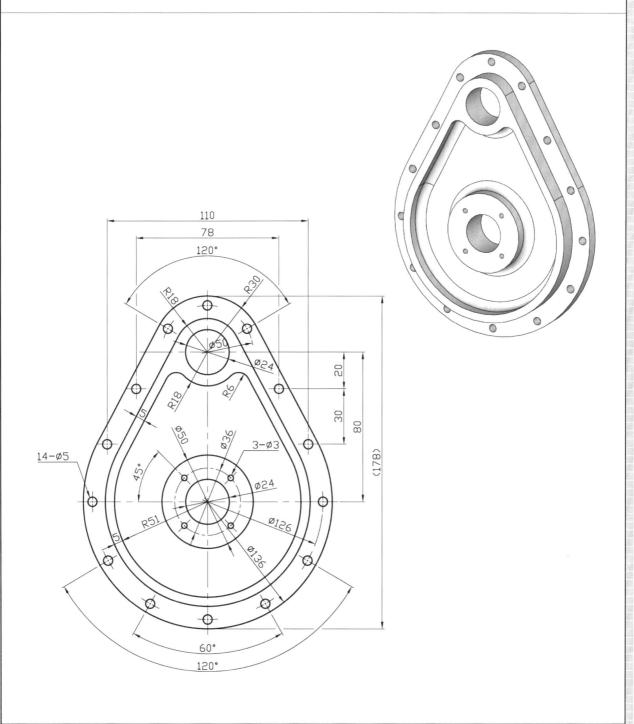

※ 작도한 도형을 바탕화면에 있는 'CAD연습도면' 폴더 안에 저장합니다.

명령: SAVE Enter↵ [단축키: Ctrl + S]

CAD연습도면 폴더에 파일 이름을 '**연습-32**'로 명명하여 저장합니다.

과제 3: 도면층을 사용하여 그리기

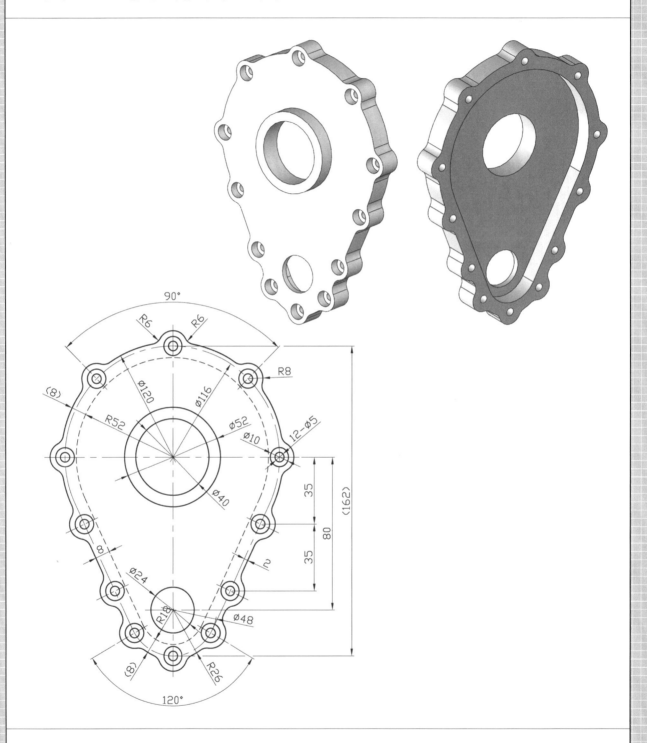

※ 작도한 도형을 바탕화면에 있는 'CAD연습도면' 폴더 안에 저장합니다.

명령: SAVE Enter↵ [단축키: Ctrl+S]

CAD연습도면 폴더에 파일 이름을 '**연습-33**'으로 명명하여 저장합니다.

과제 4: 도면층을 사용하여 그리기

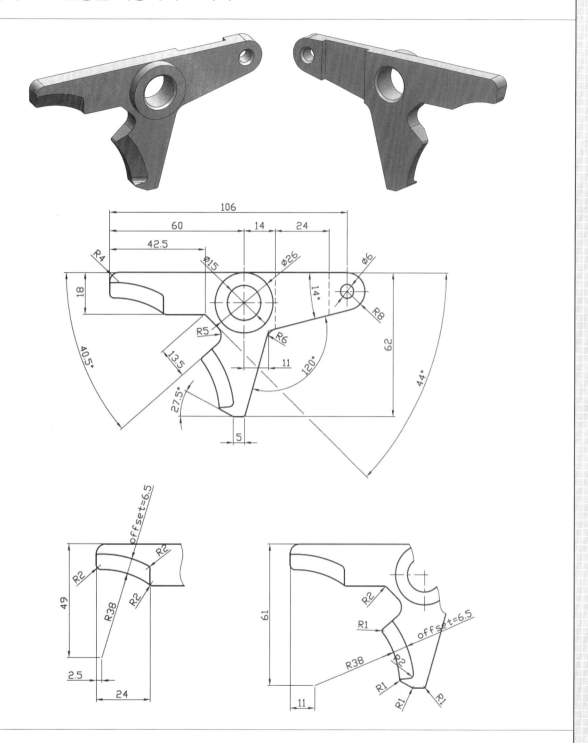

※ 작도한 도형을 바탕화면에 있는 'CAD연습도면' 폴더 안에 저장합니다.

명령: SAVE [Enter↵] [단축키: [Ctrl]+[S]]

CAD연습도면 폴더에 파일 이름을 '**연습-34**'로 명명하여 저장합니다.

Question 레이어 작업 시 기본적으로 적용되어 있는 0레이어는 어떤 작용을 하나요?

0레이어는 독특한 특징을 가지고 있으며 단원 **9장**에서 배우는 명령 '블록 (BLOCK)'을 사용할 경우에 적용됩니다.

0레이어에서 작도된 자식 객체들의 속성이 **BYLAYER** 또는 **BYBLOCK**으로 레이어나 색상, 선형태, 선굵기가 설정되어 있는 경우 도면에 해당 블록이 삽입될 때 특별한 속성이 그 블록 자식 객체들에게 할당이 됩니다.

• 0레이어 위에서 BYLAYER 속성을 사용하여 블록을 만든 경우

특성(Properties) 도구상자의 색상, 선형태, 선굵기를 따로 변경한 경우에도 블록이 도면에 삽입될 때 현재 활성화된 레이어 속성이 할당되어 삽입됩니다.

• 0레이어 위에서 BYBLOCK 속성을 사용하여 블록을 만든 경우

블록이 도면에 삽입될 때 현재 활성화된 레이어 속성이 아닌 특성(Properties) 도구상자에 제어가 되어 특성 도구상자에 설정된 색상, 선형태, 선굵기로 할당되어 삽입됩니다.

특정한 레이어 위에서 블록을 만든 경우

사용자가 만든 레이어 위에서 임의의 색상, 선형태, 선굵기를 부여하여 자식 객체를 작도하여 블록으로 정의한 경우에는 사용자에 의해 명백하게 속성이 정의가 되었기 때문에 도면에 삽입될 때 항상 자식 객체의 속성으로 어느 레이어 위에서건 일정하게 삽입됩니다.

더 알기 DEFPOINTS 레이어

치수 기입(dimension) 시 자동적으로 생성되는 독특한 레이어로 Defpoints 레이어 위에서 객체를 작도하면 그 객체들은 절대 출력되지 않습니다. Defpoints 레이어는 치수 기입 시 치수의 값을 제어하기 위해 AutoCAD가 사용하는 점 객체가 저장되는 공간으로 이러한 점 객체들은 치수의 값을 결정할 경우에만 사용됩니다. 그렇기 때문에 AutoCAD는 그 점들을 Defpoints 레이어 위에 자동으로 삽입시켜 출력되지 않게 하는 것입니다.

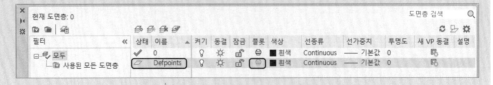

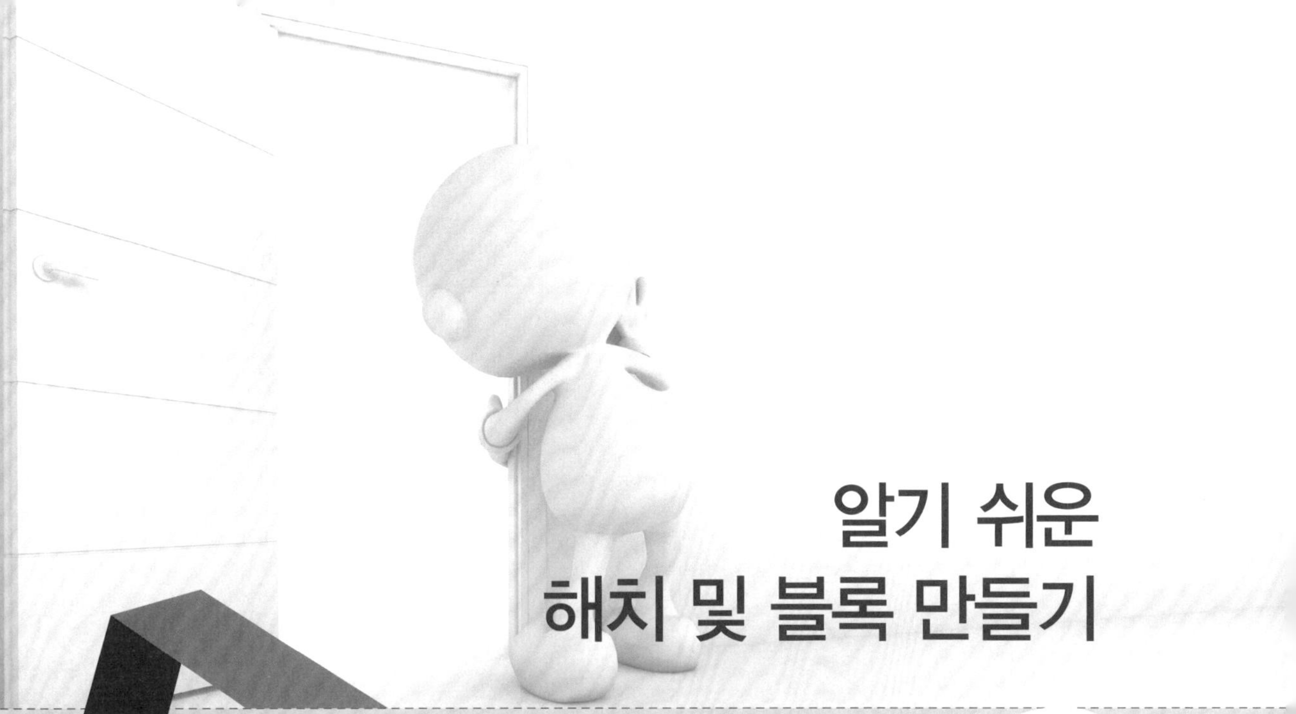

알기 쉬운
해치 및 블록 만들기

AutoCAD 2020 기초와 실습 – 기초편

9

이 장에서는 다음과 같은 내용을 배울 수 있습니다.

- 곡선(SPLINE) 그리기
- 해칭(HATCH)으로 채우기
- 해칭 편집(HATCHEDIT)하기
- 블록(BLOCK) 만들기
- 삽입(INSERT)하기
- 블록 쓰기(WBLOCK)

1 | 곡선(SPLINE) 그리기

SPLINE 명령은 맞춤점 또는 조정 정점에 의해 정의되는 부드러운 곡선으로 비균일 B–스플라인 곡선(NURBS)을 작도합니다.

 명령: **SPLINE** [Enter↵] [단축키: ⓈⓅⓁ]

● **곡선을 그리는 기본적인 방법**

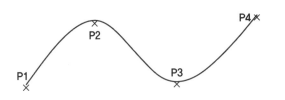

첫 번째 점 지정: 임의의 점인 **P1** 선택
다음 점 입력: 임의의 점인 **P2** 선택
다음 점 입력: 임의의 점인 **P3** 선택
다음 점 입력: 임의의 점인 **P4** 선택
다음 점 입력: [Enter↵]

※ 곡선을 작도할 때는 가급적 F3(스냅 모드)와 F8(직교 모드)를 OFF시키고 합니다.

● **곡선 편집 시 중요한 맞춤점과 조정 정점의 이해**

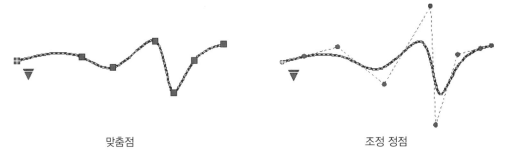

맞춤점   조정 정점

맞춤점	지정된 점을 모두 통과하는 차수 3(3차원) B–스플라인 곡선이 작성됩니다.
조정 정점	차수 1(선형), 차수 2(2차원), 차수 3(3차원) 등의 스플라인을 최대 차수 10까지 적용하여 곡선이 작성됩니다.

● **SPLINE 명령 옵션**

(맞춤점)으로 작성된 스플라인에 대한 프롬프트

```
× 명령: SPLINE
  현재 설정: 메서드=맞춤    매듭=현
  SPLINE 첫 번째 점 지정 또는 [ 메서드(M) 매듭(K) 객체(O) ]:
```

메서드 (M)	스플라인을 '맞춤(F)'점으로 작도할지 'CV–조정 정점(C)'으로 작도할지 선택합니다.
매듭 (K)	'현, 제곱근, 균일' 3가지 중 하나의 매듭 매개변수화를 지정합니다. 매듭 매개변수화란 연속하는 맞춤점 간에 구성요소 곡선을 혼합하는 방법을 말합니다.
객체 (O)	2차원 또는 3차원 맞춤 폴리선을 스플라인으로 변환합니다.
공차 (L)	스플라인 작도 시 맞춤점에서 떨어져 생성되는 거리를 설정합니다.

시작 접촉부 (T)	스플라인 첫 번째(시작점) 접점 조건을 지정합니다.
끝 접촉부 (T)	스플라인 마지막(끝점) 접점 조건을 지정합니다.
닫기 (C)	첫 번째 지정된 점과 마지막 지정된 점을 연결하여 스플라인을 닫습니다.

(CV−조정 정점)으로 작성된 스플라인에 대한 프롬프트

```
명령: SPLINE
현재 설정: 메서드=CV    차수=3
SPLINE 첫 번째 점 지정 또는 [메서드(M) 각도(D) 객체(O)]:
```

각도 (D)	스플라인의 다항식 차수를 1(선형)에서 최대 10차수까지 설정합니다.

기계 제도에서 스플라인의 용도

부분단면도에서 파단한 경계 표시나 또는 일부를 떼어낸 경계를 표시하여 나머지 부분을 생략하고
자 할 때 많이 사용되며, 이때 사용되는 곡선의 명칭을 '파단선'이라고 부릅니다.

파단선

① 부분단면도

파단선

② 생략 도시

BLEND 명령

떨어져 있는 두 직선이나 곡선(호, 타원형 호, 나선, 스플라인 등) 사이에 끝점을 연결하는 접선이
나 부드러운 스플라인을 생성합니다.

명령: BLEND Enter↵
연속성 = 접선
첫 번째 객체 선택: ▶ P1 선택
두 번째 객체 선택: ▶ P2 선택

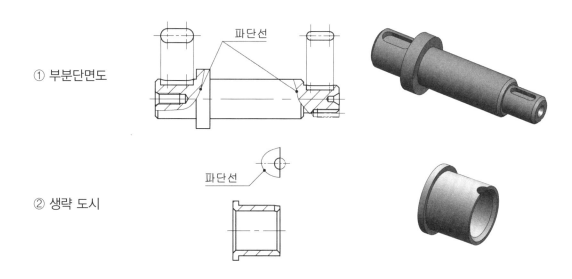

2 | 해칭(HATCH)으로 채우기

HATCH 명령으로 닫힌 형태(폐구간)인 객체를 선택하거나 영역 내를 선택하여 세 가지 방법(해치 패턴, 솔리드, 그러데이션)으로 그 안을 채울 수 있습니다.

 명령: **HATCH** Enter↵ [단축키: H , BH]

● **해치 작성 리본 상황별 탭**

- 경계 패널

  두 가지 해치 영역 선택 방법(내부 점 선택, 객체 선택) 중 하나를 지정하여 선택하거나 잘못 선택된 해치 영역을 제거할 때 사용합니다.

- 패턴 패널

  70가지 이상의 해치 패턴이 들어있는 라이브러리 항목으로 ANSI 및 ISO 또는 기타 업종 표준 패턴 등을 선택할 수 있습니다.

- 특성 패널

  작성할 해치 패턴을 네 가지 중에서 지정하여 해치 색상, 배경 색, 해치 투명도, 각도, 해치 패턴 축척 (간격) 등의 특성을 설정합니다.

- 원점 패널

  해치 패턴을 삽입 시 적용되는 시작 위치를 설정합니다.

- 옵션 패널

  해치 영역이 삽입된 해치와 연관되도록 지정, 해치가 주석이 되도록 지정, 미리 삽입된 해치로 특성을 일치시키고자 할 때 사용합니다.

● **해치 영역 선택 방법**

- 점 선택

  닫힌 영역 안에 임의의 한 점을 지정하면 영역을 둘러싸는 해치를 채울 경계가 결정됩니다.

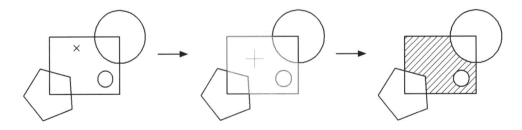

- 경계 객체 선택
  닫힌 형태로 객체를 선택해서 해치를 채울 경계가 결정됩니다.

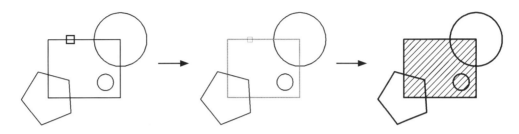

문자를 포함하여 닫힌 객체를 선택이나 점을 지정한 경우에는 다음 그림과 같이 해치가 채워집니다.

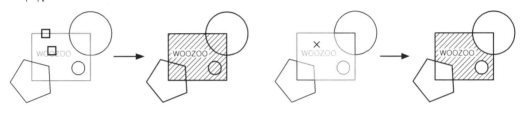

- 경계 객체 제거
  지정되거나 선택된 해치 경계를 선택적으로 제거합니다.

> **더 알기** 해치를 하고자 하는 영역이 폐구간 형태가 아닌 어딘가에 연결되지 않은 끝점이 있을 경우에는 해당 끝점에 빨간색 점선 원을 표시하여 문제가 있는 부분을 쉽게 식별할 수 있습니다. 표시된 빨간색 원은 일시적으로 보여주는 것으로 REGEN 명령을 사용해 소거할 수 있습니다.
>
>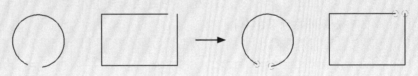

 해치 채우기 연습하기

바탕화면에 있는 'CAD연습도면' 폴더 안에 저장된 파일 **연습-31**을 불러옵니다.

명령: OPEN Enter↵ [단축키: Ctrl+O]

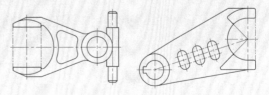

패턴 유형을 사용하여 점 선택으로 해칭하기

명령: HATCH [Enter↵]

① 해치 작성 리본 상황별 탭의 패턴 패널에서 'ANSI31'을 지정합니다. 그리고 특성 패널에서 해치 색상을 '**빨간색**'으로 해치 패턴 축척을 '**1.5**'로 입력합니다.

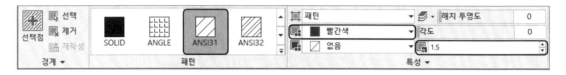

② 그림과 같이 해치 영역 P1, P2, P3, P4를 선택합니다.

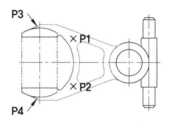

③ 해치 명령을 종료하기 위해 상황별 탭의 닫기 버튼을 클릭하거나 [Enter↵]키 또는 [Esc]키를 누릅니다.

④ 다시 HATCH 명령을 실행시켜 패턴 각도를 '**90**'도로 입력하고 그림과 같이 P5, P6, P7, P8을 선택하여 해칭합니다.

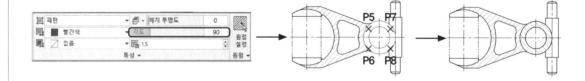

⑤ 다시 HATCH 명령을 실행시켜 상황별 탭의 패턴 패널에서 'SOLID'를 선택하고 해치 색상을 '**노란색**'으로 변경하여 그림과 같이 P9, P10, P11, P12를 선택하여 해칭합니다.

사용자 정의 유형을 사용하여 경계 객체 선택으로 해칭하기

명령: HATCH Enter↵

① 해치 작성 리본 상황별 탭의 특성 패널에서 해치 유형을 '**사용자 정의**'로 지정합니다. 그리고 해치 색상을 '**빨간색**', 해치 각도를 '**45**'도, 해치 간격을 '**3**'으로 입력합니다.

② (경계 객체 선택) 버튼을 클릭합니다.

③ 명령어 입력줄에 WP(윈도우 폴리곤)를 입력하고 Enter↵를 한 후 그림과 같이 선택하고 나서 Shift 키를 누른 상태에서 필요 없는 중심선을 경계 대상에서 제거하고 해치 명령을 종료합니다.

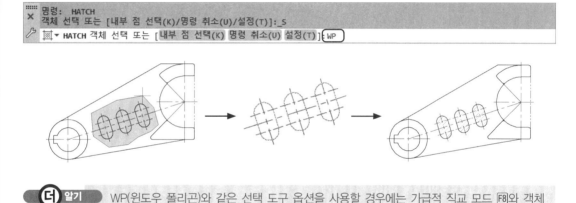

> **더 알기** WP(윈도우 폴리곤)와 같은 선택 도구 옵션을 사용할 경우에는 가급적 직교 모드 F8와 객체 스냅 F3을 OFF시켜야 작업이 편합니다.

④ 다시 HATCH 명령을 실행시켜 해치 각도를 '**−45**'도, 해치 간격을 '**5**'로 변경합니다.

⑤ (경계 객체 선택) 버튼을 클릭하여 그림과 같이 드래그하여 윈도우 박스로 선택하고 Shift 키를 누른 상태에서 필요 없는 중심선을 경계 대상에서 제거하고 해치 명령을 종료합니다.

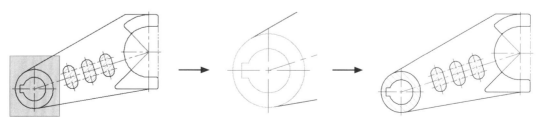

3 | 해칭 편집(HATCHEDIT)하기

HATCHEDIT 명령으로 이미 정의된 기존 해치의 조건을 수정할 수 있습니다.

 명령: HATCHEDIT [Enter↵] [단축키: [H][E]]

● 해치 편집 대화상자

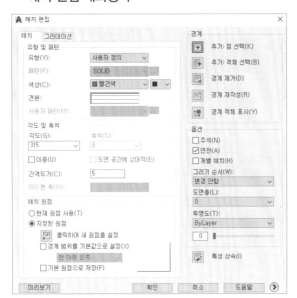

패턴 항목은 해치 유형을 '**미리 정의**'로 지정할 때만 사용할 수 있는 옵션 항목입니다.

[...] 버튼을 선택하면 미리 정의된 해치 패턴 팔레트가 표시됩니다.

• 유형: 편집할 해치 패턴 유형을 3가지 중에서 지정합니다. **미리 정의**는 70가지 이상의 해치 패턴이 들어있는 라이브러리가 표시되고 **사용자 정의**는 간격, 각도, 색상 등의 특성을 사용하여 패턴을 정의하며, **사용자**는 acad.pat 및 acadiso.pat 파일로 사용자가 직접 만든 해치 패턴를 지정할 수 있습니다.

▶ 해칭 수정하는 방법 연습

명령: HATCHEDIT [Enter↵]

① 편집하고자 하는 기존 해치를 선택합니다.
② 화면상에 나타난 해치 편집 대화상자에서 그림과 같이 유형 및 패턴 항목을 수정하고 '**미리보기**' 버튼을 눌러 제대로 해치가 편집되었는지 확인하고 문제가 없으면 '**확인**' 버튼을 클릭하여 종료합니다.

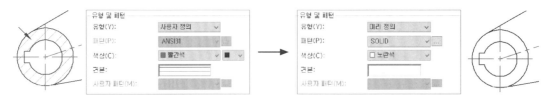

4 | 블록(BLOCK) 만들기

BLOCK 명령은 여러 가지 객체를 묶어서 하나의 객체로 정의하여 현재 도면에 저장합니다.

 명령: **BLOCK** [Enter↵] [단축키: Ⓑ]

● **블록 정의 대화상자**

- 이름: 블록의 이름을 문자, 숫자, 공백 또는 특수 문자를 포함하여 입력할 수 있습니다.
- 기준점: 블록의 삽입 기준점 좌표를 직접 입력하거나 아래 두 가지 방법으로 도면상에서 선택할 수 있습니다.

  ['화면상에 지정' – 블록 정의 대화상자를 닫고 나서 기준점을 선택]

  ['선택점 🔳' – 현재 도면상에서 블록 삽입의 기준점을 선택]

- 객체: 블록에 포함시킬 객체를 아래 세 가지 방법으로 도면상에서 선택할 수 있으며 또한 원본 객체를 유지할지 아니면 삭제나 블록으로 대치할것인지를 지정해야 합니다.

  ['화면상에 지정' – 블록 정의 대화상자를 닫고 나서 객체를 선택]

  ['객체 선택 ✛' – 현재 도면상에서 블록 정의할 객체를 선택]

  ['신속 선택 🔳' – 객체 선택 조건을 부여하여 조건과 일치하는 객체만을 선택]

- 동작: 정의된 블록 객체를 도면에 삽입할 때 어떤 특성을 가질지 지정합니다.

  ['주석' – 블록 객체를 하나의 주석으로 변경]

  ['균일하게 축척' – 블록의 크기를 1:1로 고정]

  ['분해 허용' – 삽입한 블록 객체를 EXPLODE 명령으로 분해할 수 있도록 설정]

5 | 삽입(INSERT)하기

INSERT 명령은 현재 사용중인 도면에 미리 정의된 블록 객체나 또는 다른 도면 파일을 블록으로 삽입할 수 있습니다. AutoCAD 2020에서 블록을 삽입하는 방법이 '블록 팔레트'로 새롭게 개선되어 '현재 도면, 최근 또는 다른 도면' 탭에서 더욱 쉽게 블록을 삽입할 수 있습니다.

 명령: **INSERT** [Enter↵] [단축키: [I]]

● 삽입 대화상자

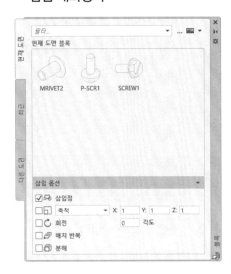

블록 팔레트에는 그림과 같이 세 개의 탭이 있습니다.

- **현재 도면 탭:** 현재 도면에서 사용 가능한 블록의 정의 리스트 또는 미리보기가 표시됩니다.
- **최근 탭:** 현재 및 이전 도면에서 최근에 삽입 또는 작성된 블록 정의 리스트 또는 미리보기가 표시됩니다.
- **다른 도면:** 도면 파일을 블록으로 삽입하면 삽입된 도면 파일에 들어있는 모든 블록 정의가 블록 정의 리스트 또는 미리보기로 표시됩니다.

팔레트 맨 위 오른쪽에서 ▦ 컨트롤을 클릭하여 현재 도면에 블록으로 삽입할 하나의 블록 요소 또는 도면 파일을 불러옵니다.

● 삽입 옵션

- 🔛 삽입점: 블록의 삽입점을 지정합니다.
- ⊡ 축척: 블록의 배율을 지정하며 각 축의 비율에 음(−)의 값을 입력하면 블록이 대칭되어 삽입됩니다.
- ↻ 회전: 삽입될 블록의 회전 각도를 지정합니다.
- ⬚ 배치 반복: 블록을 계속적으로 삽입하기 위한 프롬프트가 반복됩니다.
- ⬚ 분해: 블록이 각각의 요소로 분해되어 삽입되며 또한 분해 사용시 단일 축척 비율만 지정됩니다.

'삽입점, 축척, 회전' 체크 시 도면상에서 다이내믹하게 지정할 수 있는 프롬프트가 표시됩니다.	☑🔛 삽입점 ☑⊡ 축척 ▾ ☑↻ 회전
'삽입점, 축척, 회전' 체크 안할 때 블록 삽입 전 미리 입력된 값이 절대치가 되어 바로 삽입됩니다.	☐🔛 삽입점 X: 0 Y: 0 Z: 0 ☐⊡ 축척 ▾ X: 1 Y: 1 Z: 1 ☐↻ 회전 0 각도

※ 축척의 '단일 축척'은 X Y Z 축척 비율을 동등 비율로 해서 한 개의 비율값만 입력할 수 있습니다.

INSERT 명령의 '분해' 및 삽입한 블록 객체를 'EXPLODE' 명령으로 분해시켜 개별적인 객체로 사용하고자 할 경우에는 반드시 'BLOCK' 명령으로 블록 정의 시 **동작** 항목의 **분해 허용**이 체크되어 있어야 합니다.

● **블록을 삽입하는 여러 가지 방법**

① 삽입하고자 하는 블록을 클릭하여 현재 도면에 배치합니다. '삽입 옵션' 설정이 적용됩니다.

② 삽입하고자 하는 블록을 현재 도면으로 드래그합니다. '삽입 옵션' 설정이 무시됩니다.

③ 삽입하고자 하는 블록에서 마우스 오른쪽 버튼을 클릭하고 옵션을 선택하여 삽입합니다. '삽입 옵션' 설정이 적용됩니다.

④ 홈 탭의 블록 패널의 삽입을 클릭하면 표시되는 리본 갤러리에서 블록을 클릭하여 현재 도면에 배치 합니다.

삽입 대화상자

AutoCAD 릴리스 2019까지 사용된 삽입 방법으로 대화상자를 이용한 블록 삽입을 원한다면 변경된 명령인 **CLASSICINSERT** 명령을 사용해야 합니다.

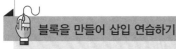

바탕화면에 있는 'CAD연습도면' 폴더 안에 저장
된 파일 '**연습-10**'을 불러옵니다.

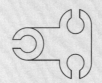 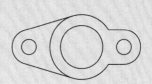

명령: OPEN [Enter↵] [단축키: [Ctrl]+[O]]

① 명령: BLOCK [Enter↵]

② 블록 정의 대화상자의 이름 항목에 '**SAMPLE-1**'로 입력합니다.

③ **그림1**과 같이 기준점의 '선택점 🖫' 버튼을 클릭하고 스냅(CEN)을 사용하여 P1을 선택합니다.

④ '객체 선택 ✛' 버튼을 클릭하고 **그림2**와 같이 윈도우 박스로 객체를 선택하고 원본 객체는 '삭
제'를 체크한 후 블록 정의 대화상자를 닫습니다.

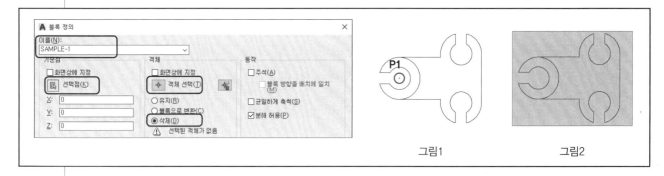

그림1   그림2

더 알기   객체를 선택하면 블록 정의된 객체가 블록 이름 입력 항목 오른쪽에 미리보기되어 표시됩니다.

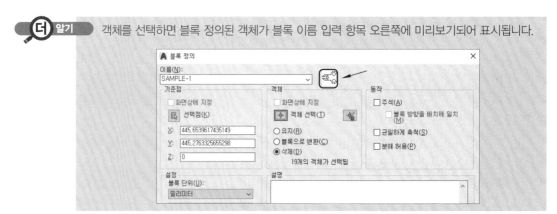

⑤ **그림3**과 같이 RECTANGLE 명령으로 사각형(150×100)을 작도합니다.

⑥ 명령: INSERT [Enter↵]

⑦ 삽입 대화상자의 이름 항목에서 '**SAMPLE-1**'로 지정합니다.

⑧ **그림4**와 같이 삽입점의 '화면상에 지정'만 체크한 후 대화상자를 닫습니다.

⑨ **그림5**와 같이 스냅(END)을 사용하여 P2를 선택하여 삽입합니다.

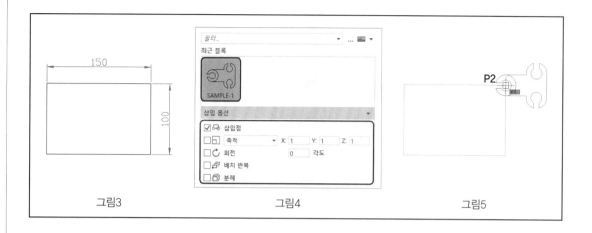

그림3   그림4   그림5

⑩ 다시 삽입을 하기 위해 [Enter↵] 또는 INSERT 명령을 입력합니다.

⑪ **그림6**과 같이 축척의 X축 비율값을 '**−1**'로 입력하고 대화상자를 닫습니다.
   (※ 회전 각도는 180도)

⑫ **그림7**과 같이 스냅(END)을 사용하여 P3을 선택하여 삽입합니다.

⑬ 나머지 꼭짓점 두 곳도 **그림8**과 같이 INSERT 명령으로 삽입합니다.
   (※ 회전 각도를 사용해야 하며 A는 90도, B는 −90도입니다.)

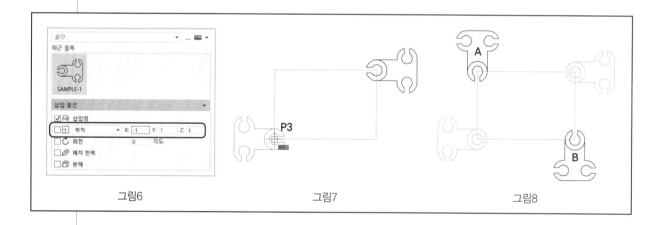

그림6   그림7   그림8

더 알기

삽입 시 축척 비율을 음(−)의 값을 입력하면 블록 객체를 대칭시켜 삽입할 수 있습니다.
예) X−1 Y1 Z1   입력 시 2/4분 면으로 대칭
    X−1 Y−1 Z1   입력 시 3/4분 면으로 대칭
    X1 Y−1 Z1   입력 시 4/4분 면으로 대칭

6 | 블록 쓰기(WBLOCK)

WBLOCK 명령은 BLOCK 명령과 다르게 현재 사용 도면뿐만 아니라 다른 도면 파일 또는 새롭게 작성되고 있는 파일 내에서도 삽입할 수 있도록 블록을 도면 파일로 저장하여 관리가 됩니다.

 명령: **WBLOCK** Enter↵ [단축키: W]

● 블록 쓰기 대화상자

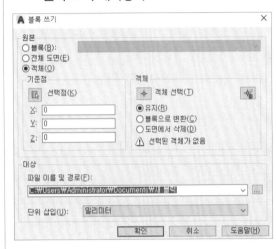

- 원본: 파일로 저장하고자 하는 대상을 세 가지 방법(블록, 전체 도면, 객체) 중에서 선정합니다.
- 기준점: 블록의 삽입 기준점을 '선택점 🕮'으로 지정합니다.
- 객체: 블록으로 정의할 객체를 '객체 선택 ✛'으로 선택한 후 원본 객체를 유지할 것인지 또는 삭제나 블록으로 대치할 것인지를 지정합니다.
- 대상: … 버튼을 클릭하여 파일 이름 및 저장 경로를 지정하며 블록에 사용될 측정 단위를 설정합니다.

※ 원본의 대상 선택 방법 세 가지는 다음과 같습니다.

- 블록 – 현재 도면에 BLOCK 명령으로 정의된 블록 이름이 오른쪽 리스트에 표시되며 거기에서 선택한 이름의 블록을 파일로 저장합니다.
- 전체 도면 – 현재 도면의 모든 객체를 파일로 저장합니다. 저장의 '다른 이름으로 저장'과 같습니다.
- 객체 – 현재 도면에서 WBLOCK으로 저장할 객체를 선택할 수 있도록 아래의 '기준점'과 '객체' 항목이 활성화됩니다.

● WBLOCK의 이해

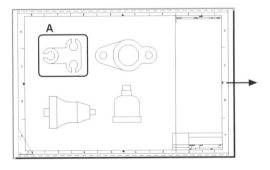
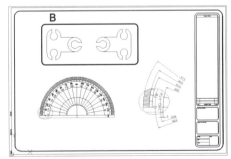

A 객체만 도면 파일로 저장하여 B와 같이 다른 도면에 삽입(INSERT)하여 사용할 수 있습니다.

레고(Lego)의 블록을 쌓아 가는 것처럼 블록을 만들어 축을 완성하겠습니다. 또한 도면 관리를 위해 레이어(LAYER)를 만들어 각각의 도형을 용도에 따라 분류하겠습니다.

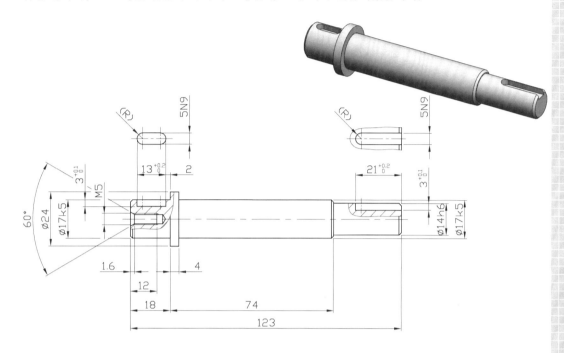

01 앞서 학습한 내용을 참조하여 도면층을 그림과 같이 생성합니다.

명령: LAYER [Enter↵]

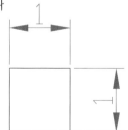

상태	이름		켜기	동결	잠금	플롯	색상	선종류
☞	0		♡	☼	🔓	🖶	■흰색	Continu
☞	보조선		♡	☼	🔓	🖶	■빨간색	Continu
✔	외형선		♡	☼	🔓	🖶	□초록색	Continu
☞	중심선		♡	☼	🔓	🖶	■빨간색	CENTER
☞	파단선		♡	☼	🔓	🖶	■빨간색	Continu
☞	해칭선		♡	☼	🔓	🖶	■빨간색	Continu

도면층을 만들고 '**외형선**' 도면층을 현재 도면층으로 활성화시킵니다.

02 임의의 위치에 정사각형(가로 1mm × 세로1 mm)을 작도하고 확대합니다

명령: RECTANGLE [Enter↵]

첫 번째 구석점 지정: ▶ 임의의 한 곳을 클릭

다른 구석점 지정: @1 , 1 [Enter↵]

명령: ZOOM [Enter↵]

윈도우 구석 지정... 또는 [...범위(E)...]: E [Enter↵]

03 기존 사각형 위에 그림과 같이 순차적으로 덧그립니다. (역 'ㄷ'자 형태)

명령: PLINE [Enter↵]

시작점 지정: ▶ END 스냅점을 사용하여 순차적으로 P1~P4까지 선택

다음 점 지정 또는 [호(A)...]: [Enter↵]

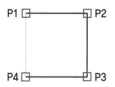

04 덧그린 객체를 그림과 같이 오른쪽으로 이동시킵니다.

명령: MOVE Enter↵

객체 선택: P Enter↵

객체 선택: Enter↵

기준점 지정 또는 [...]: END Enter↵ 〈− ▶ P1 선택

두 번째 점 지정...: END Enter↵ 〈− ▶ P2 선택

05 왼쪽 사각형 안에 그림과 같이 대각선을 추가합니다.

명령: LINE Enter↵

첫 번째 점 지정: END Enter↵ 〈− ▶ P1 선택

다음 점 지정...: END Enter↵ 〈− ▶ P2 선택

다음 점 지정...: Enter↵

06 오른쪽 역 'ㄷ'자 형태를 선택하여 90도 등간격으로 원형 배열시킵니다.

명령: −ARRAY Enter↵

객체 선택: ▶ Ⓐ 선택

객체 선택: Enter↵

배열의 유형 입력 [직사각형(R)/원형(P)]:

P Enter↵

배열의 중심점 지정...: MID Enter↵ 〈−

▶ P1 선택

배열에서 항목 수 입력: 4 Enter↵

채울 각도 지정 (+=시계...) 〈360〉: Enter↵

배열된 객체를 회전하겠습니까? ...〈Y〉: Enter↵

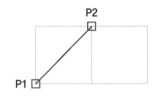

07 오른쪽에 그림과 같이 각 120도가 되는 선을 작도합니다.

명령: LINE Enter↵

첫 번째 점 지정: END Enter↵ 〈−

▶ P1 선택

다음 점 지정...: 〈60 Enter↵

다음 점 지정...: ▶ 임의의 점 P2

지정

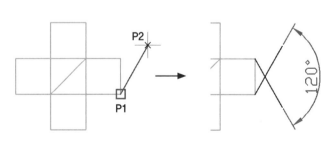

※ 같은 방법으로 반대쪽(−60도)에도 경사선을 작도합니다.

08 트림으로 그림과 같이 자릅니다.

명령: TRIM [Enter↵]
객체 선택 또는 〈모두 선택〉: [Enter↵]
자를 객체 선택: ▶ 그림과 같이 두 곳을 선택
자를 객체 선택: [Enter↵]

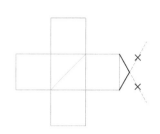

09 이름 D로 그림과 같이 블록 정의합니다.

명령: BLOCK [Enter↵]
선택점 (Ⓐ부분) –
　　　　▶ MID 스냅점으
　　　　로 P1 선택
객체 선택 (Ⓑ부분) –
　　　　▶ 120도 각도(〉)선 선택

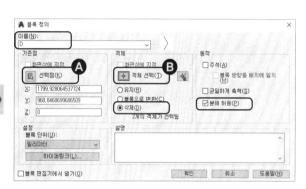

10 이름 L로 그림과 같이 블록 정의합니다.

명령: BLOCK [Enter↵]
선택점 (Ⓐ부분) –
　　　　▶ MID 스냅점으
　　　　로 P2 선택
객체 선택 (Ⓑ부분) –
　　　　▶ 왼쪽 객체(□)를 선택

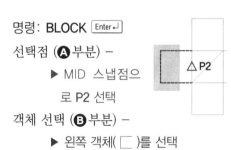

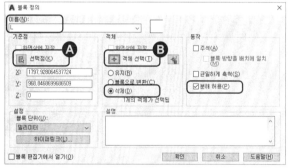

11 이름 T로 그림과 같이 블록 정의합니다.

명령: BLOCK [Enter↵]
선택점 (Ⓐ부분) –
　　　　▶ MID 스냅점으로
　　　　P3 선택
객체 선택 (Ⓑ부분) –
　　　　▶ 상단 객체(□)를 선택

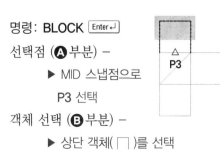

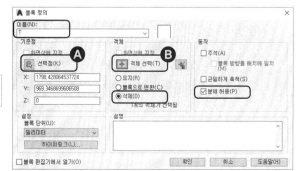

12 이름 R로 그림과 같이 블록 정의합니다.

명령: BLOCK [Enter↵]

선택점 (Ⓐ부분) –

　　▶ MID 스냅점으

　　　로 P4 선택

객체 선택 (Ⓑ부분) –

　　▶ 오른쪽 객체(☐)를 선택

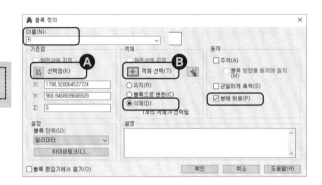

13 이름 B로 그림과 같이 블록 정의합니다.

명령: BLOCK [Enter↵]

선택점 (Ⓐ부분) –

　　▶ MID 스냅점으로

　　　P5 선택

객체 선택 (Ⓑ부분) –

　　▶ 아래 객체(☐)를 선택

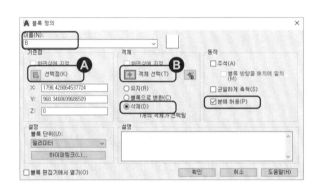

14 이름 C로 그림과 같이 블록 정의합니다.

명령: BLOCK [Enter↵]

선택점 (Ⓐ부분) –

　　▶ MID 스냅점으로

　　　P6 선택

객체 선택 (Ⓑ부분) –

　　▶ 오른쪽 객체(☐)를 선택

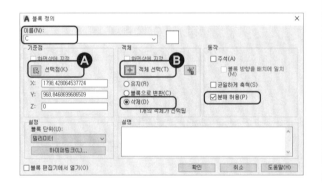

15 나머지 필요 없는 대각선을 삭제한 후 화면 크기를 적당히 조절합니다.

명령: ERASE [Enter↵]

객체 선택: ▶ 대각선 선택

객체 선택: [Enter↵]

※ 키보드 [Del]키를 사용해 삭제할

　　수도 있습니다.

16 지금부터 블록을 삽입하여 축을 작도합니다.

명령: INSERT Enter↵

이름 항목에서 블록 **C**를 지정하고 그림과 같이 축척 비율
값(X4, Y24)을 입력하고 삽입 대화창을 닫습니다.

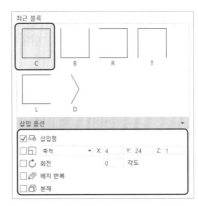

17 임의의 위치를 클릭하여 삽입합니다.

※ 현재 삽입한 블록은 또 다른 블록을 삽입해 나
  갈 때 기준이 되는 블록입니다.

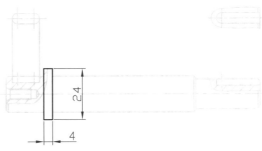

18 블록 **R**를 지정하고 축척 비율을 입력하여
그림과 같이 삽입합니다.

명령: INSERT Enter↵
이름 – ▶ 블록 R 지정
축척 – ▶ X70, Y17 입력

삽입 대화창을 닫고 MID 스냅으로 **P1**을
선택하여 삽입합니다.

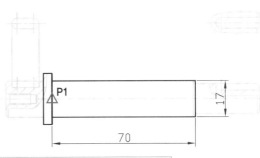

19 다시 블록 **R**로 축척 비율을 그림과 같이 입
력하여 삽입합니다.

명령: INSERT Enter↵
이름 – ▶ 블록 R 지정
축척 – ▶ X31, Y14 입력

삽입 대화창을 닫고 MID 스냅으
로 **P1**을 선택하여 삽입합니다.

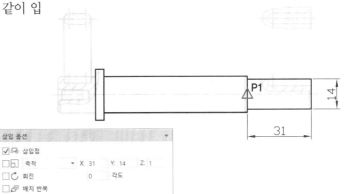

20 블록 L을 지정하고 축척 비율을 입력하여 그림과 같이 삽입합니다.

명령: INSERT [Enter↵]

이름 – ▶ 블록 L 지정

축척 – ▶ X18, Y17 입력

삽입 대화창을 닫고 MID 스냅으로 P1을 선택하여 삽입합니다.

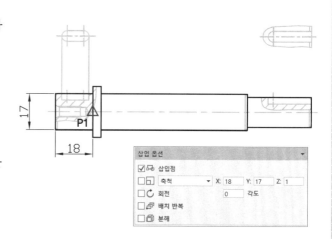

21 블록 R를 지정하고 축척 비율을 입력하여 그림과 같이 두 개를 삽입합니다. (탭 구멍)

명령: INSERT [Enter↵]

이름 – ▶ 블록 R 지정

축척 – ▶ X15, Y4 입력

명령: INSERT [Enter↵]

이름 – ▶ 블록 R 지정

축척 – ▶ X12, Y5 입력

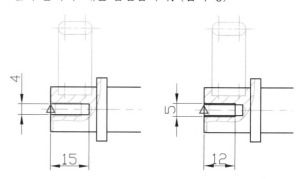

MID 스냅으로 그림과 같이 똑같은 위치에 삽입합니다.

22 블록 D를 지정하고 축척을 단일 축척으로 하여 드릴 구멍의 날끝 부분을 완성합니다.

명령: INSERT [Enter↵]

이름 – ▶ 블록 D 지정

축척 – ▶ '단일 축척' 변경한 후 X4 입력

삽입 대화창을 닫고 MID 스냅으로 P1을 선택하여 삽입합니다.

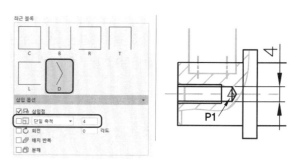

23 블록 B를 지정하고 축척 비율을 입력하여 FROM 으로 그림과 같이 삽입합니다.

명령: INSERT [Enter↵]

이름 – ▶ 블록 B 지정

축척 – ▶ X13, Y3 입력

삽입 대화창을 닫고 다음과 같이 입력합니다.

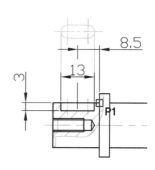

삽입점 지정: FROM [Enter↵]

기준점: END [Enter↵] ⟨─ ▶ P1 선택

⟨간격 띄우기⟩: @-8.5,0 [Enter↵]

(24) 블록 C를 지정하고 축척 비율을 입력하여 FROM으로 그림과 같이 삽입합니다.

명령: INSERT [Enter↵]

이름 - ▶ 블록 C 지정

축척 - ▶ X8, Y5 입력

삽입 대화창을 닫고 다음과 같이 입력합니다.

삽입점 지정: FROM [Enter↵]

기준점: MID [Enter↵] ⟨─ ▶ P1 선택

⟨간격 띄우기⟩: @0,30 [Enter↵]

※ 치수 30은 임의의 위치입니다.

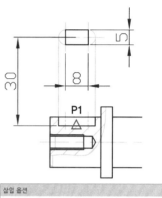

(25) 모든 블록을 분해한 후 그림과 같이 필릿합니다.

명령: EXPLODE [Enter↵]

객체 선택: ▶ 윈도우 박스로 모두 선택 후 [Enter↵]

명령: FILLET [Enter↵]

첫 번째 객체 선택 또는 […]: ▶ P1 선택

두 번째 객체 선택 또는 … [..]: ▶ P2 선택

※ R값이 필요 없으며 오른쪽 부분도 필릿합니다.

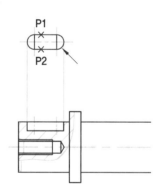

(26) 축 오른쪽 끝에 FROM으로 그림과 같이 블록을 삽입합니다.

명령: INSERT [Enter↵]

이름 - ▶ 블록 B 지정

축척 - ▶ X21, Y3 입력

삽입 대화창을 닫고 다음과 같이
입력합니다.

삽입점 지정: FROM [Enter↵]

기준점: END [Enter↵] ⟨─ ▶ P1 선택

⟨간격 띄우기⟩: @-10.5,0 [Enter↵]

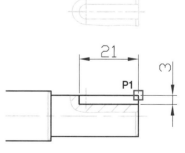

27 블록 C를 지정하고 축척 비율을 입력하여 FROM으로
그림과 같이 삽입합니다.

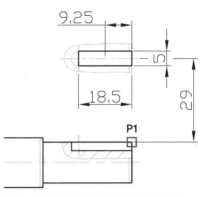

명령: INSERT [Enter↵]

이름 – ▶ 블록 C 지정

축척 – ▶ X18.5, Y5 입력

삽입 대화창을 닫고 다음과
같이 입력합니다.

삽입점 지정: FROM [Enter↵]

기준점: END [Enter↵] 〈– ▶ P1 선택

〈간격 띄우기〉: @-9.25, 29 [Enter↵]

※ 치수 29는 임의의 위치입니다.

28 추가시킨 블록을 분해한 후 필릿을 하고 오른쪽 부분을 그림과 같이 편집합니다.

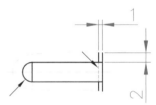

명령: EXPLODE [Enter↵]

명령: FILLET [Enter↵] ※ R값이 필요 없음

명령: LENGTHEN [Enter↵] ※ 대략적인 값 2mm로 연장

명령: OFFSET [Enter↵] ※ 연장한 선을 1mm 오프셋

명령: TRIM [Enter↵] ※ 오프셋시킨 선의 중간을 트림

29 왼쪽 탭 구멍에 불완전 나사부가 되는 두 곳을 그림과 같이 30도 각도로 작도합니다.

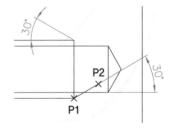

명령: LINE [Enter↵]

첫 번째 점 지정: END [Enter↵] 〈– ▶ P1 선택

다음 점 지정: 〈30 [Enter↵]

다음 점 지정: ▶ 임의의 점 P2 클릭

※ '〈-30'으로 반대편에도 직선을 작도합니다.

30 그림과 같이 트림하고 나사부 바깥선을 모두 빨간색(가는선)으로 변경합니다.

명령: TRIM [Enter↵]

객체 선택 또는 〈모두 선택〉: [Enter↵]

자를 객체 선택: ▶ P1과 P2 선택

자를 객체 선택: [Enter↵]

명령 없이 P3, P4, P5, P6 선택

※ 특성 리본에서 '빨간색'을 선택합니다.

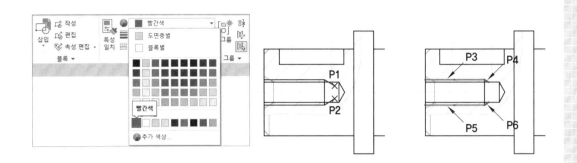

(31) 선을 오프셋시키고 교차점을 선택하여 그림과 같이 60도 각도로 직선을 작도합니다.

명령: OFFSET [Enter↵]

    ▶ 간격 띄우기 거리 '1.6'으로 그림과 같이 오프셋

명령: LINE [Enter↵]

첫 번째 점 지정: INT [Enter↵] ⟨- ▶ P1 선택

다음 점 지정: ⟨-150 [Enter↵]

다음 점 지정: ▶ 임의의 점 P2 클릭

※ ⟨150'으로 반대편에도 직선을 작도합니다.

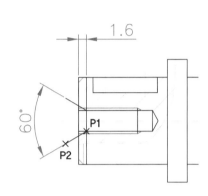

(32) 방금 작도한 곳을 그림과 같이 트림합니다.

명령: TRIM [Enter↵]

객체 선택 또는 〈모두 선택〉: [Enter↵]

자를 객체 선택: ▶ 모두 열 곳을 트림

자를 객체 선택: [Enter↵]

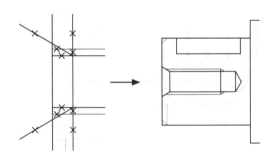

(33) 여섯 곳에 모따기를 합니다.

명령: CHAMFER [Enter↵]

첫 번째 선 선택 또는

    [...거리(D)...]: D [Enter↵]

첫 번째 모따기 거리 지정: 1 [Enter↵]

두 번째 모따기 거리 지정: [Enter↵]

첫 번째 선 선택 또는 [...다중(M)]: M [Enter↵]

첫 번째 선 선택 또는 [...]: ▶ P1 선택

두 번째 선 선택 또는 ... [...]: ▶ P2 선택

※ 나머지 다섯 곳에도 모따기를 합니다.

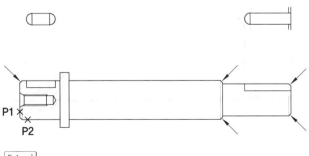

(34) 모따기 모서리에 직선을 이어줍니다.

명령: LINE [Enter↵]

첫 번째 점 지정: END [Enter↵] 〈–
　　　　▶ P1 선택

다음 점 지정: END [Enter↵] 〈– ▶ P2 선택

다음 점 지정: [Enter↵]

※ 나머지 두 곳도 같은 방법으로 작도합니다.

(35) 도면층을 '파단선'으로 변경하고 스플라인으로 그림과 같이 파단선을 작도합니다.

도면층 변경 💡 ☀ 🔓 ■ 파단선 ▼

명령: SPLINE [Enter↵]

첫 번째 점 지정: NEA [Enter↵] –〉 ▶ P1 선택

다음 점 입력: ▶ 가급적 스냅 [F3]과 직교 모드 [F8]를
　　　　：　　　　OFF시키고 임의의 위치를 클릭

다음 점 입력: NEA [Enter↵] –〉 ▶ P2 선택

※ 오른쪽에도 NEA 스냅과 END 스냅을 사용하여 파단선을 작도합니다.

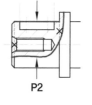
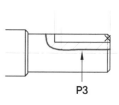

(36) 파단선을 기준으로 필요 없는 모따기선 등을 그림과 같이 트림합니다.

명령: TRIM [Enter↵]

객체 선택 또는 〈...〉: ▶ P1, P2, P3 선택

객체 선택: [Enter↵]

자를 객체 선택: ▶ 그림과 같이 세 곳을 선택

자를 객체 선택: [Enter↵]

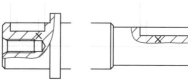

(37) 도면층을 '해칭선'으로 변경하고 그림과 같이 해칭을 합니다.

도면층 변경 💡 ☀ 🔓 ■ 해칭선 ▼

명령: HATCH [Enter↵]

해치 조건 3가지 설정: 유형– **사용자 정의**

　　　　　　　　각도– **45**

　　　　　　　　간격두기– **3**

'선택점 '으로 그림과 같이 총 여섯 곳을 선택합니다.

※ 나사는 반드시 나사부 안까지 해칭을 해야 합니다.

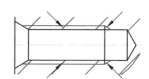

38 도면층을 '중심선'으로 변경하고 그림과 같이 직선을 작도합니다.

도면층 변경　 중심선

명령: LINE `Enter↵`

※ 그림과 같이 세 곳을 END 스냅으로 작도합니다.

명령: OFFSET `Enter↵`

※ 그림과 같이 **A**와 **B**부위를 옆 수직선을 선택하
여 2.5mm 오프셋합니다.

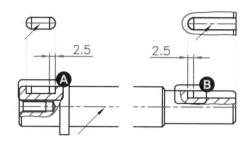

39 모든 중심선 양쪽 끝을 2mm 확장합니다.

명령: LENGTHEN `Enter↵`

객체 선택 또는 [증분(DE)/퍼센트(P)…]: **DE**
　　`Enter↵`

증분 길이 또는 [각도(A)] 입력: **2** `Enter↵`

변경할 객체 선택: ▶ 총 열여덟 곳을 선택

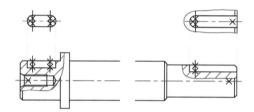

40 중심선이 될 선을 그림과 같이 선택하여 '중심선' 도면층으로 변경합니다.

※ 그림과 같이 총 여섯 개를 선택하여 중심선 도면층으로 변경합니다.

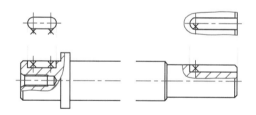

41 일점쇄선 표시가 없는 중심선을 선택하여 축척값을 재조정합니다.

명령: PROPERTIES `Enter↵`

※ 그림과 같이 총 여섯 개의 중심선을 선택한 후 특성 팔레트를 실행시켜 선종류 축척란에 축척값을 '0.4'로
입력합니다.

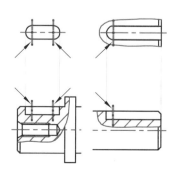

42 도면층을 '보조선'으로 변경하고 그림과 같이 키홈을 잇는 선을 작도하여 완성합니다.

도면층 변경   💡 ☀ 🔓 ⬛ 보조선   ▼

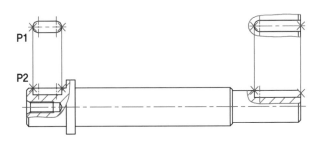

명령: LINE [Enter↵]

첫 번째 점 지정: INT [Enter↵] ⟨−

　　　▶ P1 선택

다음 점 지정: INT [Enter↵] ⟨−

　　　▶ P2 선택

다음 점 지정 또는 [명령 취소(U)]:

　[Enter↵]

※ 나머지 세 곳도 같은 방법으로 작도합니다.

43 지금까지 작도한 도형을 바탕화면에 있는 'CAD연습도면' 폴더 안에 저장합니다.

명령: SAVE [Enter↵] [단축키: [Ctrl]+[S]]

CAD연습도면 폴더에 파일 이름을 '**연습-35**'로 명명하여 저장합니다.

과제 1: 블록을 활용하여 축 부품 그리기

'단원정리 따라하기'에서 정의된 블록을 최대한 사용하여 완성하기 바랍니다.

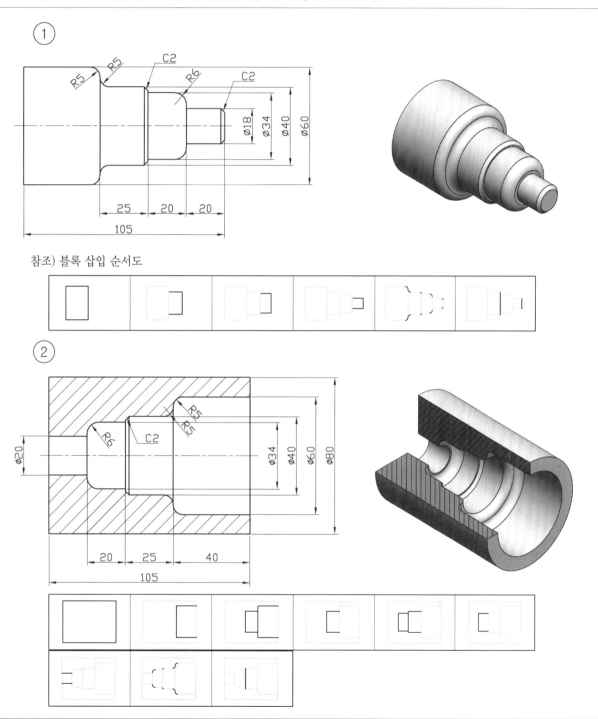

①

참조) 블록 삽입 순서도

②

※ 작도한 도형을 바탕화면에 있는 'CAD연습도면' 폴더 안에 저장합니다.

　명령: SAVE Enter↵ [단축키 : Ctrl + S]

　CAD연습도면 폴더에 파일 이름을 '**연습-36**'으로 명명하여 저장합니다.

과제 2: 블록을 활용하여 축 부품 그리기

'단원정리 따라하기'에서 정의된 블록을 최대한 사용하여 완성하기 바랍니다.

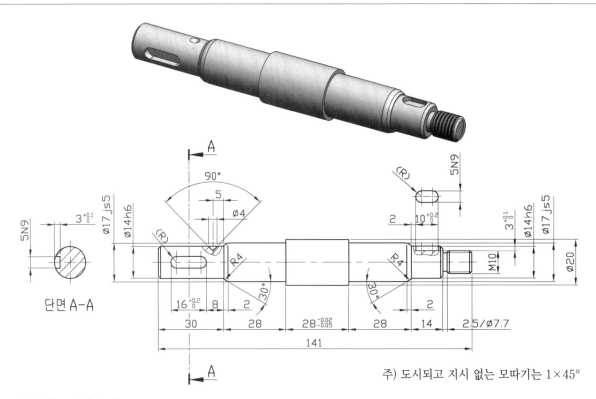

주) 도시되고 지시 없는 모따기는 1×45°

참조) 블록 삽입 순서도

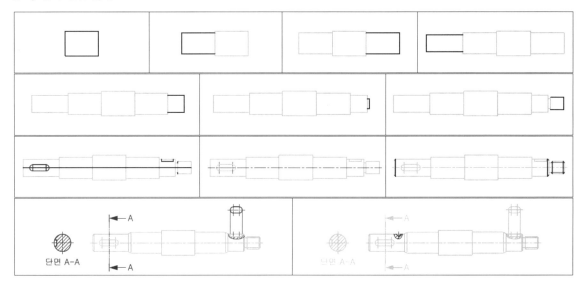

※ 작도한 도형을 바탕화면에 있는 'CAD연습도면' 폴더 안에 저장합니다.

명령: SAVE Enter↵ [단축키: Ctrl + S]

CAD연습도면 폴더에 파일 이름을 '**연습-37**'로 명명하여 저장합니다.

과제 3: 블록을 활용하여 커버 부품 그리기

'단원정리 따라하기'에서 정의된 블록을 최대한 사용하여 완성하기 바랍니다.

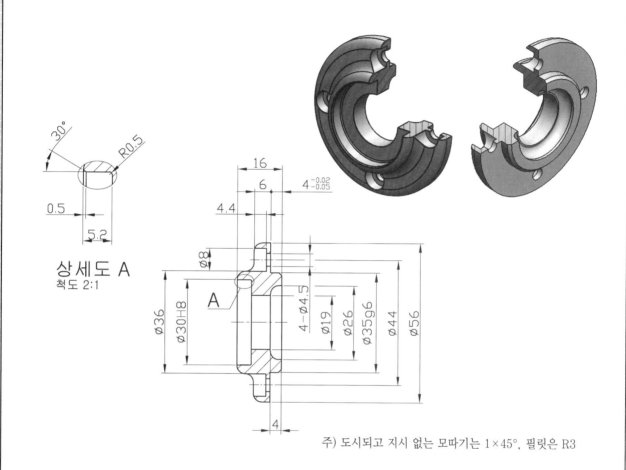

상세도 A
척도 2:1

주) 도시되고 지시 없는 모따기는 1×45°, 필릿은 R3

참조) 블록 삽입 순서도

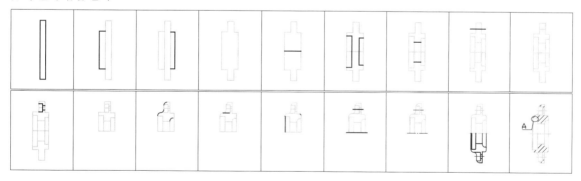

※ 작도한 도형을 바탕화면에 있는 'CAD연습도면' 폴더 안에 저장합니다.

명령: SAVE [Enter↵] [단축키: [Ctrl]+[S]]

CAD연습도면 폴더에 파일 이름을 '**연습-38**'로 명명하여 저장합니다.

DesignCenter 팔레트 〉〉〉

명령: **ADCENTER** [Enter↵]

　　　[단축키: [Ctrl]+[2]]

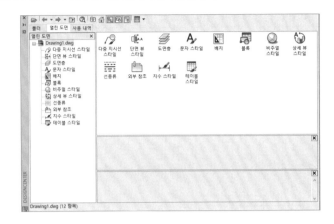

저장된 이전 도면에서 정의한 유형을 현재 작업 중인 도면상에서 그대로 사용할 수 있을까요?

'DesignCenter 팔레트'를 사용하면 쉽게 해결됩니다!!!
'DesignCenter 팔레트'에서 콘텐츠를 검색하여 찾은 콘텐츠를 현재 사용 중인 도면에 끌어서 쉽게 삽입할 수 있습니다.

현재 도면에 삽입할 수 있는 콘텐츠는 아래와 같습니다.
• 도면에 포함된 명명된 객체 (블록, 도면층, 치수 스타일, 문자 스타일, 선종류, 외부 참조 등)
• 다른 파일의 도면
• 웹 기반의 콘텐츠
• 타사 응용 프로그램으로 개발한 사용자 콘텐츠

[도면에 포함된 명명된 객체 삽입]

도면에 포함된 명명된 객체를 삽입하는 방법은 앞에서도 잠깐 설명했듯이 해당 명명된 객체를 찾아 현재 도면으로 끌어서 놓기만 하면 됩니다.

① 우선 적용하고자 하는 유형이 들어 있는 저장된 도면을 불러옵니다.
② 현재 작업 중인 도면에서 **ADCENTER** 명령을 실행하여 'DesignCenter 팔레트'를 엽니다.
③ [A]'열린 도면' 탭에서 사용하고자 하는 해당 유형이 있는 도면을 선택합니다.
④ [B]유형을 찾아 현재 작업 중인 도면의 그래픽 영역에 끌어(드래그) 놓습니다.

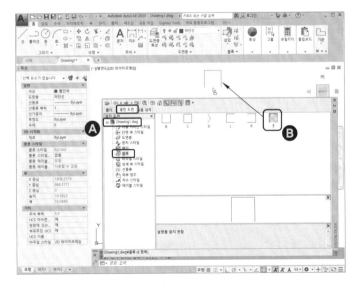

※ 다른 유형을 삽입할 때도 똑같은 방법으로 삽입하면 됩니다.

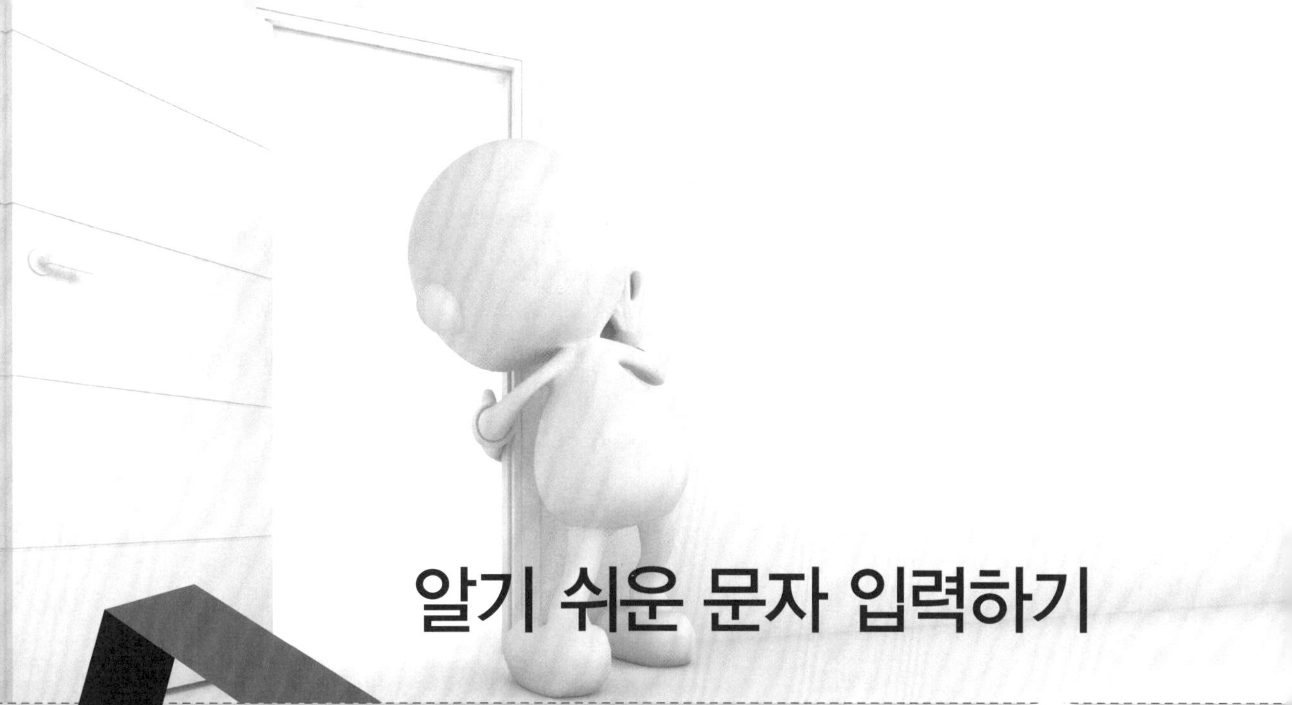

알기 쉬운 문자 입력하기

AutoCAD 2020 기초와 실습 - 기초편

10

이 장에서는 다음과 같은 내용을 배울 수 있습니다.

- 글꼴 유형(STYLE) 설정하기
- 단일 행 문자(TEXT) 쓰기
- 여러 줄 문자(MTEXT) 쓰기
- 신속 문자(QTEXT) 사용하기
- 문자 수정(DDEDIT)하기

1 | 글꼴 유형(STYLE) 설정하기

STYLE 명령은 글꼴, 크기, 기울기, 각도, 방향 등을 설정하여 명명된 문자 유형을 작성합니다.

 명령: **STYLE** [Enter↵] [단축키: [S][T]]

● **문자 스타일 대화상자**

- 스타일: 작성된 여러 가지 문자 유형들의 리스트가 나열되어 표시됩니다. '🅐 Annotative' 유형은 주석(note) 입력 시 사용되며, 'Standard' 유형은 기본적으로 모든 문자(치수 문자 등)에 사용됩니다.

- 글꼴 이름: 트루타입 글꼴 또는 FONTS 폴더 내에 있는 컴파일된 셰이프(SHX) 글꼴이 나열되어 있으며 여기에서 사용하고자 하는 한 개의 글꼴을 선택하여 사용합니다.

- 큰 글꼴 사용: 셰이프(SHX) 글꼴을 지정해야 활성화되며, 아시아어 글꼴 파일인 큰 글꼴을 사용합니다.

- 글꼴 스타일: 보통, 굴게, 기울림과 같은 글꼴 형식을 지정합니다. 글꼴 이름 밑에 있는 '큰 글꼴 사용'을 체크하면 큰 글꼴 이름이 나열됩니다.

- 높이: 문자 높이를 입력합니다. 여기에 높이를 입력하면 모든 문자 높이(치수 등)가 자동으로 설정됩니다.

- 현재로 설정: '스타일' 리스트에 선택된 문자 유형을 현재 스타일로 활성화시킵니다. 활성화하고자 하는 유형을 더블 클릭하면 쉽게 바로 적용됩니다.

- 새로 만들기: 새로운 문자 유형을 만들기 위해서 새 스타일 이름을 입력합니다.

- 삭제: 사용하지 않는 문자 유형을 지웁니다. 단, 기본적으로 적용되는 'Standard' 유형은 지울 수 없습니다.

글꼴 유형 설정 연습하기

새굴림 및 바탕 글꼴 유형 만들어 사용하기

명령: STYLE Enter↵

① '새로 만들기' 버튼을 선택하여 스타일 이름을 '**설정1**'로 명명합니다.
② '글꼴 이름' 항목에서 '**새굴림**'을 찾아 선택합니다.
③ '높이' 항목에 '**3.15**'를 입력합니다.
④ 문자 스타일 대화상자의 '적용' 버튼을 눌러 새로운 스타일을 완성합니다.

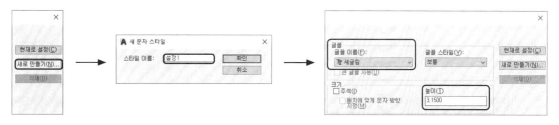

⑤ 다음 유형을 만들기 위해 '새로 만들기' 버튼을 선택하여 스타일 이름을 '**설정2**'로 명명합니다.
⑥ '글꼴 이름' 항목에서 '**바탕**'을 찾아 선택합니다.
⑦ 문자 스타일 대화상자의 '적용' 버튼을 눌러 새로운 스타일을 완성합니다.

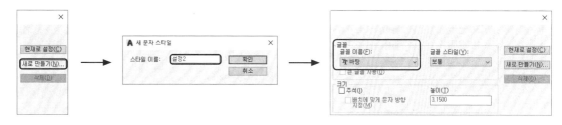

⑧ 대화상자 왼쪽 스타일 리스트에서 '**설정1**'을 더블 클릭하
　여 활성화시키고 대화상자를 닫습니다.

⑨ 명령: DTEXT Enter↵

　문자의 시작점 지정 또는 [자리맞추기(J)/스타일(S)]: ▶ 임의의 위치를 지정
　문자의 회전 각도 지정 ⟨0⟩: Enter↵
　'123ABC한글' 입력 후 Enter↵ Enter↵

123ABC한글

⑩ 명령 STYLE 또는 주석 리본에서 '**설정2**'를 활성화시킵니다.

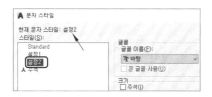
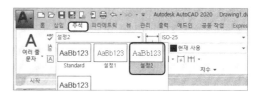

⑪ 명령: **DTEXT** [Enter↵]

　문자의 시작점 지정 또는 [자리맞추기(J)/스타일(S)]: ▶ 임의의 위치를 지정

　문자의 회전 각도 지정 〈0〉: [Enter↵]

　'123ABC한글' 입력 후 [Enter↵] [Enter↵]

123ABC한글

- 기본적으로 제공되는 'Standard' 문자 스타일의 'txt.shx' 글꼴은 한글을 지원하지 않습니다. 만약 해당 글꼴로 한글을 입력할 경우 '??'로만 표시됩니다.

123ABC??

- 기계제도법에서의 문자 높이는 2.24, 3.15, 4.5, 6.3, 9mm 5종으로 특별한 경우를 제외하고는 이에 따라서 문자를 기입해야 합니다.

2 | 단일 행 문자(TEXT) 쓰기

TEXT 명령은 짧고 간단한 문자를 한 줄 단위로 작성합니다.

A　명령: **TEXT** [Enter↵] [단축키: D T]

● 단일 행 문자 쓰는 기본적인 방법

Ø123ABC

문자의 시작점 지정: 임의의 위치 지정

높이 지정: **3.15** [Enter↵]

문자의 회전 각도 지정 〈0〉: [Enter↵]

'%%C123ABC' 입력 후 [Enter↵] [Enter↵]

123°SUN

문자의 시작점 지정: 임의의 위치 지정

높이 지정: **3.15** [Enter↵]

문자의 회전 각도 지정 〈0〉: **10** [Enter↵]

'123%%DSUN' 입력 후 [Enter↵] [Enter↵]

● TEXT 명령 옵션

```
명령: TEXT
현재 문자 스타일: "설정2" 문자 높이: 3.1500 주석: 아니오 자리맞추기: 왼쪽
A ▾ TEXT 문자의 시작점 지정 또는 [자리맞추기(J) 스타일(S)]:
```

자리맞추기(J)	문자의 자리맞추기를 여러 옵션을 사용하여 조정합니다.
스타일(S)	STYLE 명령으로 작성된 문자 유형을 바로 불러들여 사용합니다.

● 자리맞추기(J)

> 문자의 시작점 지정 또는 [자리맞추기(J)/스타일(S)]: J
> A ▼ TEXT 옵션 입력 [왼쪽(L) 중심(C) 오른쪽(R) 정렬(A) 중간(M) 맞춤(F) 맨위왼쪽(TL) 맨위중심(TC) 맨위오른쪽(TR) 중간왼쪽(ML) 중간중심(MC) 중간오른쪽(MR) 맨아래왼쪽(BL) 맨아래중심(BC) 맨아래오른쪽(BR)]:

왼쪽(L)	문자의 왼쪽 아래가 기준점이 되어 정렬됩니다.	SUNW□□
중심(C)	문자의 아래 중심이 기준점이 되어 양방향으로 정렬됩니다.	SUNW□□
오른쪽(R)	문자의 오른쪽 아래가 기준점이 되어 정렬됩니다.	SUNW□□
정렬(A)	양 끝점을 기준으로 문자의 크기가 자동으로 조정됩니다. 문자 높이는 양 끝점 사이에 입력되는 문자 수에 비례하여 자동으로 조정됩니다.	FIXED JAW LEAD SCREW SHAFT BODY
중간(M)	시작점이 문자의 가로 중심 및 세로 중심에 정렬됩니다.	SUNJ□□
맞춤(F)	양 끝점을 기준으로 입력된 문자 높이가 일정하게 유지되면서 자동으로 글자 간격이 조정됩니다.	FIXED JAW LEAD SCREW SHAFT BODY
맨위왼쪽(TL)	문자의 왼쪽 맨 위가 기준점이 되어 정렬됩니다.	SUNW□□
맨위중심(TC)	문자의 맨 위 중심이 기준점이 되어 양방향으로 정렬됩니다.	SUNW□□
맨위오른쪽(TR)	문자의 오른쪽 맨 위가 기준점이 되어 정렬됩니다.	SUNW□□
중간왼쪽(ML)	문자의 왼쪽 중간이 기준점이 되어 정렬됩니다.	SUNW□□
중간중심(MC)	문자의 가로 중심 및 세로 중심이 기준점이 되어 양방향으로 정렬됩니다.	SUNW□□
중간오른쪽(MR)	문자의 오른쪽 중간이 기준점이 되어 정렬됩니다.	SUNW□□
맨아래왼쪽(BL)	가로 방향 문자에만 적용되며 문자의 왼쪽 아래가 기준점이 되어 정렬됩니다.	SUNW□□
맨아래중심(BC)	가로 방향 문자에만 적용되며 문자의 아래 중심이 기준점이 되어 양방향으로 정렬됩니다.	SUNW□□
맨아래오른쪽(BR)	가로 방향 문자에만 적용되며 문자의 오른쪽 아래가 기준점이 되어 정렬됩니다.	SUNW□□

더 알기

- '중간(M)' 자리맞추기는 하행 문자를 포함해 모든 문자의 중간점을 사용합니다.

- '중간중심(MC)' 자리맞추기는 대문자 높이의 중간점을 사용하여 정렬됩니다.

- 자리맞추기 옵션을 문자의 시작점 지정 프롬프트에 곧장 입력하여 바로 사용할 수 있습니다.

단일 행 문자 쓰기 연습하기

'설정1' 문자 스타일로 변경하여 문자 쓰기

명령: **TEXT** [Enter↵]

현재 문자 스타일: "Standard" 문자 높이: 3.1500 주석: 아니오 자리맞추기: 왼쪽

문자의 시작점 지정 또는 [자리맞추기(J)/스타일(S)]: **S** [Enter↵]

스타일 이름 또는 [?] 입력 〈Standard〉: **설정1** [Enter↵]

문자의 시작점 지정 또는 [자리맞추기(J)/스타일(S)]: ▶ 임의의 위치인 **P1** 지정

문자의 회전 각도 지정 〈0〉: [Enter↵]

　'123ABC한글' 입력 후 [Enter↵]

　'AutoCAD2020한글' 입력 후 [Enter↵]

　　　▶ 임의의 위치인 **P2** 지정 후

　'AutoCAD정복' 입력 후 [Enter↵] [Enter↵]

명령: [Enter↵] ※ 다시 text 명령을 실행합니다.

문자의 시작점 지정 또는 [자리맞추기(J)/스타일(S)]: [Enter↵]

　'I CAN DO IT!' 입력 후 [Enter↵] [Enter↵]

P1 ↓123ABC한글
AutoCAD2020한글

P2 AutoCAD정복
I CAN DO IT!

> **더 알기**
> - STYLE 명령에서 유형을 생성 시 문자 높이를 입력한 경우에는 TEXT 명령에서는 문자 높이 입력에 대한 프롬프트가 생략됩니다.
> - 마지막으로 입력한 명령이 TEXT인 경우 또다시 TEXT 명령을 실행시켜 '문자의 시작점 지정' 프롬프트에서 시작점 지정 없이 [Enter↵]를 하면 문자 높이와 회전 각도에 대한 프롬프트가 생략되면서 자동적으로 이전 문자 행 바로 아래에 입력한 문자가 배치됩니다.

원의 중심에 문자 쓰기

명령: **CIRCLE** [Enter↵] ▶ 우선 임의의 위치에 지름 Ø6 원을 작도합니다.

명령: **TEXT** [Enter↵]

문자의 시작점 지정 또는 [자리맞추기(J)/스타일(S)]: **M** 또는 **MC** [Enter↵]

문자의 중간점 지정: **CEN** [Enter↵] 〈– ▶ **P1** 선택

문자의 회전 각도 지정 〈0〉: [Enter↵]

　'12' 입력 후 [Enter↵] [Enter↵]

특수 문자

조정코드 또는 유니코드 문자열을 입력하여 특수문자 및 기호를 삽입할 수 있습니다. 조정코드를 입력할 때는 두 개의 퍼센트 기호(%%)를 앞에 입력해야 합니다.

%%C	원 지름 기호 (예: %%C50 → Ø50)	%%P	공차 기호 (예: 20%%P0.2 → 20±0.2)
%%D	차수 기호 (예: 45%%D → 45°)	%%U	밑줄 기호 (예: %%U20%%U → 20)

3 | 여러 줄 문자(MTEXT) 쓰기

MTEXT 명령은 여러 개의 문자 단락을 하나의 객체로 작성하며 MTEXT 명령 문자 편집기를 사용하여 단락 및 행 간격을 정렬하고 열을 작성하거나 수정을 합니다.

 명령: **MTEXT** [Enter↵] [단축키: [T] 또는 [M][T]]

● 여러 줄 문자 쓰는 기본적인 방법

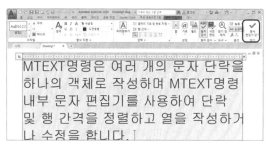

※ 먼저 여러 줄 문자를 쓸 범위를 지정합니다.

첫 번째 구석 지정: ▶ P1 지정

반대 구석 지정 또는 [높이(H)...]: ▶ P2 지정

※ 그림과 같이 입력하고 '문서 편집기 닫기' 버튼을 눌러 종료합니다.

● MTEXT 명령 옵션

현재 문자 스타일: "설정2" 문자 높이: 3.15 주석: 아니오
첫 번째 구석 지정:
A ▾ MTEXT 반대 구석 지정 또는 [높이(H) 자리맞추기(J) 선 간격두기(L) 회전(R) 스타일(S) 폭(W) 열(C)]:

높이(H)	문자 높이를 지정합니다.
자리맞추기(J)	문자의 자리맞추기를 문자 경계를 기준으로 다양한 옵션을 사용하여 설정합니다.
선 간격두기(L)	줄과 줄 사이의 거리인 행 간격을 조정합니다.
회전(R)	여러 줄 문자 쓰기 방향인 회전 각도를 지정합니다.
스타일(S)	STYLE 명령으로 작성된 문자 유형을 바로 불러들여 사용합니다.

자리맞추기(J)

```
반대 구석 지정 또는 [높이(H)/자리맞추기(J)/선 간격두기(L)/회전(R)/스타일(S)/폭(W)/열(C)]: J
MTEXT 자리맞추기 입력 [좌상단(TL) 상단중앙(TC) 우상단(TR) 좌측중간(ML) 중앙중간(MC) 우측중간(MR) 좌하단(BL)
하단중앙(BC) 우하단(BR)] <좌상단(TL)>:
```

MTEXT명령은 여러 개의 문자 단락을
하나의 객체로 작성합니다.
MTEXT명령 내부 문자 편집기를 사용
하여 단락 및 행 간격을 정렬하고 열
을 작성하거나 수정을 합니다.

좌상단(TL)

MTEXT명령은 여러 개의 문자 단락을
하나의 객체로 작성합니다.
MTEXT명령 내부 문자 편집기를 사용
하여 단락 및 행 간격을 정렬하고 열
을 작성하거나 수정을 합니다.

상단중앙(TC)

MTEXT명령은 여러 개의 문자 단락을
하나의 객체로 작성합니다.
MTEXT명령 내부 문자 편집기를 사용
하여 단락 및 행 간격을 정렬하고 열
을 작성하거나 수정을 합니다.

우상단(TR)

MTEXT명령은 여러 개의 문자 단락을
하나의 객체로 작성합니다.
MTEXT명령 내부 문자 편집기를 사용
하여 단락 및 행 간격을 정렬하고 열
을 작성하거나 수정을 합니다.

좌측중간(ML)

MTEXT명령은 여러 개의 문자 단락을
하나의 객체로 작성합니다.
MTEXT명령 내부 문자 편집기를 사용
하여 단락 및 행 간격을 정렬하고 열
을 작성하거나 수정을 합니다.

중앙중간(MC)

MTEXT명령은 여러 개의 문자 단락을
하나의 객체로 작성합니다.
MTEXT명령 내부 문자 편집기를 사용
하여 단락 및 행 간격을 정렬하고 열
을 작성하거나 수정을 합니다.

오른쪽중간(MR)

MTEXT명령은 여러 개의 문자 단락을
하나의 객체로 작성합니다.
MTEXT명령 내부 문자 편집기를 사용
하여 단락 및 행 간격을 정렬하고 열
을 작성하거나 수정을 합니다.

좌하단(BL)

MTEXT명령은 여러 개의 문자 단락을
하나의 객체로 작성합니다.
MTEXT명령 내부 문자 편집기를 사용
하여 단락 및 행 간격을 정렬하고 열
을 작성하거나 수정을 합니다.

하단중앙(BC)

MTEXT명령은 여러 개의 문자 단락을
하나의 객체로 작성합니다.
MTEXT명령 내부 문자 편집기를 사용
하여 단락 및 행 간격을 정렬하고 열
을 작성하거나 수정을 합니다.

우하단(BR)

● **리본 문자 편집기 또는 AutoCAD 클래식 작업공간의 내부 문자 편집기**

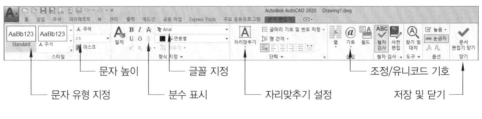

● **내부 문자 편집기**

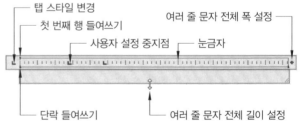

리본 문자 편집기 '옵션' 패널의 '높음/편집기 설정/도구막대 표시' 또는 AutoCAD 클래식 작업공간
을 설정했을 경우에만 표시됩니다.

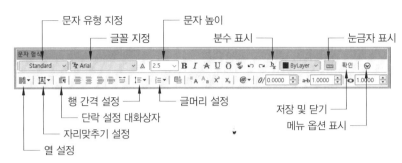

 더 알기   MTEXTTOOLBAR 시스템 변수값을 1로 변경하면 내부 문자 편집기가 표시됩니다.

여러 줄 문자 쓰기 연습하기

○ '굴림' 글꼴로 주서 쓰기

명령: MTEXT [Enter↵]
첫 번째 구석 지정: ▶ 임의의 한 점을 지정
반대 구석 지정 또는 [높이(H)...]:
    @120,70 [Enter↵]

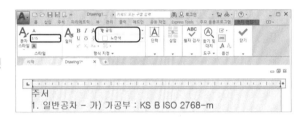

※ 리본 문자 편집기에 글꼴 '**굴림**', 높이 '**3.15**', 색상 '**노란색**'으로 설정한 후 그림과 같이 입력합니다.

더 알기
- 각도(°) 표시는 특수문자 '**%%D**'를 입력합니다.
- 품번(①) 표시는 한글 'ㅇ'을 입력하고 곧바로 키보드 한자 키를 누르면 모니터 화면 오른쪽 밑에 선택상자가 나타나며 그곳에서 해당 번호를 찾아 선택하면 됩니다.

※ 입력한 글자를 드래그하여 모두 선택한 후 문자 편집기의 '' 버튼을 눌러 '**1.5x**'로 선택합니다.

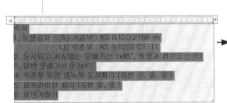 →  →

주서
1. 일반공차 – 가) 가공부 : KS B ISO 2768-m
                나) 주조부 : KS B 0250 CT-11
2. 도시되고 지시없는 모떼기는 1x45°, 필렛과 라운드는 R3
3. 일반 모떼기는 0.2x45°
4. 주조부 외면 명녹색 도장처리 (품번 ①, ②, ⑤)
5. 파커라이징 처리 (품번 ③, ④)
6. 표면거칠기

리본 문자 편집기의 '문서 편집기 닫기' 버튼을 눌러 완료합니다.

○ 일반공차(허용한계 치수) 기입하기

명령: MTEXT [Enter↵]
첫 번째 구석 지정: ▶ 임의의 한 점을 지정
반대 구석 지정 또는 [높이(H)...]: ▶ 대각선 방향으로 다시 임의의 한 점을 지정

※ 문자 편집기에 글꼴 '**굴림**', 높이 '**3.15**', 색상 '**노란색**'으로 설정
한 후 그림과 같이 입력합니다.

※ 입력한 공차 부분만 드래그(**P1**)하여 선택하고 분수 표시 🔢 버튼
(**P2**)을 누르면 분수 형태로 공차가 표시됩니다.

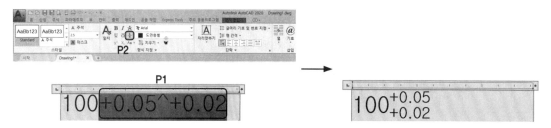

※ 분수 형태로 표시된 공차를 클릭(**P3**)한 후 공차 문자높이를 **2.5mm**(**P4**)로, 색상을 빨간색(**P5**)으로 변경하여
완료합니다.

4 | 신속 문자(QTEXT) 사용하기

QTEXT 명령은 입력된 모든 문자를 문자 대신 테두리로만 표시해 줍니다. QTEXT 명령을 사용하
고 반드시 재생성(REGEN)해주어야 객체가 업데이트 되어 결과가 표시됩니다.

명령: **QTEXT** [Enter↵]

● QTEXT 명령 옵션

켜기(ON)	입력된 모든 문자를 문자 대신 테두리(경계)로만 표시합니다.
끄기(OFF)	입력된 모든 문자를 원래대로 보이게 합니다.

주서

1. 일반공차 – 가) 가공부 : KS B ISO 2768-m

　　　　　　　 나) 주조부 : KS B 0250 CT-11

2. 도시되고 지시없는 모떼기는 1x45°, 필렛과 라운드는 R3

3. 일반 모떼기는 0.2x45°

4. 주조부 외면 명녹색 도장처리 (품번 ①, ②, ⑤)

5. 파커라이징 처리 (품번 ③, ④)

6. 표면 거칠기

켜기(ON)　　　　　　　　　　　　　　　　　　　끄기(OFF)

QTEXT 명령은 도면 작업 시 무수히 많은 문자를 입력한 경우 메모리 용량이 켜져 도면 작업이 원활하게 안될 때 문자를 단순화하여 컴퓨터 성능(속도)을 향상시켜 줍니다.

5 | 문자 수정(DDEDIT)하기

DDEDIT 명령은 단일 행 및 여러 줄 문자, 치수 문자, 속성 정의 문자 등의 객체를 편집합니다.

 명령: **DDEDIT** [Enter↵] 또는 **TEXTEDIT** [Enter↵] [단축키: E D]

● **입력된 문자 유형에 따라 적합한 편집 방법이 표시**

- 단일 행 문자(TEXT)로 입력된 경우에는 입력된 문자 내용만을 편집할 수 있습니다. 글자 편집 시 마우스 오른쪽 버튼을 클릭하면 철자 검색 등과 같은 여러 가지 옵션이 표시됩니다.

- 여러 줄 문자(MTEXT)로 입력된 경우에는 리본 문자 편집기가 표시됩니다.

- 치수 기입된 치수 문자를 선택한 경우에는 눈금자가 없는 MTEXT와 같은 리본 문자 편집기가 표시됩니다.

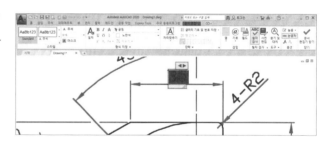

- 형상 공차의 문자를 선택한 경우에는 기하학적 공차 대화상자가 표시됩니다.

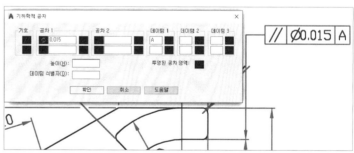

- 속성 정의된 문자를 선택한 경우에는 속성 편집기 대화상자가 표시됩니다.

 명령 없이 편집하고자 하는 문자를 더블 클릭하면 바로 손쉽게 편집할 수 있습니다. 단, AutoCAD 낮은 버전에 따라 안 되는 경우도 있으므로 그때는 'DDEDIT' 명령을 사용합니다.

ㅇ단원정리 **따라**하기

스퍼기어 요목표를 작도합니다. 먼저 표를 완성한 후 빈 칸 중심 안에 정확하게 글자를 입력하는 방법을 배워보겠습니다.

스퍼기어 요목표		
기 어 치 형		표준
공 구	모 듈	2
	치 형	보통이
	압력각	20°
전체이높이		4.5
피치원지름		P.C.DØ58
잇 수		29
다듬질방법		호브절삭
정 밀 도		KS B ISO 1328-1, 4급

01 문자 스타일 대화상자를 열어 그림과 같이 설정하고 닫습니다.

명령: **STYLE** Enter↵

- 글꼴: txt.shx , '**큰 글꼴 사용**' 체크
- 큰 글꼴: whgtxt.shx
- 높이: 3.15

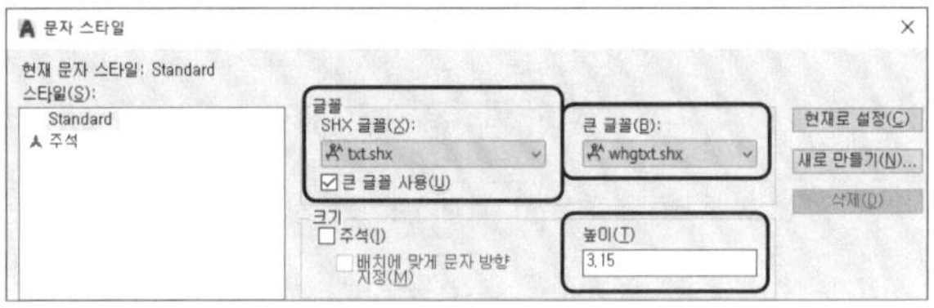

02 수평선을 임의의 위치에 작도합니다.

명령: **LINE** Enter↵
첫 번째 점 지정: ▶ 임의의 한 점을 지정
다음 점 지정 또는 [명령 취소(U)]: **@85,0** Enter↵
다음 점 지정 또는 [명령 취소(U)]: Enter↵

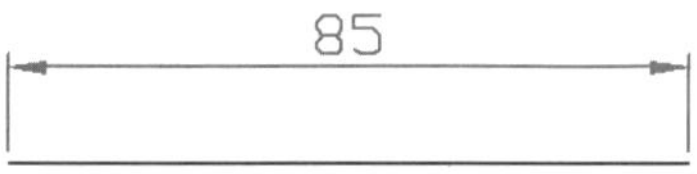

85

03 그림과 같이 행 방향으로 배열합니다.

명령: **-ARRAY** Enter↵
객체 선택: ▶ 작도된 직선을 선택
객체 선택: Enter↵
배열의 유형 입력 [직사각형(R)/원형(P)] 〈R〉: Enter↵
행의 수 입력 (---) 〈1〉: **10** Enter↵
열의 수 입력 (|||) 〈1〉 Enter↵
행 사이의 거리 입력 또는 단위 셀 지정: **8** Enter↵

8

맨 위에 수평선을 선택하여 위쪽으로 오프셋시킵니다.

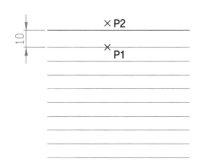

명령: **OFFSET** Enter↵
간격 띄우기 거리 지정 또는 [통과점(T)...]: **10** Enter↵
간격 띄우기할 객체 선택 또는 [...]: ▶ P1 선택
간격 띄우기할 면의 점 지정 또는 [...]: ▶ P2 지정
간격 띄우기할 객체 선택 또는 [종료(E)...]: Enter↵

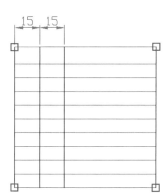
맨 위와 맨 아래 수평선 양쪽 끝에 직선을 작도하고 15mm 간격으로 두 개를 오프셋합니다.

명령: **LINE** Enter↵

▶ END 스냅점으로 양쪽 끝에 수직선을 작도

명령: **OFFSET** Enter↵

▶ 15mm 간격으로 왼쪽 수직선을 두 개 오프셋

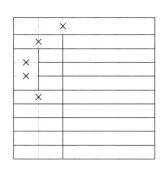
그림과 같이 트림하여 완성합니다.

명령: **TRIM** Enter↵
객체 선택 또는 〈모두 선택〉: Enter↵
자를 객체 선택: ▶ 그림과 같이 다섯 곳을 선택
자를 객체 선택: Enter↵
※ 트림 후 남은 필요 없는 선은 Del 키로 지웁니다.

굵은선(초록색), 중간 굵기선(노란색), 가는선(빨간색)으로 변경합니다.

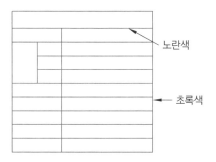

우선 전체 선택 후 빨간색으로 변경하고 바깥 테두리선 네 개만 따로 선택하여 초록색으로 변경합니다.
맨 위쪽 두 번째 수평선 한 개만 선택하여 노란색으로 변경합니다.

08 문자 삽입 시 기준(중심)이 되는 참조선을 작도합니다.

명령: PLINE Enter↵

시작점 지정: ▶ INT 스냅으로 P1 선택

다음 점 지정 또는 [...]: ▶ INT 스냅으로 나머지 점
  (P2~P9)을 순차적으로 선택

다음 점 지정 또는 [...]: Enter↵

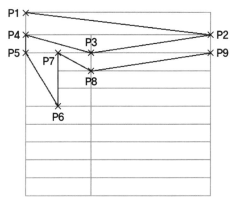

09 그림과 같이 참조선 중간점에 문자를 삽입합니다.

명령: TEXT Enter↵

문자의 시작점 지정 또는 [...]: MC Enter↵

문자의 중간점 지정: ▶ MID 스냅으로 P1 선택

문자의 회전 각도 지정 〈0〉: Enter↵

문자 입력: 1 Enter↵

문자 입력: Enter↵

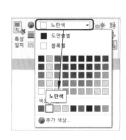

10 삽입된 문자를 노란색(중간 굵기선)으로 변경합니다.

PROPERTIES 명령이나 특성 툴바의 색상 항목을 사용하여 노란색으로 변경합니다.

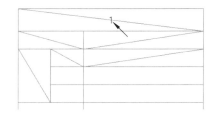

11 입력된 문자를 각각의 대각선 중간점에 복사를 합니다.

명령: COPY Enter↵

객체 선택: ▶ 입력된 문자 '1'을 선택

객체 선택: Enter↵

기본점 지정 또는 [...]: ▶ MID 스냅으로 P1 선택

두 번째 점 지정 또는 [...]: ▶ MID 스냅으로 다섯 곳 대각선 중간에 복사

두 번째 점 지정 또는 [...]: Enter↵

12 참조선(PLINE)을 지우고 그림과 같이 빈 칸 안에 문자를 복사합니다.

명령: COPY Enter↵

객체 선택: ▶ P1 테두리 안의 문자 '1'을 선택(두 개)

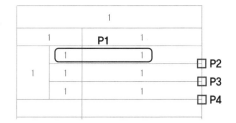

객체 선택: `Enter↵`

기본점 지정 또는 [...]: ▶ END 스냅으로 P2 선택

두 번째 점 지정 또는 [...]: ▶ END 스냅으로 P3, P4 선택

두 번째 점 지정 또는 [...]: `Enter↵`

⑬ 나머지 빈 칸 안에도 그림과 같이 문자를 복사합니다.

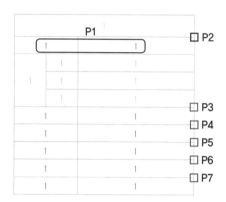

명령: **COPY** `Enter↵`

객체 선택: ▶ P1 테두리 안의 문자 '1'을 선택(두 개)

객체 선택: `Enter↵`

기본점 지정 또는 [...]: ▶ END 스냅으로 P2 선택

두 번째 점 지정 또는 [...]: ▶ END 스냅으로 P3에서

P7까지 순차적으로 선택

두 번째 점 지정 또는 [...]: `Enter↵`

⑭ 문자를 모두 그림과 같이 변경합니다.

스퍼기어 요목표		
기어 치형		표준
공구	모 듈	2
	치 형	보통이
	압력각	20°
전체이높이		4.5
피치원지름		P.C.DØ58
잇 수		29
다듬질방법		호브절삭
정 밀 도		KS B 1S□ 1328-1, 4급

명령: **DDEDIT** `Enter↵`

※ 문자를 선택하여 수정합니다. 명령 없이 문자를 더블 클릭
　해서 수정할 수도 있습니다.

※ 특수문자
　Ø는 %%C를 입력
　°는 %%D를 입력
　±는 %%P를 입력

⑮ '스퍼기어 요목표' 글자는 제목이므로 문자 크기와 색상
(굵기)을 변경합니다.

스퍼기어 요목표		
기어 치형		표준
공구	모 듈	2
	치 형	보통이

명령: **PROPERTIES** `Enter↵`

▶ '스퍼기어 요목표' 문자 선택

▶ 색상: **초록색**(굵은선) 높이: 5

⑯ 지금까지 작도한 도형을 바탕화면에 있는 '**CAD연습도면**' 폴더 안에 저장합니다.

명령: SAVE `Enter↵` [단축키: `Ctrl`+`S`]

CAD연습도면 폴더에 파일 이름을 '**연습-39**'로 명명하여 저장합니다.

과제 1: 문자를 사용한 도형 그리기

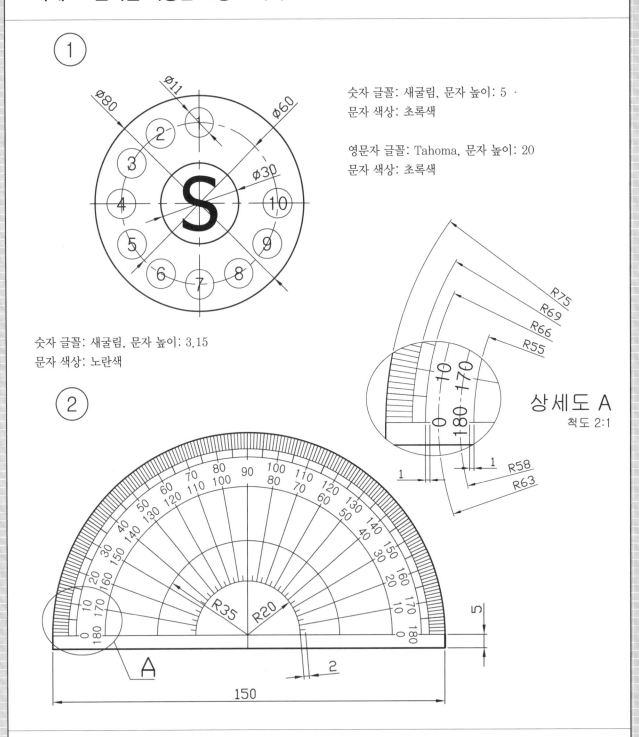

①

숫자 글꼴: 새굴림, 문자 높이: 5 ·
문자 색상: 초록색

영문자 글꼴: Tahoma, 문자 높이: 20
문자 색상: 초록색

상세도 A
척도 2:1

숫자 글꼴: 새굴림, 문자 높이: 3.15
문자 색상: 노란색

②

※ 작도한 도형을 바탕화면에 있는 'CAD연습도면' 폴더 안에 저장합니다.

명령: SAVE Enter↵ [단축키: Ctrl + S]

CAD연습도면 폴더에 파일 이름을 '**연습-40**'으로 명명하여 저장합니다.

과제 2: 기계 계열 자격증 실기 시험 도면 폼 그리기

문자 글꼴: 새굴림, 문자 높이: 3.15, 문자 굵기: 노란색(중간굵기)

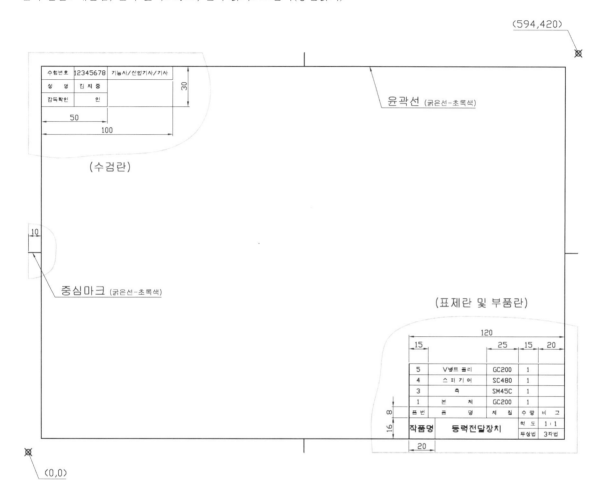

※ 도면 크기, 도면 척도

A2(594×420)크기 도면에서 안쪽으로 10mm 오프셋하여 윤곽선을 만들고 그 영역 내에 1:1로 제도

※ 선굵기와 문자, 숫자 크기 구분을 위한 색상 지정

출력 시 선굵기	색상(color)	용도
0.35mm	초록색(Green)	윤곽선, 부품 번호, 외형선, 개별 주서 등
0.25mm	노란색(Yellow)	숨은선, 치수 문자, 일반 주서 등
0.18mm	흰색(White) , 빨강(Red)	해칭, 치수선, 치수 보조선, 중심선 등

※ 작도한 도형을 바탕화면에 있는 'CAD연습도면' 폴더 안에 저장합니다.

명령: SAVE Enter↵ [단축키: Ctrl+S]

CAD연습도면 폴더에 파일 이름을 '**연습-41**'로 명명하여 저장합니다.

과제 3: 기계 계열 자격증 실기 시험 주서(note) 쓰기

문자 글꼴: 새굴림, 문자 높이: 3.15, 문자 굵기: 노란색(중간굵기)

주서

1. 일반공차-가)가공부:KS B ISO 2768-m

　　　　　나)주조부:KS B 0250-CT11

　　　　　다)주강부:KS B ISO 0418 보통급

2. 도시되고 지시없는 모떼기는 1x45°, 필렛과 라운드는 R3

3. 일반 모떼기는 0.2x45°

4. ▽부위 외면 명녹색 도장 (품번 ①,⑤)

5. 기어치부 열처리 HRC 50±2 (품번 ④)

6. 표면 거칠기　▽ = ▽

　　　　　　　ｗ/▽ = 12.5/▽ ,　N10

　　　　　　　ｘ/▽ = 3.8/▽ ,　N8

　　　　　　　ｙ/▽ = 0.8/▽ ,　N6

　　　　　　　ｚ/▽ = 0.2/▽ ,　N4

※ 다듬질 기호 크기 참조

기호 및 문자 모두 가는선(흰색 또는 빨간색)으로 표시해야 합니다.

1. 명령 POLYGON
(반지름 3)

2. 명령 PLINE
(OSNAP 사용)

3. 명령 TEXT
(높이 2.5 , 소문자 사용)

4. 명령 ERASE
(다각형 삭제)

※ 주물 기호 참조

1. 명령 COPY

2. 명령 CIRCLE
(3P 옵션 사용)

3. 명령 EXPLODE
(PLINE 분해)

4. 명령 ERASE
(윗쪽 수평선 삭제)

※ 작도한 도형을 바탕화면에 있는 'CAD연습도면' 폴더 안에 저장합니다.

명령: SAVE [Enter↵] [단축키: [Ctrl]+[S]]

CAD연습도면 폴더에 파일 이름을 '**연습-42**'로 명명하여 저장합니다.

과제 4: 산업 디자인 제품에 글자 쓰기

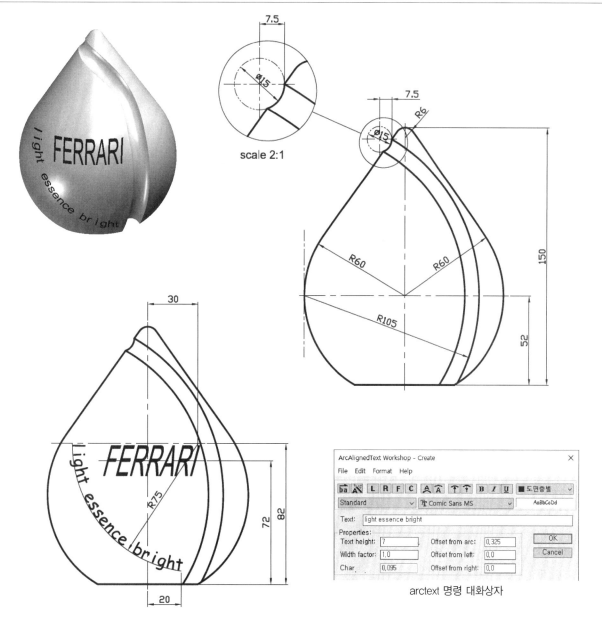

arctext 명령 대화상자

큰 문자 글꼴: Arial, 문자 높이: 18, 폭 비율: 0.5, 기울기 각도: 15
작은 문자 글꼴: Comic Sans MS, 문자 높이: 7, 폭 비율: 1, 기울기 각도: 0

※ 단, 작은 문자를 호(R75) 위에 배열하기 위해서는 오토캐드 설치시 **"Express"** 툴이 같이 설치되어 있어야 하며 명령은 'arctext'입니다.

※ 작도한 도형을 바탕화면에 있는 'CAD연습도면' 폴더 안에 저장합니다.
   명령: SAVE [Enter↵] [단축키: [Ctrl]+[S]]
   CAD연습도면 폴더에 파일 이름을 '**연습-43**'으로 명명하여 저장합니다.

AutoCAD 화면에 그림 파일(jpg, bmp, gif, psd, png 등)을 삽입할 수 있어요^^

| 명령 | IMAGE | [단축키: I M] | 외부 참조 팔레트를 사용하여 이미지를 삽입합니다. |
| | −IMAGE | [단축키: − I M] | 명령 프롬프트에 표시되는 옵션을 사용하여 삽입합니다. |

[이미지 삽입 방법]

① −IMAGE 명령을 입력합니다. (또는 IMAGEATTACH 명령)

② Enter↵ 키를 눌러 이미지 명령 옵션의 현재 설정값인 '부착(A)'을 바로 실행합니다.

명령: −IMAGE Enter↵
이미지 옵션 입력 [?/분리(D)/경로(P)/다시 로드(R)/언로드(U)/부착(A)] 〈부착〉: Enter↵

③ '이미지 파일 선택' 대화상자에서 삽입할 이미지 파일을 검색하여 선택한 후 '열기 버튼'을 눌러 삽입을 시작합니다.

④ 삽입점을 클릭하고 이미지 축척 비율과 회전 각도를 지정하여 삽입을 종료합니다.

삽입점 지정 〈0,0〉:
축척 비율 지정 〈1〉:
회전 각도 지정 〈0〉:

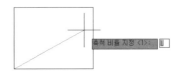

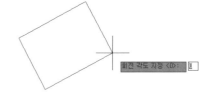

[이미지에 관련된 여러 가지 명령과 시스템 변수]

- IMAGEQUALITY 명령: 삽입된 이미지의 표시 품질을 높음 또는 낮음 중에서 설정합니다.
- IMAGEADJUST 명령: 선택한 이미지의 밝기, 대비, 페이드 값을 스크롤바로 조정합니다.
- IMAGECLIP 명령: 선택한 이미지의 프레임을 폴리곤 또는 직사각형으로 재지정합니다.
- TRANSPARENCY 명령: 선택한 이미지를 투명하게 만들어 겹쳐 있는 객체가 보이도록 합니다.
- IMAGEFRAME 시스템 변수: 변수값 0은 프레임을 제거하고 1과 2는 프레임이 표시됩니다.

IMAGEFRAME 변수값 1 또는 2   IMAGEFRAME 변수값 0

알기 쉬운 치수 기입하기

AutoCAD 2020 기초와 실습 – 기초편

11

이 장에서는 다음과 같은 내용을 배울 수 있습니다.

- 치수 기입 시 알아두기
- 자동 치수 기입(DIM)하기
- 지시선 기입(LEADER)하기
- 신속 지시선 기입(QLEADER)하기
- 기하공차 기입(TOLERANCE)하기
- 중심선 삽입(DIMCENTER)하기
- 교차된 치수 끊어(DIMBREAK) 정리하기
- 치수 편집(DIMEDIT)하기
- 치수 문자 편집(DIMTEDIT)하기

1 | 치수 기입 시 알아두기

치수는 두 개의 점 또는 두 개의 선 등으로 상호간의 거리를 표시하는 것으로 치수선과 치수 보조선을 사용하여 치수의 구간을 표시합니다.

● 치수 기입 요소

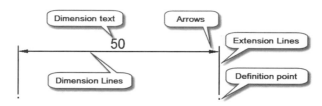

• Definition Point(기준점): 치수 기입 시 치수 위치의 Base Point를 표시하는 점입니다. 도면상에서 최초로 치수 기입 시 LAYER상에 **Defpoints**라는 레이어층이 자동으로 생성이 되며 그 레이어층이 치수의 기본이 되는 Base Point를 관리하는 층이 됩니다.

> **더 알기**
>
> **중요)** 치수 기입 시 자동으로 생성되는 Defpoints로 레이어를 변경하여 도면을 작도하면 화면상에는 작도한 도면이 보이지만 출력 시 Defpoints 레이어층에 있는 모든 도형들이 출력되지 않습니다. 그러므로 절대 Defpoints 레이어층에는 도면을 작도하면 안 됩니다.

• Dimension Lines(치수선): 두 개의 점, 두 개의 선, 두 개의 평면 사이 등 상호간의 거리 치수나 각도가 표기 되는 선으로 실제 길이를 숫자로 치수선에 표시합니다.

• Extension Lines(치수 보조선): 기준점(Definition Point)을 이용하여 치수의 구간을 표시하는 보조적인 선입니다.

• Arrows(화살표): 치수선(Dimension Line)의 끝에 표기하는 마크(Mark)로서 여러 가지 모양의 마크가 있습니다.

• Dimension Text(치수 문자): 치수선(Dimension Line) 위에 거리나 각도로 표기되는 문자 또는 숫자로서 대상물의 실제 길이를 표시합니다.

• Leader(지시선): 대상물이 크기가 너무 작거나 협소한 구간에 치수 기입 시 선분을 다른 곳으로 유도하여 기입할 때, 특별한 작업을 지시하고자 할 때 사용합니다.

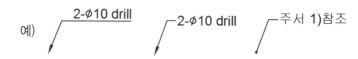

2 | 자동 치수 기입(DIM)하기

DIM 명령은 AutoCAD2016버전부터 추가된 명령으로 치수 기입할 객체 위에 마우스 커서를 위치시키면 적합한 치수 유형을 자동으로 미리보기로 표시해 줍니다. 하나의 명령으로 수직, 수평, 정렬, 각도, 반지름, 지름, 꺾기, 호 길이, 기준선, 연속치수를 작성할 수 있는 장점이 있습니다.

 명령: DIM Enter↵

● DIM 명령 옵션

• 선형 객체를 지정 시 표시되는 옵션

```
명령: DIM
▼ DIM 객체 선택 또는 첫 번째 치수보조선 원점 지정 또는 [각도(A) 기준선(B) 계속(C) 세로좌표(O) 정렬(G) 분산(D)
도면층(L) 명령 취소(U)]:
```

각도(A)	DIMANGULAR(각도 치수 기입) 명령과 동일합니다.
기준선(B)	DIMBASELINE(병렬 치수 기입) 명령과 동일합니다.
계속(C)	DIMCONTINUE(직렬 치수 기입) 명령과 동일합니다.
세로좌표(O)	DIMORDINATE(세로좌표 치수 기입) 명령과 동일합니다.
정렬(G)	기준 치수에 대해 선택한 나머지 치수들을 자동으로 직렬로 맞추어 줍니다.
분산(D)	DIMSPACE(치수선 간격 일정) 명령과 동일합니다.

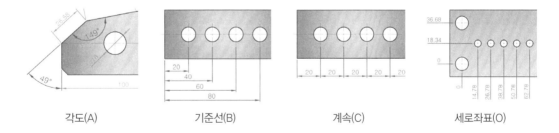

| 각도(A) | 기준선(B) | 계속(C) | 세로좌표(O) |

• 원 또는 호 객체를 지정 시 표시되는 옵션

```
객체 선택 또는 첫 번째 치수보조선 원점 지정 또는 [각도(A)/기준선(B)/계속(C)/세로좌표(O)/정렬(G)/분산(D)/도면층
(L)/명령 취소(U)]:
▼ DIM 지름을 지정할 원 선택 또는 [반지름(R) 꺾기(J) 각도(A)]:
```

반지름(R)	원 객체일 경우에만 표시되며 DIMRADIUS(반지름 치수 기입) 명령과 동일합니다.
지름(D)	DIMDIAMETER(지름 치수 기입) 명령과 동일합니다.
꺾기(J)	DIMJOGGED(Z자형 치수 기입) 명령과 동일합니다.
호 길이(L)	DIMARC(호의 길이 치수 기입) 명령과 동일합니다.
각도(A)	DIMANGULAR(각도 치수 기입) 명령과 동일합니다.

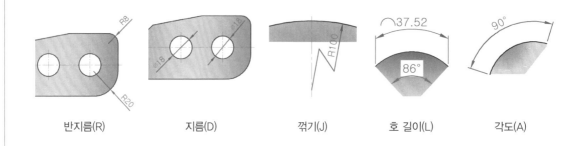

| 반지름(R) | 지름(D) | 꺾기(J) | 호 길이(L) | 각도(A) |

수평, 수직 치수 기입 연습하기

① 바탕화면에 있는 'CAD연습도면' 폴더 안에 저장된 파일 '**연습-3**'을 불러옵니다.

　명령: **OPEN** [Enter↵]

② 그림과 같이 수평과 수직 치수를 기입합니다.

　명령: **DIM** [Enter↵]

　객체 선택… 또는 […]:　▶ 객체 스냅을 **OFF** (F3)
　치수보조선 원점을 지정할 선 선택:　▶ 수평선 **P1** 지정
　치수선 위치 또는 … […]:　▶ 임의의 위치 **P2** 선택
　객체 선택… 또는 […]:
　치수보조선 원점을 지정할 선 선택:　▶ 수직선 **P3** 지정
　치수선 위치 또는 … […]:　▶ 임의의 위치 **P4** 선택
　객체 선택… 또는 […]:
　치수보조선 원점을 지정할 선 선택:　▶ 수직선 **P5** 지정
　치수선 위치 또는 … […]:　▶ 임의의 위치 **P6** 선택

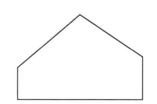

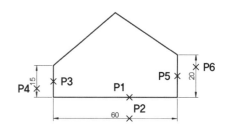

　객체 선택… 또는 […]:　▶ 객체 스냅을 **ON** (F3)
　첫 번째 치수보조선 원점 지정… :　▶ END 스냅 **P7** 선택
　두 번째 치수보조선 원점 지정… :　▶ END 스냅 **P8** 선택
　치수선 위치 또는 … […]:　▶ 임의의 위치 **P9** 선택
　객체 선택… 또는 […]:
　첫 번째 치수보조선 원점 지정… :　▶ END 스냅 **P8** 선택
　두 번째 치수보조선 원점 지정… :　▶ END 스냅 **P10** 선택
　치수선 위치 또는 … […]:　▶ 임의의 위치 **P11** 선택
　객체 선택… 또는 […]: [Enter↵]

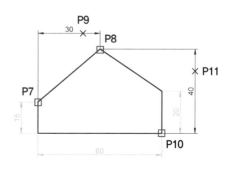

 한 개의 작도된 요소 양 끝점을 사용하여 치수 기입을 할 때는 OSNAP을 해제(OFF)한 후 작업을 진행해야 객체를 지정하기 쉽습니다.

지름, 반지름, 정렬, 각도 치수 기입 연습하기

① 바탕화면에 있는 'CAD연습도면' 폴더 안에 저장된 파일 '**연습-15**'를 불러옵니다.

명령: **OPEN** Enter↵

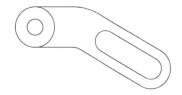

② 앞서 학습한 '8장 단원정리 따라하기' 내용을 참조하여 그림과 같이 중심선과 보조선을 추가합니다.

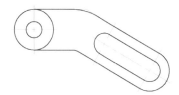

③ 그림과 같이 정렬, 각도, 지름, 반지름 치수를 기입합니다.

명령: **DIM** Enter↵
객체 선택... 또는 [...]:
　　　　▶ 객체 스냅을 ON (F3) , 직교 모드는 OFF (F8)
첫 번째 치수보조선 원점 지정... :
　　　　▶ END 또는 INT 스냅 P1 선택
두 번째 치수보조선 원점 지정... :
　　　　▶ END 또는 INT 스냅 P2 선택
치수선 위치 또는 ... [...]:　▶ 임의의 위치 P3 선택
※ 나머지 네 곳도 같은 방법으로 치수 기입합니다.

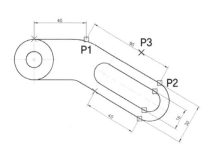

객체 선택... 또는 [...]:　▶ 객체 스냅을 OFF (F3)
치수보조선 원점을 지정할 선 선택:　▶ P4 지정
각도의 두 번째 측면을 지정할 선 선택:　▶ P5 지정
각도 치수 위치 지정 또는 [...]:　▶ 임의의 위치 P6 선택

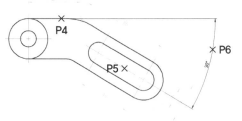

객체 선택... 또는 [...]:
지름을 지정할 원 선택 또는 [...]:　▶ P7 지정
※ 치수가 반지름으로 표시되는 경우에는 옵션 '지름(D)'으로 변경해야 합니다.
지름 치수 위치 지정 또는 [...]:
　　　　▶ 임의의 위치 P8 선택
※ 나머지 한 곳도 같은 방법으로 치수 기입합니다.
객체 선택... 또는 [...]:
반지름을 지정할 호 선택 또는 [...]:　▶ P9 지정
※ 치수가 반지름으로 표시가 안 되는 경우에는 옵션 '반지름(R)'으로 변경해야 합니다.

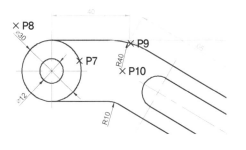

반지름 치수 위치 지정 또는 [...]: ▶ 임의의 위치 P10 선택
※ 나머지 한 곳도 같은 방법으로 치수 기입합니다.

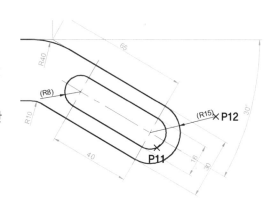

객체 선택... 또는 [...]:
반지름을 지정할 호 선택 또는 [...]: ▶ P11 지정
반지름 치수 위치 지정 또는 [...여러 줄 문자(M)...]:
    M Enter↵
      ▶ 치수 '15' 앞 뒤에 소괄호( )를 입력하고 빈공간
      을 클릭
반지름 치수 위치 지정 또는 [...]:
    ▶ 임의의 위치 P12 선택
※ 나머지 한 곳도 같은 방법으로 치수 기입합니다.
객체 선택... 또는 [...]: Enter↵

▶ 기준선(병렬), 계속(직렬) 치수 기입 연습하기

① 바탕화면에 있는 'CAD연습도면' 폴더 안에 저장된 파
   일 '**연습-14**'를 불러오고 중심선을 그림과 같이 추가합
   니다.

   명령: **OPEN** Enter↵

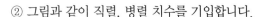

② 그림과 같이 직렬, 병렬 치수를 기입합니다.

   명령: **DIM** Enter↵
   객체 선택... 또는 [...]: ▶ 객체 스냅을 OFF (F3)
   치수보조선 원점을 지정할 선 선택: ▶ P1 지정
   치수보조선 끝점을 정의할 평행선 세그먼트 선택:
      ▶ P2 지정
   치수선 위치 지정 또는 [...]: ▶ 임의의 위치 P3 선택

   객체 선택... 또는 [각도(A)/기준선
      (B)/계속(C)...]: **C** Enter↵
   첫 번째 치수보조선 원점을 지정... :
      ▶ P4 지정
   두 번째 치수보조선 원점 지정 또는
      [...] 〈선택〉: ▶ 객체 스냅을 ON (F3) 후 END 스냅으로 P5번부터 P8번까지 선택

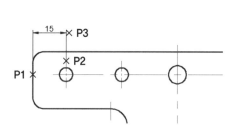

두 번째 치수보조선 원점 지정 또는 [...] 〈선택〉: Enter↵
첫 번째 치수보조선 원점을 지정하여 계속: Enter↵

객체 선택... 또는 [각도(A)/기준선(B)/계속(C)...]: B Enter↵
첫 번째 치수보조선 원점... [간격 띄우기(O)]: O Enter↵
간격 띄우기 거리 지정 〈3.750000〉: 8 Enter↵

첫 번째 치수보조선 원점... [...]:
  ▶ P9 지정
두 번째 치수보조선 원점 지정 또는
  [...] 〈선택〉:
  ▶ END 스냅으로 P10 선택

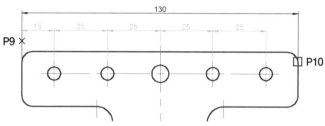

두 번째 치수보조선 원점 지정 또는 [...] 〈선택〉: Enter↵
첫 번째 치수보조선 원점을 지정하여 계속: Enter↵

객체 선택... 또는 [...]:
첫 번째 치수보조선 원점 지정 또는 [...]:
  ▶ END 스냅으로 P11 선택
두 번째 치수보조선 원점 지정 또는 [...]:
  ▶ END 스냅으로 P12 선택
치수선 위치 또는 각도의 두 번째 선 지정 [...]:
  ▶ 임의의 위치 P13 선택

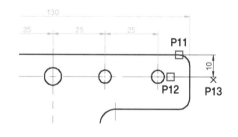

객체 선택... 또는 [각도(A)/기준선(B)/계속(C)...]:
  B Enter↵
첫 번째 치수보조선 원점... [...]: ▶ P14 지정
두 번째 치수보조선 원점 지정 또는 [...] 〈선택〉:
  ▶ END 스냅으로 P15번부터 P17번까지 선택

두 번째 치수보조선 원점 지정 또는 [...] 〈선택〉: Enter↵
첫 번째 치수보조선 원점을 기준선으로 지정... : Enter↵

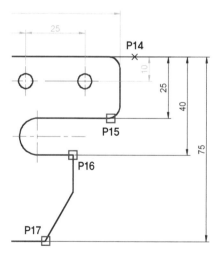

객체 선택... 또는 [...]:
첫 번째 치수보조선 원점 지정 또는 [...]: ▶ END 스냅으로 P18 선택
두 번째 치수보조선 원점 지정 또는 [...]: ▶ END 스냅으로 P19 선택

치수선 위치 또는 각도의 두 번째 선 지정 [...]:

▶ 임의의 위치 P20 선택

※ 나머지 두 곳도 같은 방법으로 치수 기입합니다.

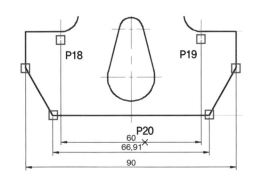

객체 선택... 또는 [...정렬(G)/분산(D)...]: D [Enter↵]

치수 분산 방법 지정[...간격 띄우기(O)] 〈...〉: O [Enter↵]

기준 치수 선택 또는 [간격 띄우기(O)]: ▶ P21 지정

분산할 치수 선택 또는 [간격 띄우기(O)]:

▶ 나머지 두 개의 치수 선택

분산할 치수 선택 또는 [간격 띄우기(O)]: [Enter↵]

객체 선택... 또는 [...]: [Enter↵]

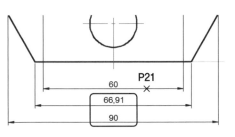

3 | 지시선 기입(LEADER)하기

LEADER 명령으로 주석을 기입하거나 지시선 끝에 미리 정의된 블록이나 기하공차를 삽입합니다.

명령: **LEADER** [Enter↵] [단축키: Ⓛ Ⓔ Ⓐ Ⓓ]

● **지시선을 기입하는 기본적인 방법**

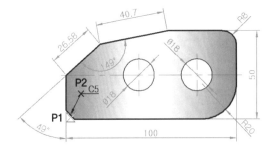

지시선 시작점 지정: **NEA** [Enter↵] 〈 – ▶ P1 지정

다음 점 지정: ▶ 임의의 위치인 **P2** 지정

다음 점 지정 또는 [주석(A)/형식(F)...] 〈주석(A)〉: [Enter↵]

주석 문자의 첫 번째 행 입력 또는 〈옵션〉: **C5** [Enter↵]

주석 문자의 다음 행을 입력: [Enter↵]

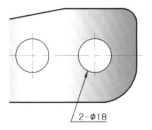

지름 치수 기입 대신 지시선으로 대체 할 수도 있습니다.

※ 지시선 기입 각도는 지시 위치점(P1) 에서 기계 제도법에 따라 60° 방향으 로 기입해 주어야 합니다.

● LEADER 명령 옵션

> ✕ 다음 점 지정 또는 [주석(A)/형식(F)/명령 취소(U)] <주석(A)>:
> 주석 문자의 첫 번째 행 입력 또는 <옵션>:
>
> 🔧 ⌨▾ **LEADER** 주석 옵션 입력 [공차(T) 복사(C) 블록(B) 없음(N) 여러 줄 문자(M)] <여러 줄 문자(M)>:

주석(A)	단일 행 문자, 여러 줄 문자, 공차, 블록 등을 지시선 끝에 주석으로 추가합니다.
형식(F)	지시선이 작도되는 형태와 지시 화살표의 보이기/숨기기를 설정합니다.
명령 취소(U)	지시선의 마지막 정점을 한 단계씩 취소합니다.

[주석 (A)] 옵션

공차(T)	기하학적 공차 대화상자를 사용하여 형상기호와 공차값을 기입합니다.
복사(C)	미리 기입된 지시선과 똑같은 문자 내용이나, 공차, 블록을 또다시 기입 시 간편하게 복사시켜 바로 사용합니다.
블록(B)	'INSERT' 명령과 같이 미리 정의된 블록을 불러와 지시선 끝에 삽입합니다.
없음(N)	지시선 끝에 아무런 주석을 달지 않고 지시선 명령을 종료합니다.
여러 줄 문자(M)	MTEXT 명령으로 입력된 문자를 편집하는 것과 같이 리본 문자 편집기가 표시되며 치수 문자에 특수 문자나 기호를 추가하거나 문자 자체를 변경할 수도 있습니다.

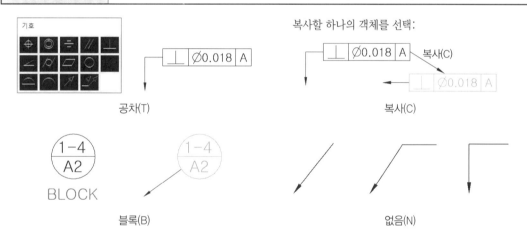

[형식(F)] 옵션

스플라인(S)	스플라인으로 지시선이 그려집니다.
직선(ST)	직선으로 지시선이 그려집니다.
화살표(A)	지시선 끝에 지시 화살표를 표시합니다.
없음(N)	지시선 끝에 지시 화살표를 숨깁니다.

스플라인(S)   직선(ST)   화살표(A)   없음(N)

▶ 블록을 만들고 치수 변수로 화살촉을 점으로 변경시켜 지시선 기입하기

우선 오른쪽 그림과 같이 작도하여 블록으로 지정합니다.
블록이름: 품번1, 블록 기준점: 원의 중심

① 원의 지름: 11mm (빨간색)
글꼴: 굴림
글자 크기: 5mm (초록색)

명령: LEADER [Enter↵]
지시선 시작점 지정: LDRBLK [Enter↵] ※ 치수 변수 DIMLDRBLK로 명령 내에서는 DIM을 빼고 사용 가능.
치수 변수에 대한 새 값 입력 ⟨ClosedFilled⟩: DOTSMALL [Enter↵]
지시선 시작점 지정: ▶ 임의의 위치점 P1 지정
다음 점 지정: ▶ 임의의 위치점 P2 지정
다음 점 지정 또는 [주석(A)/형식(F)/명령 취소(U)] ⟨주석(A)⟩: [Enter↵]
주석 문자의 첫 번째 행 입력 또는 ⟨옵션⟩: [Enter↵]
주석 옵션 입력 [공차(T)/복사(C)/블록(B)/없음(N)/여러 줄 문자(M)] ⟨여러 줄 문자(M)⟩: B [Enter↵]
블록 이름 또는 [?] 입력: 품번1 [Enter↵] ※ 삽입하고자 하는 미리 정의된 블록 이름 입력.
삽입점 지정 또는 [기준점(B)/축척(S)/X/Y/Z/회전(R)]: END [Enter↵] ⟨ – ▶ 지시선 끝점 P3 선택
X 축척 비율 입력, 반대 구석 지정, 또는 [구석(C)/XYZ(XYZ)] ⟨1⟩: [Enter↵]
Y 축척 비율 입력 ⟨X 축척 비율 사용⟩: [Enter↵]
회전 각도 지정 ⟨0⟩: [Enter↵]

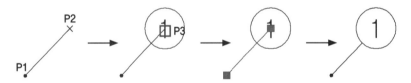

※ 지시선은 트림이 안 되므로 GRIP(파란점)과 스냅을 사용하여 연결선을 완성해야 합니다.

 더 알기 지시선 화살촉을 원래 기본 화살촉(ClosedFilled)으로 다시 변경하기 위해서는 'DIMLDRBLK' 변수 입력 값에 '마침표(.)'를 입력하면 됩니다.

▶ 앞서 작도한 지시선 주석 유형을 복사하여 기입하기

명령: LEADER [Enter↵]
지시선 시작점 지정: ▶ 임의의 위치점 지정
다음 점 지정: ▶ 임의의 위치점 지정
다음 점 지정 또는 [주석(A)/형식(F)/명령 취소(U)] ⟨주석(A)⟩: [Enter↵]
주석 문자의 첫 번째 행 입력 또는 ⟨옵션⟩: [Enter↵]
주석 옵션 입력 [공차(T)/복사(C)/블록(B)...] ⟨여러 줄 문자(M)⟩:
    C [Enter↵]
복사할 하나의 객체를 선택: ※ '품번1' 블록을 선택합니다.

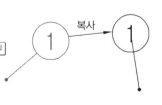

4 | 신속 지시선 기입(QLEADER)하기

QLEADER 명령으로 주석을 기입하거나 지시선 끝에 미리 정의된 블록이나 기하공차를 삽입합니다. 우선 QLEADER 명령을 사용하기에 앞서 '설정(S)' 옵션에 들어가 '주석 유형'을 먼저 지정한 후 사용해야만 합니다.

 명령: **QLEADER** Enter↵ [단축키: L E]

● QLEADER 명령 옵션

설정 (S)	지시선 설정 대화상자를 표시합니다.

● 지시선 설정 대화상자

주석 탭   부착 탭

주석 ▶ • 주석 유형: '여러 줄 문자', '객체 복사', '공차', '블록 참조', '없음'의 다섯 가지 유형 중 지시선 끝에 부착시킬 유형 한 가지를 지정합니다.

• 여러 줄 문자 옵션: '여러 줄 문자' 주석 유형을 선택할 경우 사용할 수 있는 옵션입니다.
  − 폭에 대한 프롬프트: 여러 줄 문자 폭을 지정하라는 프롬프트가 입력줄에 표시됩니다.
  − 항상 왼쪽 자리맞추기: 지시선 위치에 관계 없이 주석 문자를 항상 왼쪽에 배치합니다.
  − 프레임 문자: 주석 문자를 에워싸는 사각형 프레임이 작도됩니다.

• 주석 재사용: 한번 입력된 지시선 주석 내용을 똑같이 계속 사용할 것인지 설정합니다.
  − 없음: 재사용하지 않습니다.
  − 다음에 재사용: 다음에 작성하는 주석 내용을 그 다음에도 똑같이 사용합니다.
  − 현재 재사용: 현재 기입하고자 하는 주석 내용을 다음에도 똑같이 사용합니다.

부착 ▶ • 여러 줄 문자 부착: 주석 탭에서 '여러 줄 문자' 주석 유형을 선택할 경우 사용할 수 있는 탭으로 지시선 방향에 따른 주석 문자의 배치를 설정합니다.

TEXT 1-2 ↘	맨 위 행의 맨 위	TEXT 1-2
TEXT 1-2 ↘	맨 위 행의 중간	TEXT 1-2
TEXT 1-2 ↘	여러 줄 문자의 중간	TEXT 1-2
TEXT 1-2 ↘	맨 아래 행의 중간	TEXT 1-2
TEXT 1-2 ↘	맨 아래 행의 맨 아래	TEXT 1-2
TEXT 1-2 ↘	맨 아래 행에 밑줄	TEXT 1-2

[지시선 및 화살표] 탭

• 지시선: 지시선의 형태를 지정합니다.

• 점의 수: 연속으로 연결되는 지시선의 최대 개수를 입력합니다.

• 화살촉: 지시선 화살촉 표시 모양을 지정합니다.

• 각도 구속 조건: 첫 번째 지시선과 두 번째 지시선에 적용될 각도 구속 조건을 설정합니다.

🔘 기하공차 기입하기

RECTANG 명령으로 임의의 위치에 **60×40**의 직사각형을 작도하고 DIMLINEAR 명령으로 수평/수직 치수를 기입한 후 따라합니다.

명령: QLEADER [Enter↵]
첫 번째 지시선 지정, 또는 [설정(S)]〈설정〉: [Enter↵]

① 다음과 같이 지시선 설정 대화상자를 설정하고 대화상자를 닫습니다.

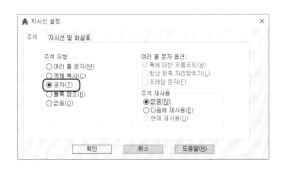 

② 첫 번째 지시선 지정, 또는 [설정(S)]〈설정〉: **END** Enter↵ 〈 – ▶ 치수 화살표 끝점 **P1** 선택

　다음 점 지정: ▶ 임의의 위치점 **P2** 지정　※ F8(직교 모드)가 켜기(ON)로 되어 있어야 합니다.

　다음 점 지정: ▶ 임의의 위치점 **P3** 지정

③ 기하학적 공차 대화상자가 표시되면 다음 그림과 같이 설정하고 대화상자를 닫습니다.

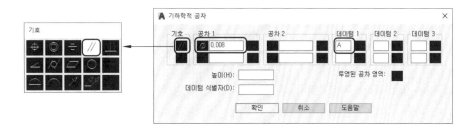

④ 기하공차를 기입하기 위해 곧장 Enter↵를 하여 다시 QLEADER 명령을 실행합니다.

　명령: Enter↵

　첫 번째 지시선 지정, 또는 [설정(S)]〈설정〉: **END** Enter↵ 〈 – ▶ 치수 화살표 끝점 **P4** 선택

　다음 점 지정: ▶ 임의의 위치점 **P5** 지정　※ F8(직교 모드)가 켜기(ON)로 되어 있어야 합니다.

　다음 점 지정: Enter↵

⑤ 기하학적 공차 대화상자에서 다음 그림과 같이 직각도(⊥)를 설정하고 대화상자를 닫습니다.

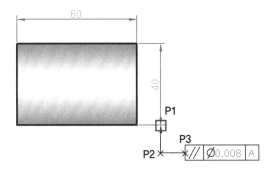 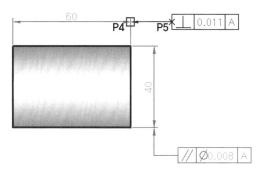

5 | 기하공차 기입(TOLERANCE)하기

TOLERANCE 명령으로 부품 형상에 모양이나 자세, 위치 및 흔들림에 대하여 일정한 정밀도의 허용차를 부여하는 기하공차를 삽입할 수 있습니다.

명령: **TOLERANCE** Enter↵ [단축키: ⊤○ㄴ]

● 기하학적 공차 대화상자

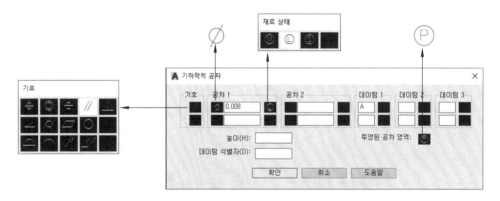

• 기호: 모양, 자세, 위치, 흔들림공차에 대한 형상 기호를 선택합니다.

• ø : 공차역이 원이나 원통일 경우에는 기하 공차값 앞에 ø를 기입합니다.

• 공차: 기하공차를 적용할 대상이 기하학적으로 정확한 형(形)에서 어느 정도 어긋나도 문제가 없는지 그 문제가 없는 한계 범위를 입력합니다.

• 재료 상태: 치수공차와 기하공차 사이의 호환성을 주기 위해 정한 규칙으로 최대/최소 실체 공차 방식이 있으며 그 기호를 적용합니다.

• 데이텀: 모양, 자세, 위치, 흔들림공차를 정하기 위한 이론적으로 정확한 기하학적 기준을 지시하는 문자를 입력합니다.

• ℗: '높이' 항목에 투영되어 적용되는 공차 영역값을 입력하고 그 뒤에 투영 영역 기호를 삽입하고자 할 때 사용합니다.

▶ 아래와 같은 기하 공차 표기하기

명령: TOLERANCE Enter↵

〉데이텀 표기하기

① 명령: LEADER [Enter↵]

　지시선 시작점 지정: ▶ 임의의 점 P1 지정

　다음 점 지정: LDRBLK [Enter↵]

　치수 변수에 대한 새 값 입력…: DATUMFILLED [Enter↵]

　다음 점 지정: ▶ F8을 ON시켜 임의의 점 P2 지정

　다음 점 지정 또는 [주석(A)/형식(F)…] 〈주석(A)〉: [Enter↵]

　주석 문자의 첫 번째 행 입력 또는 〈옵션〉: [Enter↵]

　주석 옵션 입력 [공차(T)/복사(C)/블록(B)/없음(N)…: N [Enter↵]

② 명령: TOLERANCE [Enter↵]

　아무 칸에나 데이텀을 지시하는 기호 'A'를 입력한 후 대화상자를 닫고 지시선 끝에 삽입합니다.

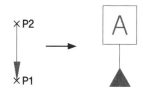

---

6 │ 중심선 삽입(DIMCENTER)하기

DIMCENTER 명령으로 작도된 원 또는 호 객체에 중심선이나 중심 표식을 삽입합니다.

 명령: DIMCENTER [Enter↵] [단축키: D C E]

● 중심선이나 중심 표식 삽입하는 방법

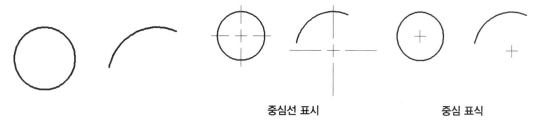

중심선 표시　　　　　　　중심 표식

명령: DIMCEN [Enter↵]

DIMCEN에 대한 새 값 입력 〈2.5000〉: -3 [Enter↵]

명령: DIMCENTER [Enter↵]

호 또는 원 선택: ▶ 원이나 호 객체 선택

※ DIMCEN 변수값을 음수로 입력하면 중심선이 삽입되고, 양수로 변수값을 입력하면 중심 표식으로 삽입됩니다.

중심선을 삽입하는 또다른 방법

아래에 사용하는 명령이나 시스템 변수는 AutoCAD 릴리스 2017에서부터 새롭게 추가된 것입니다.

 명령: **CENTERMARK** [Enter↵]

[단축키: C M]

선택한 원이나 호에 십자 중심선을 객체와 연관시켜 삽입합니다.

※ **CENTEREXE** 변수값으로 중심선이 객체 외곽에서 더 연장되는 길이를 조정합니다.

※ **CENTERLAYER** 변수값으로 중심선이 객체 외곽에서 더 연장되는 길이를 조정합니다.

※ **CENTERCROSSGAP** 변수값으로 중심 표식(십자표시)과 중심선 사이 간격을 조정합니다.

※ **CENTERCROSSSIZE** 변수값으로 중심 표식(십자표시)의 크기를 조정합니다.

• 지름이 Ø20mm 원 객체일 때

CENTEREXE 변수값: 3.5	CENTEREXE 변수값: 6	CENTEREXE 변수값: 0
CENTERCROSSSIZE 변수값: 0.1x	CENTERCROSSSIZE 변수값: 0.2x	CENTERCROSSSIZE 변수값: 0.5x
CENTERCROSSGAP 변수값: 0.05x	CENTERCROSSGAP 변수값: 0.1x	CENTERCROSSGAP 변수값: 0.1x

 명령: **CENTERLINE** [Enter↵]

[단축키: C L]

선택한 두 개의 평행한 선이나 폴리선에 중심선을 객체와 연관시켜 삽입합니다.

※ **CENTERLTSCALE** 변수값으로 중심선의 선비율을 조정합니다.

※ **CENTEREXE** 변수값으로 중심선이 객체 외곽에서 더 연장되는 길이를 조정합니다.

※ **CENTERLAYER** 변수값으로 중심선의 기본 도면층을 지정합니다.

• 길이가 30mm 선 객체일 때

| CENTERLTSCALE 변수값: 1 | CENTERLTSCALE 변수값: 0.5 | CENTERLTSCALE 변수값: 0.5 |
| CENTEREXE 변수값: 3.5 | CENTEREXE 변수값: 0 | CENTEREXE 변수값: 6 |

CENTERMARK 또는 CENTERLINE으로 중심선이 삽입된 객체를 이동(Move)시키면 중심선이
객체에 종속(연관)이 되어 같이 쫓아다닙니다.

- CENTERDISASSOCIATE 명령 : 객체와 중심선 간에 연관성을 제거합니다.
- CENTERREASSOCIATE 명령 : 객체와 중심선을 재연관시킵니다.

7 │ 교차된 치수 끊어(DIMBREAK) 정리하기

DIMBREAK 명령으로 교차된 치수선과 치수 보조선을 끊거나 원래 상태로 복원합니다.

 명령: **DIMBREAK** [Enter↵]

● 교차된 치수를 끊는 기본적인 방법

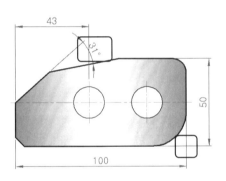 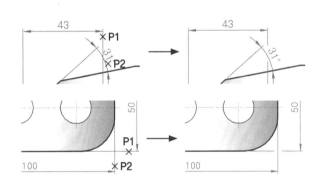

끊기를 추가/제거할 치수 선택 또는 [다중(M)]: **M** [Enter↵]
치수 선택: ▶ 두 곳의 끊을 치수선 **P1** 선택
치수 선택: [Enter↵]
치수를 끊을 객체 선택 또는 [자동(A)/수동(M)/제거(R)] 〈자동〉: ▶ 두 곳의 기준이 되는 **P2** 선택
※ 굳이 두 곳의 기준이 되는 **P2**를 선택하지 않고 바로 [Enter↵](자동) 해도 됩니다.

 DIMBREAK 명령으로 치수 끊기를 할 수 없는 치수 명령은 다음과 같습니다.
- LEADER 또는 QLEADER 명령으로 작성된 지시선
- 스플라인 지시선으로 기입된 다중 지시선

● DIMBREAK 명령 옵션

다중(M)	다중으로 끊기를 추가하거나 끊기를 제거하고자 할 때 사용합니다.
자동(A)	끊기 위해 선택된 치수와 교차하는 모든 치수나 객체가 자동으로 기준으로 인식되어 끊기가 됩니다.
수동(M)	수동으로 두 점을 지정하여 교차한 부분을 끊습니다.
제거(R)	DIMBREAK 명령으로 끊긴 부분을 다시 원래 상태로 되돌립니다.

⊙ 끊기가 안 되는 곳은 '수동'을 사용하기

명령: **DIMBREAK** [Enter↵]
끊기를 추가/제거할 치수 선택 또는 [다중(M)]: ▶ 끊을 치수선 **P1** 선택
치수를 끊을 객체 선택 또는 [자동(A)/수동(M)/제거(R)] 〈자동〉: **M** [Enter↵]
첫 번째 끊기점 지정: ▶ 임의의 끊기점 **P2** 선택   ※ 끊기점 선택 시에는 [F3](객체 스냅)을 OFF시키고
두 번째 끊기점 지정: ▶ 임의의 끊기점 **P3** 선택   하는 것이 좋습니다.

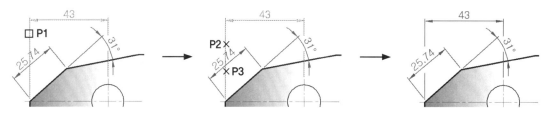

8 | 치수 편집(DIMEDIT)하기

DIMEDIT 명령은 치수 문자를 회전하거나 수정 또는 치수 보조선에 기울기 각도를 주고자 할 때 사용합니다.

 명령: **DIMEDIT** [Enter↵] [단축키: D E D]

● DIMEDIT 명령 옵션

```
명령: DIMEDIT
치수 편집의 유형 입력 [홈(H)/새로 만들기(N)/회전(R)/기울기(O)] <홈(H)>: N
H ▾ DIMEDIT
```

홈(H)	치수 문자를 치수 스타일(dimstyle)에서 설정된 기본 위치 및 회전 방향으로 원위치시킵니다.
새로 만들기(N)	여러 치수 문자에 일괄적으로 접두사 및 접미사를 입력합니다
회전(R)	치수 문자를 회전시킵니다. '**홈(H)**' 옵션으로 원래 방향으로 변경할 수 있습니다.
기울기(O)	치수 보조선에 기울기를 주어 다른 객체와 겹치는 것을 방지합니다.

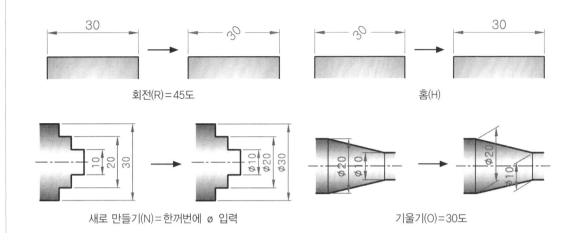

회전(R)=45도   홈(H)

새로 만들기(N)=한꺼번에 ø 입력   기울기(O)=30도

9 | 치수 문자 편집(DIMTEDIT)하기

DIMTEDIT 명령은 DIMEDIT 명령과 마찬가지로 치수 문자를 이동 또는 회전하고 치수선과 치수 문자의 위치를 조정할 때 사용합니다.

명령: **DIMTEDIT** Enter↵ [단축키: D I M T E D]

● **치수 문자 편집 명령의 기본적인 방법**

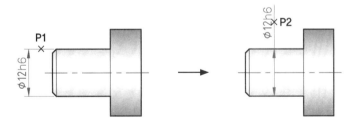

※ 그립(GRIP)을 사용하는 것보다 좀 더 다이내믹하게 치수 문자 위치를 이동시킬 수 있습니다.

치수 선택: ▶ P1 지정

치수 문자에 대한 새 위치 또는 다음을 지정 [...]: ▶ 임의의 위치인 P2 지정

단원정리
따라하기

앞서 학습하여 저장된 '**연습–35**'를 불러와 치수 유형(DIMSTYLE)을 KS 기계 제도법에 맞게 편집한 후 아래와 같이 치수를 기입합니다.

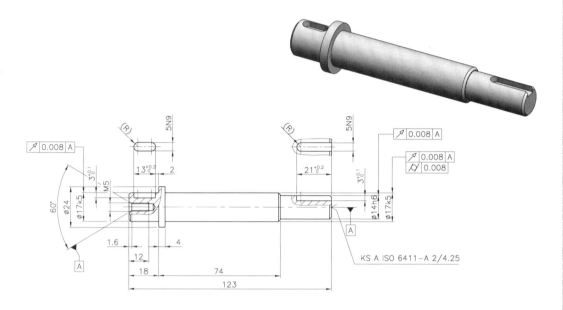

01 'ISO–25' 기본 치수 유형을 편집하기 위해 [수정(M)...] 버튼을 클릭합니다.

   명령: **DIMSTYLE** [Enter↵]

   ※ 치수 환경을 설정하는 "**DIMSTYLE**" 명령의 자세한 내용은 **고급편**의 단원 6을 참조하기 바랍니다.

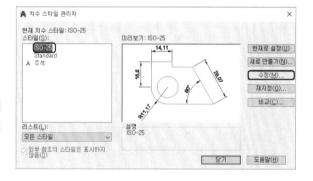

02 '선' 탭으로 이동한 후 그림과 같이 다섯 곳을 편집합니다.

   • 치수선 색상: 빨간색
   • 기준선 간격: 8
   • 치수 보조선 색상: 빨간색
   • 치수선 너머로 연장: 1
   • 원점에서 간격 띄우기: 1

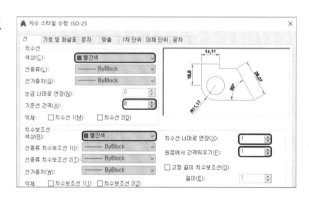

03 '기호 및 화살표' 탭으로 이동한 후 그림과 같이 한 곳을 편집합니다.

- 화살표 크기: 3.15

※ 화살표 크기를 치수 문자 크기와 동일하게 설정합니다.

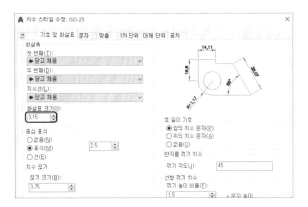

04 '문자' 탭으로 이동한 후 그림과 같이 세 곳을 편집합니다.

- 문자 색상: 노란색
- 문자 높이: 3.15
- 치수선에서 간격 띄우기: 1

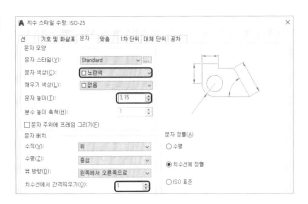

05 '1차 단위' 탭으로 이동한 후 그림과 같이 한 곳을 편집한 후 대화창을 닫습니다.

- 소수 구분 기호: '.'마침표

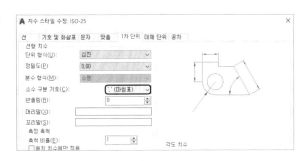

06 '연습-35'를 작도할 때 생성한 도면층에 **"치수선"** 도면층을 추가합니다.

- 명령: LAYER Enter↵
- 치수선 / 빨간색 / Continuous

07 레이어층을 '치수선'으로 변경한 후 그림과 같이
수평 치수를 기입합니다.

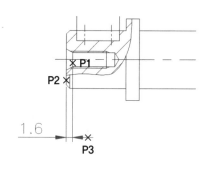

　명령: **DIM** Enter↵

　객체 선택... 또는 […]: ▶ 객체 스냅을 OFF (F3)

　치수 보조선 원점을 지정할 선 선택: ▶ 수직선 P1 지정

　치수 보조선 끝점을 정의할 평행선 세그먼트 선택:

　　　▶ 수직선 P2 지정

　치수선 위치 지정 또는 ... […]: ▶ 임의의 위치 P3 선택

08 계속 이어서 치수 '1.6mm'를 기준으로
병렬 치수를 기입합니다.

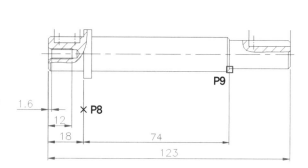

　객체 선택... 또는 [각도(A)/기준선
　　(B)/계속(C)...]: **B** Enter↵

　첫 번째 치수 보조선 원점... […]:

　　　▶ P4 지정

　두 번째 치수 보조선 원점 지정 또는
　　[…] 〈선택〉:

　　　▶ 객체 스냅을 **ON** (F3)시킨 후

　　　END 스냅으로 P5부터 P7까지 선택

　두 번째 치수 보조선 원점 지정 또는 […] 〈선택〉: Enter↵

　첫 번째 치수 보조선 원점을 기준선으로 지정... : Enter↵

09 계속 이어서 치수 '18mm'를 기준으로 직
렬 치수를 기입합니다.

　객체 선택... 또는 [각도(A)/기준선
　　(B)/계속(C)...]: **C** Enter↵

　첫 번째 치수 보조선 원점을 지정... :

　　　▶ P8 지정

　두 번째 치수 보조선 원점 지정 또는 […] 〈선택〉:

　　　▶ P9 선택

　두 번째 치수 보조선 원점 지정 또는 […] 〈선택〉: Enter↵

　첫 번째 치수 보조선 원점을 지정하여 계속: Enter↵

⑩ 계속 이어서 치수 '4mm'를 기입합니다.

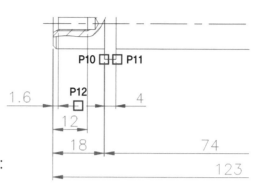

객체 선택... 또는 [...]:

첫 번째 치수 보조선 원점 지정 또는 [...]:

　　　▶ END 스냅으로 P10 선택

두 번째 치수 보조선 원점 지정 또는 [...]:

　　　▶ END 스냅으로 P11 선택

치수선 위치 또는 각도의 두 번째 선 지정 [...]:

　　　▶ END 스냅으로 P12 선택

⑪ 계속 이어서 암나사 치수 'M5'를 기입합니다.

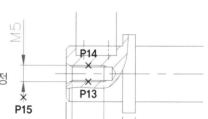

객체 선택... 또는 [...]:　▶ 객체 스냅을 OFF (F3)

치수 보조선 원점을 지정할 선 선택:　▶ 수평선 P13 지정

치수 보조선 끝점을 정의할 평행선 세그먼트 선택:

　　　▶ 수평선 P14 지정

치수선 위치 지정 또는 [여러 줄 문자(M)...]: M [Enter↵]

　　　▶ 치수값 5 앞에 'M' 입력 후 빈 공간을 클릭하여 마침

치수선 위치 지정 또는 ... [...]:　▶ 임의의 위치 P15 선택

⑫ 계속 이어서 키 홈의 깊이 치수를 기입합니다.

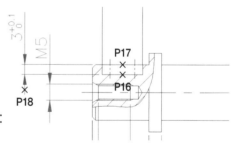

객체 선택... 또는 [...]:

치수 보조선 원점을 지정할 선 선택:

　　　▶ 수평선 P16 지정

치수 보조선 끝점을 정의할 평행선 세그먼트 선택:

　　　▶ 수평선 P17 지정

치수선 위치 지정 또는 [여러 줄 문자(M)...]: M [Enter↵]

　　　▶ 3 뒤에 공차를 입력 후 빈 공간을 클릭하여 마침

치수선 위치 지정 또는 ... [...]:　▶ 임의의 위치 P18 선택

더 알기　■ **일반공차 기입하는 방법**

공차를 (A)와 같이 입력 후 입력한 공차 부분만 드래그하여 선택(B)하고 리본 문자 편집기에서 글자 높이 '**2.5**', 색상 '**빨간색**'으로 먼저 변경한 후 분수 표시 $\frac{b}{a}$ 버튼를 클릭합니다.

13 계속 이어서 치수 'Ø17k5'를 기입합니다.

객체 선택... 또는 [...]: ▶ 객체 스냅을 ON (F3)
첫 번째 치수 보조선 원점 지정 또는 [...]:
　　　　▶ END 스냅으로 P19 선택
두 번째 치수 보조선 원점 지정 또는 [...]:
　　　　▶ END 스냅으로 P20 선택
치수선 위치 지정 또는 ...[여러 줄 문자(M)...]:
　　M Enter↵ ▶ 17 앞에 '%%C' 뒤에 'k5' 공차 입력 후
　　　　　　빈 공간을 클릭하여 마침
치수선 위치 지정 또는 ... [...]: ▶ 임의의 위치 P21 선택
※ 'Ø24' 치수도 같은 방법으로 치수 기입합니다.

14 계속 이어서 치수선 간격을 일정하게 8mm로 맞춥니다.

객체 선택 또는 첫 번째 치수 보조선 원점 지정 또는 [...정렬(G)/분산(D)...]: D Enter↵
치수 분산 방법 지정[동일(E)/간격 띄우기(O)] 〈동일(E)〉: O Enter↵
기준 치수 선택 또는 [간격 띄우기(O)]: ▶ M5 치수(P22) 지정
분산할 치수 선택 또는 [간격 띄우기(O)]: ▶ 왼쪽 나머지 치수를 걸침 박스(A)나 클릭으로 선택
분산할 치수 선택 또는 [간격 띄우기(O)]: Enter↵

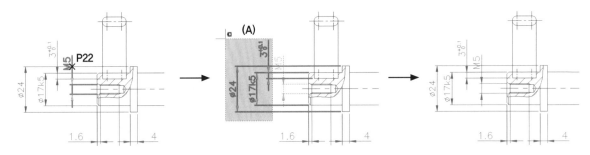

15 계속 이어서 각도 치수를 기입합니다.

객체 선택... 또는 [...]: ▶ 객체 스냅을 OFF (F3)
치수 보조선 원점을 지정할 선 선택:
　　　　▶ 경사선 P23 지정
각도의 두 번째 측면을 지정할 선 선택:
　　　　▶ 경사선 P24 지정
각도 치수 위치 지정 또는 [...]:
　　　　▶ 임의의 위치 P25 선택

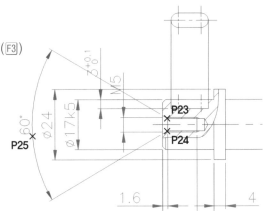

16 계속 이어서 키 홈의 폭과 반지름 치수를 기입합니다.

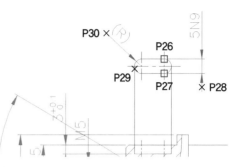

객체 선택... 또는 [...]: ▶ 객체 스냅을 **ON** (F3)

첫 번째 치수 보조선 원점 지정 또는 [...]:
　　　▶ END 스냅으로 P26 선택

두 번째 치수 보조선 원점 지정 또는 [...]:
　　　▶ END 스냅으로 P27 선택

치수선 위치 또는 ...[여러 줄 문자(M)...]: **M** Enter↵
　　　▶ 5 뒤에 공차 'N9'를 입력 후 빈 공간을 클릭하여 마침

치수선 위치 또는 ...[...]: ▶ 임의의 위치 P28 선택

객체 선택... 또는 [...]: ▶ 객체 스냅을 **OFF** (F3)

반지름을 지정할 호 선택 또는 [...]: ▶ 호(P29) 지정

반지름 치수 위치 지정 또는 [...]: **M** Enter↵
　　　▶ 기존 치수 'R2.5'를 지우고 '(R)'로 변경하여 입력한 후 빈 공간을 클릭하여 마침

반지름 치수 위치 지정 또는 [...]: ▶ 임의의 위치 P30 선택

17 나머지 치수도 지금까지 학습한 내용을 참조하여 그림과 같이 완성합니다.

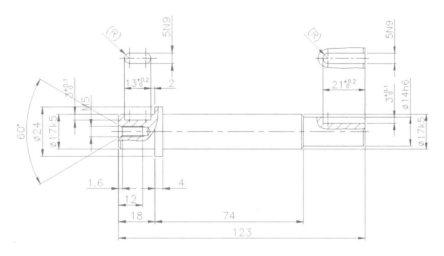

18 축의 오른쪽 끝에 센터 구멍 치수를 기입합니다.

명령: **POLYGON** Enter↵

면의 수 입력 〈4〉: **3** Enter↵

폴리곤의 중심을 지정 또는 [모서리(E)]:
　　　E Enter↵

모서리의 첫 번째 끝점 지정:
　　　▶ INT 스냅으로 P1 선택

모서리의 두 번째 끝점 지정: **@4〈0** Enter↵

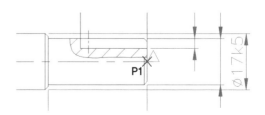

명령: ROTATE [Enter↵]

객체 선택: ▶ 삼각형을 지정

객체 선택: [Enter↵]

기준점 지정: ▶ 회전축이 되는 P1을 다시 선택

회전 각도 지정 또는 [복사(C)/참조(R)] 〈0〉:
   −30 [Enter↵]

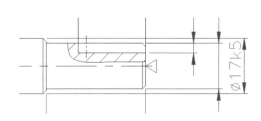

명령: TRIM [Enter↵]

객체 선택 또는 〈모두 선택〉: [Enter↵]

자를 객체 선택...[...]: ▶ 삼각형 수직선을 트림

자를 객체 선택...[...]: [Enter↵]

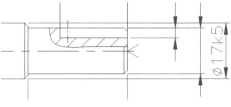

명령: LEADER [Enter↵]

지시선 시작점 지정: ▶ END 스냅으로 P2 선택

다음 점 지정: ▶ 직교 모드를 OFF ([F3])한 후 대
   각선 방향으로 임의의 점 P3 선택

다음 점 지정 또는 [주석(A)/형식(F)...] 〈주석
   (A)〉: F [Enter↵]

지시선 형식 옵션 입력 [...없음(N)] 〈종료〉: N [Enter↵]

다음 점 지정 또는 [주석(A)/형식(F)...] 〈주석(A)〉: [Enter↵]

주석 문자의 첫 번째 행 입력 또는 〈옵션〉: ▶ 'KS A ISO 6411−A 2/4.25' 입력한 후 [Enter↵]

주석 문자의 다음 행을 입력: [Enter↵]

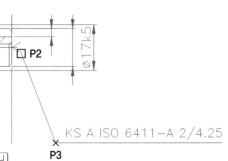

(19) 기하공차의 데이텀을 만듭니다.

명령: STRETCH [Enter↵]

※ 우선 오른쪽 끝에 데이텀이 들어갈 공간을 만들기
   위해서 치수 세 개를 오른쪽으로 적당히 늘립니다.
   그 다음 중심선도 그림과 같이 적당히 그립(GRIP)을
   이용하여 늘립니다.

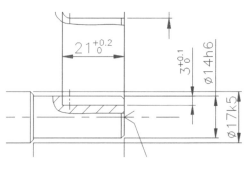

명령: QLEADER [Enter↵]

첫 번째 지시선 지정 또는 [설정(S)] 〈설정〉:
   ▶ NEA 스냅으로 임의의 점 P1 선택

다음 점 지정: ▶ 임의의 위치 P2 선택

다음 점 지정: [Esc]

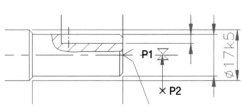

명령: PROPERTIES [Enter↵]

= [Ctrl]+1

▶ 화살표를 선택한 후 특성 팔레트의 '화살표' 항목에서 '데이텀 삼각형 채우기'를 찾아 그림과 같이 변경합니다.

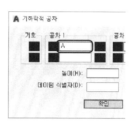

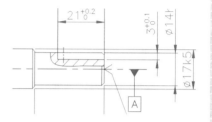

명령: TOLERANCE [Enter↵]

▶ 아무 칸에나 데이텀을 지시하는 기호 'A'를 입력한 후 대화상자를 닫고 지시선 끝에 삽입합니다.

⑳ 왼쪽 60도 센터 치수에도 데이텀을 만듭니다.

명령: COPY [Enter↵]

객체 선택: ▶ 오른쪽 데이텀을 선택

객체 선택: [Enter↵]

기본점 지정 또는 … :

▶ INT 스냅으로 P1 선택

두 번째 점 지정 또는 [배열(A)]

〈…〉: ▶ NEA 스냅으로 임의의 점 P2 선택

두 번째 점 지정 또는 […] 〈종료〉: [Enter↵]

명령: ROTATE [Enter↵]

객체 선택: ▶ 데이텀 지시선만 선택

객체 선택: [Enter↵]

기준점 지정: ▶ INT 스냅으로 P3 선택

회전 각도 지정 또는 [복사(C)/참조(R)] 〈0〉:

▶ MID나 NEA 스냅으로 P4 선택

명령: LINE [Enter↵]

명령: MOVE [Enter↵]

명령: EXPLODE [Enter↵]

명령: TRIM [Enter↵]

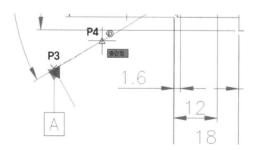

※ 그림과 같이 수직선을 적당히 작도한 후 이동시켜 지시선을 분해하여 트림으로 자릅니다.

21 기하공차를 다음과 같이 기입합니다.

명령: **QLEADER** Enter↵

첫 번째 지시선 지정 또는 [설정(S)]
〈설정〉: Enter↵

※ 그림과 같이 지시선 설정 대화상자를 설정
하고 대화상자를 닫습니다.

첫 번째 지시선 지정 또는 [설정(S)]〈설정〉:
▶ END 스냅으로 치수 화살표 끝점 P1 선택
다음 점 지정: ▶ F8 (직교 모드) 켜기(ON)한 후 임
의의 점 P2 선택
다음 점 지정: ▶ 임의의 점 P3 선택

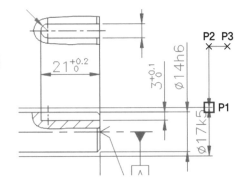

※ 기하학적 공차 대화상자에서 그림과 같이 설정하고 대화상자를 닫으면 완성이 됩니다.

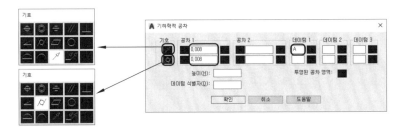

22 나머지 기하공차도 학습한 내용을 참조하여 그림과 같이 완성합니다.

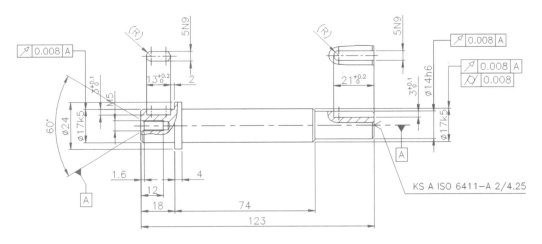

23 교차된 치수선을 정리하기 위해 치수 보조선을 끊습니다.

> 명령: DIMBREAK `Enter↵`
> 끊기를 추가/제거할 치수 선택 또는 [다중(M)]: **M** `Enter↵`
> 치수 선택: ▶ 각도 치수선(P1)과 지름 24mm(P2) 지정
> 치수 선택: `Enter↵`
> 치수를 끊을 객체 선택 또는 [자동(A)/제거(R)] 〈자동〉: `Enter↵`

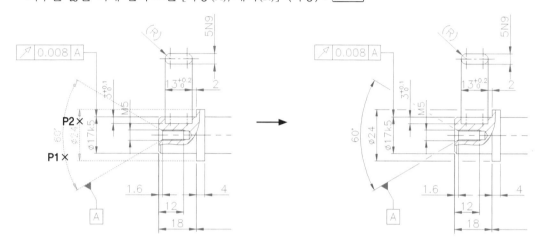

> 명령: `Enter↵`
> 끊기를 추가/제거할 치수 선택 또는 [...]:
>   ▶ P3 지정
> 치수를 끊을 객체 선택 또는 [...수동(M)...]
>   〈자동〉: **M** `Enter↵`
> 첫 번째 끊기점 지정: ▶ 객체 스냅을 **OFF** (`F3`)
>   상태에서 임의의 점 P4 지정
> 두 번째 끊기점 지정: ▶ 임의의 점 P5 지정

※ 나머지 교차된 치수 보조선도 학습한 내용을 참조하여 자동이나 수동으로 정리를 합니다.

24 지금까지 작도한 도형을 바탕화면에 있는 '**CAD연습도면**' 폴더 안에 저장합니다.

> **명령: SAVE** `Enter↵` [단축키: `Ctrl`+`S`]

CAD연습도면 폴더에 파일 이름을 '**연습-44**'로 명명하고 저장합니다.

과제 1: 기계 부품을 작도하여 치수 기입하기

'레이어(LAYER)'를 만들어 정해진 층을 사용하여 작도하기 바랍니다.

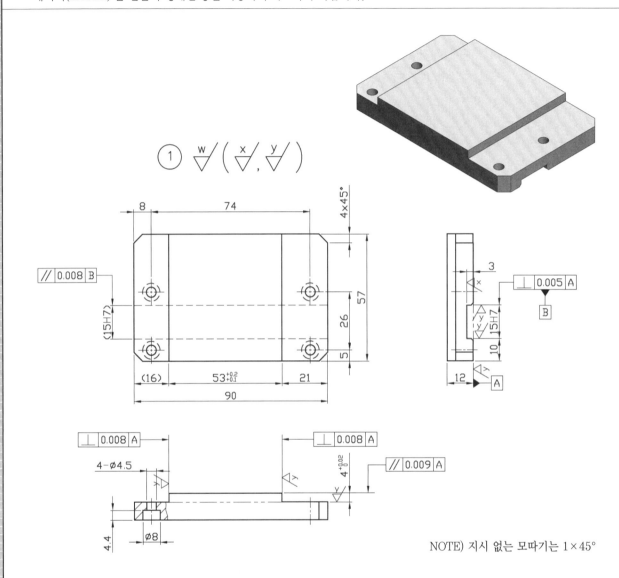

NOTE) 지시 없는 모따기는 1×45°

〈참조〉 기계 계열 국가 자격증 실기 시험 시 적용되는 규격

분 류	굵 기	문자 크기	용 도
굵은선	0.35mm	5mm	윤곽선, 부품 번호, 외형선, 개별 주서 등
중간선	0.25mm	3.5mm	숨은선, 치수 문자, 일반 주서 등
가는선	0.18mm	2.5mm	해칭, 치수선, 치수 보조선, 중심선 등

※ 작도한 도형을 바탕화면에 있는 'CAD연습도면' 폴더 안에 저장합니다.

명령: SAVE [Enter↵] [단축키: [Ctrl]+[S]]

CAD연습도면 폴더에 파일 이름을 '**연습–45**'로 명명하여 저장합니다.

과제 2: 기계 부품을 작도하여 치수 기입하기

'레이어(LAYER)'를 만들어 정해진 층을 사용하여 작도하기 바랍니다.

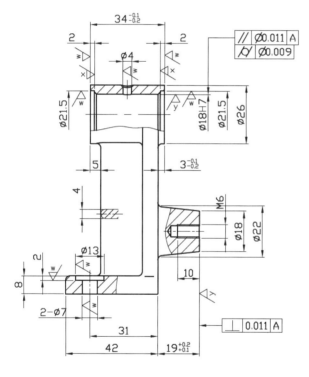

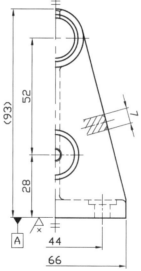

NOTE) 지시 없는 라운드와 필릿은 R2
　　　모따기는 $1 \times 45°$

※ 작도한 도형을 바탕화면에 있는 'CAD연습도면' 폴더 안에 저장합니다.

명령: SAVE [Enter↵] [단축키: [Ctrl]+[S]]

CAD연습도면 폴더에 파일 이름을 '**연습-46**'으로 명명하여 저장합니다.

Question 도면 작업을 모두 완료 후 쓸모없는 유형이나 명명된 객체를 제거할 수 있을까요?

PURGE (소거) ※ AutoCAD 릴리스 2020에서 더욱 강력해졌습니다.

  명령: **PURGE** Enter↵
[단축키: P U]

선종류, 도면층, 블록, 문자 스타일, 치수 스타일 등을 만들어 놓고서 한 번도 사용되지 않은 경우 현재 도면에서 깨끗하게 제거시켜 줍니다.

[소거 방법]
① PURGE 명령을 실행합니다.
② 소거 대화상자가 표시되며, 부분적으로 소거하거나 전체 항목을 소거할 수 있습니다.

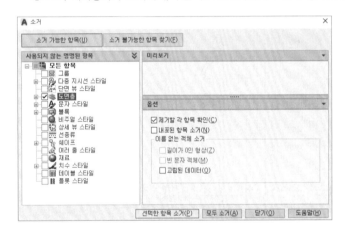

- **소거 가능한 항목:** 현재 도면에서 소거할 수 있는 항목이 표시됩니다.
- **소거 불가능한 항목 찾기:** 도면에서 소거할 수 없는 이유나 또는 소거하고자 하는 항목이 사용되는 위치를 찾아 소거하고자 할 때 사용합니다.
- **제거할 각 항목 확인:** 항목을 소거할 때 확인 대화상자가 표시됩니다.
- **내포된 항목 소거:** 소거할 명명된 객체가 다른 사용되지 않는 명명된 객체를 포함하거나 참조되어 있는 경우 모두 다 같이 제거합니다.
- **이름 없는 객체 소거:** 비블록 객체에서 길이가 없는 선, 폴리선, 호 등 또는 글자 없이 공백만 있는 문자를 소거합니다.

- **선택한 항목 소거:** 선택한 항목에 대해서만 소거합니다.
- **모두 소거:** 사용되지 않은 모든 항목을 모두 소거합니다.

 알기

한 번이라도 사용한 유형이나 명명된 객체는 소거되지 않습니다. '소거 불가능한 항목 찾기'에서 사용된 위치를 확인해서 사용한 명명한 객체를 찾아 따로 모두 삭제한 경우라면 소거할 수 있습니다.

'소거 불가능한 항목 찾기'에서 소거 불가능한 유형을 선택하고 오른쪽 '상세 정보'의 🔍 버튼을 누르면 해당 항목이 도면상에서 줌 확대됩니다.

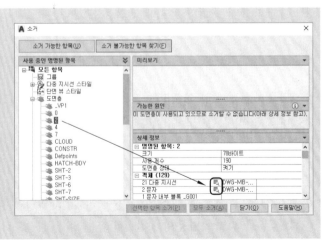

알기 쉬운 도면 출력하기

AutoCAD 2020 기초와 실습 – 기초편

12

이 장에서는 다음과 같은 내용을 배울 수 있습니다.

- 출력(PLOT)하기
- 도면 템플릿(DWT 파일) 알아두기
- 배치 뷰포트(MVIEW) 만들기
- 뷰포트 설정(MVSETUP)하기
- 뷰포트 도면층(VPLAYER) 가시성 설정하기

1 │ 출력(PLOT)하기

도면을 플로터 및 프린터 또는 PDF 형식의 전자 파일 등으로 출력합니다.

 명령: **PLOT** Enter↵ [단축키: Ctrl + P]

● **플롯 대화상자**

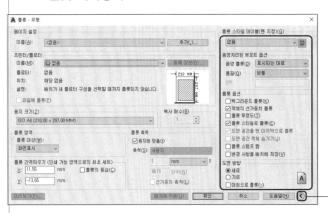 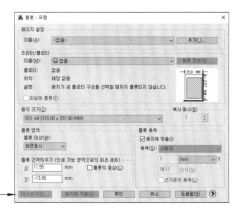

○ **페이지 설정**: 도면에서 저장된 출력 설정 리스트가 표시가 되며 그중에서 하나를 선택하여 현재 출력 설정에 바로 적용하여 출력할 수 있습니다.

• **이름**: 기본으로 적용할 현재 출력 설정의 이름이 표시됩니다.

 항목에서 **〈이전 플롯〉**을 선택하면 이전에 출력한 출력 설정 환경이 그대로 적용이 되어 곧바로 출력할 수 있습니다.

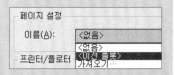

• **추가**: 플롯 대화상자 각각의 항목을 따로 설정한 후 그 출력 설정 상태를 저장하여 사용합니다.

○ **프린터/플로터**: 현재 사용 컴퓨터와 연결되어 있는 프린터/플로터 장치의 기종을 지정합니다.

• **이름**: 출력에 사용할 장치 이름이 표시됩니다.

• **등록 정보**: 현재 지정된 출력 장치를 편집할 수 있는 **플로터 구성 편집기** 대화상자가 표시됩니다.

• **파일에 플롯**: 체크 시 연결된 출력 장치로 출력하지 않고 플롯 파일(*.plt)로 출력합니다.

○ **용지 크기**: 선택된 출력 장치에서 지원하는 표준 용지 크기가 표시됩니다.

○ **복사 매수**: 출력할 사본 수를 입력합니다.

○ **플롯 영역**: 작도된 도면상에서 출력할 영역을 네 가지 방법 중에서 지정합니다.

• **범위**: 현재 공간에 있는 모든 부분이 출력 영역으로 설정됩니다.

• **윈도우**: 사용자가 윈도우로 범위를 지정하여 그 영역만 출력됩니다.

- 한계/배치: LIMITS 명령으로 설정된 한계 또는 배치 영역만 출력됩니다.
- 화면 표시: 현재 모니터 화면상에 보이는 상태 그대로 출력됩니다.
- 뷰: VIEW 명령으로 저장된 뷰를 출력합니다. 도면에 저장된 뷰가 없으면 이 옵션은 표시되지 않습니다.

○ **플롯 간격 띄우기**: 인쇄 가능 영역 내에서 출력 중심을 이동시킵니다.
- X 또는 Y: 출력 중심을 X 또는 Y 방향으로 이동시키는 거리값을 입력합니다.
- 플롯의 중심: 용지 중앙을 자동으로 계산하여 출력 중심을 이동시켜 줍니다.

○ **플롯 축척**: 출력 단위를 작도된 도면 단위의 크기와 상대적인 값으로 비율을 조정합니다.
- 용지에 맞춤: 선택된 용지 크기에 맞게 자동으로 비율을 조절해줍니다.
- 축척: 정확한 축척 비율을 선택하거나 사용자가 직접 축척 비율을 입력하여 조정합니다.

○ **미리보기**: 출력 실행 전에 출력 결과물의 상태를 미리 확인할 수 있습니다. (PREVIEW 명령과 동일)

　※ 플롯 대화상자로 복귀하려면 Esc 키나 Enter↵ 키를 누르거나 오른쪽 버튼의 바로 가기 메뉴를 사용합니다.

○ **배치에 적용**: 현재 설정된 출력 환경을 현재 배치에 저장합니다.

⊙ 많은 옵션: 플롯 대화상자에서 추가적으로 옵션을 설정합니다.

○ **플롯 스타일 테이블(펜 지정)**: 기존에 정의된 플롯 유형(선굵기, 선종류, 색상 등)을 지정하거나 편집 또는 새로운 플롯 유형을 작성합니다.
- 🖳 편집: 현재 지정된 플롯 스타일 테이블을 편집합니다. 플롯 스타일 테이블 편집기가 표시됩니다.

◀ **일반 탭**

플롯 스타일 테이블 파일 이름, 설명, 경로, 버전 등이 표시됩니다.

－ 비 ISO 선종류에 전역 축척 비율 허용
　모든 비 ISO 선종류와 채우기 패턴에 축척 비율을 적용합니다.

－ 축척 비율
　비 ISO 선종류와 채우기 패턴의 축척 비율 값을 입력합니다.

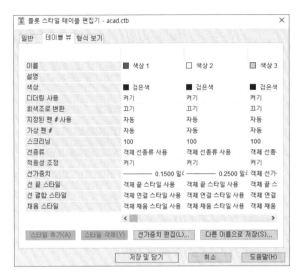

◀ 테이블 뷰 탭

색상의 종류에 따라 색상, 선종류, 선굵기 등을 변경합니다.

– 디더링 사용

색상을 점 패턴으로 혼합하여 사용할 수 있는 색상 범위를 넓혀줍니다. 디더링을 끄면 흐린 색상이 더 잘 보이고 가는 벡터를 디더링하여 선종류가 잘못 그려지는 것을 방지하기 때문에 가급적 사용하지 않는 것이 좋습니다.

– 스크리닝

색상 농도를 설정하는 것으로 0은 색상이 흰색으로 표시되고 100은 색상이 완전한 농도로 표시됩니다.

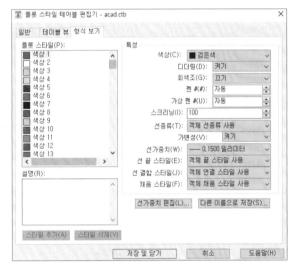

◀ 형식 보기 탭

테이블 뷰 탭과 같은 항목들로 구성이 되어 있으며 좀 더 보기 쉽게 나열되어 있어 여기에서 변경하는 것이 편합니다.

○ **음영처리된 뷰포트 옵션**: 3차원 모델링의 음영 처리와 렌더링된 출력 방법을 설정하고 해상도(품질) 수준 및 DPI값을 조정합니다.

○ **플롯 옵션**: 객체 선가중치, 투명도, 플롯 스타일, 플롯되는 순서, 스탬프 등의 옵션 사항을 설정합니다.

○ **도면 방향**: 용지의 가로 방향 또는 세로 방향에 따른 도면 방향을 결정합니다.

• 대칭으로 플롯: 체크 시 도면의 위와 아래가 뒤집혀 출력이 됩니다.

도면 출력 연습하기

바탕화면에 있는 'CAD연습도면' 폴더 안에 저장
된 파일 **연습-44**를 불러옵니다.

명령: OPEN Enter↵ [단축키: Ctrl + O]

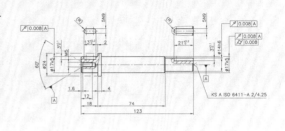

플롯 영역을 '윈도우'로 설정하여 출력하기

① 그림과 같이 A4(297×210)용지 크기로
　테두리선과 표제란을 완성합니다.

※ 앞서 학습한 '**10장** 알기 쉬운 문자 입력하기' 부
　분을 참조하여 작도합니다.

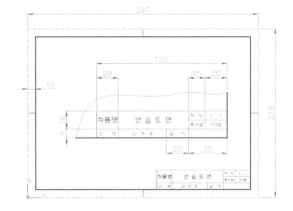

② 완성된 테두리 안에 축을 적절하게 배치
　시킵니다.

　명령: MOVE Enter↵

※ 한 번 선택한 도형을 다시 재선택하고자 할 경우
　에는 '객체 선택:'이란 지시문에서 선택 옵션 '**P**'
　를 입력하여 선택하면 편리합니다. (P=Previous)

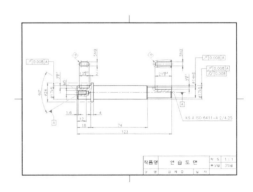

③ PLOT 명령을 실행하여 프린터 기종을 먼저 지정합니다.

　명령: PLOT Enter↵

※ 본인 컴퓨터에 연결되어 있는 프린터 기종을 선택해
　야 합니다. 만약 연결된 프린터가 없다면 'PDF'로 선
　택하여 출력 연습을 하기 바랍니다.

플롯 - 모형
페이지 설정
이름(A): 〈없음〉
프린터/플로터
이름(M): Samsung C43x Series (USB001)
플로터: Samsung C43x Series - Autodesk에서 제공하는 Windo...
위치: USB001
설명:

④ 그림과 같이 용지 크기와 플롯 축척을 설정합니다.

- 용지 크기: A4
- 플롯 축척: 용지에 맞춤

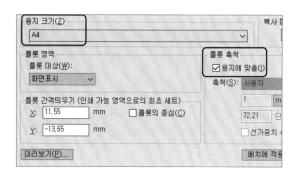

⑤ 플롯 영역 항목에서 플롯 대상을 '**윈도우**'로 변경한 후 출력 범위를 그림과 같이 지정합니다.

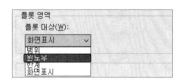

※ 객체 스냅을 **OFF** (F3)한 상태에서 중심마크가 출력 범위에 포함될 수 있도록 임의의 점 P1과 P2를 선택합니다.

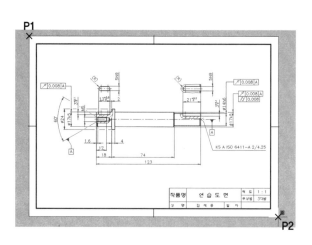

⑥ '미리보기' 버튼을 눌러 출력 범위가 문제 없이 설정되었는지 확인합니다.

※ 출력 범위를 다시 설정하고자 할 경우에는 플롯 대상을 윈도우로 변경 시 자동으로 생성되는 '윈도우' 버튼을 클릭하면 됩니다.
※ 미리보기 시 테두리가 좌우로 서로 틀리게 이동되어 있는 경우에는 플롯 간격 띄우기에서 '플롯의 중심'을 선택하면 됩니다.

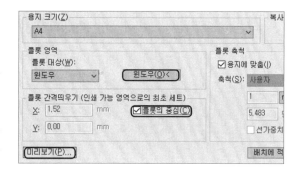

⑦ '플롯 스타일 테이블(펜 지정)'에서 플롯 유형을 'monochrome.ctb' 변경하고 **편집** 버튼을 클릭합니다.

※ 선굵기를 지정하기 위해 플롯 유형을 편집해야 합니다.

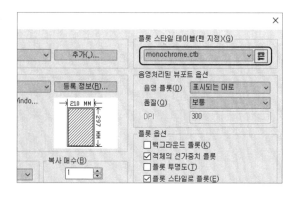

⑧ '형식 보기' 탭에서 **색상1**(빨간색)을 선택하여 그림과 같이 변경합니다.

- 색상: 색상1(빨간색)
- 선가중치: 0.18mm

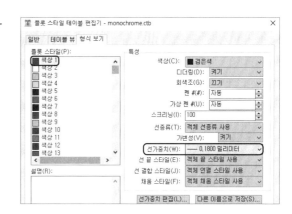

⑨ **색상2**(노란색)를 선택하여 그림과 같이 변경합니다.

- 색상: 색상2(노란색)
- 선가중치: 0.25mm

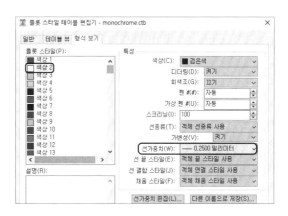

⑩ **색상3**(초록색)을 선택하여 그림과 같이 변경합니다.

- 색상: 색상3(초록색)
- 선가중치: 0.35mm

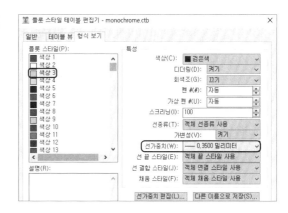

⑪ **색상7**(흰색)을 선택하여 그림과 같이 변경합니다.

- 색상: 색상7(흰색)
- 선가중치: 0.18mm

※ 색상 번호 7번은 도면영역(배경화면)의 설정된 색상에 따라 검정색과 흰색으로 사용됩니다.

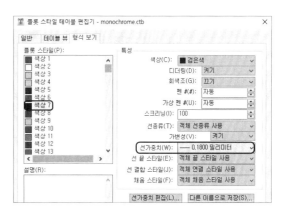

⑫ '플롯 스타일 테이블 편집기'의 [저장 및 닫기] 버튼을 클릭하여 대화상자를 닫고 [확인] 버튼을 클릭하면 출력이 됩니다.

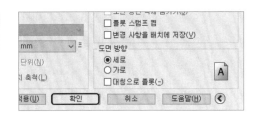

플롯 영역을 '한계'로 설정하여 출력하기

① A4(297×210)용지로 출력하기 위해 도면 한계 영역(Limits)을 설정합니다.

명령: **LIMITS** [Enter↵]
왼쪽 아래 구석 지정 또는 [켜기(ON)/끄기(OFF)] 〈0.0000,0.0000〉: [Enter↵]
오른쪽 위 구석 지정 〈420.0000,297.0000〉: **297,210** [Enter↵]

명령: **ZOOM** [Enter↵]
윈도우 구석 지정, 축척 비율(nX 또는 nXP) 입력 또는 [전체(A)...] 〈실시간〉: **A** [Enter↵]

※ LIMITS 명령을 실행한 후 ZOOM–ALL를 해주어야 LIMITS로 설정된 영역이 모니터 전체 영역에 표시됩니다.

② 그림과 같이 A4(297×210)용지 크기로 테두리선과 표제란을 완성합니다.

※ 반드시 오토캐드 원점을 기준으로 하여 테두리선을 작도해야 합니다.

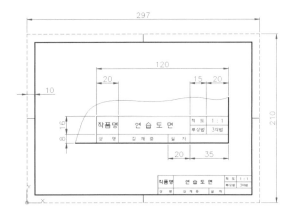

③ PLOT 명령을 실행하여 기존에 설정된 출력 환경을 그대로 적용하기 위해 '페이지 설정' 항목에서 〈**이전 플롯**〉을 선택합니다.

명령: **PLOT** [Enter↵]

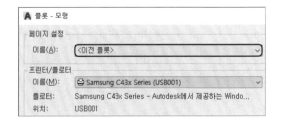

④ 플롯 영역 항목에서 플롯 대상을 '**한계**'로 변경합니다.

⑤ [미리보기(P)...] 버튼을 클릭하여 출력 결과를 미리 확인하고 이상이 없으면 출력합니다.

2 | 도면 템플릿(DWT 파일) 알아두기

회사에서 사용되는 폼(표제란 등)을 도면 용지 크기별로 모형 영역 또는 도면 영역(Layout)에서 작도한 후 배치 템플릿(.dwt)으로 저장하여 사용하면 도면 작업을 한결 편리하게 할 수 있습니다. 가급적 배치 템플릿은 도면 영역(Layout)에서 작도하여 사용하는 것이 좋습니다.

 제품 모델링은 지금까지 드로잉했던 모형 영역을 사용하고 회사에서 사용되는 도면 양식은 도면(배치) 영역상에 만들어 사용하여 도면 영역에서 출력하는 것이 가장 바람직한 방법입니다.

● 모형 영역 또는 도면(배치) 영역에서 배치 템플릿 작도하는 방법

모형 영역

명령: LIMITS [Enter↵]

※ LIMITS 명령으로 작도할 배치 템플릿의 용지 크기를 먼저 설정한 후 작도합니다.
※ LIMITS 명령 사용 후 기본적으로 'ZOOM [Enter↵] ALL [Enter↵]'을 해주어야 합니다. 그래야 AutoCAD 화면이 설정된 도면 영역 한계를 보여줍니다.

도면 영역

① 템플릿을 작도할 배치 탭을 선택하여 활성화시킵니다.
② 활성화시킨 배치 탭에서 오른쪽 버튼을 눌러 표시된 메뉴에서 '페이지 설정 관리자(G)'를 선택합니다.

※ 활성화시킨 배치 영역에서 '명령: PAGESETUP [Enter↵]'을 사용할 수도 있습니다.

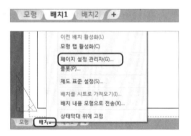

③ 페이지 설정 관리자 대화상자에서 [수정(M)...] 버튼을 눌러 표시된 **페이지 설정** 대화상자에서 '용지 크기', '플롯 축척', '도면 방향' 등을 설정한 후 대화상자를 모두 닫고 템플릿으로 사용하고자 하는 폼을 작도합니다.

● **배치 템플릿으로 저장하는 방법**

① 폼 작도가 끝나면 배치 템플릿으로 저장을 해서 사용해야 합니다.

　명령: **SAVE** Enter↵ 또는 **SAVEAS** Enter↵ 　[단축키: Ctrl + Shift + S]

② 표시된 대화상자에서 파일 유형을 'AutoCAD **도면 템플릿**(*.dwt)'으로 변경합니다. 그러면 기본 적으로 템플릿 유형들이 저장되어 있는 Template 폴더로 자동적으로 이동됩니다.

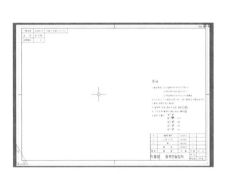

③ 대화상자 파일 이름 란에 저장할 템플릿 이름을 입력하고 저장(S) 버튼을 눌러 완료합니다.

 알기　도면(배치) 영역에 폼을 작도하였다면 **LAYOUT** 명령의 '**저장(SA)**' 옵션을 사용하여 템플릿 으로 저장할 수 있습니다.

● **저장된 배치 템플릿 불러오는 방법**

① 명령: **OPEN** Enter↵ 　[단축키: Ctrl + O]

② 표시된 대화상자에서 파일 유형을 '**도면 템플릿**(*.dwt)'으로 변경합니다. 그러면 기본적으로 템 플릿 유형들이 저장되어 있는 Template 폴더로 자동적으로 이동됩니다.

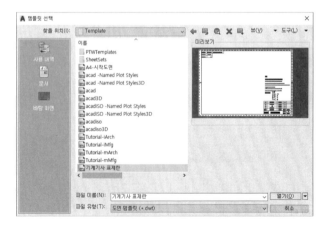

③ 나열된 템플릿 중 사용하고자 하는 템플릿을 선택하고 열기(O) ▼로 불러들여 도면 작업을 시 작합니다.

LAYOUT 명령

도면 배치를 작성하거나 수정을 합니다. 명령 옵션 사항은 다음과 같습니다.

복사(C)	배치 탭을 복사합니다. 복사된 배치 탭 앞에 새로운 탭이 삽입됩니다.
삭제(D)	배치 탭을 삭제합니다. 모형 탭은 삭제되지 않습니다.
새로 만들기(N)	새로운 배치 탭을 만듭니다.
템플릿(T)	저장된 또다른 템플릿(DWT) 파일을 현재 도면 파일에 새 배치 탭으로 삽입합니다.
이름바꾸기(R)	배치 탭의 이름을 변경합니다.
저장(SA)	배치 탭의 도면을 템플릿(DWT) 파일로 저장합니다.
설정(S)	입력된 배치를 현재 배치로 활성화시킵니다.

3 │ 배치 뷰포트(MVIEW) 만들기

MVIW 명령은 도면(배치) 영역에서만 사용하는 명령으로 원하는 수만큼 뷰포트를 생성하거나 생성된 뷰포트를 조정합니다.

명령: **MVIEW** `Enter↵` [단축키: Ⓜ Ⓥ]

● **도면(배치) 영역의 필요성**
  • 하나의 도면상에서 각각 다른 척도를 손쉽게 부여하여 한 번에 출력을 할 수 있습니다.
  • 하나의 도면상에서 작업자가 퍼즐을 맞추듯이 도면들을 손쉽게 배치할 수 있습니다.
  • 배치 작업으로 도면을 완성한 후 모형 영역에서 도형을 수정하면 배치 영역과 연동되어 자동으로 변경됩니다.

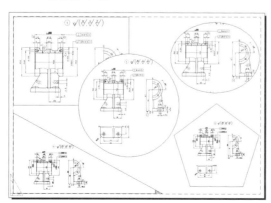
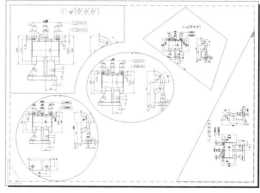

● **MVIEW 명령 옵션**

명령: MVIEW
MVIEW 뷰포트 구석 지정 또는 [켜기(ON) 끄기(OFF) 맞춤(F) 음영 플롯(S) 잠금(L) 새로 만들기(NE) 이름(NA) 객체(O) 폴리곤(P) 복원(R) 도면층(LA) 2 3 4] <맞춤>:

켜기(ON)	선택한 뷰포트를 활성화시켜 모형 영역(공간)의 객체를 표시합니다.
끄기(OFF)	선택한 뷰포트를 비활성화시킵니다. 모형 영역(공간)의 객체가 표시되지 않습니다.
맞춤(F)	배치 영역에서 설정된 용지 크기에 꽉찬 한 개의 뷰포트가 생성됩니다.
음영플롯(S)	뷰포트에 3차원 모델링 객체가 있는 경우 해당 뷰포트에서 출력되는 방식을 결정합니다.
잠금(L)	모형 영역에서 객체를 ZOOM 명령의 축척 비율로 확대/축소했을 때 지정된 배치 뷰포트가 변경되지 않도록 설정합니다.
객체(O)	배치 뷰포트의 경계선을 직접 작도한 원, 타원, 폴리선, 스플라인을 선택하여 사용합니다. 단, 폐구간 형태로 작도된 객체만 배치 뷰포트의 경계선으로 변환할 수 있습니다.
폴리곤(P)	배치 뷰포트의 경계선을 다각형 형태의 불규칙한 모양으로 생성합니다.
복원(R)	VPORTS 명령으로 저장된 뷰포트를 지정하여 그 구성을 복원시킵니다.
도면층(LA)	선택한 뷰포트에 대한 도면층 특성 재지정을 다시 전역 특성으로 재설정합니다.
2	동일한 크기의 두 개의 뷰포트를 수평 또는 수직으로 분할하여 생성합니다.
3	세 개의 뷰포트를 수평/수직 또는 큰 뷰포트 한 개와 두 개의 작은 뷰포트로 생성합니다.
4	동일한 크기의 네 개의 뷰포트를 생성합니다.

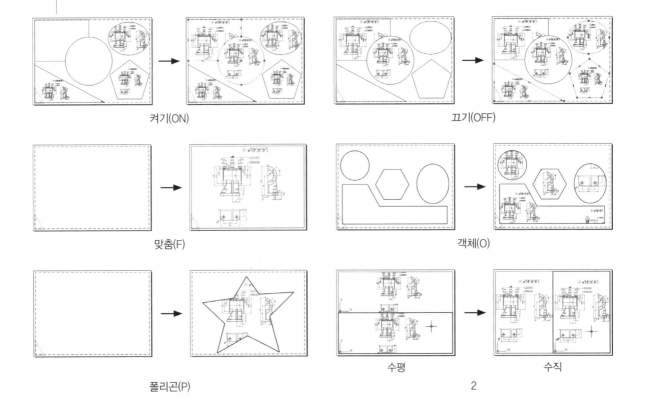

켜기(ON)   끄기(OFF)

맞춤(F)   객체(O)

폴리곤(P)   수평   수직

2

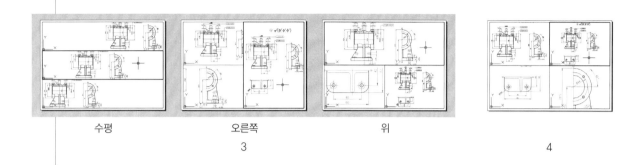

수평	오른쪽	위	
	3		4

MSPACE 명령과 PSPACE 명령

　도면(배치) 영역상에 배치된 뷰포트의 모형 공간에 잠시 들어가 작업을 하고자 할 때 사용합니다. 일반적으로 모형 공간에서 작업한 도면의 특정 부분을 뷰포트 경계선 내에 포커스를 맞추고자 할 때 많이 사용됩니다.

MSPACE

명령: **MSPACE** Enter↵ [단축키: M S]
도면 공간에서 모형 공간으로 전환합니다.

※ 해당 뷰포트 영역 안을 더블 클릭해도 활성화됩니다.

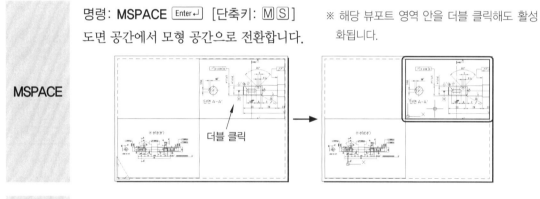

더블 클릭

PSPACE

명령: **PSPACE** Enter↵ [단축키: P S]
모형 공간에서 도면 공간으로 전환합니다.

※ 뷰포트 영역 내에 있지 않은 빈 공간을 더블 클릭해도 전환됩니다.

더블 클릭

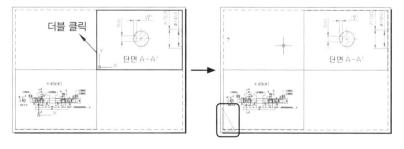

 알기 　모형 공간으로 전환 시 뷰포트 영역 안쪽이 아닌 뷰포트 경계선을 더블 클릭하면 해당 뷰포트로 전환이 되면서 그 공간만을 AutoCAD 화면상에 꽉 채워줍니다.
다시 도면 공간으로 전환하기 위해서는 화면상에 표시된 **하늘색 테두리 선을 더블 클릭**하거나 **PSPACE** 명령을 실행하면 됩니다.

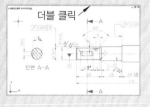

더블 클릭

4 | 뷰포트 설정(MVSETUP)하기

MVSETUP 명령으로 도면(배치) 공간에서 배치된 뷰포트를 정렬하거나 뷰포트 작성 및 뷰포트 축척 등을 할 수 있으며, 일반적으로 모형 공간에서 작성한 축척과 도면 공간에서의 해당 물체 축척 사이의 비율을 정확하게 설정하고자 할 때 사용됩니다.

 명령: **MVSETUP** [Enter←] [단축키: M V S]

● MVSETUP 명령 옵션

```
명령: MVSETUP
옵션 입력 [정렬(A)/뷰포트 작성(C)/뷰포트 축척(S)/옵션(O)/제목 블록(T)/명령 취소(U)]: A
옵션 입력 [각도(A) 수평(H) 수직 정렬(V) 뷰 회전(R) 명령 취소(U)]:
```

정렬(A)	자동으로 뷰포트가 모형 공간으로 활성화되며 정렬 옵션(각도, 수평 등)을 선택한 후 모형 공간 안에서 옵션에 따라 기준점을 지정한 후 정렬시킵니다.
뷰포트 작성(C)	뷰포트를 옵션에 따라 생성하거나 기존 배치 뷰포트를 삭제합니다.
뷰포트 축척(S)	배치 뷰포트에 있는 객체의 축척(ZOOM)을 도면 공간 경계의 축척(ZOOM)을 기준으로 비율을 입력하여 정확한 비율 크기로 표시해 줍니다.
옵션(O)	MVSETUP 명령의 기본 설정(도면층, 한계, 단위 등)을 실행합니다.
제목 블록(T)	기준점을 설정하여 도면 경계와 제목 블록을 삽입하거나 객체를 삭제합니다.
명령 취소(U)	현재 MVSETUP 명령에서 설정한 작업을 취소하고 원래 상태로 되돌립니다.

▶ 뷰포트 축척(ZOOM) 사용하기

■ 한 개의 뷰포트만 지정한 경우: 바로 도면 공간과 모형 공간의 축척(ZOOM) 비율을 입력합니다.
   ※ 배치 영역을 **A4크기**로 설정하고 MVIEW 명령의 '**맞춤(F)**'으로 배치시킨 후 아래와 같이 따라합니다.

① 도면 영역을 1:1로 축척(ZOOM)하기

   명령: **MVSETUP** [Enter←]
   옵션 입력 [정렬(A)/뷰포트 작성(C)/뷰포트 축척(S)...]: **S** [Enter←]
   객체 선택: ▶ 축척할 뷰포트 경계 테두리선인 **P1** 선택
   객체 선택: [Enter←]
   도면 공간 단위의 수 입력 〈1.0〉: [Enter←]
   모형 공간 단위의 수 입력 〈1.0〉: [Enter←]
   옵션 입력 [정렬(A)/뷰포트 작성(C)/뷰포트 축척(S)...]: [Enter←]

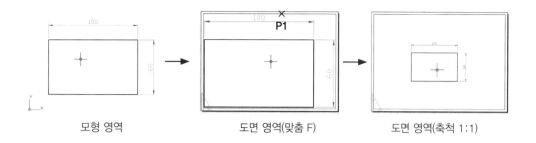

모형 영역   도면 영역(맞춤 F)   도면 영역(축척 1:1)

② 도면 영역을 1:2(2배로 축소)나 2:1(2배로 확대)로 축척(ZOOM)하기

1:2 축소   2:1 확대

도면 공간 단위의 수 입력 〈1.0〉: **0.5** Enter↵   도면 공간 단위의 수 입력 〈1.0〉: Enter↵
모형 공간 단위의 수 입력 〈1.0〉: Enter↵   모형 공간 단위의 수 입력 〈1.0〉: **0.5** Enter↵

■ **여러 개의 뷰포트를 지정한 경우:** '대화식/균일함' 중 한 가지를 지정하여 축척 비율을 입력합니다.

※ 배치 영역을 **A4크기**로 설정하고 MVIEW 명령의 '**4**'로 배치시킨 후 다음과 같이 따라합니다.

명령: **MVSETUP** Enter↵
옵션 입력 [정렬(A)/뷰포트 작성(C)/뷰포트 축척(S)/옵션(O)/제목 블록(T)/명령 취소(U)]: **S** Enter↵
객체 선택: ▶ 축척할 뷰포트 위쪽 두 개의 경계 테두리선 선택
객체 선택: Enter↵
뷰포트에 대한 줌 축척 비율 설정. 대화식(I)/〈균일함(U)〉: Enter↵
도면 공간 단위의 수 입력 〈1.0〉: **0.5** Enter↵ ※ 1:2로 축척(ZOOM)합니다.
모형 공간 단위의 수 입력 〈1.0〉: Enter↵
옵션 입력 [정렬(A)/뷰포트 작성(C)/뷰포트 축척(S)/옵션(O)/제목 블록(T)/명령 취소(U)]: Enter↵

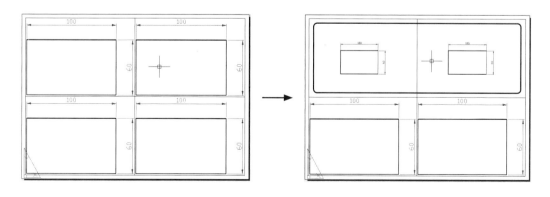

모형 공간에서 MVSETUP 명령 실행

모형 공간에서 MVSETUP 명령을 실행하여 직접 출력할 도면을 '단위, 도면 축척 비율, 도면 용지 크기'로 설정할 수 있으며 또한 설정된 크기에 맞게 직사각형 경계선이 작도됩니다.

명령: **MVSETUP** [Enter↵]
도면 공간을 사용 가능하게 합니까? [아니오(N)/예(Y)] ⟨Y⟩:
    N [Enter↵]
단위 유형 입력 [공학(S)/십진(D)…미터법(M)]: **M** [Enter↵]
축척 비율 입력: **1** [Enter↵]
용지 폭 입력: **297** [Enter↵]
용지 높이 입력: **210** [Enter↵]

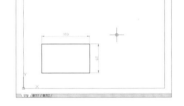

5 | 뷰포트 도면층(VPLAYER) 가시성 설정하기

VPLAYER 명령은 도면 공간에 배치된 뷰포트 내에 들어 있는 객체들의 가시성을 설정합니다.

명령: **VPLAYER** [Enter↵]

● VPLAYER 명령 옵션

명령: VPLAYER
VPLAYER 옵션 입력 [? 색상(C) 선종류(L) 선가중치(LW) 투명도(TR) 동결(F) 동결해제(T) 재설정(R) 재지정제거(M) 새동결(N) 뷰포트가시성기본값(V)]:

?	뷰포트를 선택하여 동결된 도면층 이름을 확인합니다.
색상(C)	선택한 객체에 사용할 색상을 지정하여 도면층과 연관된 색상을 변경합니다.
선종류(L)	도면층과 연관된 선종류를 '모두/선택/현재/현재 제외' 조건으로 변경합니다.
선가중치(LW)	도면층과 연관된 선굵기를 '모두/선택/현재/현재 제외' 조건으로 변경합니다.
투명도(TR)	도면층과 연관된 투명도를 '모두/선택/현재/현재 제외' 조건으로 변경합니다.
동결(F)	뷰포트를 선택하여 도면층을 동결합니다.
동결해제(T)	동결된 뷰포트를 선택하여 도면층을 동결해제시킵니다.
재설정(R)	선택한 뷰포트의 도면층의 가시성을 현재 기본 설정으로 설정합니다.
재지정제거 (M)	선택한 도면층에 대한 뷰포트 특성 재지정 또는 모든 재지정을 제거합니다.
새동결(N)	모든 뷰포트에 동결시킨 새로운 도면층을 생성합니다.
뷰포트가시성기본값(V)	선택한 객체의 도면층을 먼저 동결 또는 동결해제 조건을 부여하여 이후에 새롭게 작성하는 뷰포트에 적용시킵니다.

▶ 경계선 도면층을 만들어 뷰포트 경계선 숨기기

① 명령: **VPLAYER** Enter↵

　　옵션 입력 [...동결(F)/동결해제(T)/재설정(R)/새동결(N)...]: **N** Enter↵

　　전체 뷰포트에서 새 도면층 동결의 이름(들) 입력: **경계선** Enter↵

　　옵션 입력 [...동결(F)/동결해제(T)/재설정(R)/새동결(N)...]: **F** Enter↵

　　동결시킬 도면층 이름 입력 또는 〈객체 선택으로 도면층 지정〉: **경계선** Enter↵

　　뷰포트 지정 [모두(A)/선택(S)/현재(C)/현재 제외(X)] 〈현재〉: Enter↵

　　옵션 입력 [?/색상(C)/선종류(L)/선가중치(LW)/투명도(TR)/동결(F)...]]: Enter↵

② 명령 없이 모든 뷰포트를 선택한 후 레이어 대화상자에서 새롭게 생성된 **경계선**을 선택합니다.

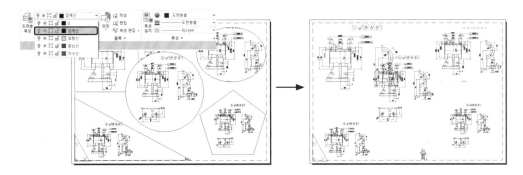

더 알기 만약 경계선을 동결시켰는데 안 보이는 옆의 객체들이 표시될 경우에는 레이어 대화상자에서 동결을 해제하고 해당 도면층을 OFF시키면 해결됩니다.

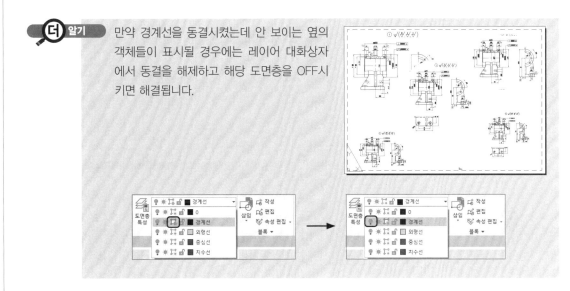

단원정리 따라하기

앞서 학습하여 저장된 '**연습-45**'를 불러와 테두리와 표제란을 작도하여 도면 공간에서 출력합니다.

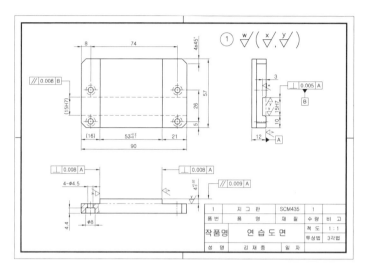

01 앞서 작업한 '**연습-45**'를 불러옵니다.

명령: OPEN Enter↵

▶ 저장된 '**연습-45.dwg**' 파일을 찾아 불러옵니다.

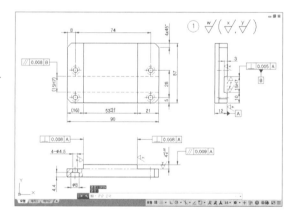

02 '배치' 탭으로 이동한 후 자동으로 생성된 뷰포트를 지웁니다.

- '배치1' 탭(**P1**)을 클릭
- 뷰포트 경계선 **P2**를 클릭하고 Del 키로 삭제

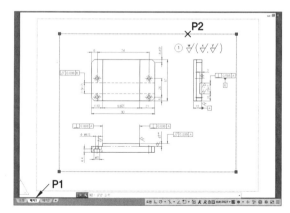

03 현재 도면 공간인 '배치1'을 용지 크기 A4, 플롯 축척 1:1로 설정합니다.

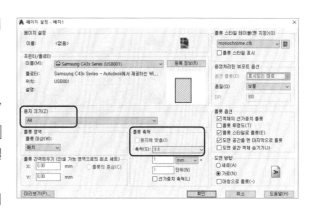

　　명령: PAGESETUP [Enter↵]

　　　　▶ 표시된 '페이지 설정 관리자' 대화상자에서 ⬚수정(M)... 버튼을 클릭하고 위와 같이 설정한 후 대화상자를 닫습니다.

　　※ 본인 컴퓨터에 연결되어 있는 프린터 기종을 선택하여 따라하기 바랍니다.

04 그림과 같이 도면 공간에 테두리선과 표제란을 완성합니다.

　　※ 앞서 학습한 '**10장** 알기 쉬운 문자 입력하기' 부분을 참조하여 작도합니다.

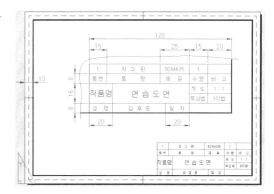

05 가급적 도면 공간에 만든 폼을 템플릿으로 저장하여 차후 편하게 사용합니다.

　　명령: LAYOUT [Enter↵]

　　　　▶ 옵션 '저장(SA)'을 클릭하여 저장합니다.

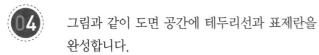

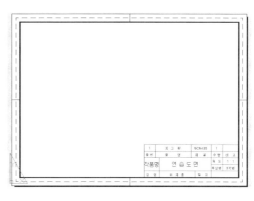

06 '**연습-46**' 도면을 현재 도면 공간에 배치시킵니다.

　　명령: MVIEW [Enter↵]

　　뷰포트 구석 지정 또는 [켜기(ON)/끄기(OFF)...: ▶ 임의의 위치인 **P1** 지정

　　반대 구석 지정: ▶ 임의의 위치인 **P2** 지정

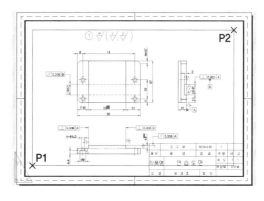

07 뷰포트 내 줌(ZOOM) 축척 비율을 정확하게 1:1로 설정합니다.

명령: **MVSETUP** [Enter↵]

옵션 입력 [...뷰포트 축척(S)...]: **S** [Enter↵]

객체 선택: ▶ 뷰포트 경계선 **P1** 클릭

객체 선택: [Enter↵]

도면 공간 단위의 수 입력 〈1.0〉: [Enter↵]

모형 공간 단위의 수 입력 〈1.0〉: [Enter↵]

옵션 입력 [정렬(A)...뷰포트 축척(S)...]: [Enter↵]

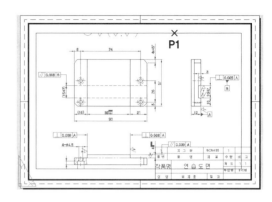

08 도면 공간에서 뷰포트 경계선 크기를 적당한 크기로 재조정합니다.

명령: **PSPACE** [Enter↵]

※ 뷰포트 경계선 대각선 방향 모서리의 그립(GRIP)을 선택하여 경계선 크기를 적당히 넓게 늘립니다.

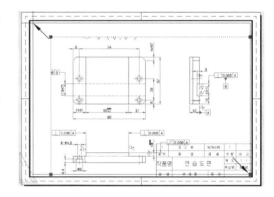

09 넓어진 경계선 내에 모형 공간의 도형이 모두 다 보이도록 이동시킵니다.

명령: **MSPACE** [Enter↵]

※ 화면 이동(PAN)과 MOVE 명령을 사용하여 뷰포트 경계선 내에 도형이 문제 없이 보이도록 포커스를 맞춥니다.

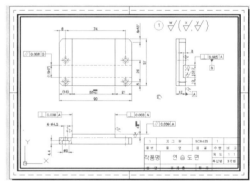

10 뷰포트 경계선에 사용할 도면층을 생성하여 동결시킵니다.

명령: **VPLAYER** [Enter↵]

옵션 입력 [?/색상(C)...새동결(N)...]: **N** [Enter↵]

전체 뷰포트에서 새 도면층...: **경계선** [Enter↵]

옵션 입력 [?/색상(C)...동결(F)...]: **F** [Enter↵]

동결시킬할 도면층 이름 입력...: **경계선** [Enter↵]

뷰포트 지정 [...현재 제외(X)] 〈현재〉: [Enter↵]

옵션 입력 [?/색상(C)...동결(F)...]: [Enter↵]

※ VPLAYER 명령으로 위와 같이 동결된 도면층 '**경계선**'을 새롭게 생성합니다.

11 뷰포트 경계선을 새롭게 만든 '경계선' 도면층
으로 변경하여 숨깁니다.

※ 뷰포트 경계선을 선택하기 위해서는 도면 공간
(**PSPACE**)으로 전환해야 합니다.

※ 명령 없이 뷰포트 경계선을 선택(P1)한 후 레이어
대화상자에서 새롭게 생성된 '**경계선**'을 선택하여
뷰포트 경계선을 숨겨줍니다.

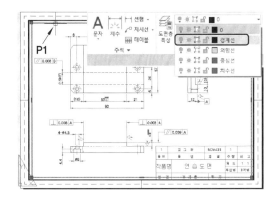

12 PLOT 명령을 실행하여 '플롯 스타일 테이블
(펜 지정)'의 편집 ░을 클릭합니다.

명령: **PLOT** Enter↵

▶ 출력할 선굵기를 지정하기 위해
'acad.ctb' 플롯 유형을 편집해야 합
니다.

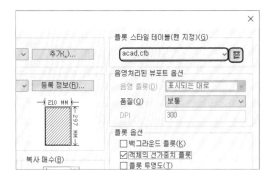

13 **색상1**(빨간색)을 선택하여 그림과 같이 변경
합니다.

■ 색상: 검은색

■ 선가중치: 0.18mm

중요) '**acad.ctb' 플롯 유형에서는 사용
하는 모든 색상을 '검은색'으로 변
경하지 않을 경우 선이 흐리게 출
력이 됩니다.**

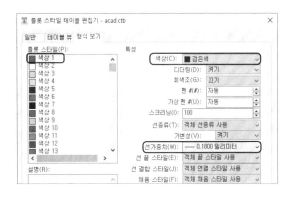

14 **색상2**(노란색)를 선택하여 그림과 같이 변경
합니다.

■ 색상: 검은색

■ 선가중치: 0.25mm

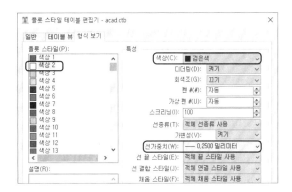

15 **색상3**(초록색)을 선택하여 그림과 같이 변경합니다.

■ 색상: 검은색
■ 선가중치: 0.35mm

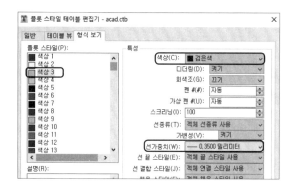

16 **색상7**(흰색)을 선택하여 그림과 같이 변경합니다.

■ 색상: 검은색
■ 선가중치: 0.18mm

※ 색상 번호 7번은 도면영역(배경화면)의 설정된 색상에 따라 검정색과 흰색으로 사용됩니다.

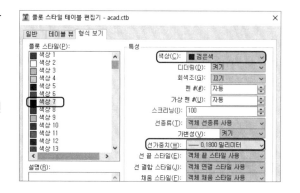

17 저장 및 닫기 버튼을 눌러 '플롯 스타일 테이블 편집기' 대화상자를 닫고 '확인'을 누르면 출력이 됩니다.

※ '확인' 버튼을 누르기 전 '미리보기'를 하여 출력 결과를 미리 확인하는 것이 좋습니다.

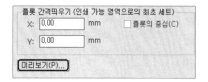

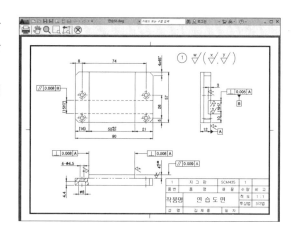

18 지금까지 출력 연습한 도면을 바탕화면에 있는 '**CAD연습도면**' 폴더 안에 저장합니다.

명령: SAVE Enter↵ [단축키: Ctrl+S]

CAD연습도면 폴더에 파일 이름을 '**연습-47**'로 명명하여 저장합니다.

AutoCAD 꿀! 키워드

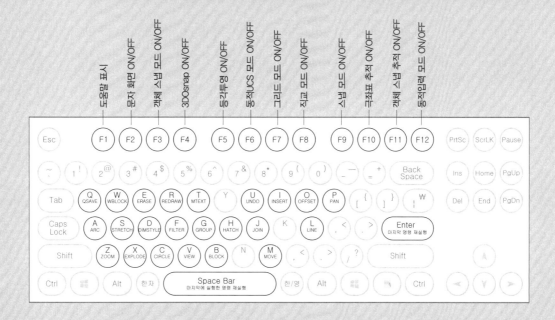

AutoCAD 꿀! 키보드 바로가기 만들기

명령: CUI Enter↵

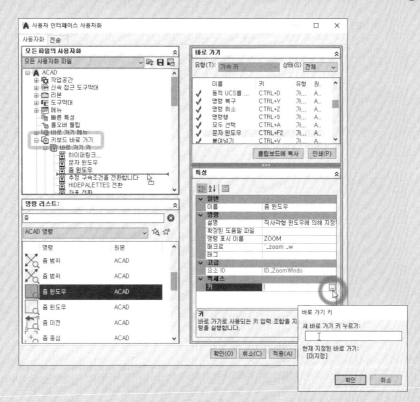

AutoCAD 꿀! 2D 필수 명령어 단축키 정리

필수 기능키	OSnap : 객체스냅 (F3) ortho : 직교 (F8)
불필요한 기능키	grid : 모눈 (F7) snap : 스냅 (F9) polar : 극좌표 (F10) otrack : 추적선 (F11) dym : 동적입력 (F12)
좌표계	절대좌표 : X,Y
	상대좌표 : @X,Y
	상대극좌표 : @거리〈각도
화면 조정	LIMITS : 도면 한계 설정
	Zoom : 화면 비율 조정
	REgen : 화면 재생성
	Undo : 명령취소(Ctrl+Z)
그리기 명령	Line : 직선
	XLine : 양방향 무한직선
	PLine : 폴리선
	SPLine : 곡선
	Circle : 원
	Arc : 호
	RECtangle : 사각형
	POLygon : 정다각형
	ELlipse : 타원
	Hatch : 해치
편집 명령	Offset : 간격띄우기
	TRim : 자르기
	EXtend : 연장하기
	Fillet : 모깎기
	CHAmfer : 모따기
	BReak : 끊기
	eXplode : 분해
	Erase : 지우기

이동 명령	Move : 이동
	COpy : 복사
	ROtate : 회전
	MIrror : 대칭복사
	Stretch : 신축선
	LENgthen : 길이 조정
	−ARray : 배열
	SCale : 척도
특성 편집 명령	LAyer : 도면층
	PRoperties : 특성(Ctrl+1)
	MAtchprop : 속성 복사
	FIlter : 특성 거르기
	LTScale : 선비율 조정
문자 명령	STyle : 문자 스타일 설정
	DText : 단일행 문자
	mText : 다중행 문자
	ddEDit : 문자 수정
특수문자	%%C : Ø %%D : ° %%P : ±
치수 명령	Dimstyle : 치수 유형 설정
	DLI : 수평, 수직 치수 DAL : 평행 치수 DDI : 지름 치수 DRA : 반지름 치수 DAN : 각도 치수
	LEADer : 지시선
	qLEader : 신속 지시선
	dimedit : 치수 편집 (DED)
	DIMSPACE : 치수 간격
	DIMBREAK : 치수 끊기
	TOLerance : 기하공차
출력	PLOT : 출력 (Ctrl+P)

고급편

Auto CAD 2020

도형 그리는 여러 가지 방법

이 장에서는 다음과 같은 내용을 배울 수 있습니다.

- 최종점을 사용한 선(LINE) 그리기
- UCS 좌표계를 이동하여 좌표 입력하기
- 여러 가지 옵션을 사용한 호(ARC) 그리기
- 구름형 리비전(REVCLOUD) 그리기
- 자유선(SKETCH) 그리기
- 구성선(XLINE) 그리기
- 광선(RAY) 그리기

1 | 최종점을 사용한 선(LINE) 그리기

● **LINE 명령에서 [Enter↵]의 기능**

LINE 명령을 실행하고 '첫 번째 점 지정'에서 [Enter↵]키를 누르면 마지막으로 입력한 점이 시작점으로 지정되어 스케치를 시작할 수 있습니다.

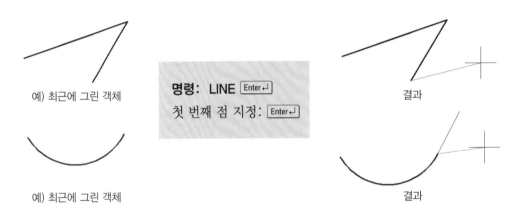

예) 최근에 그린 객체

명령: LINE [Enter↵]
첫 번째 점 지정: [Enter↵]

결과

예) 최근에 그린 객체

결과

※ 최근에 그려진 객체가 호(ARC)일 경우에는 시작점에 선이 호에 부드럽게(접선) 스케치가 됩니다.

'첫 번째 점 지정'에서 @를 입력하여도 [Enter↵]키를 사용한 것과 마찬가지로 선을 스케치할 수 있습니다. 단, 최근에 그려진 객체가 호일 경우에는 시작점에 선이 시작될 뿐, 부드럽게 연결되지는 않습니다.

명령: LINE [Enter↵]
첫 번째 점 지정: @ [Enter↵]

※ AutoCAD에서 @는 '최종 좌표점'을 의미하며 상대좌표를 사용할 때 반드시 필요하며 편집 명령어에서도 사용할 수 있습니다.

더 알기

■ [Enter↵]키는 AutoCAD 프로그램에서는 총 세 가지가 있습니다.
마우스 – MB3(오른쪽 버튼)
키보드 – [Enter↵], [Space Bar] 단, [Space Bar]는 문자를 작성할 경우에만 칸 띄우기가 됩니다.

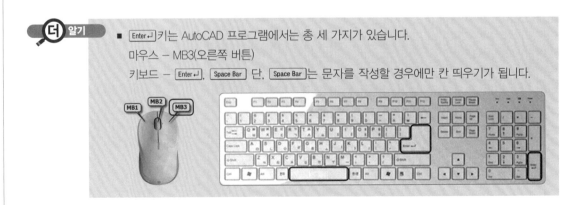

2 │ UCS 좌표계를 이동하여 좌표 입력하기

● UCS 명령으로 원점을 옮겨 놓고 절대좌표를 사용하여 도형 작도하기

(임의의 위치에 직사각형 가로 80mm에 세로 50mm를 작도한 후 따라하길 바랍니다.)

명령: UCS [Enter↵]

현재 UCS 이름: ***이름 없음***

UCS의 원점 지정 또는 [면(F)/이름(NA)/객체(OB)/이전(P)/뷰(V)/표준(W)/X/Y/Z/Z축(ZA)]
　　〈표준〉: O [Enter↵]

새 원점 지정 〈0,0,0〉: END [Enter↵] 〈─ ▶ P1 선택

명령: LINE [Enter↵]

첫 번째 점 지정: 0,0 [Enter↵]

다음 점 지정 또는 [명령 취소(U)]: 0,30 [Enter↵]

다음 점 지정 또는 [명령 취소(U)]: 30,30 [Enter↵]

다음 점 지정 또는 [닫기(C)/명령 취소(U)]: 30,0 [Enter↵]

다음 점 지정 또는 [닫기(C)/명령 취소(U)]: 0,0 [Enter↵]

다음 점 지정 또는 [닫기(C)/명령 취소(U)]: [Enter↵]

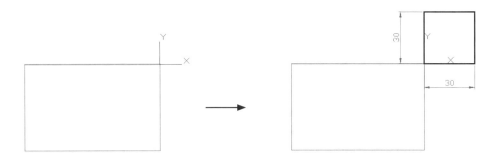

 더 알기

- UCS명령에서 옵션 O는 Origin를 의미하며 UCS 명령 안에 숨겨져 있는 옵션입니다.
- UCS로 원점을 옮긴 상태에서 변하지 않는 WCS 원점 기준으로 좌표를 입력 시에는 좌표 입력 전에 *을 먼저 입력한 후 절대좌표 값을 입력하면 됩니다. [예 *100,60]
- **동적 입력**(가능한 경우 치수 입력 사용)을 사용하는 경우에는 좌표 입력 방식이 기본적으로 상대좌표가 되므로 동적 입력 상태에서 절대좌표값을 사용하기 위해서는 좌표를 입력하기 전에 #을 먼저 입력한 후 절대좌표값을 입력해야만 합니다. [예 #20,10]

● UCS 원점을 WCS 원점으로 복귀하기

명령: UCS [Enter↵]
현재 UCS 이름: ***이름 없음***
UCS의 원점 지정 또는 [면(F)/이름(NA)/객체(OB)/이전(P)/뷰(V)/표준(W)/X/Y/Z/Z축(ZA)]
  〈표준〉: [Enter↵]

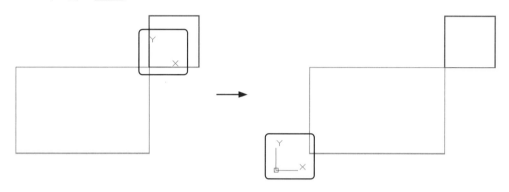

● 상대 극좌표에서 각도값만 사용하기

입력 형식: 〈**각도** [Enter↵]

※ 〈 (꺾쇠 괄호) 뒤에 각도를 입력하고 [Enter↵]한 후 마우스 커서를 그리고자 하는 방향으로 이동시키고 나서 선의
  길이값을 입력합니다.
※ 선의 길이값을 입력하는 대신 마우스로 임의의 위치를 클릭할 수도 있습니다.

명령: LINE [Enter↵]
첫 번째 점 지정: ▶ 임의의 출발점 선택
다음 점 지정 또는 [명령 취소(U)]: 〈**30** [Enter↵]
다음 점 지정 또는 [명령 취소(U)]:
      ▶ 커서를 그리고자 하는 방향으로 이동 후 **50** [Enter↵]
다음 점 지정 또는 [명령 취소(U)]: [Enter↵]

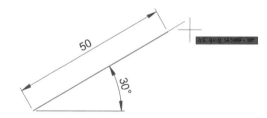

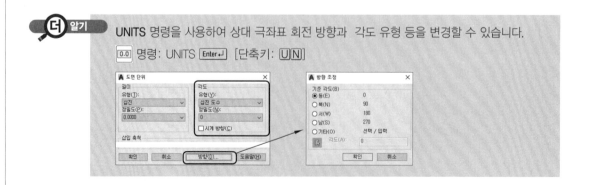

더 알기 UNITS 명령을 사용하여 상대 극좌표 회전 방향과 각도 유형 등을 변경할 수 있습니다.

[0.0] 명령: UNITS [Enter↵] [단축키: U N]

3 | 여러 가지 옵션을 사용한 호(ARC) 그리기

● 호(ARC) 명령 옵션

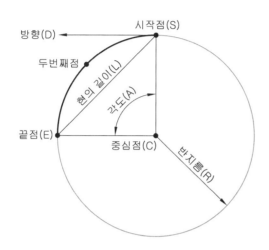

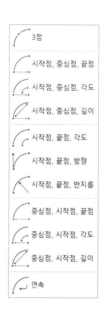

시작점(S)	호를 그리기 위한 첫 번째 시작점이 됩니다.
두 번째 점	시작점 지정 후 두 번째로 지정되는 점으로 원주상에 한 점이 됩니다.
끝점(E)	호가 끝나는 마지막 점이 됩니다.
중심점(C)	작도할 호의 중심점이 됩니다.
각도(A)	작도할 호의 각이 됩니다. 기본적으로 반시계 방향으로 호가 그려집니다.
현의 길이(L)	작도할 호의 시작점과 끝점 사이의 최단거리값이 됩니다.
방향(D)	호의 시작점에서 시작되는 방향으로 방향과 접하는 호가 그려집니다.
반지름(R)	호의 반지름으로 양수값은 180°까지만 그려지고 음수값은 180° 이상의 호가 그려집니다.
연속	마지막에 그린 선, 폴리선, 호에 접하는 호가 생성됩니다.

시작점, 중심점, 끝점

명령: ARC [Enter↵]
호의 시작점 지정 또는 [중심(C)]: ▶ 임의의 **P1** 클릭
호의 두 번째 점 또는 [중심(C)/끝(E)] 지정: **C** [Enter↵]
호의 중심점 지정: **@0,−40** [Enter↵]
호의 끝점 지정 또는 [...]: **@−40,0** [Enter↵]

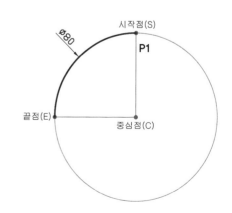

시작점, 중심점, 각도

명령: ARC [Enter↵]
호의 시작점 지정 또는 [중심(C)]: ▶ 임의의 P2 클릭
호의 두 번째 점 또는 [중심(C)/끝(E)] 지정: **C** [Enter↵]
호의 중심점 지정: **@0,−40** [Enter↵]
호의 끝점 지정 또는 [각도(A)/현의 길이(L)]: **A** [Enter↵]
사이각 지정: **90** [Enter↵]

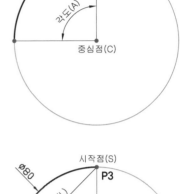

시작점, 중심점, 길이

명령: ARC [Enter↵]
호의 시작점 지정 또는 [중심(C)]: ▶ 임의의 P3 클릭
호의 두 번째 점 또는 [중심(C)/끝(E)] 지정: **C** [Enter↵]
호의 중심점 지정: **@0,−40** [Enter↵]
호의 끝점 지정 또는 [각도(A)/현의 길이(L)]: **L** [Enter↵]
현의 길이 지정: **56.569** [Enter↵]

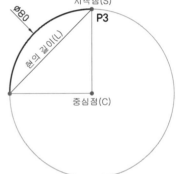

시작점, 끝점, 각도

명령: ARC [Enter↵]
호의 시작점 지정 또는 [중심(C)]: ▶ 임의의 P4 클릭
호의 두 번째 점 또는 [중심(C)/끝(E)] 지정: **E** [Enter↵]
호의 끝점 지정: **@−40,−40** [Enter↵]
호의 중심점 지정 또는 [각도(A)/방향(D)/반지름(R)]: **A** [Enter↵]
사이각 지정: **90** [Enter↵]

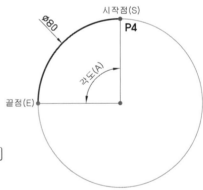

시작점, 끝점, 방향

명령: ARC [Enter↵]
호의 시작점 지정 또는 [중심(C)]: ▶ 임의의 P5 클릭
호의 두 번째 점 또는 [중심(C)/끝(E)] 지정: **E** [Enter↵]
호의 끝점 지정: **@−40,−40** [Enter↵]
호의 중심점 지정 또는 [각도(A)/방향(D)/반지름(R)]: **D** [Enter↵]
호의 시작점에 대해 접선 방향을 지정: **180** [Enter↵]
※접선 방향을 직교[F8] 모드에서 마우스로 지정해도 됩니다.

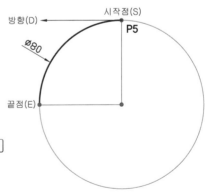

▶ 시작점, 끝점, 반지름

명령: ARC Enter↵

호의 시작점 지정 또는 [중심(C)]: ▶ 임의의 P6 클릭

호의 두 번째 점 또는 [중심(C)/끝(E)] 지정: E Enter↵

호의 끝점 지정: @-40,-40 Enter↵

호의 중심점 지정 또는 [.../반지름(R)]: R Enter↵

호의 반지름 지정: 40 Enter↵

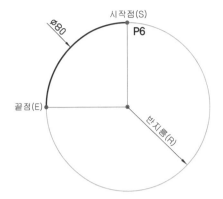

▶ 중심점, 시작점, 끝점

명령: ARC Enter↵

호의 시작점 지정 또는 [중심(C)]: C Enter↵

호의 중심점 지정: ▶ 임의의 P7 클릭

호의 시작점 지정: @0,40 Enter↵

호의 끝점 지정 또는 [...]: @-40,0 Enter↵

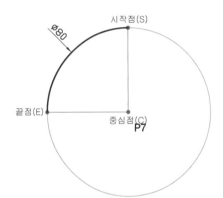

▶ 중심점, 시작점, 각도

명령: ARC Enter↵

호의 시작점 지정 또는 [중심(C)]: C Enter↵

호의 중심점 지정: ▶ 임의의 P8 클릭

호의 시작점 지정: @0,40 Enter↵

호의 끝점 지정 또는 [각도(A)/현의 길이(L)]: A Enter↵

사이각 지정: 90 Enter↵

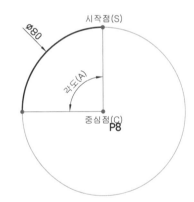

▶ 중심점, 시작점, 길이

명령: ARC Enter↵

호의 시작점 지정 또는 [중심(C)]: C Enter↵

호의 중심점 지정: ▶ 임의의 P9 클릭

호의 시작점 지정: @0,40 Enter↵

호의 끝점 지정 또는 [각도(A)/현의 길이(L)]: L Enter↵

현의 길이 지정: 56.569 Enter↵

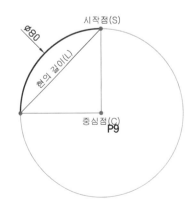

마지막으로 그린 선, 폴리선, 호에 대하여 접하는 호 그리기

ARC 명령 첫 번째 프롬프트('호의 시작점 지정 또는 [중심(C)]')에서 `Enter↵`를 바로 누르면 마지막에 그린 객체 끝점에 접하는 호가 생성되며 그다음 끝점을 지정하여 완성합니다.

임의로 호나 선을 그리고 나서 다음과 같이 명령을 바로 실행합니다.

명령: **ARC** `Enter↵`
호의 시작점 지정 또는 [중심(C)]: `Enter↵`
호의 끝점 지정: ▶ 임의의 점을 클릭

4 | 구름형 리비전(REVCLOUD) 그리기

REVCLOUD 명령은 커서를 끌어 폴리선으로 이루어진 구름형 리비전을 작도합니다. 구름형 리비전은 실무적인 설계 도면에서 검토할 특정 부위를 강조 표시하고자 할 때 사용됩니다.

명령: **REVCLOUD** `Enter↵`

● 프리핸드 구름형 리비전을 그리는 기본적인 방법

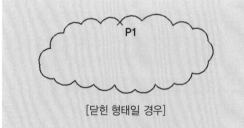

[닫힌 형태일 경우]

시작점 지정: 임의의 점인 **P1** 클릭
구름 모양 경로를 따라 십자선 안내...
    ▶ 커서를 끌어 한바퀴를 돌아 시작점으로
    이동

[열린 형태일 경우]

시작점 지정: 임의의 점인 **P1** 클릭
구름 모양 경로를 따라 십자선 안내...
    ▶ 커서를 끌어 임의의 P2 위치로 이동 후 `Enter↵`
방향 반전 [예(Y)/아니오(N)] 〈아니오(N)〉: `Enter↵`

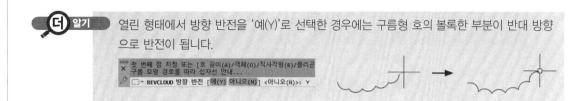

열린 형태에서 방향 반전을 '예(Y)'로 선택한 경우에는 구름형 호의 볼록한 부분이 반대 방향으로 반전이 됩니다.

● REVCLOUD 명령 옵션

최소 호 길이: 0.5   최대 호 길이: 0.5   스타일: 일반   유형: 프리핸드
□▼ REVCLOUD 첫 번째 점 지정 또는 [호 길이(A) 객체(O) 직사각형(R) 폴리곤(P) 프리핸드(F) 스타일(S) 수정(M)]
<객체(O)>:

호 길이(A)	최소 및 최대 호 길이 값을 입력하며 최대 호 길이는 최소 호 길이의 세 배 이하로만 설정할 수 있습니다.
객체(O)	타원이나 폴리선 등의 닫힌 객체를 구름형 리비전으로 변환시킵니다.
직사각형(R)	직사각형 형태의 구름형 리비전을 작도할 때 사용합니다.
폴리곤(P)	세 개 이상의 정점을 정의하여 다각형 형태의 구름형 리비전을 작도할 때 사용합니다.
프리핸드(F)	자유로운 형태의 구름형 리비전을 작도할 때 사용합니다.
스타일(S)	두 가지 형태(일반, 캘리그래피)의 구름형 리비전 유형 중 한 가지를 선택하여 적용합니다.
수정(M)	기존에 작도된 구름형 리비전의 측면을 편집하고자 할 때 사용합니다.

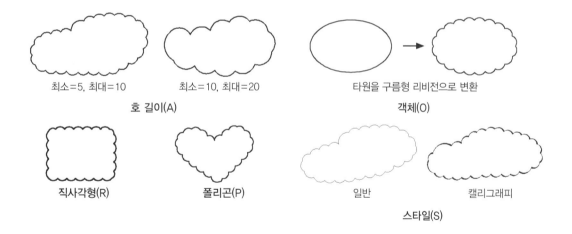

최소=5, 최대=10   최소=10, 최대=20   타원을 구름형 리비전으로 변환

호 길이(A)   객체(O)

직사각형(R)   폴리곤(P)   일반   캘리그래피

스타일(S)

구름형 리비전 용도

설계 도면에서 특별히 검토해야 하는 부분을 상대방에게 명시하고자 할 때 가는 실선으로 표시합니다.

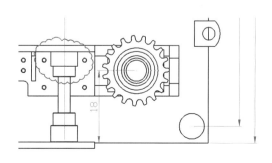

5 | 자유선(SKETCH) 그리기

SKETCH 명령은 자유롭게 스케치북에 스케치하듯이 객체를 작도하기 때문에 입력장치인 마우스 보다는 디지타이저를 사용하여 작도할 때 더욱더 유용하게 사용됩니다.

 명령: SKETCH Enter↵

● **자유선을 그리는 기본적인 방법**

스케치 지정 또는 [유형(T)/증분(I)/공차(L)]:

① 임의의 위치를 클릭 후 마우스를 끌어 스케치
② 다음 스케치를 하기 위해 왼쪽 버튼을 한 번 클릭하여 종료
③ 다음 임의의 위치에서 마우스를 끌어 스케치
④ 왼쪽 버튼을 한 번 클릭하여 현재 진행 중인 스케치를 종료
   :

스케치 지정: Enter↵

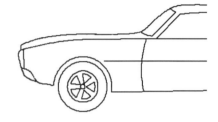

● **SKETCH 명령 옵션**

```
명령: SKETCH
유형 = 선   증분 = 1.0000   공차 = 0.5000
SKETCH 스케치 지정 또는 [유형(T) 증분(I) 공차(L)]:
```

유형(T)	'선', '폴리선', '스플라인' 3가지 중 스케치될 선의 객체 유형을 설정합니다.
증분(I)	스케치 선의 최소 길이(세그먼트)를 조정합니다.
공차(L)	스케치 선 객체의 유형이 스플라인인 경우에는 작도되는 임의의 스케치가 스플라인 곡선에 어느 정도 일치하는지 그 일치 정도를 조정합니다.

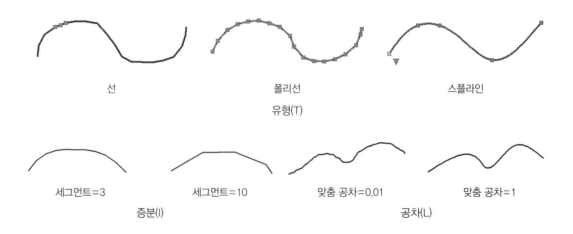

선	폴리선	스플라인

유형(T)

세그먼트=3	세그먼트=10	맞춤 공차=0.01	맞춤 공차=1

증분(I)   공차(L)

 알기   프리핸드로 스케치를 작도한 다음 PEDIT 명령으로 폴리선이나 스플라인으로 변환시켜 사용할 수 있습니다.

6 | 구성선(XLINE) 그리기

XLINE 명령은 양방향으로 길이가 무한한 직선이 생성됩니다. 구성선은 도면 작도 시 참조적인 선으로 유용하게 사용할 수 있어 활용도가 높습니다.

 명령: XLINE Enter↵ [단축키: ⓧⓛ]

● **구성선을 그리는 기본적인 방법**

점 지정: 임의의 점인 **P1** 선택
통과점을 지정: F8(직교)모드 상태에서
　　　　임의의 점인 **P2** 선택
통과점을 지정: Enter↵

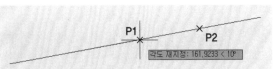

점 지정: 임의의 점인 **P1** 선택
통과점을 지정: **〈10** Enter↵
통과점을 지정: 임의의 점인 **P2** 선택
통과점을 지정: Enter↵

● **XLINE 명령 옵션**

```
명령: XLINE
점 지정 또는 [수평(H)/수직(V)/각도(A)/이등분(B)/간격띄우기(O)]:
   XLINE 통과점을 지정:
```

수평(H)	지정된 점을 통과하는 수평 방향(X축)의 무한대선이 계속적으로 작도됩니다.
수직(V)	지정된 점을 통과하는 수직 방향(Y축)의 무한대선이 계속적으로 작도됩니다.
각도(A)	설정된 각도 방향으로만 무한대선이 계속적으로 작도됩니다.
이등분(B)	첫 번째 지정된 정점을 통과하면서 두 번째와 세 번째 지정된 점 사이각을 이등분하는 무한대선이 작도됩니다.
간격 띄우기(O)	다른 직선에 설정된 거리만큼 떨어져서 평행하게 무한대선이 작도됩니다.

수평(H)　　　　　　　　수직(V)　　　　　　　　각도(A)

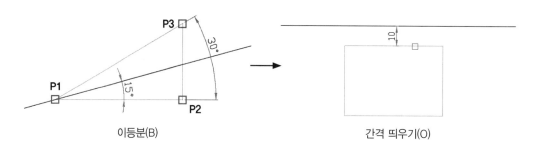

이등분(B)　　　　　　　　　　　　간격 띄우기(O)

더 알기　구성선을 일반적인 직선으로 만들기 위해서는 양쪽 끝을 모두 트림(TRIM)해야 합니다.

구성선 연습하기

오른쪽 입체 도형을 아래 그림과 같이 평면도, 정면도, 오른쪽면도로 투상합니다.

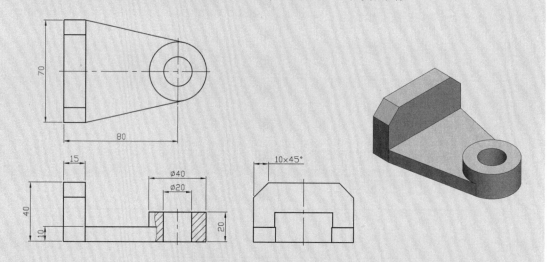

1 제일 먼저 주어진 치수를 바탕으로 평면도를 작도하기

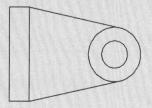

참조) 작도 시 사용 명령어

명령: **LINE 또는 XLINE**
명령: **OFFSET**
명령: **CIRCLE**
명령: **TRIM**

※ 원에 선을 작도 시 반드시 TANgent 스냅을 사용해야 합니다.

2 작도한 평면도를 바탕으로 정확한 위치에 정면도를 작도하기

명령: XLINE [Enter↵]
점 지정 또는 [수평(H)/수직(V)/각도(A)/이등분(B)…]: V [Enter↵]
통과점을 지정: ▶ 그림과 같이 스냅점을 선택합니다.

명령: Enter↵
점 지정 또는 [수평(H)/수직(V)/각도(A)/이등분(B)...]: **H** Enter↵
통과점을 지정: ▶ 1개 수평선을 임의의 위치에 작도합니다.

명령: Enter↵
점 지정 또는 [수평(H)/수직(V)/.../간격 띄우기(O)]: **O** Enter↵
간격 띄우기 거리 또는 [통과점(T)]: ▶ 그림과 같이 거리값을 입
력하여 세 개의 선을 오프셋합니다.

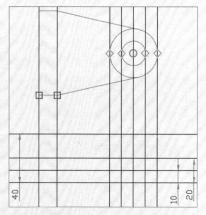

③ 작도한 평면도와 정면도를 바탕으로 정확한 위치에 오른쪽면도를 작도하기

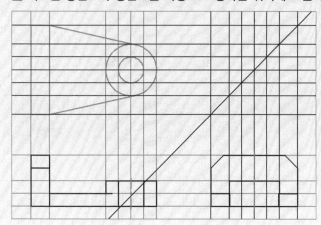

명령: **XLINE** Enter↵
점 지정 또는 [수평(H)...각도(A)...]: **A**
Enter↵
X선의 각도 입력: **45** Enter↵
통과점을 지정: ▶ 오른쪽 임의의 위치를
선택합니다.

※ 45도 선을 기준으로 참조 구성선을 작
도한 후 최종적으로 TRIM 명령을 사용하
여 도형을 완성합니다.

---

7 │ 광선(RAY) 그리기

RAY 명령은 한 방향으로 길이가 무한한 직선이 생성됩니다. 구성선(XLINE)과 마찬가지로 도면
작도 시 참조적인 선으로 사용 시 유용합니다.

 명령: RAY Enter↵

● 광선을 그리는 기본적인 방법

시작점을 지정: 임의의 점인 **P1** 선택
통과점을 지정: F8(직교)모드 상태에서 임의의
점인 **P2** 선택
통과점을 지정: Enter↵

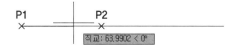

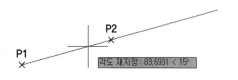

시작점을 지정: 임의의 점인 **P1** 선택
통과점을 지정: **〈15** [Enter↵]
통과점을 지정: 임의의 점인 **P2** 선택
통과점을 지정: [Enter↵]

 광선 연습하기

다음과 같은 도형에 구멍(∅6)의 중심을 잡기 위해 광선을 참조선으로 사용할 수 있습니다.

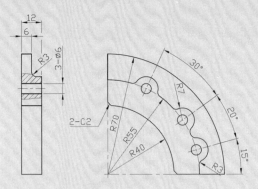

1 제일 먼저 주어진 치수를 바탕으로 정면도를 작도하기

참조) 작도 시 사용 명령어

명령: **LINE** 또는 **XLINE**
명령: **OFFSET**
명령: **CIRCLE**
명령: **TRIM**

2 작도한 정면도에 구멍 위치를 광선(RAY)으로 작도하기

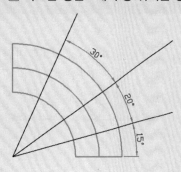

명령: **RAY** [Enter↵]
시작점을 지정: ▶ CENter 스냅으로 호를 선택합니다.
통과점을 지정: **〈15** [Enter↵]
통과점을 지정: ▶ 15도 방향으로 임의의 점을 클릭합니다.
통과점을 지정: **〈35** [Enter↵]
통과점을 지정: ▶ 35도 방향으로 임의의 점을 클릭합니다.
통과점을 지정: **〈65** [Enter↵]
통과점을 지정: ▶ 65도 방향으로 임의의 점을 클릭합니다.

도형 편집하는 여러 가지 방법

AutoCAD 2020 기초와 실습 – 고급편

2

이 장에서는 다음과 같은 내용을 배울 수 있습니다.

- 다양한 자르기(TRIM) 옵션 사용 방법
- 다양한 연장(EXTEND) 옵션 사용 방법
- 모깎기(FILLET) 작업 시 알아두기
- 모따기(CHAMFER) 작업 시 알아두기
- 다양한 폴리선 편집(PEDIT) 옵션과 특징
- 곡선 편집(SPLINEDIT)하기
- 다중선 유형(MLSTYLE) 만들기
- 다중선 편집(MLEDIT)하기
- 여러 가지 방법으로 특성 편집하기
- 중복되거나 겹쳐 있는 도형 지우기

1 | 다양한 자르기(TRIM) 옵션 사용 방법

● **울타리(F), 걸치기(C), 지우기(R)를 사용하여 트림하기**

※ 'CAD연습도면' 폴더 안에 저장된 파일 '연습–6'을 불러와 ③번 도형으로 연습하길 바랍니다.

명령: TRIM Enter↵

객체 선택 또는 〈모두 선택〉: Enter↵

자를 객체 선택 또는 … 또는 [울타리(F)/걸치기(C)/…/지우기(R)/명령 취소(U)]: C Enter↵

첫 번째 구석을 지정: ▶ P1 클릭

반대 구석 지정: ▶ P2 클릭

자를 객체 선택 또는 … 또는 [울타리(F)/걸치기(C)/…/지우기(R)/명령 취소(U)]: R Enter↵

지울 객체 선택 또는 〈종료〉: ▶ P3 선택

지울 객체 선택: ▶ P4 선택

지울 객체 선택: Enter↵

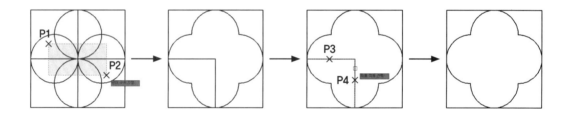

명령: TRIM Enter↵

객체 선택 또는 〈모두 선택〉: Enter↵

자를 객체 선택 또는 …[울타리(F)/걸치기…]: F Enter↵

첫 번째 울타리 점 지정: ▶ P1 클릭

다음 울타리 점 지정 또는 [명령 취소(U)]: ▶ P2 클릭

다음 울타리 점 지정 또는 [명령 취소(U)]: ▶ P3 클릭

다음 울타리 점 지정 또는 [명령 취소(U)]: ▶ P4 클릭

다음 울타리 점 지정 또는 [명령 취소(U)]: Enter↵

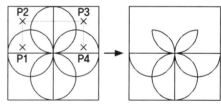

 알기

■ 울타리나 걸치기는 가급적 OSNAP[F3]과 ORTHO[F8]를 잠시 OFF(끄기)시키고 사용해야 편합니다.

■ ORTHO[F8]를 사용 중에 Shift 키를 누르고 커서를 움직이면 일시적으로 ORTHO가 해제됩니다.

명령: TRIM Enter↵

객체 선택 또는 〈모두 선택〉: Enter↵

자를 객체 선택 또는 …[울타리(F)/걸치기…]: **F** Enter↵

첫 번째 울타리 점 지정: ▶ P1 클릭

다음 울타리 점 지정 또는 [명령 취소(U)]: ▶ P2 클릭

다음 울타리 점 지정 또는 [명령 취소(U)]: Enter↵

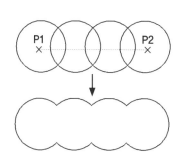

● **모서리(E)를 사용하여 트림하기**

모서리(E) 옵션을 사용하지 않을 경우 아래 그림과 같이 교차된 P1은 트림되지만 교차가 안된 P2는 선택을 해도 아무런 결과가 없습니다.

명령: TRIM Enter↵

객체 선택 또는 〈모두 선택〉: Enter↵

자를 객체 선택 또는 …[울타리(F)/…/모서리(E)/…]: **E** Enter↵

모서리 연장 모드 입력 [연장(E)/연장 안함(N)] 〈연장 안함〉: **E** Enter↵

자를 객체 선택 또는 …[울타리(F)/…/모서리(E)/…]: ▶ P1 선택

자를 객체 선택 또는 …[울타리(F)/…/모서리(E)/…]: ▶ P2 선택

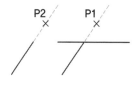

더 알기 모서리(E)는 전체를 경계로 트림할 때 많이 불편(객체가 잘게 잘게 트림됨!)하므로 평상시에는 사용하지 말고 꼭 필요할 경우에 한해서만 사용하는 것이 좋습니다.

● **TRIM 명령 실행 중에 객체를 연장하기**

자를 객체를 선택 시 Shift 키를 누르고 선택하면 트림하는 대신 연장이 됩니다.

명령: TRIM Enter↵

객체 선택 또는 〈모두 선택〉: Enter↵

자를 객체 선택 또는 Shift 키… 또는 [울타리(F)…/명령 취소(U)]:

▶ Shift 키를 누른 상태에서 **P1** 선택

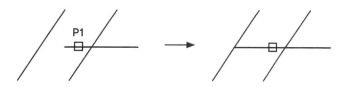

2 | 다양한 연장(EXTEND) 옵션 사용 방법

● EXTEND 명령 안에서 객체를 트림하기

※ 'CAD연습도면' 폴더 안에 저장된 파일 '연습-2'를 불러와 ④번 도형으로 연습하길 바랍니다.

명령: EXTEND Enter↵

객체 선택 또는 〈모두 선택〉: Enter↵

연장할 객체 선택 또는 …[울타리(F)…명령 취
　　소(U)]: **F** Enter↵

첫 번째 울타리 점 지정: ▶ Shift 키를 누른 상태
　　에서 클릭
　　　　　　:

다음 울타리 점 지정 또는 [명령 취소(U)]: Enter↵

▶ 마지막 Enter↵ 시에도 Shift 키를 누른 상태이어야 합니다.

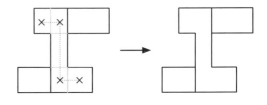

더 알기 연장할 객체를 선택 시 Shift 키를 누르고 선택하면 연장하는 대신 트림이 됩니다.

● **모서리(E) 옵션을 사용하여 연장할 때 문제점 해결하기**

※ 'CAD연습도면' 폴더 안에 저장된 파일 '연습-5'를 불러와 연습하길 바랍니다.

　경계(기준)를 선택하지 않고 모서리(E)를 사용하여 연장 시 아래와 같은 문제가 발생합니다. 이유
는 경계를 따로 선택하지 않으면 모든 객체가 기준이 되기 때문이며, 이럴 경우에는 반드시 경계를
선택하고 연장하는 것이 한결 편한 작업이 됩니다.

명령: EXTEND Enter↵

객체 선택 또는 〈모두 선택〉: Enter↵

연장할 객체 선택 또는 … [울타리(F)/…/모서리(E)/명령 취소
　　(U)]: **E** Enter↵

모서리 연장 모드 입력 [연장(E)/연장 안함(N)] 〈연장〉: **E** Enter↵

연장할 객체 선택 또는 … [울타리(F)/…/모서리(E)/명령 취소
　　(U)]: ▶ 오른쪽 그림 포인트 위치를 한 번씩만 선택

①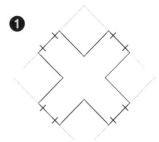

②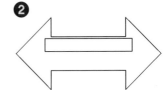

더 알기 전체가 경계가 되기 때문에 ①번 도형 밑에 있는 ②번 도
형도 기준 경계가 되어 끝까지 연장이 되질 않습니다.

※ UNDO(Ctrl+Z) 명령으로 방금 전 연장을 모두 취소하고 다음 작업을 학습합니다.

명령: EXTEND Enter↵

객체 선택 또는 〈모두 선택〉: ▶ 아래 그림과 같이 드래그하여 윈도우 박스로 **❶**번 도형만 선택

객체 선택: Enter↵

연장할 객체 선택 또는 … [울타리(F)/…/모서리(E)/명령 취소(U)]: E Enter↵

모서리 연장 모드 입력 [연장(E)/연장 안함(N)] 〈연장〉: E Enter↵

연장할 객체 선택 또는 … [울타리(F)/…/모서리(E)/명령 취소(U)]: ▶ 아래 그림과 같이 한 번씩
    만 선택

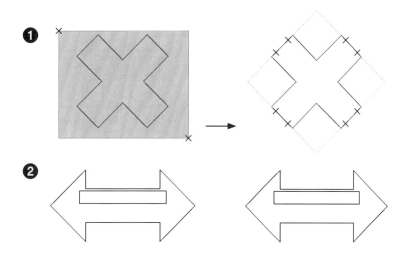

3 | 모깎기(FILLET) 작업 시 알아두기

● **필릿 작업 시 편리한 기능**

1. 두 개의 평행한 직선을 선택한 경우에는 설정된 반지름에 상관없이 정확하게 180° 호가 생성됩
   니다.

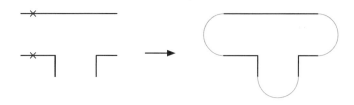

2. 필릿 작업 시 설정된 반지름과 자르기 모드에 아무런 상관없이 Shift 키를 누른 상태에서 객체
   를 선택하면 양쪽 객체 모두 트림과 연장이 동시에 됩니다.

더 알기 Shift 키가 아닌 필릿으로 트림과 연장 기능을 사용하는 다른 방법으로는 자르기 모드에 자르기가 설정되고 필릿 반지름값을 0으로 입력한 후 객체를 선택하면 됩니다.

● 필릿 작업 시 객체의 선택 위치에 따른 결과

다음과 같이 선택 위치에 따른 결과가 다르게 나오므로 가급적 필릿을 적용할 방향으로 근접하게 객체를 선택해야 합니다.

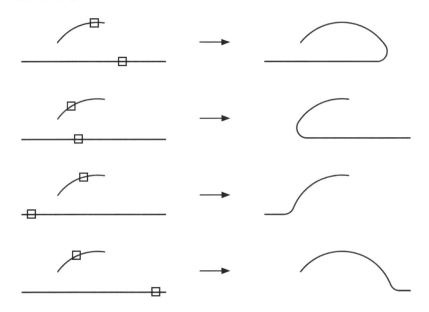

● 원(Circle)에 필릿 작업 시 결과

다음과 같이 원은 절대 트림이 되질 않고 원에 접(Tangent)하게 필릿이 됩니다.

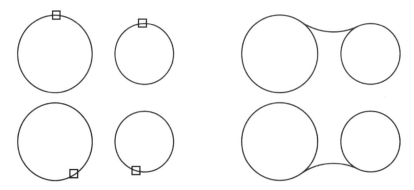

더 알기 CIRCLE 명령의 옵션에서 'Ttr - 접선 접선 반지름(T)'과 같은 결과가 됩니다.

4 | 모따기(CHAMFER) 작업 시 알아두기

● **모따기 작업 시 자르기 사용**

구멍에 모따기 작업을 하기 위해서는 자르기 모드를 사용해야 합니다.

명령: CHAMFER Enter↵

첫 번째 선 선택 또는 [명령 취소(U)/폴리선(P)/거리(D)/각도(A)/자르기(T)...]: T Enter↵

자르기 모드 옵션 입력 [자르기(T)/자르지 않기(N)] 〈자르기〉: N Enter↵

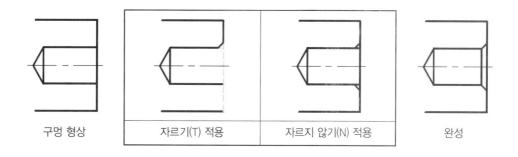

| 구멍 형상 | 자르기(T) 적용 | 자르지 않기(N) 적용 | 완성 |

※ **자르기(T)**를 적용할 경우 선택한 반대쪽 선이 트림이 되기 때문에 **자르지 않기(N)**를 사용하여 양쪽으로 모따기를 한 후 최종적으로 트림과 모따기 그리고 직선을 추가하여 완성합니다.

● **모따기 작업 시 편리한 기능**

필릿과 마찬가지로 모따기 작업 시 설정된 거리값과 자르기 모드에 아무런 상관없이 Shift 키를 누른 상태에서 객체를 선택하면 양쪽 객체 모두 트림과 연장이 동시에 됩니다.

명령: CHAMFER Enter↵

첫 번째 선 선택 또는 [...]: ▶ 모따기 작업할 첫 번째 도형을 지정

두 번째 선 선택 또는 Shift 키를 누른 채 선택하여 구석 적용 또는 [...]:

　　　▶ Shift 키를 누른 상태에서 모따기 작업할 두 번째 도형을 지정

5 | 다양한 폴리선 편집(PEDIT) 옵션과 특징

● PEDIT 명령 옵션

```
폴리선 선택 또는 [다중(M)]:
  PEDIT 옵션 입력 [닫기(C) 결합(J) 폭(W) 정점 편집(E) 맞춤(F) 스플라인(S) 비곡선화(D) 선종류생성(L) 반전(R)
명령 취소(U)]:
```

다중(M)	두 개 이상의 폴리선을 선택하여 편집합니다.
닫기(C)	개구간 폴리선인 경우 폐구간으로 작도됩니다. 편집할 폴리선이 폐구간인 경우 '닫기(C)'가 '열기(O)' 옵션으로 대치됩니다.
결합(J)	두 개 이상의 객체가 끝점이 서로 만나 있는 경우에만 결합하여 하나의 폴리선이 됩니다.
폭(W)	폴리선에 일정한 폭을 가진 선두께를 정의합니다.
정점 편집(E)	폴리선의 꼭짓점(정점)을 이동해가며 부분적인 편집을 할 수 있는 옵션이 나열됩니다.
맞춤(F)	직선인 폴리선을 호(arc)로 구성된 부드러운 곡선으로 변경합니다.
스플라인(S)	'맞춤(F)'과 다르게 B-스플라인과 유사한 완만한 부드러운 곡선으로 변경합니다.
비곡선화(D)	'맞춤(F)'과 '스플라인(S)'로 변경된 곡선을 다시 직선으로 변경합니다.
선종류 생성(L)	일점쇄선이나 이점쇄선인 폴리선 꼭짓점(정점)에 패턴이 표시되도록 정렬시켜 줍니다.
반전(R)	X 표식기가 표시가 되며 폴리선 작도 시 적용된 꼭짓점(정점) 순서를 역방향으로 변경합니다. '정점 편집(E)'으로 변경된 순서를 확인할 수 있습니다.
명령 취소(U)	가장 최근에 편집한 작업을 전 상태로 되돌립니다.

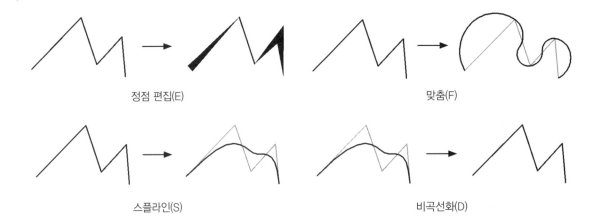

정점 편집(E)   맞춤(F)

스플라인(S)   비곡선화(D)

● 정점 편집(E) 모드 사용 시 옵션

```
(U)]: E
정점 편집 옵션 입력
PEDIT [다음(N) 이전(P) 끊기(B) 삽입(I) 이동(M) 재생성(R) 직선화(S) 접선(T) 폭(W) 종료(X)] <N>:
```

다음(N)	X 표식기를 다음 꼭짓점(정점)으로 이동시켜 편집 구간을 정합니다.
이전(P)	X 표식기를 이전 꼭짓점(정점)으로 이동시켜 편집 구간을 정합니다.
끊기(B)	끊기(B) 옵션을 사용하기 전 X 표식기에서부터 끊기(B) 옵션을 사용하여 다른 꼭짓점(정점)으로 이동시킨 X 표식기 사이의 폴리선을 잘라서 삭제시킵니다.
삽입(I)	X 표식기가 있는 다음에 새로운 꼭짓점(정점)을 추가합니다.
이동(M)	X 표식기가 있는 꼭짓점(정점)을 이동시킵니다.
재생성(R)	REGEN 명령과 같이 폴리선의 가시성을 다시 재조정해 줍니다.
직선화(S)	직선화(S) 옵션을 사용하기 전 X 표식기에서부터 이동시킨 X 표식기 사이의 꼭짓점(정점)을 제거하여 직선화시킵니다.
접선(T)	꼭짓점(정점)의 접선 방향을 부착시켜 이후 곡선 맞춤에 사용합니다.
폭(W)	꼭짓점(정점) 사이의 폴리선에 시작 및 끝 두께값을 부여합니다.
종료(X)	정점 편집을 종료합니다.

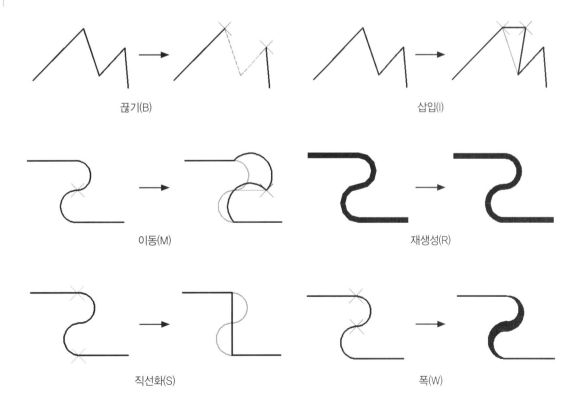

끊기(B)

삽입(I)

이동(M)

재생성(R)

직선화(S)

폭(W)

폴리선 편집 연습하기

폴리선 객체 끊기

RECTANGLE 명령으로 임의의 위치에 60×40인 직사각형을 그림과 같이 두 개를 작도합니다.

명령: **PEDIT** [Enter↵]
폴리선 선택 또는 [다중(M)]: ▶ P1 선택
옵션 입력 [열기(O)/결합(J)/폭(W)/정점 편집(E)…]: **E** [Enter↵]
정점 편집 옵션 입력 [다음(N)/이전(P)/끊기(B)…] ⟨N⟩: [Enter↵]
정점 편집 옵션 입력 [다음(N)/이전(P)/끊기(B)…] ⟨N⟩: [Enter↵]
정점 편집 옵션 입력 [다음(N)/이전(P)/끊기(B)…] ⟨N⟩: **B** [Enter↵]
옵션 입력 [다음(N)/이전(P)/진행(G)/종료(X)] ⟨N⟩: [Enter↵]
옵션 입력 [다음(N)/이전(P)/진행(G)/종료(X)] ⟨N⟩: **G** [Enter↵]
정점 편집 옵션 입력 [다음(N)/이전(P)…종료(X)] ⟨N⟩: **X** [Enter↵]
옵션 입력 [닫기(C)/결합(J)/폭(W)/정점 편집(E)…]: [Enter↵]

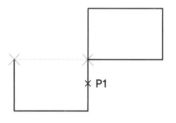

나머지 사각형 한 개도 그림과 같이 끊기를 합니다.

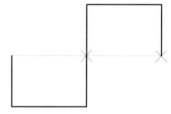

폴리 속성을 가진 다각형 편집하기

1. 폴리선(POLYLINE) 특성을 가진 사각형이나 다각형은 필릿 작업 시 한꺼번에 모든 꼭짓점에 필릿을 추가할 수 있습니다.

명령: **FILLET** [Enter↵]
첫 번째 객체 선택 또는 […폴리선(P)/반지름(R)…]:
　　R [Enter↵]
모깎기 반지름 지정: **10** [Enter↵]
첫 번째 객체 선택 또는 […폴리선(P)/반지름(R)…]:
　　P [Enter↵]
2D 폴리선 선택 또는 [반지름(R)]: ▶ P1 선택

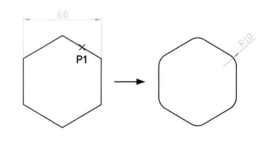

2. 폴리선 편집 PEDIT 명령으로 다양하게 편집할 수 있습니다. 선 두께를 정의하겠습니다.

명령: PEDIT [Enter↵]
폴리선 선택 또는 [다중(M)]: ▶ P2 선택
옵션 입력 [열기(O)/결합(J)/폭(W)/정점 편집(E)...]:
        W [Enter↵]
전체 세그먼트에 대한 새 폭 지정: 5 [Enter↵]
옵션 입력 [열기(O)/결합(J)/폭(W)...]: [Enter↵]

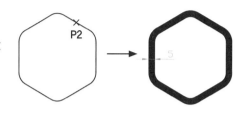

사각형(RECTANG) 오프셋의 원리

사각형은 일반적인 선(LINE)이 아닌 폴리선(POLYLINE)으로 그려지기 때문에 한 개의 사각형은 한 개의 객체가 됩니다. 그러므로 사각형은 한꺼번에 오프셋이 되며 만약 EXPLODE 명령으로 사각형을 분해한 경우에는 개별적인 객체(LINE)가 되어 하나씩 오프셋이 됩니다.

명령: OFFSET [Enter↵]
간격 띄우기 거리 지정 또는 [통과점(T)/지우기(E)/도면층(L)] 〈통과점〉: 10 [Enter↵]
간격 띄우기할 객체 선택 또는 [종료(E)/명령 취소(U)] 〈종료〉: ▶ P1 선택
간격 띄우기할 면의 점 지정 또는 [종료(E)/다중(M)/명령 취소(U)] 〈종료〉: ▶ P2 클릭
간격 띄우기할 객체 선택 또는 [종료(E)/명령 취소(U)] 〈종료〉: [Enter↵]

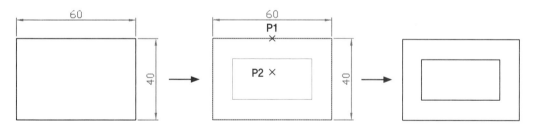

명령: EXPLODE [Enter↵]
객체 선택: ▶ 사각형을 선택
객체 선택: [Enter↵]

더 알기 폴리선(POLYLINE) 속성을 가진 객체인 사각형, 다각형, 블록 등은 EXPLODE 명령으로 분해하면 모두 개별적인 객체가 됩니다.

명령: OFFSET [Enter↵]

간격 띄우기 거리 지정 또는 [통과점(T)/지우기(E)/도면층(L)] ⟨통과점⟩: **10** [Enter↵]

간격 띄우기할 객체 선택 또는 [종료(E)/명령 취소(U)] ⟨종료⟩: ▶ P1 선택

간격 띄우기할 면의 점 지정 또는 [종료(E)/다중(M)/명령 취소(U)] ⟨종료⟩: ▶ P2 클릭

간격 띄우기할 객체 선택 또는 [종료(E)/명령 취소(U)] ⟨종료⟩: [Enter↵]

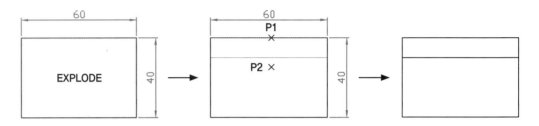

6 | 곡선 편집(SPLINEDIT)하기

SPLINEDIT 명령은 맞춤 공차, 조정 정점의 수 및 시작/끝 접선 방향 등을 편집하며 스플라인 맞춤 폴리선을 스플라인으로 변환시킵니다.

 명령: SPLINEDIT [Enter↵] [단축키: SPE]

● SPLINEDIT 명령 옵션

> 스플라인 선택:
> SPLINEDIT 옵션 입력 [닫기(C) 결합(J) 맞춤 데이터(F) 정점 편집(E) 폴리선으로 변환(P) 반전(R) 명령 취소(U) 종료(X)] ⟨종료⟩:

닫기(C)	첫 번째 지정된 점과 마지막 지정된 점을 연결하여 스플라인을 닫습니다.
열기(O)	폐구간의 곡선을 편집할 때 표시되며 첫 번째 지정된 점과 마지막 지정된 점 사이의 최종 곡선 세그먼트를 제거하여 개구간으로 만듭니다.
결합(J)	두 개 이상 곡선의 끝점이 서로 만나있는 경우에만 결합이 되며 여러 곡선, 호, 선을 결합시켜 하나의 스플라인으로 형성됩니다.
맞춤 데이터(F)	스플라인에 맞춤점을 추가/삭제/이동/공차 등 편집 옵션을 사용하여 편집합니다.
정점 편집(E)	스플라인에 조정 정점을 추가/삭제/이동 등 편집 옵션을 사용하여 편집합니다.
폴리선으로 변환(P)	스플라인을 정밀도 값을 지정(0~99 사이 정수)하여 폴리선으로 변환합니다.
반전(R)	스플라인 작도 시 첫 번째 지정된 점과 마지막에 지정된 점을 반대 방향으로 변경합니다.
명령 취소(U)	가장 최근에 편집한 작업을 전 상태로 되돌립니다.

닫기(C) / 열기(O)   결합(J)

● 맞춤 데이터(F) 옵션

```
>: F
맞춤 데이터 옵션 입력
SPLINEDIT [추가(A) 닫기(C) 삭제(D) 꼬임(K) 이동(M) 소거(P) 접선(T) 공차(L) 종료(X)] <종료>:
```

추가(A)	기준이 될 맞춤점을 선택한 후 다음 맞춤점 방향으로 새로운 맞춤점을 추가합니다.
닫기(C)	첫 번째 지정된 점과 마지막 지정된 점을 연결하여 스플라인을 닫습니다. 편집할 스플라인이 닫혀 있는 경우에는 '열기' 옵션으로 변경됩니다.
삭제(D)	선택한 맞춤점을 한 개씩 제거합니다.
꼬임(K)	'추가(A)' 옵션과 다르게 바로 지정된 스플라인상에 자유롭게 맞춤점을 추가합니다.
이동(M)	선택한 맞춤점을 지정된 새로운 위치로 이동합니다.
소거(P)	스플라인의 맞춤 데이터를 조정 정점 방식으로 전환합니다.
접선(T)	스플라인의 시작 접선 방향과 끝 접선 방향을 변경합니다.
공차(L)	맞춤점에서 떨어져 생성되는 거리값을 입력하여 입력된 거리값에 기존 맞춤점을 다시 맞추어 스플라인 형태가 변경됩니다.

맞춤점 추가하기

명령: SPLINEDIT [Enter↵]

스플라인 선택: ▶ 편집할 스플라인을 선택

옵션 입력 [닫기(C)/결합(J)/맞춤 데이터(F)/정점 편집(E)...종료(X)] <종료>: F [Enter↵]

맞춤 데이터 옵션 입력 [추가(A)/닫기(C)/삭제(D)/꼬임(K)...종료(X)] <종료>: A [Enter↵]

스플라인에서 기존 맞춤점 지정 <종료>: ▶ P1 선택

추가할 새 맞춤점 지정 <종료>: ▶ 임의의 위치인 P2 클릭

추가할 새 맞춤점 지정 <종료>: [Enter↵]

스플라인에서 기존 맞춤점 지정 <종료>: [Enter↵]

맞춤 데이터 옵션 입력 [추가(A)/닫기(C)/삭제(D)/꼬임(K)...종료(X)] <종료>: [Enter↵]

옵션 입력 [닫기(C)/결합(J)/맞춤 데이터(F)/정점 편집(E)...종료(X)] <종료>: [Enter↵]

※ 스플라인을 편집할 때는 가급적 [F3](스냅 모드)와 [F8](직교 모드)를 OFF시키고 합니다.

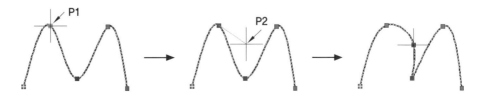

● 정점 편집(E) 옵션

> ✕ 옵션 입력 [닫기(C)/결합(J)/맞춤 데이터(F)/정점 편집(E)/폴리선으로 변환(P)/반전(R)/명령 취소(U)/종료(X)] <종료
> >: E
> 🔧 ⤻▾ SPLINEDIT 정점 편집 옵션 입력 [추가(A) 삭제(D) 순서 올리기(E) 이동(M) 가중치(W) 종료(X)] <종료>:

추가(A)	스플라인 조정 정점 사이에 자유롭게 새 조정 정점을 추가합니다.
삭제(D)	선택한 조정 정점을 한 개씩 제거합니다.
순서 올리기(E)	스플라인 전체에 조정 정점 수를 늘리기 위해 다항식 순서(최댓값 26)를 높입니다.
이동(M)	선택한 조정 정점을 지정된 새로운 위치로 이동합니다.
가중치(W)	선택한 조정 정점의 가중치 값을 입력하여 스플라인 형태를 변경합니다. 가중치 값이 클수록 스플라인이 조정 정점에 가깝게 이동됩니다.

▶ 조정 정점의 가중치 변경하기

명령: **SPLINEDIT** [Enter↵]

스플라인 선택: ▶ 편집할 스플라인을 선택

옵션 입력 [닫기(C)/결합(J)/맞춤 데이터(F)/정점 편집(E)…종료(X)] 〈종료〉: **E** [Enter↵]

정점 편집 옵션 입력 [추가(A)/삭제(D)…가중치(W)/종료(X)] 〈종료〉: **W** [Enter↵]

새 가중치 입력 (현재 = 1.0000) 또는 [다음(N)/이전(P)/점 선택(S)/종료(X)] 〈N〉: [Enter↵]

　　　　　　　　　： 　▶ [Enter↵]키를 눌러 편집할 조정 정점인 **P1**으로 이동

새 가중치 입력 (현재 = 1.0000) 또는 [다음(N)/이전(P)/점 선택(S)/종료(X)] 〈N〉: **20** [Enter↵]

새 가중치 입력 (현재 = 20.0000) 또는 [다음(N)/이전(P)/점 선택(S)/종료(X)] 〈N〉: **X** [Enter↵]

정점 편집 옵션 입력 [추가(A)/삭제(D)/순서 올리기(E)/이동(M)/가중치(W)/종료(X)] 〈종료〉:
[Enter↵]

옵션 입력 [닫기(C)/결합(J)/맞춤 데이터(F)/정점 편집(E)…명령 취소(U)/종료(X)] 〈종료〉:
[Enter↵]

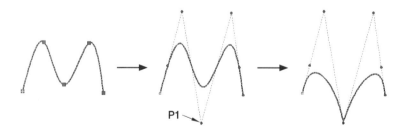

P1 ⟍

7 | 다중선 유형(MLSTYLE) 만들기

MLSTYLE 명령으로 다중선의 스타일을 새롭게 작성하거나 수정 및 관리할 수 있습니다.

명령: MLSTYLE Enter↵

● 여러 줄 스타일 대화상자

- **현재로 설정:** 작성된 유형들 중 하나를 선택하여 활성화합니다.
- **새로 만들기:** 새로운 다중선 유형을 생성합니다.
- **수정:** 작성된 유형들 중 하나를 선택하여 수정합니다.
- **이름 바꾸기:** 현재 선택된 다중선 유형의 이름을 변경합니다.
- **삭제:** 작성된 유형들 중 하나를 선택하여 삭제합니다.
- **로드:** 미리 작성된 다중선 라이브러리(MLN)를 불러옵니다.
- **저장:** 새로 정의된 유형을 다중선 라이브러리(MLN)에 저장합니다.

● [새로 만들기(N)...] 대화상자

'새 스타일 이름'란에 작성될 유형의 이름을 입력하고 **계속** 버튼을 선택하면 오른쪽 그림과 같이 대화상자가 표시됩니다.

- **설명:** 새로 작성될 다중선에 주서(Note)를 입력합니다.
- **마개:** 다중선 양쪽 끝 막음을 네 가지 형태로 설정합니다.
- **채우기:** 다중선 폭 안에 채울 배경 색상을 선택합니다.
- **접합 표시:** 다중선의 꼭짓점(정점)에 접합부를 표시합니다.
- **추가:** 기존 두 가닥에 새 요소(선)를 추가합니다.
- **삭제:** 필요 없는 요소(선)를 선택하여 삭제합니다.
- **간격 띄우기:** 요소(선) 간에 떨어지는 간격값을 입력합니다.
- **색상 & 선종류:** 선택된 요소에 대한 색상과 선종류를 변경합니다.

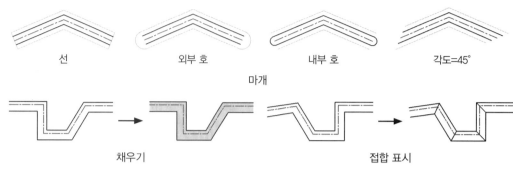

선 외부 호 내부 호 각도=45°

마개

채우기 접합 표시

다중선 유형 만들기 연습

오른쪽과 같은 다중선 유형을 만들어 보겠습니다.

1 명령: **MLSTYLE** Enter↵

2 여러 줄 스타일 대화상자에서 새로 만들기(N)... 를 선택합니다.

3 새 여러 줄 스타일 작성 창의 '새 스타일 이름'란에 **SAMPLE-1**로 입력하고 계속 을 누릅니다.

4 새 여러 줄 스타일 대화상자 오른쪽에 있는 추가(A) 를 선택하여 **'그림1'**과 같이 설정합니다.

5 다시 추가(A) 를 선택하여 **'그림2'**와 같이 설정합니다.

6 또 다시 추가(A) 를 선택하여 **'그림3'**과 같이 설정합니다.

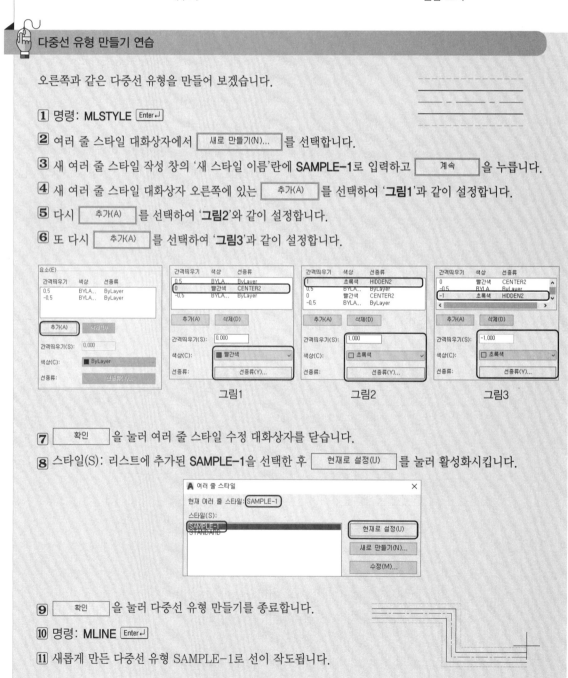

그림1 그림2 그림3

7 확인 을 눌러 여러 줄 스타일 수정 대화상자를 닫습니다.

8 스타일(S): 리스트에 추가된 **SAMPLE-1**을 선택한 후 현재로 설정(U) 를 눌러 활성화시킵니다.

9 확인 을 눌러 다중선 유형 만들기를 종료합니다.

10 명령: **MLINE** Enter↵

11 새롭게 만든 다중선 유형 SAMPLE-1로 선이 작도됩니다.

8 | 다중선 편집(MLEDIT)하기

MLEDIT 명령으로 작도된 다중선의 교차점을 직관적으로 트림할 수 있습니다. 교차점뿐만 아니라 다중선 중간을 끊거나 정점을 추가 또는 삭제합니다.

 명령: MLEDIT Enter↵

● **여러 줄 편집 도구 대화상자**

  • 네 개의 열로 나열된 편집 종류는 다음과 같습니다.
    첫 번째 열 – 교차된 십자형 다중선을 편집합니다.
    두 번째 열 – 교차된 T자형 다중선을 편집합니다.
    세 번째 열 – 모서리 트림과 정점을 편집합니다.
    네 번째 열 – 다중선 중간을 끊거나 연결합니다.

 다중선 편집 연습하기

🔘 십자형과 T자형으로 편집하기

① 명령: **MLEDIT** Enter↵ 표시된 여러 줄 편집 도구 대화상자에서 '병합된 십자형 ⊞'을 선택합니다.
    첫 번째 다중선 **P1**과 두 번째 다중선 **P2**를 선택합니다.
    ※ '병합된 십자형' 편집은 다중선 선택 순서가 중요하지 않습니다.

② 명령: **MLEDIT** Enter↵ 표시된 여러 줄 편집 도구 대화상자에서 '열린 T자형 ⊤'을 선택합니다.
    첫 번째 다중선 **P3**과 두 번째 다중선 **P4**를 선택합니다.
    ※ '열린 T자형' 편집은 P3과 P4의 순서를 변경 시 다른 결과가 나오기 때문에 선택 순서가 중요합니다.

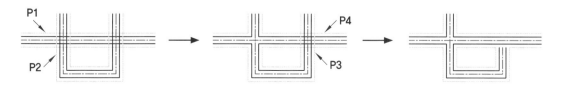

정점을 추가하여 그립으로 편집하기

① 명령: MLEDIT [Enter↵]

'정점 추가 ‖‧》》'를 선택하여 임의의 점인 **P1**
과 **P2**를 다중선에서 클릭하여 정점 두 개를
추가합니다.

② 명령 없이 다중선을 선택합니다.
표시된 그립 중에 추가된 그립을 선택하여
신축시켜 오른쪽 그림과 같이 편집할 수 있
습니다.

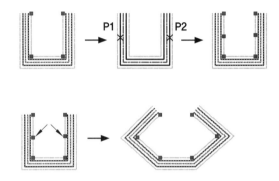

9 | 여러 가지 방법으로 특성 편집하기

● 빠른 특성 팔레트 사용

빠른 특성 팔레트를 사용하여 좀 더 편리하게 객체의 특성을 변경할 수 있습니다. 빠른 특성 팔레
트가 나타나게 하기 위해서는 편집할 객체를 두 번 클릭하면 됩니다.

선을 더블 클릭 시 팔레트 표시

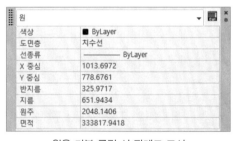

원을 더블 클릭 시 팔레트 표시

• 사용자화 [CUI]

빠른 특성 팔레트에서 표시되는 객체 유
형 정보를 팔레트 창 오른쪽 상단에 있는
사용자화 [CUI] 버튼을 클릭하여 사용자 인
터페이스 사용자화(CUI) 대화상자를 통해
추가시킬 수 있습니다.

단축키 '[Ctrl]+[Shift]+[P]' 또는 시스템 변수 QPMODE에 변수값 1을 입력하면 객체를 한 번만 클릭해도 빠른 특성 팔레트가 표시됩니다.
※ 시스템 변수 QPMODE 기본 변수값은 −1입니다.

● CHANGE 명령과 CHPROP 명령

CHANGE 및 CHPROP 명령은 팔레트나 대화상자가 없이 명령어 입력줄에서 변경하고자 하는 특성 옵션을 선택하여 기존에 작도된 객체의 특성을 변경합니다.

○ CHPROP 명령 옵션

```
객체 선택:
CHPROP 변경할 특성 입력 [색상(C) 도면층(LA) 선종류(LT) 선종류축척(S) 선가중치(LW) 두께(T) 투명도(TR) 재료(M) 주석(A)]:
```

수정할 기존의 객체를 지정한 후 변경하고자 하는 특성의 옵션에서 직접 값(예 색상일 때는 색상이름 또는 색상 번호)을 입력해서 특성을 변경합니다.

○ CHANGE 명령 옵션

```
명령: CHANGE
객체 선택: 1개를 찾음
CHANGE 객체 선택: 변경점 지정 또는 [특성(P)]:
```

```
객체 선택: 변경점 지정 또는 [특성(P)]: P
CHANGE 변경할 특성 입력 [색상(C) 고도(E) 도면층(LA) 선종류(LT) 선종류축척(S) 선가중치(LW) 두께(T) 투명도(TR) 재료(M) 주석(A)]:
```

수정할 기존의 객체를 지정한 후 변경점을 선택하거나 '특성(P)' 옵션에 들어가 CHPROP 명령처럼 객체의 특성을 변경합니다.

• 변경점 지정

선택한 객체의 유형에 따라 객체의 크기, 길이, 위치 등을 변경합니다.

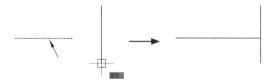

선의 끝점을 새 점으로 변경

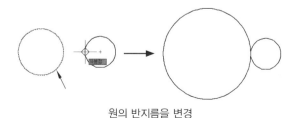

원의 반지름을 변경

① 임의의 크기로 선과 원을 작도합니다.

명령: **LINE** Enter↵
명령: **CIRCLE** Enter↵

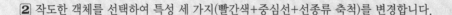

② 작도한 객체를 선택하여 특성 세 가지(빨간색+중심선+선종류 축척)를 변경합니다.

명령: **CHPROP** Enter↵
객체 선택: ▶ 변경할 객체를 선택
객체 선택: Enter↵
변경할 특성 입력 [색상(C)/도면층(LA)/선종류(LT)/선종류 축척(S)…]:
　　C Enter↵
새 색상 [트루컬러(T)/색상표(CO)] 〈BYLAYER〉: **1** Enter↵
변경할 특성 입력 [색상(C)/도면층(LA)/선종류(LT)/선종류 축척(S)…]: **LT** Enter↵
새 선종류 이름 입력 〈ByLayer〉: **CENTER2** Enter↵
변경할 특성 입력 [색상(C)/도면층(LA)/선종류(LT)/선종류 축척(S)…]: **S** Enter↵
새 선종류 축척을(를) 지정 〈1.0000〉: **0.5** Enter↵
변경할 특성 입력 [색상(C)/도면층(LA)/선종류(LT)/선종류 축척(S)…]: Enter↵

10 │ 중복되거나 겹쳐 있는 도형 지우기

OVERKILL 명령은 중복되거나 겹쳐 있는 선, 호, 폴리선 등을 한 번에 모두 제거하거나 같은 방향으로 끊어진 선(일부 겹침 포함)을 하나의 선으로 연결할 수 있습니다.

 명령: OVERKILL Enter↵

● **Overkill 명령 사용 방법**

① OVERKILL 명령을 실행합니다.

② 객체를 선택합니다.

※ 모두 찾고자 한다면 ALL 입력, 특정 부분일 때는 윈도우로 선택합니다.

③ 중복 객체 삭제 대화상자가 표시되며 일반적으로 바로 '확인' 버튼을 클릭합니다.

- 공차

  겹친 객체가 얼마나 일치하게 겹쳤는지 그 허용범위를 설정합니다.

- 객체 특성 무시

  겹친 객체를 검색할 때 아래 나열된 특성 중 선택한 특성은 무시하고 검색합니다.

- 옵션

  옵션 항목에서는 겹쳐 있는 선, 호, 폴리선 을 처리하는 방법을 설정합니다.

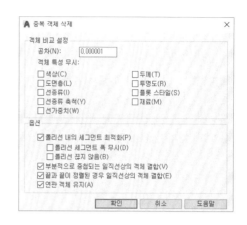

'선택 순환'을 사용하여 겹쳐 있는 객체를 선별하는 방법

선택 순환: **SELECTIONCYCLING (시스템 변수) [단축키:** Ctrl+W**]**

'선택 순환'을 사용하면 겹쳐 있는 객체들의 객체 리스트가 표시되며 원하는 객체를 리스트 상에서 선택할 수 있습니다.

● **선택 순환 사용 방법**

① 시스템 변수 SELECTIONCYCLING 값을 '2'로 설정하거나 단축키 Ctrl+W를 눌러 선택 순환을 ON시킵니다.

② 겹쳐 있는 객체 위로 마우스 커서를 이동시키면 객체가 서로간에 겹쳐져 있다는 신호로 파란색 커서 아이콘(🖳)이 표시됩니다.

③ 객체를 클릭하면 겹쳐 있는 객체들을 한눈에 알아볼 수 있도록 선택 리스트 상자가 표시되며, 표시된 리스트를 확인하여 리스트 안에서 원하는 객체를 선택합니다.

MLINE(다중선) 명령은 건축물 평면도를 설계할 때 활용도가 높은 명령입니다.

기본적으로 두 개의 선을 평행하게 한꺼번에 작도할 수 있으며 축척 옵션을 사용하여 두 선의 간격을 쉽게 조절할 수 있어 편리하게 사용할 수 있습니다.

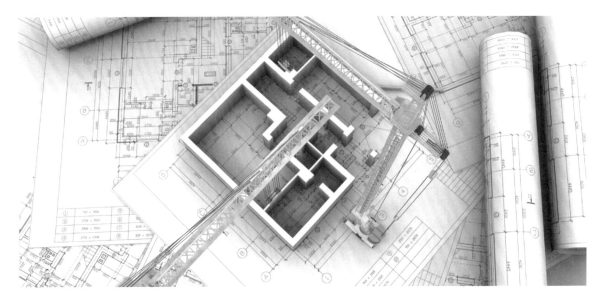

MLSTYLE(다중선 유형) 명령으로 새로운 유형을 만들 수 있어 건축 벽체 내부 설계를 상세하게 작도할 수 있습니다. 두 개 이상의 여러 줄을 만들거나 줄의 간격을 모두 다르게 설정하고 선종류를 다양하게 변경하는 등의 상세한 설정이 가능합니다. 또한 선종류 정의(.lin) 파일을 사용자가 문자와 기호까지 추가하여 직접 만들어 선종류를 설정하면 좀 더 섬세한 작업을 쉽게 처리할 수 있습니다.

벽체 내부 단열재 형태의 선종류를 사용자가 직접 정의(.lin)하여 다중선에 쉽게 적용시킬 수 있습니다.

도형 이동하는 여러 가지 방법

3

이 장에서는 다음과 같은 내용을 배울 수 있습니다.

- 다양한 객체 선택 방법
- 알고 있으면 도움되는 복사, 회전, 대칭 기능
- 정렬(ALIGN)하기
- 그립(GRIP) 모양에 따른 사용 방법
- 다양한 배열(ARRAY) 명령어 사용하기
- 배열 삽입(MINSERT)하기

1 | 다양한 객체 선택 방법

● 객체 선택 옵션

편집 명령(ERASE, TRIM, COPY, ARRAY 등)을 실행하여 '객체 선택(Select Object)' 항목이 표시될 때 ?를 입력하고 Enter↵를 누르면 모든 객체 선택 옵션들이 아래와 같이 나열됩니다.

> × 점을 예상하거나 또는 윈도우(W)/최종(L)/걸치기(C)/상자(BOX)/모두(ALL)/울타리(F)/윈도우 폴리곤(WP)/걸침 폴리곤(CP)/그룹(G)/추가(A)/제거(R)/다중(M)/이전(P)/명령 취소(U)/자동(AU)/단일(SI)/하위 객체(SU)/객체(O)
> ERASE 객체 선택:

점을 예상	객체를 개별적으로 한 개씩 선택하는 기본적인 방법입니다.
윈도우(W)	대각선 방향으로 두 점을 정의하여 사각형 내에 완전히 포함된 객체를 선택합니다. (실선 사각형으로 표시) ※ 윈도우(W)를 입력하고 선택하면 마우스를 오른쪽에서 왼쪽으로 두 점을 정의해도 윈도우만 적용됩니다.
최종(L)	방금 작도된 마지막 객체 한 개만 선택됩니다.
걸치기(C)	대각선 방향으로 두 점을 정의하여 사각형 내에 완전히 포함한 객체와 사각형에 걸쳐진 객체까지 선택합니다. (점선 사각형으로 표시) ※ 걸치기(C)를 입력하고 선택하면 마우스를 왼쪽에서 오른쪽으로 두 점을 정의해도 걸치기만 적용됩니다.
상자(BOX)	윈도우(W)와 걸치기(C) 기능과 같으므로 지금은 사용하지 않습니다.
모두(ALL)	도면상에 그린 모든 객체를 한꺼번에 선택합니다.
울타리(F)	점선이 표시가 되며 점선에 걸쳐진 객체들만 선택합니다.
윈도우 폴리곤(WP)	다각형 형태의 영역을 만들어 영역 내에 완전히 포함된 객체만을 선택합니다. (실선 다각형 영역으로 표시)
걸침 폴리곤(CP)	다각형 형태의 영역을 만들어 영역 내에 완전히 포함된 객체와 걸쳐진 객체까지 선택합니다. (점선 다각형 영역으로 표시)
그룹(G)	GROUP 명령으로 정의된 그룹 내 모든 객체를 한 번에 선택합니다. ※ 그룹 작업 시 정의된 이름을 입력해야 합니다. (LIST 명령으로 그룹에서 정의된 이름을 확인)
추가(A)	객체를 추가적으로 선택합니다. ※ 제거(R)를 사용한 후 추가(A)로 전환하고자 할 때 사용합니다.
제거(R)	선택된 객체 중 일부분만 선택 해제하고자 할 때 사용합니다. ※ 제거(R)를 사용한 후 다시 다른 객체를 선택하려면 추가(A)로 전환해야 합니다.
다중(M)	객체를 선택하면 강조 표시가 없이 선택됩니다. ※ 불편하므로 사용하지 않습니다.
이전(P)	가장 마지막에 선택한 객체가 다시 한 번 재선택됩니다. ※ 최근에 한꺼번에 선택한 객체일 경우 모두 재선택이 되므로 MOVE나 COPY 명령에서 많이 사용됩니다.
명령 취소(U)	가장 마지막에 선택한 객체를 선택 해제시킵니다.
자동(AU)	윈도우(W)와 걸치기(C)로 전환하며 기본적으로 적용되므로 사용하지 않습니다.
단일(SI)	단 한 개의 객체만 선택됩니다. ※ 불필요하므로 사용하지 않습니다.
하위 객체(SU)	3차원 도형 솔리드의 정점, 모서리, 면을 선택 시 적용됩니다.
객체(O)	하위 객체(SU) 선택 방법을 종료합니다. 일반적인 선택 방법으로 전환됩니다.

- 일반적으로 [점을 예상, 윈도우(W), 걸치기(C), 모두(ALL), 울타리(F), 이전(P)] 정도가 많이 사용됩니다.

- 기본적으로 빈 공간을 클릭 시 적용되는 윈도우와 걸치기는 OPTION 명령의 **선택** 탭에서 '<u>빈 영역 선택 시 자동 윈도우</u>'가 체크되어 있어야 사용할 수 있습니다.

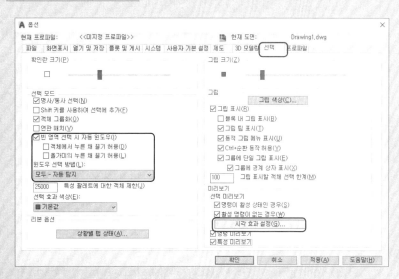

- 기본적으로 '모두–자동 탐지'와 '클릭 후 클릭'은 같으며 '누른 채 끌기'는 마우스 커서를 드래그해야만 윈도우와 걸치기를 사용할 수 있습니다.

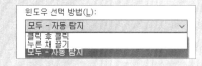

- **선택** 탭에 있는 '**시각 효과 설정**'에서는 윈도우와 걸치기 작업 시 적용되는 바탕 영역 색상과 불투명도를 조절할 수 있습니다.

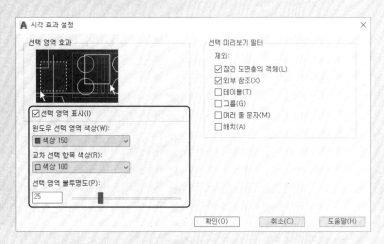

2 | 알고 있으면 도움되는 복사, 회전, 대칭 기능

● **COPY 명령이 아닌 객체를 복사하는 다른 방법**

1. 윈도우 단축키 사용 [Ctrl]+[C] , [Ctrl]+[V]

   : 복사할 객체를 선택한 후 [Ctrl]+[C]로 복사하고 적당한 위치에 [Ctrl]+[V]로 붙여넣기합니다.

   [※ 명령어로도 사용 가능: COPYCLIP = [Ctrl]+[C] , PASTECLIP = [Ctrl]+[V]]

2. COPYBASE 명령 사용

   : 삽입할 기준점을 미리 정해 놓고 붙여넣기[Ctrl]+[V]를 할 수 있습니다.

   명령: COPYBASE [Enter↵]

   기준점 지정: ▶ 복사시킬 객체에서 원하는 삽입점을 스냅으로 지정

   객체 선택: ▶ 복사시킬 객체 선택

   객체 선택: [Enter↵]

   ※ COPYBASE 명령 실행 후 [Ctrl]+[V]로 붙여넣기 합니다.

● **회전(ROTATE)의 참조(R) 옵션을 사용하여 상대적인 각도로 회전하기**

   ※ 'CAD연습도면' 폴더 안에 저장된 파일 '연습-8'과 '연습-15'를 불러와 연습하길 바랍니다. '연습-15'의
   세 번째 도형만 [Ctrl]+[C] . [Ctrl]+[V]로 '연습-8'에 붙여넣기 하여 따라합니다.

   명령: ROTATE [Enter↵]

   객체 선택: ▶ 윈도우 박스(P1 클릭 후 P2 클릭)로 선택

   객체 선택: [Enter↵]

   기준점 지정: END [Enter↵] 〈– ▶ P3 선택

   회전 각도 지정 또는 [복사(C)/참조(R)] 〈0〉: R [Enter↵]

   참조 각도를 지정 〈0〉: END [Enter↵] 〈– ▶ P4 선택

   두 번째 점을 지정: END [Enter↵] 〈– ▶ P5 선택

   새 각도 지정 또는 [점(P)] 〈0〉: END [Enter↵]

   　　　〈– ▶ P6 선택

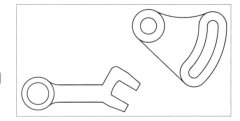

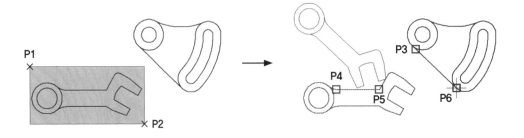

[결과]

더 알기

- 객체를 참조(R) 옵션을 사용하여 절대 각도로 회전시키기 위해서는 '참조 각도가 되는 선'의 양끝 점을 선택하는 순서가 중요합니다. 첫 번째 스냅점이 참조 각도의 기준 중심축이 되기 때문입니다. 아래 그림은 참조 각도 순서를 바꾸어 선택한 후 새 각도값을 0도로 입력했을 때의 결과입니다.

- 상대 부품의 참조 각도를 사용하여 객체를 평행하게 정렬 시 유용하게 사용되는 기능이므로 잘 익혀 두면 편리할 때가 가끔 있습니다.

● **문자 대칭(MIRROR) 시 사용되는 MIRRTEXT 시스템 변수**

문자가 표시되어 있는 객체를 대칭할 때는 기본적으로 문자 방향은 변경되지 않도록 설정되어 있습니다. 객체가 대칭될 때 함께 포함된 문자까지 대칭하고자 할 경우에는 MIRRTEXT 시스템 변수를 대칭 전에 1로 설정한 후 대칭시켜야 합니다.

명령: **MIRRTEXT** [Enter↵]
MIRRTEXT에 대한 새 값 입력 〈0〉:

원본 객체   MIRRTEXT=0 대칭 결과   MIRRTEXT=1 대칭 결과

더 알기   MIRRTEXT 시스템 변수의 기본값은 0으로 설정되어 있습니다.

3 | 정렬(ALIGN)하기

ALIGN 명령으로 세 가지 명령(MOVE + ROTATE + SCALE)을 동시에 사용할 수 있으며 선택한 객체를 다른 객체를 기준으로 정렬하고자 할 때 사용합니다.

 명령: ALIGN Enter↵ [단축키: A L]

● 'MOVE + ROTATE'만 사용하는 방법

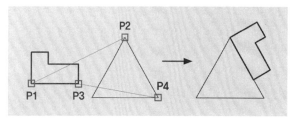 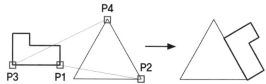

객체 선택: ▶ 정렬할 객체를 윈도우 박스로 선택

객체 선택: Enter↵

첫 번째 근원점 지정: 정렬 기준 **P1** 스냅점(END) 선택

첫 번째 대상점 지정: 이동 위치 **P2** 스냅점(END) 선택

두 번째 근원점 지정: 회전 기준 **P3** 스냅점(END) 선택

두 번째 대상점 지정: 회전 위치 **P4** 스냅점(END) 선택

세 번째 근원점 지정 또는 〈계속〉: Enter↵

정렬점을 기준으로 객체에 축척을 적용합니까 ? [...] 〈N〉: Enter↵

※ 정렬시킬 객체의 '첫 번째 근원점 지정:'으로 선택한 위치가 정렬의 기준이 됩니다.

● 'MOVE + ROTATE + SCALE' 모두 사용하는 방법

객체 선택: ▶ 정렬할 객체를 윈도우 박스로 선택

객체 선택: Enter↵

첫 번째 근원점 지정: 정렬 기준 **P1** 스냅점(END) 선택

첫 번째 대상점 지정: 이동 위치 **P2** 스냅점(END) 선택

두 번째 근원점 지정: 회전 기준 **P3** 스냅점(END) 선택

두 번째 대상점 지정: 회전 위치 **P4** 스냅점(END) 선택

세 번째 근원점 지정 또는 〈계속〉: Enter↵

정렬점을 기준으로 객체에 축척을 적용합니까 ? [예(Y)/아니오(N)] 〈N〉: Y Enter↵

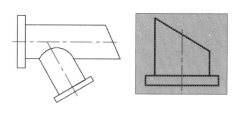

보기 1)

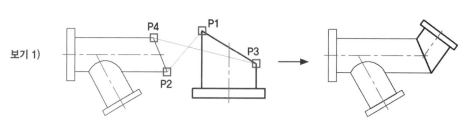

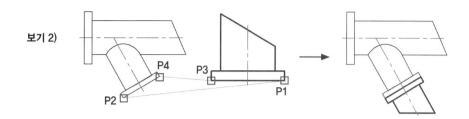

보기 2)

 총 세 쌍의 근원점과 대상점을 지정할 수 있으며 '세 번째'는 3차원 모델링을 공간상에서 정렬할 때 사용됩니다.

4 │ 그립(GRIP) 모양에 따른 사용 방법

● GRIP 표시 모양(유형)에 따른 사용 방법

그립 유형		그립 이동 또는 결과	연관 동작
표준	■	객체가 작도된 평면 임의의 방향으로 이동	점-신축, 이동 원형-신축, 이동, 축척, 배열 평면-신축, 이동, 축척, 배열
선형	▷	정의된 방향이나 축을 따라 이동	선형-신축, 이동, 축척, 배열
회전	●	회전축이 되는 기준점	회전
반전	⇨	블록 형상의 대칭 이미지로 전환	반전
정렬	▷	참조 블록이 객체에 정렬	정렬
찾기	▽	적용할 수 있는 값 리스트를 표시	리스트

 그립으로 객체 편집하기

⯈ 50×30인 직사각형에 정점과 호를 추가하기

① 사각형 객체를 명령 없이 선택합니다.
② 표시된 그립 중에 그림과 같이 P1 그립을 선택한 후 Ctrl 키를 한 번 눌러 '정점 추가'로 전환합니다.
③ @15,0 입력 후 Enter↵를 누릅니다.

※ 좌표 대신 F8(직교)을 사용할 수도 있습니다.

④ 표시된 그립 중에 그림과 같이 P2 그립을 선택한 후 Ctrl 키를 두 번 눌러 '호로 변환'으로 전환합니다.

⑤ @10,0 입력 후 Enter↵ 를 누릅니다.

※ 좌표 대신 F8(직교)을 사용할 수도 있습니다.

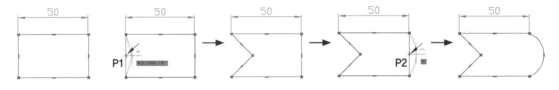

> **더 알기** 편집할 해당 그립을 선택한 후 Ctrl 키를 누르면 사용 가능한 옵션을 순환할 수 있으며, 다른 방법으로는 편집할 그립 위에 마우스를 놓으면 다기능 그립 메뉴가 표시됩니다.
>
>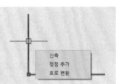

▸ 정사각형(30×30)에서 정점을 제거하기

① 사각형 객체를 명령 없이 선택합니다.

② 표시된 그립 중에 그림과 같이 P1 그립 위에 마우스 커서를 올려 놓습니다.

③ 표시된 다기능 그립 메뉴에서 '정점 제거'를 선택합니다.

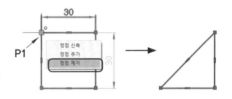

---

5 | 다양한 배열(ARRAY) 명령어 사용하기

● **명령: ARRAYCLASSIC** Enter↵

ARRAYCLASSIC 명령은 직사각형 또는 원형 배열의 조건을 대화상자를 사용하여 입력합니다.

직사각형 배열하기

명령: **ARRAYCLASSIC** [Enter↵]

1. 오른쪽 그림과 같이 입력합니다.
2. 대화상자 오른쪽 상단 **객체 선택** [✛] 버튼을 클릭하여 객체를 윈도우 박스로 선택합니다.
3. 대화상자 오른쪽 하단 **미리보기**를 클릭하여 설정 결과를 확인하고 맞으면 [Enter↵]를 누릅니다.

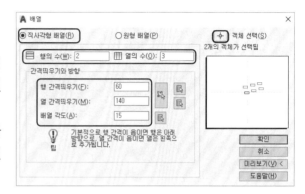

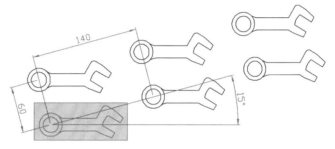

더 알기 행 및 열 간격이나 각도를 스냅점을 사용하여 적용할 수도 있습니다.

원형 배열하기

명령: **ARRAYCLASSIC** [Enter↵]

1. 원형 배열을 체크한 후 **중심점 선택** [⬚] 버튼을 클릭하여 원Ø150 중심 스냅점을 선택합니다.
2. 오른쪽 그림과 같이 입력합니다.
3. 대화상자 오른쪽 상단 **객체 선택** [✛] 버튼을 클릭하여 객체를 윈도우 박스로 선택합니다.
4. 대화상자 오른쪽 하단 **미리보기**를 클릭하여 설정 결과를 확인하고 맞으면 [Enter↵]를 누릅니다.

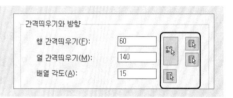

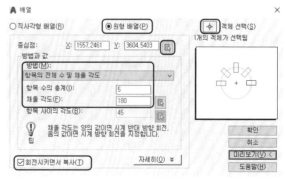

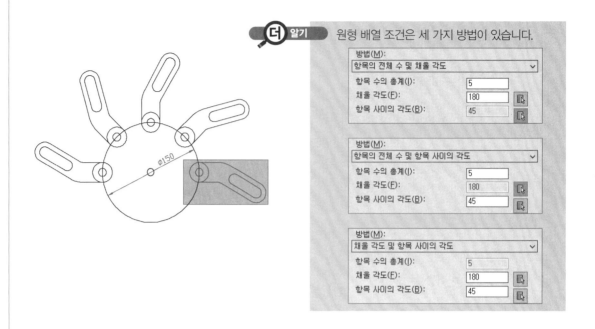

더 알기   원형 배열 조건은 세 가지 방법이 있습니다.

● 명령: ARRAY `Enter↵` [단축키: `A``R`]

ARRAY 명령은 세 가지 연관성을 가진 배열을 할 수 있습니다.
ARRAYRECT(직사각형 배열), ARRAYPOLAR(원형 배열),
ARRAYPATH(경로 배열)로 각각의 명령어를 개별적으로 입력하여 사
용할 수도 있습니다.

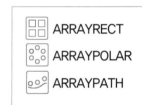

ARRAYRECT
ARRAYPOLAR
ARRAYPATH

• ARRAYRECT(직사각형 배열) 옵션

```
:::::: 유형 = 직사각형   연관 = 예
  ✕   🔲▾ ARRAYRECT 그립을 선택하여 배열을 편집하거나 [연관(AS) 기준점(B) 개수(COU) 간격두기(S) 열(COL) 행(R) 레벨
  🔧   종료(X)] <종료>:
```

연관(AS)	배열된 객체가 각각의 독립적인 객체가 아닌 하나의 단일 배열 객체가 되도록 연관성을 부여합니다.
기준점(B)	배열 기준점과 그립의 위치를 변경하거나 연관 배열의 키 점을 재지정합니다.
개수(COU)	행과 열의 배열 개수를 입력합니다. 표현식을 선택하여 수학 공식이나 방정식을 대입하여 개수를 정의할 수도 있습니다.
간격두기(S)	행과 열의 거리값을 각각 입력하거나 단위 셀을 선택하여 거리를 동시에 지정합니다.
열(COL)	열의 개수와 열 사이 거리값을 함께 입력합니다. 거리값 입력은 합계를 선택하여 열 사이 거리값이 아닌 배열된 열의 개수의 전체 거리로 입력할 수도 있습니다.
행(R)	행의 개수와 행 사이 거리값을 함께 입력합니다. 거리값 입력은 합계를 선택하여 행 사이 거리값이 아닌 배열된 행의 개수의 전체 거리로 입력할 수도 있습니다. ※ 증분 고도 지정 항목은 3차원 배열에 적용되므로 기본값 〈0〉을 그대로 사용합니다.
레벨(L)	3차원 배열에 적용되는 Z축 방향의 객체 개수와 거리값을 입력합니다.

⊙ ARRAYRECT 배열하기

명령: ARRAY `Enter↵` = ARRAYRECT `Enter↵`

객체 선택: ▶ 윈도우 박스로 선택

객체 선택: `Enter↵`

배열 유형 입력 [직사각형(R)/경로(PA)/원형(PO)] 〈원형〉: R `Enter↵`

그립을 선택하여 배열을 편집하거나 [연관(AS)/기준점(B)/개수(COU)/간격두기(S)...] 〈종료〉:
　　　AS `Enter↵`

연관 배열 작성 [예(Y)/아니오(N)] 〈아니오〉: Y `Enter↵`

그립을 선택하여 배열을 편집하거나 [연관(AS)/기준점(B)/개수(COU)/간격두기(S)...] 〈종료〉:
　　　COU `Enter↵`

열 수 입력 또는 [표현식(E)]: 3 `Enter↵`

행 수 입력 또는 [표현식(E)]: 2 `Enter↵`

그립을 선택하여 배열을 편집하거나 [연관(AS)/기준점(B)/개수(COU)/간격두기(S)...] 〈종료〉:
　　　S `Enter↵`

열 사이의 거리 지정 또는 [단위 셀(U)]: 150 `Enter↵`

행 사이의 거리 지정: 90 `Enter↵`

그립을 선택하여 배열을 편집하거나 [연관(AS)/기준점(B)/개수(COU)/간격두기(S)...] 〈종료〉:
　　　`Enter↵`

 연관성을 부여했으므로 객체를 선택 시 표시되는 그립을 사용하여 동적으로 편집할 수 있습니다.

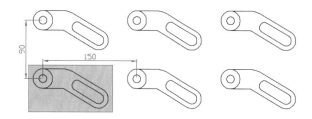

⊙ 그립을 사용하여 편집하기

객체 선택 시 표시되는 그립 중에 오른쪽 상단에 있는 그립을 선택 후 커서를 위로 이동시키면 동적으로 복사되는 것을 확인할 수 있습니다.

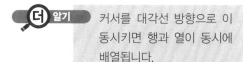 커서를 대각선 방향으로 이동시키면 행과 열이 동시에 배열됩니다.

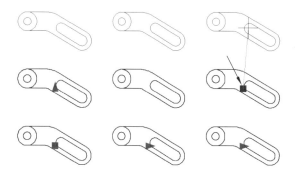

⊘ **각각의 그립 용도는 다음과 같습니다.**

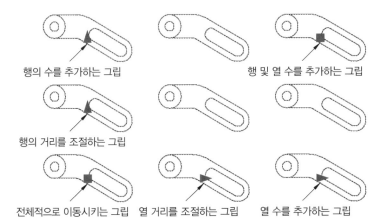

행의 수를 추가하는 그립   행 및 열 수를 추가하는 그립

행의 거리를 조절하는 그립

전체적으로 이동시키는 그립   열 거리를 조절하는 그립   열 수를 추가하는 그립

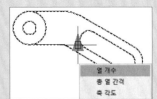

- 연관성을 가지고 작업이 완성된 객체는 각각의 모서리 쪽에 있는 그립에 마우스 커서를 위치시키면 팝업창이 표시되며 해당 조건을 선택하여 수치로 편집할 수도 있습니다.
- 배열 명령 사용 중에는 기본적으로 연관성이 부여되어 그립이 표시되기 때문에 배열 작업 중에도 해당 그립을 클릭하여 배열 작업을 동적으로 확인하면서 작업을 진행할 수 있습니다.
  배열 작업을 완료 후 연관성을 가진 결과물을 각각의 독립적인 객체로 변경하고자 할 경우에는 명령 EXPLODE를 사용하여 분해시키면 됩니다.

• ARRAYPOLAR(원형 배열) 옵션

> ⠿ 배열의 중심점 지정 또는 [기준점(B)/회전축(A)]:
> ⠿ ▾ ARRAYPOLAR 그립을 선택하여 배열을 편집하거나 [연관(AS) 기준점(B) 항목(I) 사이의 각도(A) 채울 각도(F) 행(ROW)
> 레벨(L) 항목 회전(ROT) 종료(X)]<종료>:

기준점(B)	배열 기준점과 그립의 위치를 변경하거나 연관 배열의 키 점을 재지정합니다.
회전축(A)	3차원 배열에 적용되는 회전축이며 두 개의 스냅점을 회전축으로 정의합니다.
연관(AS)	배열된 객체가 각각의 독립적인 객체가 아닌 하나의 단일 배열 객체가 되도록 연관성을 부여합니다.
항목(I)	회전 배열 개수를 입력합니다. 표현식을 선택하여 수학 공식이나 방정식을 대입하여 개수를 정의할 수도 있습니다.
사이의 각도(A)	객체와 객체 사이의 등간격 각도값을 입력합니다.
채울 각도(F)	배열 개수가 모두 포함된 전체 각도값을 입력합니다.
행(ROW)	배열되는 행의 개수와 행 사이의 거리값을 입력합니다. ※ 증분 고도 지정 항목은 3차원 배열에 적용되므로 기본값〈0〉을 그대로 사용합니다.
레벨(L)	3차원 배열에 적용되는 Z축 방향의 객체 개수와 거리값을 입력합니다.
항목 회전(ROT)	객체 자신도 배열의 중심점을 기준으로 회전될 것인지 아니면 객체가 가지고 있는 방향성을 유지하며 회전될 것인지를 제어합니다.

▶ ARRAYPOLAR 배열하기

명령: ARRAY `Enter↵` = ARRAYPOLAR `Enter↵`

객체 선택: ▶ 윈도우 박스로 선택

객체 선택: `Enter↵`

배열 유형 입력 [직사각형(R)/경로(PA)/원형(PO)] 〈직사각형〉: **PO** `Enter↵`

배열의 중심점 지정 또는 [기준점(B)/회전축(A)]: **CEN** `Enter↵` 〈- ▶ P1 선택

그립을 선택하여 배열을 편집하거나 [연관(AS)/기준점(B)/항목(I)/사이의 각도(A)...]〈종료〉: **I**
　　`Enter↵`

배열의 항목 수 입력 또는 [표현식(E)]: **4** `Enter↵`

그립을 선택하여 배열을 편집하거나 [...항목(I)/사이의 각도(A)/채울 각도(F)...]〈종료〉: **F**
　　`Enter↵`

채울 각도 지정(+=ccw, -=cw) 또는 [표현식(EX)] 〈360〉: **-180** `Enter↵`

그립을 선택하여 배열을 편집하거나 [...채울 각도(F)/행(ROW)/레벨(L)...]〈종료〉: **ROW** `Enter↵`

행 수 입력 또는 [표현식(E)]: **2** `Enter↵`

행 사이의 거리 지정 또는 [합계(T)/표현식(E)]: **100** `Enter↵`

행 사이의 증분 고도 지정 또는 [표현식(E)] 〈0〉: `Enter↵`

그립을 선택하여 배열을 편집하거나 [연관(AS)/기준점(B)/항목(I)/사이의 각도(A)...]〈종료〉:
　　`Enter↵`

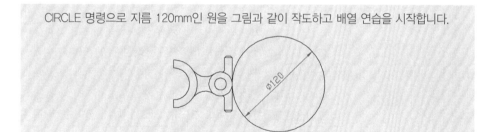

CIRCLE 명령으로 지름 120mm인 원을 그림과 같이 작도하고 배열 연습을 시작합니다.

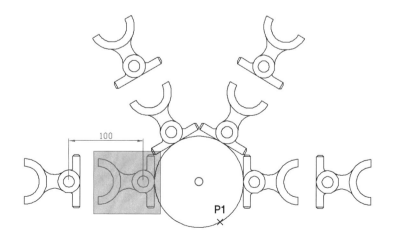

각각의 그립 용도는 다음과 같습니다.

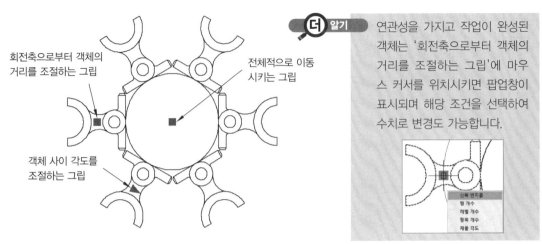

회전축으로부터 객체의
거리를 조절하는 그립

전체적으로 이동
시키는 그립

객체 사이 각도를
조절하는 그립

더 알기

연관성을 가지고 작업이 완성된 객체는 '회전축으로부터 객체의 거리를 조절하는 그립'에 마우스 커서를 위치시키면 팝업창이 표시되며 해당 조건을 선택하여 수치로 변경도 가능합니다.

• ARRAYPATH(경로 배열) 옵션

ARRAYPATH 명령은 객체가 경로(선, 폴리선, 호, 원, 타원, 스플라인 등)를 따라 이동하거나 회전하며 균일하게 배열됩니다.

```
경로 곡선 선택:
ARRAYPATH 그립을 선택하여 배열을 편집하거나 [연관(AS) 메서드(M) 기준점(B) 접선 방향(T) 항목(I) 행(R) 레벨(L)
항목 정렬(A) Z 방향(Z) 종료(X)] <종료>:
```

연관(AS)	배열된 객체가 각각의 독립적인 객체가 아닌 하나의 단일 배열 객체가 되도록 연관성을 부여합니다.
메서드(M)	경로에 객체를 분포시키는 방법을 결정합니다. 객체의 수로 균일하게 배열시키는 **등분할**과 경로상에 객체 사이 간에 길이로 배열시키는 **측정**이 있습니다.
기준점(B)	배열 기준점을 변경하거나 연관 배열의 키 점을 재지정합니다.
접선 방향(T)	경로에 따라 평행 방향을 유지할 객체의 특정 부분을 두 개의 스냅점으로 지정합니다. ※ 법선(N) 옵션은 3차원 배열에 적용되는 것으로 객체가 Z축 방향으로 정렬됩니다.
항목(I)	배열되는 객체 사이의 거리와 객체 개수를 입력합니다.
행(R)	배열되는 행의 개수와 행 사이의 거리값을 입력합니다. ※ 증분 고도 지정 항목은 3차원 배열에 적용되므로 기본값 〈0〉을 그대로 사용합니다.
레벨(L)	3차원 배열에 적용되는 Z축 방향의 객체 개수와 거리값을 입력합니다.
항목 정렬(A)	객체 자신도 경로의 중심점을 기준으로 회전될 것인지 아니면 객체가 가지고 있는 방향성을 유지하며 경로상에 배열될 것인지를 제어합니다.
Z 방향(Z)	3차원 경로 배열에 적용되며 객체의 원래 Z 방향을 유지할 것인지를 제어합니다.

ARC 명령으로 반지름 100mm인 180도 호를 그림과 같이 작도한 후 JOIN 명령으로 두 개의 호를 결합하여 폴리선으로 변경합니다.

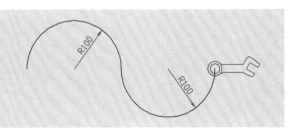

⊙ ARRAYPATH 배열하기

명령: ARRAY `Enter↵` = ARRAYPATH `Enter↵`

객체 선택: ▶ 윈도우 박스로 선택

객체 선택: `Enter↵`

배열 유형 입력 [직사각형(R)/경로(PA)/원형(PO)] 〈원형〉: PA `Enter↵`

경로 곡선 선택: ▶ P1 선택

그립을 선택하여 배열을 편집하거나 [연관(AS)/메서드(M)/기준점(B)/접선 방향(T)...] 〈종료〉:
　　M `Enter↵`

경로 방법 입력 [등분할(D)/측정(M)] 〈측정〉: D `Enter↵`

그립을 선택하여 배열을 편집하거나 [연관(AS)/메서드(M)/기준점(B)/접선 방향(T)...] 〈종료〉:
　　B `Enter↵`

기준점 지정 또는 [키 점(K)] 〈경로 곡선의 끝〉: END `Enter↵` 〈─ ▶ P2 선택

그립을 선택하여 배열을 편집하거나 [...접선 방향(T)/항목(I)/행(R)/레벨(L)/항목 정렬(A)...]
　　〈종료〉: I `Enter↵`

경로를 따라 배열되는 항목 수 입력 또는 [표현식(E)]: 6 `Enter↵`

그립을 선택하여 배열을 편집하거나 [...접선 방향(T)/항목(I)/행(R)/레벨(L)/항목 정렬(A)...]
　　〈종료〉: A `Enter↵`

배열된 항목을 경로를 따라 정렬하시겠습니까? [예(Y)/아니오(N)] 〈예〉: N `Enter↵`

그립을 선택하여 배열을 편집하거나 [연관(AS)/메서드(M)/기준점(B)...종료(X)] 〈종료〉: `Enter↵`

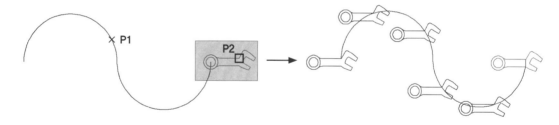

 연관성을 가지고 작업이 완성된 객체는 경로를 클릭 시 표시되는 그립을 마우스로 드래그하여 동적으로 경로의 형상을 변경하거나 그립에 커서를 위치시켜 팝업창에서 해당 조건을 선택하여 수치로 변경할 수도 있습니다.

연관 배열을 편집하는 명령

ARRAYEDIT 명령은 연관 배열로 완성된 객체를 연관성을 유지한 상태에서 편집합니다.

 명령: ARRAYEDIT `Enter↵`

• ARRAYEDIT 명령 옵션

▒▒▒▒ 배열 선택:
× ▼ ARRAYEDIT 옵션 입력 [원본(S) 대치(REP) 기준점(B) 항목(I) 사이의 각도(A) 채울 각도(F) 행(R) 레벨(L)
🔧 항목 회전(ROT) 재설정(RES) 종료(X)] <종료>:

원본(S)	배열된 객체 중 1개를 선택하면 편집 상태로 활성화가 되며 편집을 완료하면 연관 배열이 모두 업데이트됩니다. 편집이 끝나면 🔲🔲 또는 🔲🔲 아이콘을 클릭하거나 **ARRAYCLOSE** 명령으로 편집을 종료합니다.
대치(REP)	배열된 원본 객체를 새로운 다른 객체로 개별적으로 대치하거나 '원본 객체(S)' 옵션을 선택하여 전부 한꺼번에 대치합니다.
재설정(RES)	개별적으로 대치한 객체를 원본 객체로 모두 복원합니다.

❯ ARRAYEDIT로 편집하기

명령: **ARRAYEDIT** [Enter↵]

배열 선택: ▶ P1 선택

옵션 입력 [원본(S)/대치(REP)/메서드(M)/기준점(B)/항목(I)/행(R)/레벨(L)...] <종료>: **REP**
　　　[Enter↵]

대치 객체 선택: ▶ 윈도우 박스로 그림과 같이 오른쪽 객체를 선택

대치 객체 선택: [Enter↵]

대치 객체의 기준점 선택 또는 [키 점(KP)] <중심>: **CEN** [Enter↵] ⟨− ▶ P2 선택

배열에서 대치할 항목 선택 또는 [원본 객체(S)]: **S** [Enter↵]

옵션 입력 [원본(S)/대치(REP)/메서드(M)/기준점(B)/항목(I)/행(R)/레벨(L)...] <종료>: **I** [Enter↵]

경로를 따라 배열되는 항목 수 입력 또는 [표현식(E)]: **4** [Enter↵]

옵션 입력 [원본(S)/대치(REP)/메서드(M)/기준점(B)/항목(I)/행(R)/레벨(L)/항목 정렬(A)...]
　　　<종료>: **A** [Enter↵]

배열된 항목을 경로를 따라 정렬하시겠습니까? [예(Y)/아니오(N)] <아니오>: **Y** [Enter↵]

옵션 입력 [원본(S)/대치(REP)/메서드(M)/기준점(B)/항목(I)/행(R)/레벨(L)/항목 정렬(A)...]
　　　<종료>: [Enter↵]

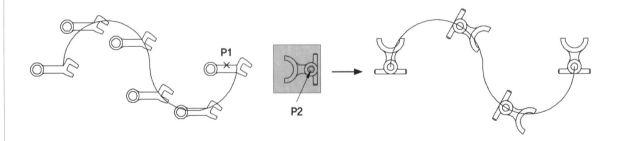

–ARRAY 명령으로 직사각형 배열 시 각도 설정하는 방법

SNAPANG 시스템 변수로 직사각형 배열을 하기 전에 스냅 회전 각도를 먼저 지정한 후 배열을 하면 됩니다.

명령:
SNAPANG
⚞ ▼ **SNAPANG** SNAPANG에 대한 새 값 입력 <0>:

● SNAPANG로 각도 설정 후 배열하기

명령: **SNAPANG** [Enter↵]
SNAPANG에 대한 새 값 입력 〈0〉: **20** [Enter↵] ※ 배열 각도 20도로 설정

명령: **–ARRAY** [Enter↵]
객체 선택: ▶ 윈도우 박스로 그림과 같이 선택
객체 선택: [Enter↵]
배열의 유형 입력 [직사각형(R)/원형(P)] 〈R〉: **R** [Enter↵]
행의 수 입력(–––) 〈1〉: **2** [Enter↵]
열의 수 입력(|||) 〈1〉: **3** [Enter↵]
행 사이의 거리 입력 또는 단위 셀 지정(–––): **100** [Enter↵]
열 사이의 거리를 지정(|||): **150** [Enter↵]

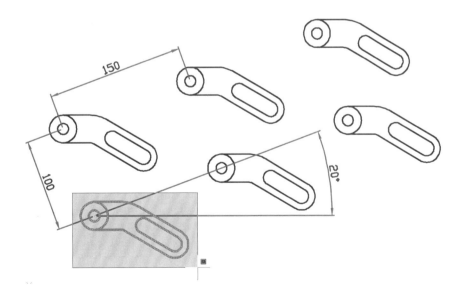

6 │ 배열 삽입(MINSERT)하기

MINSERT 명령은 블록을 직사각형 배열로 삽입하며 배열 전에 삽입할 블록의 축척 비율과 회전 각도를 먼저 설정해야 합니다.

명령: **MINSERT** [Enter↵]

● 배열 삽입하는 기본적인 방법

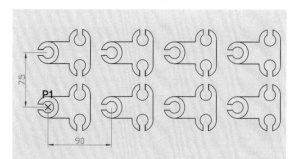

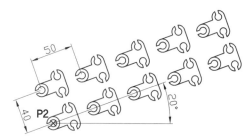

※ 이전 학습에서 정의한 블록을 불러옵니다.
블록 이름 또는 [?] 입력: **SAMPLE-1** [Enter↵]
삽입점 지정 또는 [...]: ▶ 임의의 점인 **P1** 지정
X 축척 비율 입력, 반대구석... ⟨1⟩: [Enter↵]
Y 축척 비율 입력 ⟨X 축척 비율 사용⟩: [Enter↵]
회전 각도 지정 ⟨0⟩: [Enter↵]
행 수 입력(---) ⟨1⟩: **2** [Enter↵]
열 수 입력 (|||) ⟨1⟩: **4** [Enter↵]
행 사이의 단위 셀 또는 거리 (---): **75** [Enter↵]
열 사이의 거리를 지정 (|||): **90** [Enter↵]

블록 이름 또는 [?] 입력: **SAMPLE-1** [Enter↵]
삽입점 지정 또는 [...X/Y/Z/회전(R)]: **R** [Enter↵]
회전 각도 지정: **20** [Enter↵]
삽입점 지정 또는 [...]: ▶ 임의의 점인 **P2** 지정
X 축척 비율 입력, 반대구석...: **0.5** [Enter↵]
Y 축척 비율 입력 ⟨X 축척 비율 사용⟩: [Enter↵]
행 수 입력(---) ⟨1⟩: **2** [Enter↵]
열 수 입력 (|||) ⟨1⟩: **5** [Enter↵]
행 사이의 단위 셀 또는 거리 (---): **40** [Enter↵]
열 사이의 거리를 지정 (|||): **50** [Enter↵]

● MINSERT 명령 옵션

```
삽입점 지정 또는 [기준점(B)/축척(S)/X/Y/Z/회전(R)]:
X축척 비율 입력, 반대구석 지정, 또는 [구석(C)/XYZ(XYZ)] <1>:
▶▼ MINSERT Y 축척 비율 입력 <X 축척 비율 사용>:
```

기준점(B)	삽입하고자 하는 블록을 끌기(드롭)로 위치를 이동 시 임시적으로 참조 기준점을 사용하는 것으로 실제 정의된 기준점에는 아무런 영향이 없습니다.
축척(S)	X, Y, Z축의 축척 비율을 한 번에 동일 비율로 설정합니다.
X / Y / Z	각 축의 축척 비율을 따로 지정하여 개별적으로 설정합니다.
회전(R)	배열 삽입되는 블록의 전체 삽입 각도를 설정합니다.

구석(C)	축척 비율을 마우스로 클릭하여 다이내믹하게 설정합니다. 블록 삽입점과 반대 구석을 마우스로 클릭한 두 점 간의 거리로 축척 비율이 결정됩니다.
XYZ(XYZ)	순차적으로 X, Y, Z축으로 변경해가며 축척 비율을 설정합니다.

행의 수	Y축 방향의 배열 개수를 입력합니다. (0이 아닌 정수를 입력)
열의 수	X축 방향의 배열 개수를 입력합니다. (0이 아닌 정수를 입력)
행 사이의 거리	Y축 방향으로 등간격 거리값을 입력합니다. 음(−)의 값으로 거리값을 입력한 경우 아래 방향으로 배열됩니다.
열 사이의 거리	X축 방향으로 등간격 거리값을 입력합니다. 음(−)의 값으로 거리값을 입력한 경우 왼쪽 방향으로 배열됩니다.

 더 알기   MINSERT 명령으로 삽입한 블록 객체는 EXPLODE 명령으로 분해할 수 없습니다.

기준점(B) 옵션 사용방법

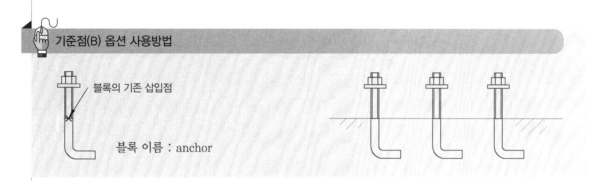

블록의 기존 삽입점

블록 이름 : anchor

명령: **MINSERT** `Enter↵`

블록 이름 또는 [?] 입력 〈111〉: **ANCHOR** `Enter↵`

삽입점 지정 또는 [기준점(B)/축척(S)/X/Y/Z/회전(R)]: **B** `Enter↵`

기준점을 지정하십시오: **MID** `Enter↵` ▶ 변경될 삽입점(P1) 선택

삽입점 지정 또는 [기준점(B)/축척(S)/X/Y/Z/회전(R)]: **X** `Enter↵`

X 축척 비율 지정 〈1〉: **−1** `Enter↵` ※ 비율값에 음수(−)를 입력하면 대칭이 됩니다.

삽입점 지정 또는 [기준점(B)/축척(S)/X/Y/Z/회전(R)]: ▶ 스냅을 사용하여 삽입 위치(P2)를 지정

회전 각도 지정 〈0〉: `Enter↵`

행 수 입력(−−−) 〈1〉: `Enter↵`

열 수 입력 (|||) 〈1〉: **3** `Enter↵`

열 사이의 거리를 지정 (|||): **80** `Enter↵`

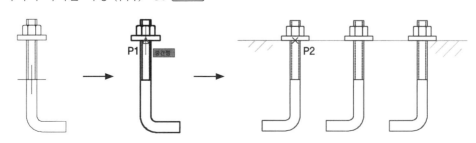

도면에 오류가 있는 경우

AUDIT	열려있는 도면에 대한 무결성을 검사하는 명령
RECOVER	오류로 도면 오픈이 되지 않는 경우 오류 검사와 함께 복구되는 명령

AutoCAD 사용 중에 갑자기 캐드가 오류나서 다운되거나 저장된 파일을 오픈할 때 '파일을 열면 도면 파일이 적합하지 않습니다.'라는 메시지만 뜨면서 열리지 않는 경우가 가끔씩 있습니다.

일반적인 오류는 해당 도면 내에 오류가 있는 객체가 포함되어 있는 경우이거나 도면을 작성할 때 사용했던 외부 참조 도면이나 글꼴 등의 누락으로 발생됩니다.

이런 경우 audit 명령이나 recover 명령을 사용하여 문제를 거의 대부분 해결할 수 있지만, 간혹 너무 치명적인 오류로 되지 않는 경우도 있으니 참고바랍니다.

[도면 복구 순서]

오류 메시지가 뜨는 도면일 경우에도 가급적 recover 명령으로 먼저 오류 검사를 진행하고 나서 scalelistedit 명령으로 축척 리스트를 기본값으로 재설정하고 사용하지 않는 객체나 특성을 purge 명령으로 모두 소거한 후 마지막에 audit 명령으로 도면의 무결성을 평가하는 것을 권장합니다.

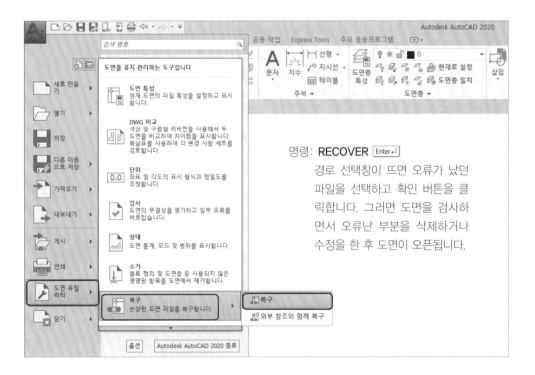

명령: **RECOVER** Enter↵
경로 선택창이 뜨면 오류가 났던 파일을 선택하고 확인 버튼을 클릭합니다. 그러면 도면을 검사하면서 오류난 부분을 삭제하거나 수정을 한 후 도면이 오픈됩니다.

조회하기와 선분 분할하기

이 장에서는 다음과 같은 내용을 배울 수 있습니다.

- 조회하기
- 점(POINT) 그리기
- 점 유형(DDPTYPE) 설정
- 개수로 등분(DIVIDE)하기
- 길이로 등분(MEASURE)하기
- 도넛(DONUT) 그리기
- 채우기(FILL) 설정
- 그러데이션(GRADIENT)으로 채우기
- 그리기 순서(DRAWORDER) 변경하기
- 경계(BOUNDARY)선 만들기

1 | 조회하기

여러 가지 방법으로 작도한 도형을 조회하여 검증할 수 있습니다. 가장 알아보기 쉽게 검증하는 방법은 치수 기입을 하면 되지만 여기서는 다른 방법을 알아보겠습니다.

ID 명령

지정한 위치(점)의 X, Y, Z축 값을 UCS 원점 기준으로 조회합니다.

 명령: ID Enter↵

```
명령: *취소*
명령: ID
ID 점 지정:
```

※ 기초편 4장의 '2.사각형(RECTANG) 그리기'의 예제 도면으로 조회하길 바랍니다.

WCS 원점을 기준으로 한 조회

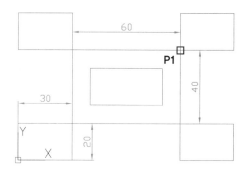

명령: ID Enter↵

점 지정: END Enter↵ ⟨− ▶ P1 선택

X = 90.0000   Y = 60.0000   Z = 0.0000

UCS 명령으로 원점을 변경한 후 조회

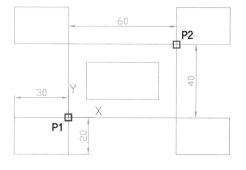

명령: UCS Enter↵

UCS의 원점 지정 또는 [면(F)/.../Z축(ZA)] ⟨표준⟩:
O Enter↵

새 원점 지정 ⟨0,0,0⟩: END Enter↵ ⟨− ▶ P1 선택

명령: ID Enter↵

점 지정: END Enter↵ ⟨− ▶ P2 선택

X = 60.0000   Y = 40.0000   Z = 0.0000

 변경된 UCS 원점을 원래 원점인 WCS 원점으로 이동시키기 위해서는 UCS 명령 실행 후 바로 Enter↵키를 누르면 됩니다.

DIST 명령

두 위치(점) 사이의 거리 및 각도를 조회합니다.

 명령: DIST Enter↵ [단축키: DI]

```
× 명령: DIST
  첫 번째 점 지정:
  ▾ DIST 두 번째 점 또는 [다중 점(M)] 지정:
```

더 알기 옵션 '다중 점(M)'을 사용하면 여러 점을 선택하여 총 거리값을 조회할 수 있습니다.

▶ 두 점 사이를 조회

명령: DIST Enter↵ [단축키: PTYPE]
첫 번째 점 지정: **END** Enter↵ 〈─ ▶ P1 선택
두 번째 점 지정: **END** Enter↵ 〈─ ▶ P2 선택
거리 = 72.1110, XY 평면에서의 각도 = 34,
XY 평면으로부터의 각도 = 0
X증분 = 60.0000, Y증분 = 40.0000,
Z증분 = 0.0000

※ 조회한 두 점 사이 거리는 72.1110mm이며, 각도는 34°입니다.

더 알기 각도값은 첫 번째 점(P1)을 기준으로 계산되기 때문에 P2를 먼저 선택하고 나중에 P1을 선택 시 각도는 34°가 아닌 214°가 표시됩니다.

LIST 명령

선택한 객체의 모든 정보(길이, 각도, 색상, 레이어층, 선종류, 선가중치 등)를 표시합니다.

 명령: LIST Enter↵ [단축키: LI]

⊙ 사각형 한 개를 선택하여 조회한 결과

명령: LIST [Enter ↵]

객체 선택: ▶ P1 선택

객체 선택: [Enter ↵]

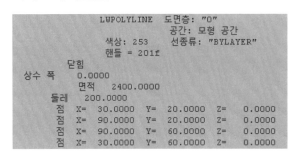

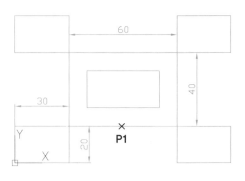

 DBLIST 명령을 사용하면 객체를 선택할 필요 없이 도면상의 모든 객체를 순차적으로 순환하면서 조회가 됩니다. 기능키 F2를 누르면 LIST 명령과 같이 윈도우 창에 조회 정보가 표시됩니다.

MEASUREGEOM 명령

선택된 객체의 총 거리, 반지름, 각도, 면적, 체적을 조회할 수 있으며, '빠른 작업(Q)' 옵션을 사용하여 마우스 커서를 객체에 위치시키면 길이 정보가 동적으로 표시됩니다.

 명령: MEASUREGEOM [Enter ↵] [단축키: M E A]

```
명령: MEASUREGEOM
MEASUREGEOM 커서 이동 또는 [거리(D) 반지름(R) 각도(A) 면적(AR) 체적(V) 빠른 작업(Q) 모드(M) 종료(X)]
<종료(X)>:
```

LENGTHEN 명령으로 객체의 전체 길이 조회하기

LENGTHEN 명령 입력 후 곧장 객체(직선, 호, 원 등)를 선택하면 해당 객체의 전체 길이값을 확인할 수 있습니다.

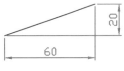

현재 길이: 63.2456

현재 길이: 94.2478

현재 길이: 109.9557

2 | 점(POINT) 그리기

POINT 명령은 특정 위치에 점 객체를 작도합니다. 선분 분할 시 분할 위치에 점을 작도하여 도면 요소를 조회하고자 할 때 유용하게 사용됩니다.

 명령: POINT Enter↵ [**단축키**: PO]

● 점을 그리는 기본적인 방법

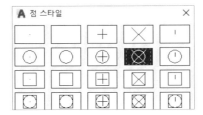

① 명령: **DDPTYPE** Enter↵

점 스타일 대화창에서 그림과 같은 점 유형을 선택

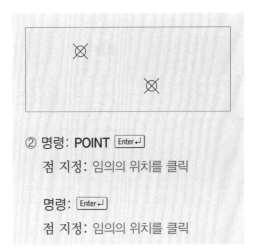

② 명령: **POINT** Enter↵

점 지정: 임의의 위치를 클릭

명령: Enter↵

점 지정: 임의의 위치를 클릭

3 | 점 유형(DDPTYPE) 설정

DDPTYPE 명령으로 포인트의 표시 스타일과 크기를 설정합니다.

 명령: DDPTYPE Enter↵ [**단축키: PTYPE**]

● 점 스타일 대화상자

・**점 크기**

점 표시 크기를 아래와 같이 두 가지 방법으로 설정합니다.

– 화면에 상대적인 크기 설정(R): 모니터 화면 크기에 대한 백분 율로 점 표시 크기를 설정합니다.

– 절대 단위로 크기 설정(A): 점 크기에서 지정한 실제 크기가 1 단위로 미리 정해져 있으며 그 정해진 단위를 기준으로 점 표시 크기를 설정합니다.

더 알기 '**절대 단위로 크기 설정**'을 하여 점을 작도한 경우에는 화면을 확대/축소할 경우 점도 크거나 작게 표시되지만 '**화면에 상대적인 크기 설정**'으로 점을 작도했을 경우에는 화면을 확대/축소해도 점 표시 크기가 변경되지 않습니다. 단, 화면을 확대/축소한 후 REGEN 명령으로 화면을 재생성해주어야 정확한 점 크기로 변경됩니다.

PDSIZE 및 PDMODE 시스템 변수

PDSIZE는 점의 표시 크기를 설정하는 변수이고 PDMODE는 점 스타일을 변경하는 변수입니다. 신속하게 점 표시 크기와 스타일을 변경하고자 할 때 시스템 변수를 사용합니다.

▶ PDSIZE 설정 입력값은 다음과 같습니다.

0	기본값으로 도면 영역 높이의 5% 크기로 점을 표시합니다.
양수(+)값	절대 단위로 점 표시 크기가 정해집니다.
음수(−)값	모니터 화면 크기에 대한 백분율로 점 표시 크기가 정해집니다.

▶ PDMODE 설정 입력값은 다음과 같습니다.

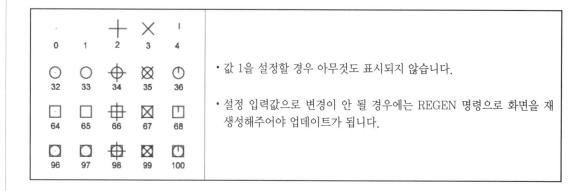

- 값 1을 설정할 경우 아무것도 표시되지 않습니다.

- 설정 입력값으로 변경이 안 될 경우에는 REGEN 명령으로 화면을 재생성해주어야 업데이트가 됩니다.

점(point)을 계속적으로 작도하는 방법

POINT 명령은 딱 한 번만 실행되는 일회성 명령어이기 때문에 계속적으로 점을 작도하고자 할 때 무척 불편합니다. 리본의 그리기 패널에서 '다중 점' ⠇아이콘을 사용하거나 또는 Esc키를 누를 때까지 명령을 계속적으로 반복해주는 MULTIPLE 명령을 사용하면 해결됩니다.

⊙ **다중 점 ⸬ 아이콘을 사용하여 점을 계속적으로 작도하기**

리본 그리기 패널에 있는 다중 점 아이콘을 클릭합니다.

명령: _point
현재 점 모드: PDMODE=35 PDSIZE=4.0000
점 지정: ▶ 임의의 위치에 여러 개 점을 작도
점 지정: ▶ Esc 키를 눌러 명령 종료

⊙ **MULTIPLE 명령을 사용하여 점을 계속적으로 작도하기**

명령: MULTIPLE Enter↵
반복할 명령 이름 입력: POINT Enter↵
점 지정: ▶ 임의의 위치에 여러 개 점을 작도
점 지정: ▶ Esc 키를 눌러 명령 종료

 MULTIPLE 명령은 이와 같이 1회성 명령어(RECTANG, POLYGON 등)를 계속적으로 적용하
고자 할 때 사용됩니다. 단, 대화상자를 표시하는 명령은 MULTIPLE로 사용할 수 없습니다.

4 | 개수로 등분(DIVIDE)하기

DIVIDE 명령은 점이나 블록 객체를 경로가 되는 객체(선, 원, 호, 타원, 폴리선, 스플라인)의 길이
에 따라서 일정한 간격으로 배열시켜 줍니다.

 명령: DIVIDE Enter↵ **[단축키: D I V]**

● **개수로 등분하는 기본적인 방법**

점 객체를 등분

명령: PDMODE Enter↵
PDMODE에 대한 새 값 입력: **35** Enter↵

명령: DIVIDE Enter↵
등분할 객체 선택: 경로가 되는 호를 선택
세그먼트의 개수 또는 [블록(B)] 입력: **5**
Enter↵

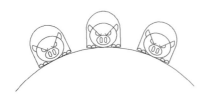

블록 객체를 등분

명령: DIVIDE `Enter↵`
등분할 객체 선택: ▶경로가 되는 호를 선택
세그먼트의 개수 또는 [블록(B)] 입력: **B** `Enter↵`
삽입할 블록의 이름 입력: **PIG** `Enter↵`
객체에 블록을 정렬시키겠습니까? [...] ⟨Y⟩: `Enter↵`
세그먼트의 개수 입력: **4** `Enter↵`

 더 알기

- 블록으로 객체를 등분하기 위해서는 먼저 BLOCK 명령으로 미리 작도된 객체를 블록으로 만들어야 그 해당 블록 이름으로 불러와 등분할 수 있습니다.
- 경로가 되는 객체에 등분되는 점 및 블록 객체 수는 지정한 세그먼트의 개수보다 한 개 적게 삽입이 됩니다.
- 점으로 등분하고자 할 경우에는 DDPTYPE 명령으로 점 유형과 크기를 먼저 설정한 후 사용하는 것이 좋습니다.

● **블록 객체로 등분 시 표시되는 프롬프트**

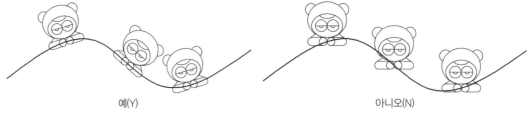

예(Y)	경로가 되는 객체의 곡률에 따라 블록 객체가 회전이 되면서 정렬됩니다.
아니오(N)	블록 객체는 회전되지 않으며 경로가 되는 객체 위에서 이동됩니다.

예(Y)   아니오(N)

블록 정렬

 더 알기

BLOCK 명령으로 미리 작성된 객체를 블록으로 만들 때 지정된 기준점을 기준으로 블록 객체가 삽입되며 블록 안에 변수 속성이 포함되어 있는 경우에는 변수 속성은 무시됩니다.

5 | 길이로 등분(MEASURE)하기

MEASURE 명령은 점이나 블록 객체를 설정한 거리값으로 경로가 되는 객체(선, 원, 호, 타원, 폴리선, 스플라인)에 일정하게 배열시켜 줍니다.

 명령: MEASURE `Enter↵` [**단축키:** `M``E`]

● 길이로 등분하는 기본적인 방법

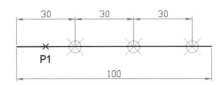

점 객체를 등분

명령: PDMODE Enter↵

PDMODE에 대한 새 값 입력: **35** Enter↵

명령: MEASURE Enter↵

길이 분할 객체 선택: ▶P1(경로 왼쪽) 선택

세그먼트의 길이 지정 또는 [블록(B)]: **30**

Enter↵

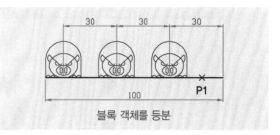

블록 객체를 등분

길이 분할 객체 선택: P1(경로 오른쪽) 선택

세그먼트의 길이 지정 또는 [블록(B)]: **B** Enter↵

삽입할 블록의 이름 입력: **PIG** Enter↵

객체에 블록을 정렬시키겠습니까? [...] 〈Y〉:

Enter↵

세그먼트의 길이 지정: **30** Enter↵

더 알기

■ '길이 분할 객체 선택' 시 선택 위치에 따라 적용되는 길이의 기준점이 변경됩니다. 선택한 객체의 가장 가까운 끝점이 길이 분할의 기준 시작점으로 정해집니다.

■ 등분되는 객체가 닫힌 폴리선인 경우에는 객체를 작도 시 첫 번째로 그려진 정점을 시작으로 해서 반시계 방향(+값)으로만 등분이 됩니다.

● 원을 등분하는 경우

원 객체를 등분 시 0도(3시 방향)가 시작점이 되어 반시계 방향으로 등분이 됩니다.

오른쪽 그림은 Ø50 원을 등분 세그먼트 길이값 30mm와 50mm로 입력했을 경우 점 객체가 등분되는 결과입니다.

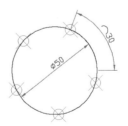

길이 분할과 개수 분할의 비교

길이 분할은 똑같은 길이값으로만 등분하므로 등분되는 객체의 선택 위치가 중요하지만 개수 분할은 등분되는 객체 전체 길이에 지정된 개수만큼 정확하게 등간격으로 등분되므로 객체의 선택 위치가 중요하지 않습니다.

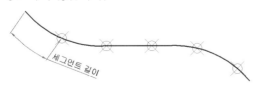

MEASURE 명령

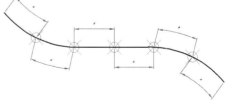

DIVIDE 명령

6 | 도넛(DONUT) 그리기

DONUT 명령은 내부 및 외부 지름을 입력하여 폴리선으로 이루어진 넓은 링을 작도하거나 내부 지름을 0으로 입력하여 채워진 원을 작도할 수 있습니다.

 명령: DONUT Enter↵ **[단축키:** D O]

● 점을 그리는 기본적인 방법

도넛의 내부 지름 지정: **20** Enter↵
도넛의 외부 지름 지정: **40** Enter↵
도넛의 중심 지정…〈종료〉: ▶임의의 위치 클릭
도넛의 중심 지정…〈종료〉: ▶임의의 위치 클릭
도넛의 중심 지정 또는 〈종료〉: Enter↵

도넛의 내부 지름 지정: **0** Enter↵
도넛의 외부 지름 지정: **40** Enter↵
도넛의 중심 지정…〈종료〉: ▶임의의 위치 클릭
도넛의 중심 지정…〈종료〉: ▶임의의 위치 클릭
도넛의 중심 지정 또는 〈종료〉: Enter↵

7 | 채우기(FILL) 설정

FILL 명령은 작도된 객체 안(굵기가 있는 폴리선, 해칭 등)에 채워진 상태를 ON/OFF 합니다.

 명령: FILL Enter↵

● 채우기 ON/OFF 표시 방법

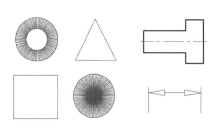

명령: FILL Enter↵
모드 입력 [켜기(ON)/끄기(OFF)]: **OFF** Enter↵

명령: REGEN Enter↵
모형 재생성 중.

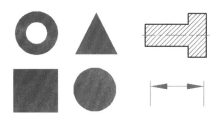

명령: FILL [Enter↵]

모드 입력 [켜기(ON)/끄기(OFF)]: **ON** [Enter↵]

명령: REGEN [Enter↵]

모형 재생성 중.

켜기(ON)	채워진 객체 상태로 표시가 되도록 채우기 모드를 활성화시킵니다.
끄기(OFF)	채워진 객체의 윤곽선만 표시가 되도록 채우기 모드를 비활성화시킵니다.

 더 알기

- FILL 명령의 OFF는 큰 용량의 도면 작업 시 무수히 많이 채워진 객체를 사용한 경우 메모리 용량이 커져 도형 이동이나 확대/축소 작업이 원활하게 안 될 때 모든 채워진 객체를 단순화하여 컴퓨터 성능(속도)을 향상시켜 작업을 원활하게 하고자 할 때 사용됩니다.
- FILL 명령을 사용하고 화면을 재생성(REGEN, REGENALL)해야 기존 객체가 업데이트됩니다.

8 | 그러데이션(GRADIENT)으로 채우기

GRADIENT 명령으로 해치 명령의 그러데이션 탭을 바로 실행시킬 수 있습니다. 그러데이션은 색조나 음영 또는 두 색상 간의 부드러운 변환을 표시하므로 원통, 구 등의 면을 모방하여 나타내고자 할 때 사용할 수 있습니다.

명령: GRADIENT [Enter↵] **[단축키: GD]**

● **그러데이션 리본**

- 경계 패널: 그러데이션 영역 선택 방법을 지정합니다.
- 패턴 패널: 아홉 가지 고정된 그러데이션 채우기 패턴이 나열되어 있으며 여기에서 한 개를 선택하여 객체에 적용합니다.
- 특성 패널: 그러데이션 채우기 색상, 투명도, 각도 등의 특성을 설정합니다.
- 원점 패널의 중심: 그러데이션 구성을 대칭으로 지정합니다.

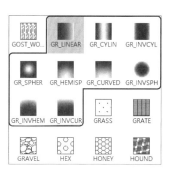

● 그러데이션 적용 예

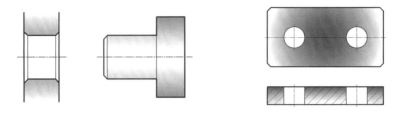

9 | 그리기 순서(DRAWORDER) 변경하기

DRAWORDER 명령은 겹치는 객체(선, 원, 문자, 치수 등)나 이미지의 표시되는 순서를 여러 가지 옵션을 사용하여 변경합니다.

 명령: DRAWORDER Enter↵ [**단축키**: DR]

● 그리기 순서를 변경하는 기본적인 방법

객체 선택: ❶(첫 번째)을 선택   객체 선택: ❸(세 번째)을 선택
객체 선택: Enter↵   객체 선택: Enter↵
객체 순서 옵션 입력 [...뒤로(B)] 〈뒤로(B)〉:   객체 순서 옵션 입력 [...뒤로(B)] 〈뒤로(B)〉:
　　Enter↵   　　Enter↵

● DRAWORDER 명령 옵션

```
객체 선택: 1개를 찾음
객체 선택:
DRAWORDER 객체 순서 옵션 입력 [객체 위로(A) 객체 아래로(U) 앞으로(F) 뒤로(B)] 〈뒤로(B)〉:
```

객체 위로(A)	선택된 객체를 참조 객체를 지정하여 그 위로 이동시킵니다.
객체 아래로(U)	선택된 객체를 참조 객체를 지정하여 그 아래로 이동시킵니다.
앞으로(F)	선택된 객체를 무조건 맨 위로 이동시킵니다.
뒤로(B)	선택된 객체를 무조건 맨 아래로 이동시킵니다.

그리기 순서 변경 연습하기

오른쪽 그림과 같이 오륜기를 작도합니다.

사용 명령: DONUT `Enter↵`
　　内부 지름 지정: **65** `Enter↵`
　　外부 지름 지정: **80** `Enter↵`
　　COPY `Enter↵`
　　※ 직교 모드에서 좌표를 사
　　　용하거나 상대좌표(@X,Y)와
　　　FROM을 사용합니다.

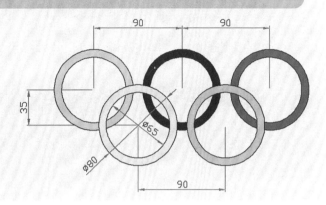

※ PROPERTIES [단축키: PR] 명령이나 리본의 특성 또는 특성 도구 모음의 색상란을 사용하여 오륜기 색상(파랑, 노랑, 검정, 초록, 빨강)으로 변경합니다.

▶ 맨 앞으로 변경하기

명령: DRAWORDER `Enter↵`
객체 선택: ▶ **❶**, **❷**, **❸**번을 선택
객체 선택: `Enter↵`
객체 순서 옵션 입력 [객체 위로(A)/객체 아래로(U)/앞으로(F)/뒤로(B)] 〈뒤로(B)〉: **F** `Enter↵`

▶ ❹번을 ❷번 위로 변경하고 ❸번을 ❺번 아래로 변경하기

명령: DRAWORDER `Enter↵`
객체 선택: ▶ **❹**번을 선택
객체 선택: `Enter↵`
객체 순서 옵션 입력 [객체 위로(A)/객체 아래로(U)/앞으로(F)/뒤로(B)] 〈뒤로(B)〉: **A** `Enter↵`
참조 객체 선택: ▶ **❷**번을 선택
참조 객체 선택: `Enter↵`

명령: `Enter↵`
객체 선택: ▶ **❸**번을 선택
객체 선택: `Enter↵`
객체 순서 옵션 입력 [객체 위로(A)/객체 아래로(U)/앞으로(F)/뒤로(B)] 〈뒤로(B)〉: **U** `Enter↵`
참조 객체 선택: ▶ **❺**번을 선택
참조 객체 선택: `Enter↵`

 리본 수정 패널에 있는 그리기 순서 도구 아이콘을 사용하면 DRAWORDER 명령 옵션 네 가지를 모두 아이콘으로 나열해 두었기 때문에 좀 더 수월하게 그리기 순서를 변경할 수 있습니다.

10 | 경계(BOUNDARY)선 만들기

BOUNDARY 명령은 닫힌 영역을 둘러싸는 별도의 폴리선 또는 영역 선을 생성합니다.

 명령: **BOUNDARY** [Enter↵] [단축키: BO]

● 경계 작성 대화상자

- 점 선택: 닫힌 영역을 둘러싸는 경계가 생성될 기준 점을 지정합니다.
- 고립영역 탐지: 닫힌 내부 경계(고립 영역)까지 탐지할 것인지 결정합니다.
- 객체 유형: 생성되는 경계 객체를 영역 또는 폴리선 중에서 결정합니다.

- 경계 세트: 닫힌 영역을 지정하기 전에 미리 경계 세트를 정의하여 문제가 되는 객체를 배제시킵니다.

● 객체 유형인 영역과 폴리선의 이해

- 영역: 영역은 질량의 중심 등과 같은 물리적 특성이 포함되어 있는 2차원 닫힌 객체를 말합니다.

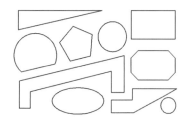

다음과 같은 경우로 영역을 사용합니다.

- 해칭이나 음영 처리 경계로 사용합니다.
- 면적 또는 전체 길이 등과 같은 설계 정보를 추출합니다.
- 불린 연산을 하여 단순 객체를 더욱 복잡한 객체로 변환합니다.
- 3차원 모델링의 돌출 및 회전 등에 필요한 단면 형상이 됩니다.

- 폴리선: 폴리선은 하나로 연결된 단일 객체이며 편집을 할 수 있습니다.

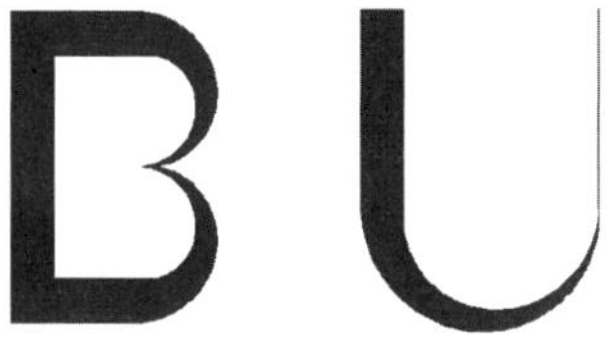

다음과 같은 편집 기능을 수행할 수 있습니다.

- 폴리선을 선 또는 호로 변환시킵니다.
- 나누어져 있는 폴리선을 선과 호와 함께 하나로 결합합니다.
- 폴리선의 폭을 동일 또는 다른 폭(테이퍼)으로 부여합니다.
- 맞춤 및 트루 스플라인으로 변환시키고 곡률을 조정합니다.

유형을 폴리선으로 하여 경계 만들기 연습

명령: **BOUNDARY** Enter↵

※ 'CAD연습도면' 폴더에 저장된 '연습–31'의 ①번 도형을 불러와서 연습하길 바랍니다.

① '**새로 만들기** [+]' 버튼을 클릭하여 그림과 같이 걸침 박스로 선택하고 Shift 키를 누른 상태에서 필요 없는 중심선 두 개를 그림과 같이 제거합니다.

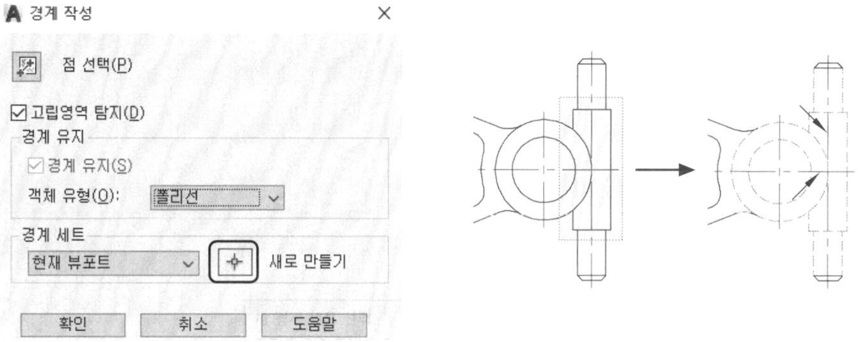

② '**점 선택** [ ]'으로 P1을 선택하면 경계 내부를 둘러싸는 폴리선이 만들어집니다. MOVE 명령으로 폴리선을 선택하여 밖으로 이동시켜 확인합니다.

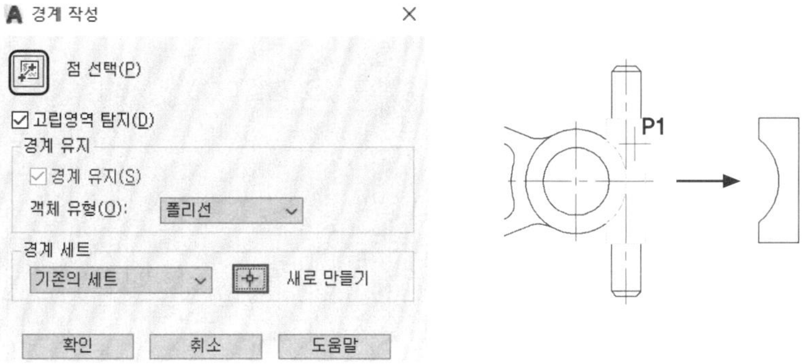

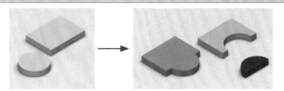

불린(Boolean) 연산을 사용하여 간단한 기계 부품을 한결 수월하게 작도할 수 있어요. ^^

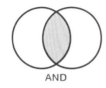
AND

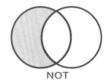
NOT

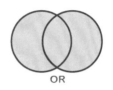
OR

두 개 이상의 서로 다른 객체를 더하거나(합집합) 빼거나(차집합) 또는 공통 부분(교집합)만을 남길 수 있습니다.
단, 닫힌 형태의 객체만 가능하며 반드시 **2D 영역 객체로 변환**시켜야만 불린 연산이 가능합니다.

[2D 영역 객체로 변환시키는 명령]

2가지 방법으로 닫힌 형태의 객체를 하나의 2D 영역 객체로 변환시킬 수 있습니다.

명령			
	⊙ **REGION**	[단축키: ⓡⓔⓖ]	※ REGION 명령 실행 후 닫힌 형태의 객체를 모두 선택
	▢ **BOUNDARY**	[단축키: ⓑⓞ]	하면 2D 영역 객체로 변환됩니다.

더 알기 시스템 변수 **DELOBJ** 값이 '0'으로 설정되어 있는 경우에는 원본을 남겨둔 상태에서 객체를 영역으로 변환 시 사본이 생성됩니다. 그러나 기본 변수값 '3'이나 다른 변수값들은 원래 객체를 영역으로 변환한 후 삭제시킵니다.

[불린(Boolean) 연산 명령]

명령			
	▧ **UNION**	[단축키: ⓤⓝⓘ]	합집합 – 겹쳐 있는 두 개 이상의 영역을 더합니다.
	▨ **SUBTRACT**	[단축키: ⓢⓤ]	차집합 – 겹쳐 있는 영역에서 한 개 이상의 영역을 뺍니다.
	▩ **INTERSECT**	[단축키: ⓘⓝ]	교집합 – 겹쳐 있는 영역에서 공통부분만 남깁니다.

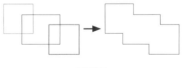
UNION

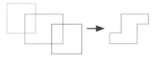
SUBTRACT

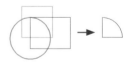
INTERSECT

[불린 연산을 사용하여 만든 여러 가지 기계 부품들의 예]

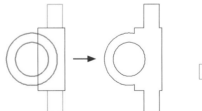

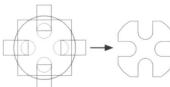

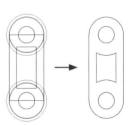

더 알기 불린 연산한 '2D 영역 객체'를 **EXPLODE** 명령으로 분해하면 일반적인 객체가 되므로 편집을 다양하게 할 수 있습니다.

필터와 그룹 및 외부 참조하기

AutoCAD 2020 기초와 실습 – 고급편

5

이 장에서는 다음과 같은 내용을 배울 수 있습니다.

- 원하는 특성만 필터(FILTER)하기
- 그룹(GROUP) 지정하기
- 블록 편집(BEDIT)하기
- 외부 참조(XREF)하기
- 테이블 유형(TABLESTYLE) 설정하기
- 테이블(TABLE) 삽입하기

1 │ 원하는 특성만 필터(FILTER)하기

FILTER 명령으로 선택하고자 하는 객체의 특성 리스트를 작성하여 한꺼번에 원하는 객체만을 쉽게 선택할 수 있습니다. 도면이 복잡한 경우 가장 효과적인 선택 방법이기 때문에 반드시 알고 있어야 하는 명령입니다.

 명령: **FILTER** Enter↵ [단축키: F I]

● **객체 선택 필터 대화상자**

필터 대화상자는 크게 세 개의 영역으로 되어 있습니다.

- '필터 특성 리스트' 항목: 위쪽 빈 칸 영역으로 선택 조건식을 완성해가는 영역입니다.

- '필터 선택' 항목: 선택 조건식을 한 개씩 만들어 필터 특성 리스트에 추가하는 영역입니다.

- 대화상자 오른쪽 부분: 만든 선택 조건식을 리스트에서 삭제하거나 저장하고 불러들이는 영역입니다.

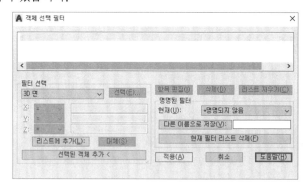

■ **'필터 선택' 항목**

- 선택: 필터할 항목을 선택하는 곳으로 오토캐드 모든 객체 유형의 항목이 나열되어 있습니다.

- X,Y,Z: 객체에 따라 관계 연산자를 사용하여 필터할 값을 입력합니다.

- 리스트에 추가: 만든 현재 필터 선택 특성을 한 개씩 위쪽에 있는 '필터 특성 리스트'에 등록합니다.

- 대체: '필터 특성 리스트'에서 선택한 조건에 대해서만 현재 만들고 있는 필터 특성 조건으로 갱신합니다.

- 선택된 객체 추가: 도면에서 기준이 되는 객체 한 개를 선택하여 그 객체의 모든 특성들을 한꺼번에 '필터 특성 리스트'에 추가합니다.

 선택 객체의 모든 정보가 리스트에 추가되므로 그 선택한 객체를 기준으로 약간의 편집 과정을 거쳐 식을 만들 때 유용하게 사용됩니다.

■ **대화상자 오른쪽 부분**

- '항목 편집': '필터 특성 리스트'에서 선택한 조건을 편집할 수 있게 '필터 선택' 항목이 해당 조건으로 활성화됩니다.

- 삭제: '필터 특성 리스트'에서 선택한 필요 없는 조건을 한 개씩 선택하여 지웁니다.
- 리스트 지우기: 새로운 조건 식을 만들기 위해 '필터 특성 리스트'에 나열된 모든 특성을 지웁니다.
- 명명된 필터: 완성된 '필터 특성 리스트' 항목의 조건을 파일(filter.nfl)로 저장해서 차후에 불러들여 똑같은 조건으로 쉽게 선택할 수 있도록 합니다.

[적용]

대화상자를 종료하고 도면에서 원하는 부분(윈도우)이나 전체를 선택(all)하면 미리 설정된 조건에 일치한 객체들만 선택됩니다. 그 다음 특성 도구상자를 사용하여 레이어, 색상, 선종류 등을 변경합니다.

필터 연습하기

부록의 '종합과제 34' ①번 부품을 작도하여 따라하길 바랍니다.

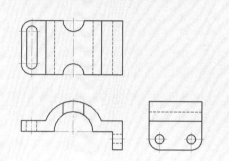

중심선을 모두 선택해서 색상과 굵기를 변경하기

명령: FILTER [Enter↵]

표시된 대화상자에서 '선택된 객체 추가' 버튼을 클릭하여 도면상에서 기준으로 사용할 중심선 P1을 선택합니다.　※ 중심선이라면 꼭 P1이 아니더라도 다른 것을 선택해도 됩니다.

대화상자 위쪽에 있는 '필터 특성 리스트' 항목에서 필요 없는 조건을 선택하여 '삭제' 버튼을 눌러 지우면서 아래 그림과 같이 선택 조건식을 완성합니다.

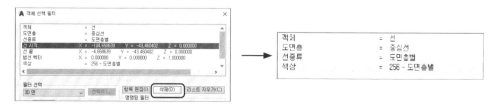

'적용' 버튼을 눌러 대화상자를 닫고 아래 명령 입력줄에 ALL을 입력하고 [Enter↵]키를 누릅니다. 그러면 조건식에 해당하는 중심선들만 모두 선택된 것을 확인할 수 있습니다.

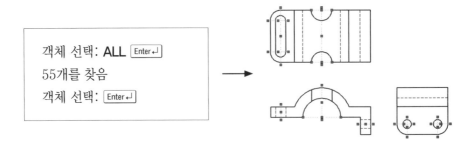

객체 선택: **ALL** [Enter↵]

55개를 찾음

객체 선택: [Enter↵]

특성 도구상자에서 색상은 '초록색'으로 굵기는 0.5mm로 선택하여 한꺼번에 특성을 변경합니다.

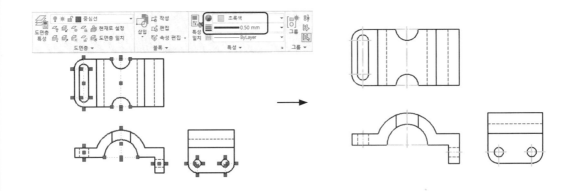

※ 설정된 선 굵기대로 화면에 표시하고자 한다면 **LWEIGHT** 명령의 대화상자에서 '선가중치 표시' 항목을 체크해야 합니다.

명령: **LWEIGHT** [Enter↵] [단축키: [L][W]]

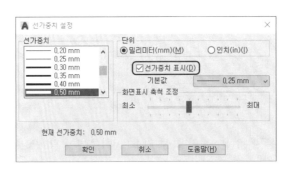

더 알기   FILTER 명령 조건식으로 원하는 객체를 모두 선택한 후 [Esc]키를 누르면 선택된 객체가 모두 해제되며, 이때 해제된 객체를 또다시 편집 명령(COPY, MOVE 등)에서 사용하고 싶다면 해당 편집 명령 입력 후 '객체 선택:' 프롬프트에서 P를 입력하면 됩니다. (※ P=Previouse의 약자)

2 | 그룹(GROUP) 지정하기

GROUP 명령은 개별 객체를 쉽게 단위별로 결합하여 관리하고자 할 때 사용됩니다.

 명령: **GROUP** [Enter↵] [단축키: G]

● **그룹 지정하는 기본적인 방법**

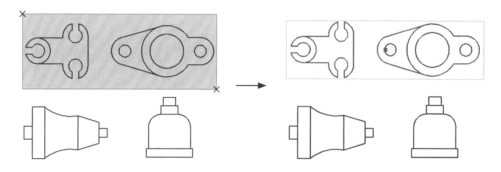

객체 선택 또는 [이름(N)/설명(D)]: **N** [Enter↵]
그룹 이름 또는 [?] 입력: **TEST-1** [Enter↵]
객체 선택 또는 [...]: ▶ 윈도우 박스로 그림과 같이 선택
객체 선택 또는 [이름(N)/설명(D)]: [Enter↵]
"TEST-1" 그룹이 작성되었습니다.

 그룹으로 정의된 객체를 다시 원래대로 개별 객체로 만들기 위해서는 **-GROUP** 명령을 입력하여 '분해' 옵션을 사용해야 합니다.

● **GROUP 명령 옵션**

```
명령: GROUP
객체 선택 또는 [이름(N)/설명(D)]: N
GROUP 그룹 이름 또는 [?] 입력:
```

이름(N)	그룹화할 객체를 관리하기 위해 그룹 이름을 입력합니다. 그룹 이름은 문자, 숫자, 특수 문자를 포함할 수 있지만 공백은 포함되지 않으며 영문자는 대문자로만 표기됩니다.
설명(D)	그룹에 주서를 달아 -GROUP 또는 GROUPEDIT 명령으로 지정된 그룹 객체의 주서를 확인할 수 있습니다.

 그룹으로 정의된 객체들도 그룹 상태에서 이동, 복사, 회전 등을 할 수 있습니다.

GROUPEDIT 명령

GROUPEDIT 명령은 이미 정의된 그룹에 객체를 추가하거나 제거 및 그룹의 이름을 새 이름으로 변경합니다.

● GROUPEDIT 명령 옵션

```
명령: GROUPEDIT
그룹 선택 또는 [이름(N)]:
GROUPEDIT 옵션 입력 [객체 추가(A) 객체 제거(R) 이름바꾸기(REN)]:
```

이름(N)	변경하고자 하는 그룹을 화면상에서 지정 또는 직접 그룹 이름을 입력합니다.
객체 추가(A)	정의된 그룹에 다른 객체를 추가적으로 그룹화합니다.
객체 제거(R)	그룹 내에서 필요 없는 객체를 제거할 수는 있지만 정의된 그룹은 삭제되지 않습니다.
이름바꾸기(REN)	기존 그룹의 이름을 새 이름으로 변경합니다.

–GROUP 명령 [단축키: – G]

–GROUP 명령으로도 그룹을 작성할 수 있으며 또한 기존 그룹에 객체를 추가하거나 제거 또는 분해 등의 편집이 가능합니다.

● –GROUP 명령 옵션

```
명령: -GROUP
그룹 옵션 입력
-GROUP [? 순서(O) 추가(A) 제거(R) 분해(E) 이름바꾸기(REN) 선택 가능(S) 작성(C)] <작성>:
```

?	현재 도면에 정의되어 있는 그룹의 이름과 설명이 나열됩니다.
순서(O)	선택한 그룹 내 객체들의 순서를 번호로 변경합니다.
추가(A)	선택한 그룹에 다른 객체를 추가적으로 그룹화합니다.
제거(R)	그룹 내에서 필요 없는 객체를 제거할 수는 있지만 정의된 그룹은 삭제되지 않습니다.
분해(E)	지정된 그룹을 분해시키면서 그룹 정의도 삭제시킵니다.
이름바꾸기(REN)	기존 그룹의 이름을 새 이름으로 변경합니다.
선택 가능(S)	정의된 그룹의 객체를 하나의 객체로 선택할 것인지 아니면 개별적인 객체로 선택할 것인지를 결정합니다.
작성(C)	새로운 그룹을 작성합니다.

CLASSICGROUP 명령

CLASSICGROUP 명령은 객체 그룹화 대화상자를 사용하여 −GROUP 명령의 옵션을 사용할 수 있습니다.

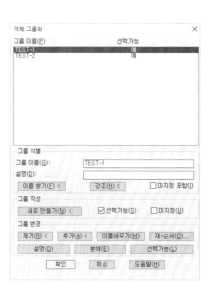

● **객체 그룹화 대화상자**

* 그룹 이름: 현재 도면에 정의된 그룹의 이름이 나열됩니다.
* 그룹 식별: 그룹 이름 항목에서 선택된 그룹의 이름과 설명이 표시됩니다.
* 그룹 작성: 새 그룹을 만들기와 그룹의 특성을 설정합니다.
* 그룹 변경: 선택된 기존 그룹을 수정하는 옵션이 나열되어 있습니다.

 그룹 지정 연습하기

바탕화면에 있는 'CAD연습도면' 폴더 안에 저장된 파일 '연습-23'의 ❸번 부품과 '연습-24'의 ①, ②번 부품을 불러옵니다.

명령: **OPEN** Enter↵ [단축키: Ctrl + O]

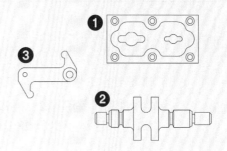

① 명령: **MOVE** Enter↵

　그림1과 같이 ❸번 부품을 모두 선택하여 ❷번 부품으로 이동시킵니다.

② 명령: **−GROUP** Enter↵

　그룹 옵션 입력 [?/순서(O)/추가(A)/제거(R)/분해(E)...선택 가능(S)/작성(C)] 〈작성〉: Enter↵

　그룹 이름 또는 [?] 입력: **JOINT** Enter↵

　그룹 설명을 입력: Enter↵

　객체 선택: ▶ 윈도우 박스로 **그림2**와 같이 모두 선택

　객체 선택: Enter↵

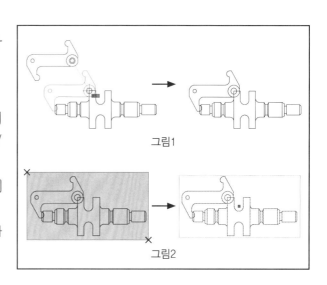

그림1

그림2

③ 명령: **–GROUP** Enter↵

그룹 옵션 입력 [?/순서(O)/추가(A)/제거(R)/분해(E)...선택 가능(S)/작성(C)] 〈작성〉: **R** Enter↵

그룹 이름 또는 [?] 입력: **JOINT** Enter↵

그룹에서 제거할 객체를 선택함...

객체 제거: ▶ **그림3**과 같이 왼쪽 **A**부분과 오른쪽 **B**부분의 객체를 선택

객체 제거: Enter↵

④ 명령: **MOVE** Enter↵

그림4와 같이 그룹을 임의의 점인 P1에서 P2까지 이동시켜 제거된 부분을 확인합니다.

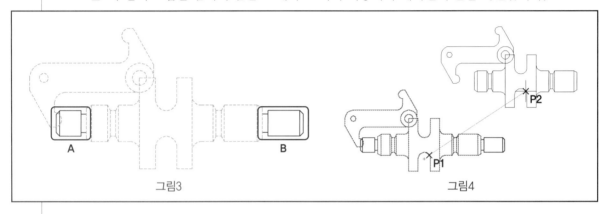

그림3   그림4

⑤ 명령: **–GROUP** Enter↵

그룹 옵션 입력 [?/순서(O)/추가(A)/제거(R)/분해(E)...선택 가능(S)/작성(C)] 〈작성〉: **A** Enter↵

그룹 이름 또는 [?] 입력: **JOINT** Enter↵

그룹에 추가할 객체를 선택함...

객체 선택: ▶ 윈도우 박스로 **그림5**와 같이 모두 선택

객체 선택: Enter↵

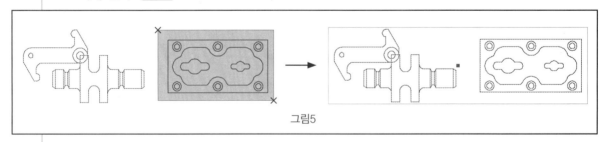

그림5

⑥ 명령: **–GROUP** Enter↵

그룹 옵션 입력 [?/순서(O)/추가(A)/제거(R)/분해(E)...선택 가능(S)/작성(C)] 〈작성〉: **E** Enter↵

그룹 이름 또는 [?] 입력: **JOINT** Enter↵

※ JOINT 그룹이 삭제되면서 모든 객체가 개별 객체로 분해됩니다.

3 | 블록 편집(BEDIT)하기

BEDIT 명령은 독립적인 환경으로 작동되는 블록 편집 대화상자가 표시되며 여기에서 정의된 블록을 변경하거나 새 블록을 정의할 수 있습니다.

 명령: **BEDIT** Enter↵ [단축키: B E]

● 블록 정의 편집 대화상자

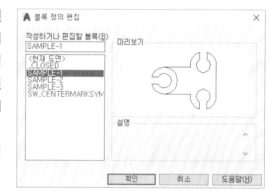

- 작성하거나 편집할 블록: 현재 도면에 저장된 블록 정의 리스트에서 변경하고자 하는 블록 이름을 지정하거나 새 블록으로 정의할 이름을 직접 입력합니다. 리스트에서 〈현재 도면〉을 선택하면 현재 도면 모두가 블록이 되어 편집기에서 열립니다.
- 미리보기: 선택된 블록의 미리보기가 표시되며 블록 옆의 번갯불 모양 아이콘은 해당 블록이 동적 블록임을 나타냅니다.
- 설명: 선택된 블록을 만들때 입력한 설명이 표시됩니다.

블록 편집기 리본 상황별 탭 ▶

사용자 특성 및 동적 동작을 정의하는 매개변수를 추가하여 블록을 변경합니다. 리본 탭은 기하학적 패널, 치수 패널, 관리 패널, 동작 매개변수 패널, 가시성 패널로 구성되어 있으며 블록 제작 팔레트에는 각각의 패널 옵션들이 직관적으로 나열되어 있습니다.

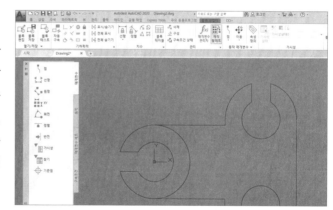

✍ 블록 편집 연습하기

※ 바탕화면에 있는 'CAD연습도면' 폴더 안에 저장된 파일 '연습-10'의 ①번 부품을 'SAMPLE-1'로 명명하여 블록을 만들어 연습하길 바랍니다.

① 명령: **BEDIT** Enter↵ 또는 삽입된 블록이 있는 경우 명령 없이 해당 블록을 더블 클릭합니다.

② 블록 정의 편집 대화상자의 리스트 항목에 편집할 '**SAMPLE-1**'을 선택한 후 확인 버튼을 클릭합니다.

③ **그림1**과 같이 블록을 수정한 후 리본 탭에서 '블록 저장' 🔳 (**BSAVE**)을 클릭한 후 리본 오른쪽 끝에 있는 '블록 편집기 닫기'를 눌러 편집을 종료합니다.

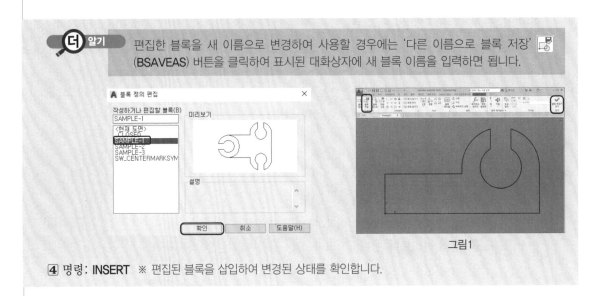

편집한 블록을 새 이름으로 변경하여 사용할 경우에는 '다른 이름으로 블록 저장' (BSAVEAS) 버튼을 클릭하여 표시된 대화상자에 새 블록 이름을 입력하면 됩니다.

그림1

④ 명령: **INSERT** ※ 편집된 블록을 삽입하여 변경된 상태를 확인합니다.

블록의 삽입점 변경하기

BEDIT 명령으로 블록 편집 안에 들어간 상태에서 리본의 '동작 매개변수' 패널의 '기준점' ⊕ 을 클릭하면 블록 정의의 기준점의 기본 위치를 동적으로 자유롭게 변경할 수 있습니다.

그림과 같이 기준점을 변경하고 '블록 저장' (BSAVE)을 클릭한 후 '블록 편집기 닫기'를 눌러 편집을 종료합니다. ※ ❶번에서 ❹번까지 작업 순서대로 변경

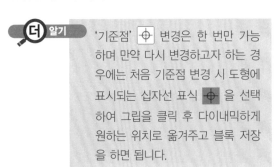

'기준점' ⊕ 변경은 한 번만 가능하며 만약 다시 변경하고자 하는 경우에는 처음 기준점 변경 시 도형에 표시되는 십자선 표식 ⊕ 을 선택하여 그립을 클릭 후 다이내믹하게 원하는 위치로 옮겨주고 블록 저장을 하면 됩니다.

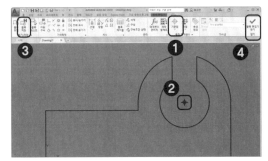

4 | 외부 참조(XREF)하기

XREF 명령은 블록과 비슷한 개념으로 블록을 만들어 삽입하여 사용할 때 차후 발생할 수 있는 문제를 한꺼번에 간단히 해결하고자 할 때 사용합니다. 블록이 아닌 외부 참조(Xref)로 삽입된 도면 파일은 참조된 도면에서 변경한 내용이 자동으로 업데이트되기 때문입니다.

명령: **XREF** Enter↵ 또는 XREF [단축키: XR]

● **외부 참조 팔레트**

외부 참조 팔레트에서 DWG 파일, PDF 파일, 이미지 등을 현재 도면에 부착하여 표시하고 관리합니다.

- 부착: 외부 참조할 파일을 현재 도면에 부착합니다.
- 갱신: 부착된 외부 참조 파일에 변경 사항이 있을 경우 현재 도면에 반영합니다.
- 경로 변경: 리스트에서 선택한 외부 참조 파일의 경로를 수정합니다. 또는 누락된 참조 파일에 대한 새 경로를 다시 지정합니다.
- 리스트 F3 및 트리 F4 뷰 버튼: 파일들의 정렬이 리스트 뷰와 트리 뷰로 전환됩니다.
- 상세 정보 및 미리보기 버튼: 참조 파일의 상세 정보 표시와 썸네일 이미지 보기로 전환됩니다.

외부 참조 연습하기

바탕화면에 있는 'CAD연습도면' 폴더 안에서 저장된 파일 **'연습-8'**을 불러옵니다.

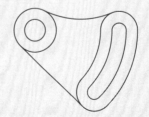

명령: **OPEN** Enter↵ [단축키: Ctrl+O]

1 불러들인 현재 도면에서 XREF 명령을 실행합니다.

명령: **XREF** Enter↵

2 외부 참조(External References) 팔레트에서 ' DWG 부착' 아이콘을 선택하여 'CAD연습도면' 폴더안에 저장된 파일 **연습-12**를 불러옵니다. 나타난 '외부 참조 부착' 창에서 기본값(축척1:1, 회전 각도 0도)으로 둔 상태에서 확인 버튼을 클릭합니다.

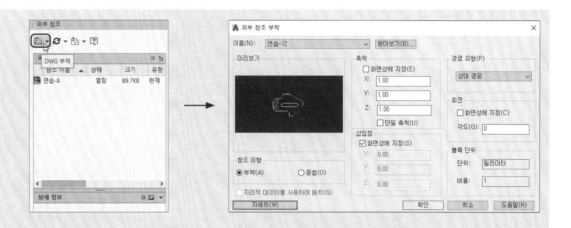

③ '연습-8' 객체 오른쪽 적당한 위치에 '연습-12' 객체를 배치합니다.

※ 외부 참조 객체(연습-12)는 원래 도면 색상보다 옅은 색상으로 보여집니다. 또한 팔레트에서 참조된 파일 이름을 클릭하면 참조된 객체를 뚜렷하게 확인할 수 있도록 강조 표시됩니다.

④ 적당한 그림를 준비하여 외부 참조 팔레트에서 '이미지 부착' 아이콘을 선택하여 2~3번과 동일한 방법으로 부착하기 바랍니다.

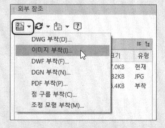

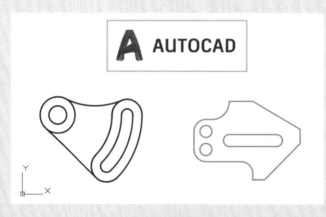

※ 부착된 외부 참조 객체나 이미지는 현재 도면에 연결되지만 실제로는 삽입되지 않습니다. 이로써 현재 도면의 파일 크기가 늘어나지 않도록 방지할 수 있습니다.

⑤ 현재 도면을 '📳 다른 이름으로 저장' 아이콘을 선택하여 파일 이름을 '외부참조 연습'으로 명명하여 저장합니다.

외부 참조된 도면 수정

외부 참조된 도면을 2가지 방법으로 수정할 수 있습니다.

1. 직접 외부 참조된 파일(연습-12)을 열어 수정
2. 외부 참조가 된 현재 도면(외부 참조 연습)에서 수정

현재 도면(연습-8)에서 외부 참조된 객체를 수정하기 위해서는 **REFEDIT**(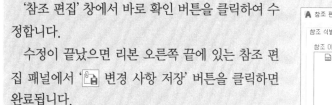 참조 편집) 명령 또는
외부 참조 도형을 더블 클릭하면 됩니다.

'참조 편집' 창에서 바로 확인 버튼을 클릭하여 수
정합니다.

수정이 끝났으면 리본 오른쪽 끝에 있는 참조 편
집 패널에서 ' 변경 사항 저장' 버튼을 클릭하면
완료됩니다.

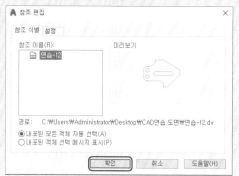

상대적(Relative)으로 종속되는 외부 참조

외부 참조 파일은 상대적(Relative)으로 부착이 되어 향후 외부 참조 파일이 현재 도면에서 손상되
는 것을 방지합니다.

그래서 참조된 파일을 지우는 등의 손상이 일어났거나, 참조된 파일(연습-12)은 그대로 두고 작업
한 파일(외부 참조 연습)만 다른 곳으로 옮겨 현재 파일에 종속된 참조 파일의 경로에 해당 파일이 없
을 경우 문제가 생깁니다.

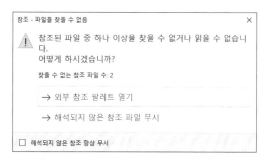

참조된 파일이 모체에 없는 경우 알림 창

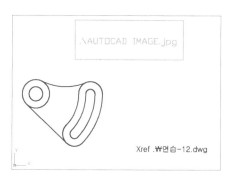

참조된 파일이 빠진 모체의 화면 결과

〈해결 방법〉1. 외부 참조 관계를 유지할 경우

외부 참조(External References) 팔레트에서 참조된 파일 중에 누락된 파일은 부착 아이콘에 느낌표가 표시됩니다. 누락된 참조 파일의 저장된 경로를 재지정하여 관계를 유지할 수 있습니다.

팔레트의 '상태'란의 **'찾지 못함'** 을 더블 클릭하여 재지정

팔레트의 누락된 파일이름에서 오른쪽 클릭하여 나타난 메뉴에서 **'새 경로 선택'**

팔레트의 누락 파일을 클릭한 뒤 '상세 정보'란의 '저장된 경로'에서 경로를 클릭하면 나타나는 찾아보기 버튼을 사용

〈해결 방법〉2. 외부 참조 관계를 유지하지 않을 경우

외부 참조(External References) 팔레트에서 누락된 파일이름의 오른쪽을 클릭하여 나타난 메뉴에서 '분리'를 선택합니다.

※ 분리를 하면 외부 참조된 객체나 이미지는 더 이상 현재 도면에서 표시되지 않습니다.

 다른 사용자와 파일을 공유할 때 다른 사용자에게 참조된 파일이 없으면 외부 참조 링크가 끊어지게 되므로 유의해야 합니다. 항상 모체 파일과 종속된 외부 파일은 같이 붙어 다녀야 합니다.

최종 도면에 외부 참조 파일 결합

참조 도면의 변경 사항이 예기치 않게 최종 도면에 업데이트되는 것을 방지하기 위해서는 외부 참조 도면을 결합해야 합니다. 결합을 하면 참조 파일은 더 이상 종속관계가 아닌 최종 도면의 한 부분이 됩니다.

결합 시 나타나는 '결합 유형'은 결합 시 원본 레이어와 외부 참조 레이어를 구분할 필요가 있을 때 필요합니다. 레이어를 구분할 필요가 없다면 둘 중에 아무거나 선택해도 문제가 없습니다.

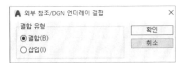

※ 결합이 완료되면 참조된 객체가 더 이상 아니기 때문에 옅은 색상이 아닌 원래 짙은 색상으로 보여집니다.

외부 참조된 객체 프레임 조절

XCLIP 명령으로 외부 참조 객체의 보일 부분과 숨길 부분을 결정할 수 있습니다.

 명령: XCLIP [Enter↵] [단축키: [X][C]]

명령: **XCLIP** [Enter↵]
객체 선택: ▶ 참조 객체 선택
객체 선택: [Enter↵]
자르기 옵션 입력[켜기(ON)/끄기(OFF)/자르기 깊이(C)/삭제(D)/폴리선 생성(P)/새 경계(N)]
　　　〈새 경계〉: [Enter↵]
자르기 경계 지정 또는 반전 옵션 선택: [폴리선 선택(S)/폴리곤(P)/직사각형(R)…] 〈직사각형
　　　(R)〉: [Enter↵]
첫 번째 구석 지정: P1 클릭
반대 구석 지정: P2 클릭

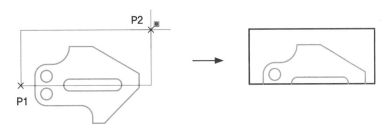

※ 자른 후 표시되는 경계는 도면 출력 시 출력되지 않습니다. 경계 프레임을 출력하고 싶을 경우에는 시스템 변수 XCLIPFRAME 값을 2에서 1로 변경하면 됩니다.

※ 외부 객체를 자르는 또다른 방법은 참조 객체 클릭 시 리본에 표시되는 자르기 패널의 '자르기 경계 작성' 아이콘을 사용하면 됩니다.

 CLIP 명령으로 외부 참조 객체 뿐만 아니라 블록, 이미지, 뷰포트 등을 자르기 할 수 있습니다. CLIP 명령은 FRAME 시스템 변수로 경계 표시 여부를 결정합니다.

5 | 테이블 유형(TABLESTYLE) 설정하기

TABLESTYLE 명령은 테이블 유형의 배경 색상, 여백, 경계, 문자 등을 작성하거나 수정합니다.

  명령: **TABLESTYLE** Enter↵

● **테이블 스타일 대화상자**

• 현재로 설정: 작성된 유형들 중 하나를 선택하여 활성화합니다.

• 새로 만들기: 새로운 테이블 유형을 정의하여 생성합니다.

• 수정: 작성된 유형들 중 하나를 선택하여 수정합니다.

• 이름 바꾸기: 현재 선택된 다중선 유형의 이름을 변경합니다.

• 삭제: 작성된 유형들 중 하나를 선택하여 삭제합니다.

● **[새로 만들기(N)...] 대화상자**

'새 스타일 이름'란에 생성될 테이블 유형의 이름을 입력하고 ▭ 계속 ▭ 버튼을 선택하면 오른쪽 대화상자가 표시됩니다.

• 시작 테이블: 미리 도면에 작성된 테이블의 구조와 콘텐츠를 약간 변경해서 사용하고자 할 때 사용합니다.

  ▥로 불러올 테이블을 지정하고 ▥로 잘못 지정된 테이블을 제거합니다.

• 테이블 방향: 제목 행과 머리글 행의 방향을 위(내림차순) 또는 아래(오름차순)로 바꾸어 줍니다.

• 셀 스타일: 데이터, 머리글, 제목과 같은 셀 스타일을 새로 작성하거나 기존 셀 스타일을 수정합니다.

일반 탭

셀의 배경색, 셀 문자의 자리맞추기, 데이터 형식, 유형, 여백(셀의 경계와 문자 사이의 간격)을 설정

문자 탭

셀 문자의 스타일(글꼴), 문자 높이, 문자 색상, 문자 각도(방향)를 설정

경계 탭

셀 테두리 선의 굵기, 선형식, 선 색상, 테두리를 둘러싸는 방향 등을 설정

6 | 테이블(TABLE) 삽입하기

TABLE 명령으로 빈 테이블을 생성하거나 테이블 스타일에서 정의된 테이블을 불러와 도면에 삽입합니다. 또한 Microsoft Excel 스프레드시트의 데이터와 링크하여 사용할 수도 있습니다.

명령: **TABLE** Enter↵

● 테이블 삽입 대화상자

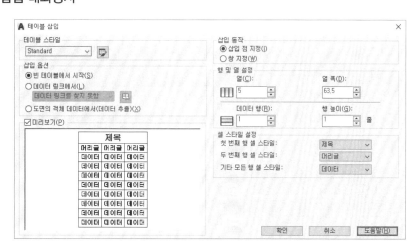

• 테이블 스타일

TABLESTYLE 명령에서 작성된 테이블 유형을 불러옵니다.

• 삽입 옵션

표만 삽입할 것인지 아니면 Microsoft Excel 스프레드시트의 데이터와 링크할 것인지를 지정합니다.

- 삽입 동작

테이블의 왼쪽 상단 구석 위치(삽입 점 지정) 또는 대각선 방향으로 두 점(창 지정)을 지정하여 크기를 결정합니다.

- 행 및 열 설정

열과 행의 수와 크기를 입력합니다. '행 높이'는 TABLESTYLE에서 설정되는 문자 높이 및 셀 여백을 기반으로 결정됩니다.

- 셀 스타일 설정

기본적으로 3단계(제목, 머리글, 데이터)로 구성된 테이블의 행에 대해서 제외하고자 하는 셀 스타일을 지정하거나 구성 순서를 변경합니다.

 테이블 유형 만들기 연습

오른쪽과 같은 테이블 유형을 만들어 보겠습니다.

4	커 버	GC200	2	
3	스퍼 기어	SC480	1	
2	축	SM45C	1	
1	하 우 징	GC200	1	
품 번	품 명	재 질	수 량	비 고
작품명	동력전달장치		척 도	N/S
			각 법	3각법

① 명령: **TABLESTYLE** Enter↵

② 테이블 스타일 대화상자에서 새로 만들기(N)... 버튼을 선택합니다.

③ 새 테이블 스타일 작성 창의 '새 스타일 이름'란에 SAMPLE로 입력하고 계속 버튼을 누릅니다.

④ 새 테이블 스타일 대화상자에서 **그림1**과 같이 '테이블 방향'을 **위로** 변경합니다.

⑤ **그림2**와 같이 '셀 스타일'을 수정할 항목인 **제목**으로 변경하고 일반 탭에서 **행/열 작성시 셀 병합**을 체크 해제합니다.

⑥ **그림3**과 같이 문자 탭에서 '문자 높이'를 5mm, '문자 색상'을 **초록색**으로 변경합니다.

⑦ **그림4**와 같이 경계 탭에서 '색상'을 **빨간색**으로 변경하고 '모든 경계' ⊞ 버튼을 선택합니다.

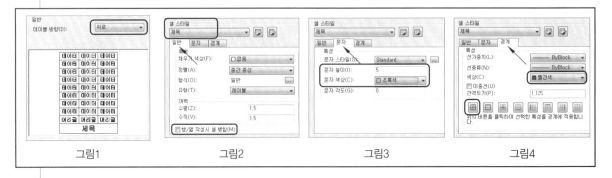

그림1   그림2   그림3   그림4

⑧ **그림5**와 같이 '셀 스타일'을 수정할 항목인 **머리글**로 변경하고 문자 탭에서 '문자 높이'를 3.15mm, '문자 색상'을 **노란색**으로 변경합니다.

⑨ **그림6**과 같이 경계 탭에서 '색상'을 **빨간색**으로 변경하고 '모든 경계' ⊞ 버튼을 선택합니다.

⑩ **그림7**과 같이 '셀 스타일'을 수정할 항목인 **데이터**로 변경하고 문자 탭에서 '문자 높이'를 3.15mm, '문자 색상'을 **노란색**으로 변경합니다.

⑪ **그림8**과 같이 경계 탭에서 '색상'을 **빨간색**으로 변경하고 '모든 경계' ⊞ 버튼을 선택합니다.

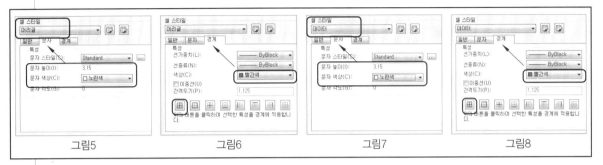

| 그림5 | 그림6 | 그림7 | 그림8 |

⑫ 테이블 스타일 대화상자를 닫습니다.

⑬ 명령: **TABLE** Enter↵

테이블 삽입 대화상자에 그림과 같이 설정합니다.

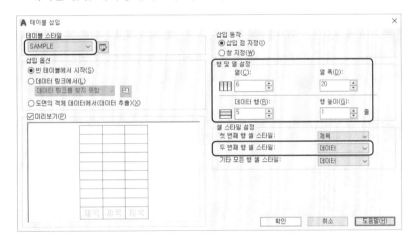

– 테이블 스타일:
  SAMPLE
– 열: 6
– 열 폭: 20
– 데이터 행: 5
– 행 높이: 1
– 두 번째 행 셀 스타일:
  데이터

⑭ 테이블 삽입 대화상자를 닫고 임의의 위치에 한 점을 클릭합니다. 다음 그림과 같이 표시가 되며 우선 테두리 형태를 완성하기 위해 문자 형식 편집기를 닫습니다. 편집기를 닫는 빠른 방법은 테이블 바깥쪽을 클릭하면 됩니다.

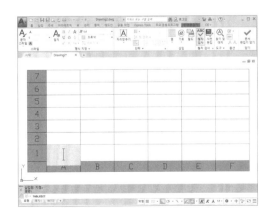

⑮ **그림9**와 같이 셀을 병합하기 위해 명령 없이 두 점(P1-P2)으로 영역을 지정합니다.

⑯ **그림10**과 같이 마우스 오른쪽 버튼을 클릭하면 표시되는 메뉴창에서 '**병합**'의 '**전체**'를 선택합니다.

⑰ **그림11**과 같이 오른쪽에 있는 셀도 **그림9**, **그림10**과 같은 방법으로 병합을 합니다.

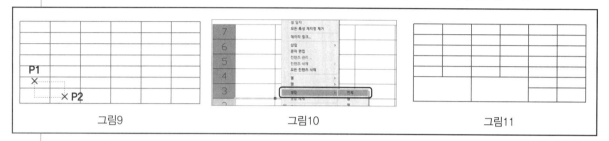

그림9   그림10   그림11

더 알기   AutoCAD 클래식 작업공간을 사용할 경우에는 메뉴창 대신 셀을 선택 시 표시되는 테이블 내부 편집기를 사용하여 병합 🔲 등의 편집 작업을 할 수 있습니다.

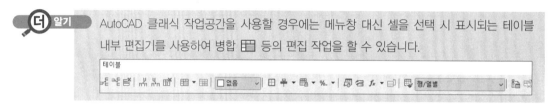

⑱ **그림12**와 같이 셀을 병합하기 위해 명령 없이 두 점(P1-P2)으로 영역을 지정합니다.

⑲ **그림13**과 같이 마우스 오른쪽 버튼을 클릭하면 표시되는 메뉴창에서 '**병합**'의 '**행**'을 선택합니다.

⑳ **그림14**와 같이 셀 병합이 완료되었습니다.

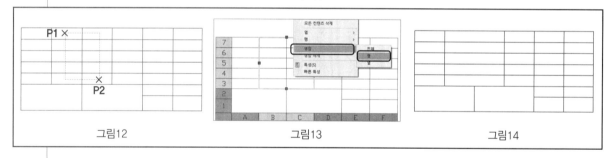

그림12   그림13   그림14

㉑ **그림15**와 같이 셀 간격을 일정하게 맞추기 위해 명령 없이 두 점(P1-P2)으로 영역을 지정합니다.

㉒ **그림16**과 같이 마우스 오른쪽 버튼을 클릭하면 표시되는 메뉴창에서 '**행**'의 '**행 크기 균일하게**'를 선택합니다.

㉓ **그림17**과 같이 셀 경계를 선택하면 표시되는 그립(파란색 점)을 선택하여 셀 간격을 적당히 조절합니다. P1 그립을 선택하여 적당히 P2 위치를 지정합니다.

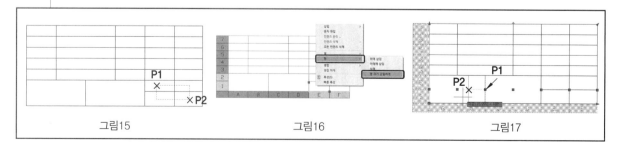

그림15   그림16   그림17

㉔ 셀 안을 더블 클릭하여 그림과 같이 문자를 입력하여 완료합니다.

4	커 버	GC200	2	
3	스퍼 기어	SC480	1	
2	축	SM45C	1	
1	하 우 징	GC200	1	
품 번	품 명	재 질	수 량	비 고
작품명	동력전달장치		척 도	N/S
			각 법	3각법

더 알기 문자 입력 시 문자 위치가 맞지 않을 경우에는 해당 셀을 선택한 후 마우스 오른쪽 버튼을 눌러 나타난 메뉴에서 '**정렬/중간 중심**'을 선택합니다.

맞지 않는 문자 크기와 색상은 리본 문자 편집기를 사용하여 편집합니다.

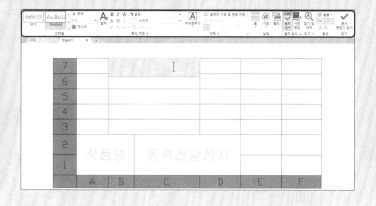

Question *dwg* 파일을 열었는데 문자가 깨지거나 부착된 사진과 도면도 안보여요?

거래처에서 도면 파일을 받았는데 문자가 깨지거나 도면이 일부 보이지 않거나 또는 도면에 부착된 이미지가 내 컴퓨터에서는 잘 열리는데 다른 컴퓨터에서는 열리지 않는 경우가 종종 있습니다.

문자가 깨지는 이유는 도면에 문자 입력 시 AutoCAD 기본 폰트로 사용하지 않고 사설 폰트로 입력한 경우입니다. 도형이 일부 열리지 않는 이유는 외부 참조된 도면이기 때문에 열리지 않는게 아니라 오픈했는데 외부에 그려진 도면 없이, 즉 알맹이가 빠진 상태로 와서 그렇습니다. 사진이 보이지 않는 이유도 앞서 말한 것과 마찬가지입니다. 다른 사용자와 도면을 공유할 때 상대방에 참조된 파일이 없으면 외부 참조 링크가 끊어집니다.

이럴 경우 거래처에 연락해서 도면에 사용된 폰트, 외부 참조 도면, 이미지 등을 같이 보내달라고 해야 합니다.

[한방에 해결 방법]

"eTransmit (전자 전송)으로 저장해서 달라고 하세요!"

전자 전송(eTransmit)으로 저장하면 도면에 연결된 외부 참조 도면, 이미지, 폰트, 블록 등 관련된 종속 파일 그룹도 모두 패키지로 자동으로 포함시켜 압축(zip)됩니다. 이렇게 압축된 파일을 상대방에게 전달하면 모든 문제가 해결됩니다.

[전자 전송 패키지 명령]

 명령: **ETRANSMIT** [Enter↵] 또는

[전자 전송 패키지 파일 만들기]
AutoCAD **꿀팁으로 파워유저되기**의 "4. 전자 전송 패키지 만들기"를 참조하길 바랍니다.

 외부 참조된 도면이나 이미지가 있는데도 열리지 않으면 도면에 링크된 주소가 서로 맞지 않아서 그렇습니다. 이럴 경우에는 xref(외부 참조) 명령 입력 후 나타난 팔레트에서 외부 참조되어 있는 도면이나 이미지 주소를 다시 검색하여 링크를 맞추어 주면 됩니다. 그리고 나서 반드시 regen(화면 재생성) 명령을 실행시켜 주어야 문제없이 도면에 표시됩니다.

치수 기입과 환경 설정

AutoCAD 2020 기초와 실습 – 고급편

6

이 장에서는 다음과 같은 내용을 배울 수 있습니다.

- 치수 환경(DIMSTYLE) 설정하기
- 세 가지 방식의 치수 기입
- 수평 및 수직 치수 기입(DIMLINEAR)하기
- 정렬 치수 기입(DIMALIGNED)하기
- 지름 치수 기입(DIMDIAMETER)하기
- 반지름 치수 기입(DIMRADIUS)하기
- 각도 치수 기입(DIMANGULAR)하기
- 병렬 치수 기입(DIMBASELINE)하기
- 직렬 치수 기입(DIMCONTINUE)하기
- 세로좌표 치수 기입(DIMORDINATE)하기
- 신속 치수 기입(QDIM)하기
- 호에 Z자형 치수 기입(DIMJOGGED)하기
- 호의 길이 치수 기입(DIMARC)하기
- 치수선 간격 일정(DIMSPACE)하게 조정하기
- 검사 치수 기입(DIMINSPECT)하기
- 치수선에 꺾기 선(DIMJOGLINE) 삽입하기
- 다중 지시선 기입(MLEADER)하기

1 | 치수 환경(DIMSTYLE) 설정하기

DIMSTYLE 명령은 치수 유형을 작성하고 수정을 하여 신속하게 치수의 형식(KS규격 또는 사내 형식)을 변경할 수 있기 때문에 치수 표준을 유지하는 데 매우 중요합니다.

 명령: **DIMSTYLE** Enter↵ [단축키: Ⓓ 또는 ⒹⓈⓉ 또는 ⒹⒹⒾⓂ]

● **치수 스타일 관리자 대화상자**

• **현재로 설정**: 작성된 유형들 중 하나를 선택하여 활성화합니다.

• **새로 만들기**: 새로운 치수 유형을 생성합니다.

• **수정**: 작성된 유형들 중 하나를 선택하여 수정합니다.

• **재지정**: 특정 치수 유형을 임시로 재지정하여 사용합니다.

• **비교**: 두 치수 유형 간의 차이점을 치수 변수로 확인합니다.

● **새 치수 스타일 작성 대화상자**

• **새 스타일 이름**: 새롭게 만들고자 하는 치수 유형의 이름을 입력합니다.

• **시작**: 기존의 치수 유형을 지정하여 그것을 기준으로 일부분만 변경하여 새 유형을 만듭니다.

• **사용**: 치수 유형의 특정 부분을 지정하여 그 부분만 변경합니다.

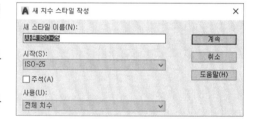

❶ **선 탭**

치수선, 치수 보조선의 특성과 형식을 설정합니다.

각각의 항목을 선택하여 치수선, 치수 보조선 특성을 변경하거나 아래에 나열된 치수 변수를 바로 치수 명령과 같이 명령 입력줄에 입력하여 특성이나 형식을 변경할 수 있습니다.

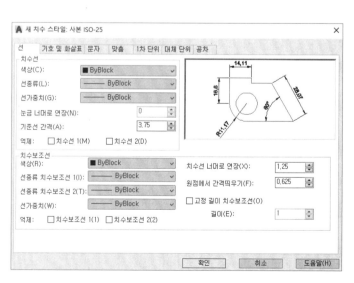

○ **치수선**: 치수선의 특성과 형식을 설정합니다.

• 색상: 치수선의 색상을 설정합니다. [**DIMCLRD**]

• 선종류: 치수선의 선종류를 설정합니다. [**DIMCLRD**]

• 선가중치: 치수선의 선굵기를 설정합니다. [**DIMLWD**]

> 명령: **DIMLWD** [Enter↵]
>
> DIMLWD에 대한 새 값 입력 〈-2〉: **60** [Enter↵]

• 눈금 너머로 연장: 치수선을 치수 보조선 너머로 연장할 거리를 설정합니다. [**DIMDLE**]

> 명령: **DIMDLE** [Enter↵]
>
> DIMDLE에 대한 새 값 입력 〈0.0000〉: **3** [Enter↵]
>
> ※ 화살촉을 기울기, 건축, 눈금 등으로 사용해야만 적용됩니다.

 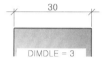

• 기준선 간격: 치수를 기입 시 치수선들 간의 간격을 일정하게 조절해 줍니다. [**DIMDLI**]

> 명령: **DIMDLI** [Enter↵]
>
> DIMDLI에 대한 새 값 입력 〈3.7500〉: **8** [Enter↵]
>
> ※ DIMBASELINE 명령이나 QDIM 명령으로 치수를 기입해야만 적용
>   됩니다.

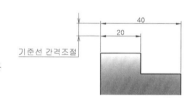

• 억제: 왼쪽 또는 오른쪽 치수선과 화살표를 화면상에서 숨깁니다. [**DIMSD1**, **DIMSD2**]

> 명령: **DIMSD1** [Enter↵]
>
> DIMSD1에 대한 새 값 입력 〈끄기〉: **ON** [Enter↵]
>
> ※ 치수 기입 시 객체 선택 순서에 따라 왼쪽, 오른쪽이 변경됩니다.

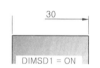

○ **치수 보조선**: 치수 보조선의 특성과 형식을 설정합니다.

• 색상: 치수 보조선의 색상을 설정합니다. [**DIMCLRE**]

• 선종류 치수 보조선 1: 첫 번째 치수 보조선의 선종류를 설정합니다. [**DIMLTEX1**]

• 선종류 치수 보조선 2: 두 번째 치수 보조선의 선종류를 설정합니다. [**DIMLTEX2**]

• 선가중치: 치수 보조선의 선굵기를 설정합니다. [**DIMLWE**]

> 명령: **DIMLWE** [Enter↵]
>
> DIMLWE에 대한 새 값 입력 〈-2〉: **60** [Enter↵]

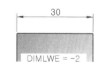

• 억제: 왼쪽 또는 오른쪽 치수 보조선을 화면상에서 숨깁니다. [**DIMSE1**, **DIMSE2**]

> 명령: **DIMSE1** [Enter↵]
>
> DIMSE1에 대한 새 값 입력 〈끄기〉: **ON** [Enter↵]
>
> ※ 치수 기입 시 객체 선택 순서에 따라 왼쪽, 오른쪽이 변경됩니다.

• 치수선 너머로 연장: 치수 보조선을 치수선 위쪽으로 연장하는 길이를 설정합니다. [**DIMEXE**]

• 원점에서 간격 띄우기: 최초로 물체에서 치수 보조선이 떨어지는 간격을 설정합니다. [**DIMEXO**]

명령: DIMEXE [Enter↵]

DIMEXE에 대한 새 값 입력 〈1.2500〉: **1** [Enter↵]

명령: DIMEXO [Enter↵]

DIMEXO에 대한 새 값 입력 〈0.6250〉: **1** [Enter↵]

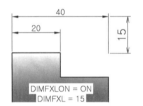

• 고정 길이 치수 보조선: 치수 보조선의 전체 길이를 고정시켜 사용합니다. [**DIMFXLON**]
• 길이: 물체에서 시작되어 치수선까지의 치수 보조선 전체 길이를 입력합니다. [**DIMFXL**]

명령: DIMFXLON [Enter↵]

DIMFXLON에 대한 새 값 입력 〈끄기〉: **ON** [Enter↵]

명령: DIMFXL [Enter↵]

DIMFXL에 대한 새 값 입력 〈1.0000〉: **15** [Enter↵]

❷ **기호 및 화살표 탭**

화살촉의 종류와 크기, 중심 표식 방법, 호의 길이 치수 등의 형식과 배치를 설정합니다.

각각의 항목을 선택하여 화살촉 등의 형식을 변경하거나 아래에 나열된 치수 변수를 바로 치수 명령과 같이 명령 입력줄에 입력하여 형식이나 배치를 변경할 수 있습니다.

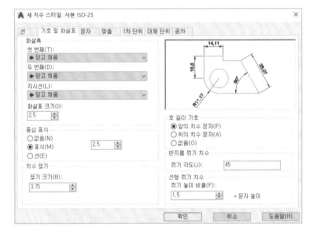

○ **화살촉**: 치수선의 화살촉의 모양과 크기를 설정합니다.

• 첫 번째: 첫 번째 치수선에 적용될 화살촉의 모양을 설정합니다. [**DIMBLK1**]
• 두 번째: 두 번째 치수선에 적용될 화살촉의 모양을 설정합니다. [**DIMBLK2**]
• 지시선: 지시선에 적용될 화살촉의 모양을 설정합니다. [**DIMLDRBLK**]

여러 가지 화살촉(arrow heads)

적용 명령	모양	설명	적용 명령	모양	설명
•	◀───	Closed filled	OPEN30	⟵──	Open 30
DOTSMALL	•───	Dot small	ARCHTICK	╱──	Architectural tick
DOT	●───	Dot	OBLIQUE	╱──	Oblique
DOTBLANK	○───	Dot blank	INTEGRAL	⌠──	Integral
OPEN90	⟵──	Right angle	DATUMFILLED	▶──	Datum triangle filled

※ 화살촉의 모양을 변경하기 위해서는 반드시 먼저
　DIMSAH 치수 변수를 'ON'으로 설정해야 합니다.

명령: **DIMSAH** [Enter↵]

DIMSAH에 대한 새 값 입력 〈*끄기*〉: **ON** [Enter↵]

명령: **DIMBLK1** [Enter↵]

DIMBLK1, 또는 … 입력에 대한 새 값 입력 〈" "〉: **DOTSMALL** [Enter↵]

※ 사용자가 정의한 블록을 만들어 그 블록으로 화살촉 모양을 설정할 수도 있습니다.

• **화살표 크기**: 화살표의 크기를 입력합니다. [**DIMASZ**]

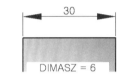

명령: **DIMASZ** [Enter↵]

DIMASZ에 대한 새 값 입력 〈2.5000〉: **3.15** [Enter↵]

○ **중심 표식**: 도면에 작도된 원과 호 객체에 중심 표식 및 중심선을 추가합니다. [**DIMCEN**]

• **없음**: 원과 호 객체에 중심 표식을 사용하지 않습니다. (DIMCEN 변수값을 0으로 입력한 결과)
• **표식**: 원과 호 객체에 중심점 표식을 합니다. (DIMCEN 변수값을 양수+ 값으로 입력한 결과)
• **선**: 원과 호 객체에 중심선을 생성합니다. (DIMCEN 변수값을 음수− 값으로 입력한 결과)

명령: **DIMCEN** [Enter↵]

DIMCEN에 대한 새 값 입력 〈0.0000〉: **1** [Enter↵]

명령: **DIMCENTER** [Enter↵]

호 또는 원 선택: ▶ 원 객체를 선택

※ DIMCEN 변수 설정 후 DIMCENTER 명령으로 원 또는
　호를 선택해야 표식 및 중심선이 생성됩니다.

예) 원의 지름 20mm일 때

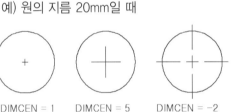

○ **치수 끊기**: DIMBREAK 명령으로 교차된 치수 보조선을 가상으로 절단 시 간격을 조절합니다.
• **끊기 크기**: 가상으로 절단되는 간격의 크기를 입력합니다.

※ 치수 변수가 없기 때문에
　치수 스타일 대화상자에
　서 '끊기 크기' 값을 설정
　한 후 DIMBREAK 명령을
　사용합니다.

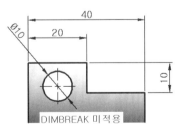
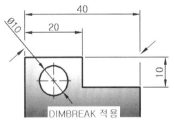

○ **호 길이 기호**: 호 길이로 치수 기입(DIMARC) 시 표시 기호 ⌒ 의 위치를 조정합니다.
　[**DIMARCSYM**]
• **앞의 치수 문자**: 호 ⌒ 표시 기호를 치수 문자 앞쪽에 배치합니다. (DIMARCSYM 변수값 0)
• **위의 치수 문자**: 호 ⌒ 표시 기호를 치수 문자 위쪽에 배치합니다. (DIMARCSYM 변수값 1)

• 없음: 호 ⌒ 표시 기호를 사용하지 않습니다. (DIMARCSYM 변수값 2)

DIMARCSYM = 0   DIMARCSYM = 1   DIMARCSYM = 2

※ DIMARCSYM 변수 설정 후 DIMARC 명령으로 호 객체에 치수를 기입해야 합니다.

○ **반지름 꺾기 치수**: 번개치수 기입(DIMJOGGED) 시 꺾기 각도를 조정합니다. [**DIMJOGANG**]
• 꺾기 각도: 치수선과 다음 치수 보조선 사이에 꺾어질 각도를 입력합니다.

명령: **DIMJOGANG** [Enter↵]
DIMJOGANG에 대한 새 값 입력:
90 [Enter↵]

※ DIMJOGANG 변수 설정 후 DIMJOGGED 명
령으로 호 객체에 치수를 기입해야 합니다.

DIMJOGANG = 45   DIMJOGANG = 90

○ **선형 꺾기 치수**: 기입된 선형 치수에 DIMJOGLINE 명령으로 꺾기 표시를 추가합니다.
• 꺾기 높이 비율: 꺾어진 각도선의 두 정점 사이의 거리를 비율로 입력합니다.

※ 치수 변수가 없기 때문에 치수스타일 대화상자에서
'꺾기 높이 비율' 값을 설정한 후 DIMJOGLINE 명령
을 사용합니다.

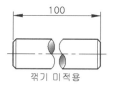 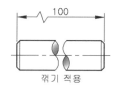

꺾기 미적용   꺾기 적용

❸ **문자 탭**

치수 문자의 특성과 배치 및 정렬을 설정합니다.

각각의 항목을 선택하여 치수 문자의 특성을 변경하거나 아래에 나열된 치수 변수를 바로 치수 명령과 같이 명령 입력줄에 입력하여 특성이나 형식을 변경할 수 있습니다.

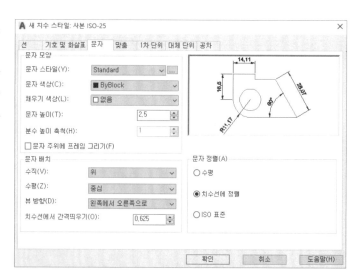

○ **문자 모양**: 치수 문자의 형식과 크기를 설정합니다.
• 문자 스타일: STYLE 명령으로 미리 설정된 문자 유형을 지정하여 사용합니다. [**DIMTXSTY**]

명령: **DIMTXSTY** `Enter↵`

DIMTXSTY에 대한 새 값 입력 〈"Standard"〉:
    TEST `Enter↵`

※ STYLE 명령에서 글꼴 '궁서'로 'TEST' 유형을 만듭니다.

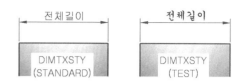

- 문자 색상: 치수 문자의 색상을 설정합니다. [**DIMCLRT**]
- 채우기 색상: 치수의 문자 배경 색상을 설정합니다. [**DIMTFILL , DIMTFILLCLR**]
- 문자 높이: 치수 문자의 높이를 설정합니다. [**DIMTXT**]

   ※ STYLE 명령에서 문자 높이를 미리 입력한 경우에는
     이 항목은 비활성화가 됩니다.

명령: **DIMTXT** `Enter↵`

DIMTXT에 대한 새 값 입력 〈2.5000〉: **3.15** `Enter↵`

- 분수 높이 축척: 치수 문자 크기를 기준으로 한 분수의 크기를 축척으로 설정합니다. [**DIMTFAC**]

명령: **DIMTFAC** `Enter↵`

DIMTFAC에 대한 새 값 입력 〈1.0000〉: **0.7** `Enter↵`

※ 치수 기입 단위 형식을 '분수'로 설정해야 적용이 됩니다.

- 문자 주위에 프레임 그리기: 치수 문자를 에워싸는 사각형이 추가됩니다. [**DIMGAP**]

명령: **DIMGAP** `Enter↵`

DIMGAP에 대한 새 값 입력 〈0.6250〉: **−1** `Enter↵`

※ DIMGAP 변수값이 음수일 경우에는 사각형이 추가되
   지만 양수일 때에는 '치수선에서 간격 띄우기'로 적용
   이 됩니다.

○ **문자 배치**: 치수 문자의 배치 방법을 설정합니다.
- 수직: 치수선에 대한 치수 문자의 수직 배치를 설정합니다. [**DIMTAD**]
  – 중심: 치수 문자를 치수선 중심에 배치합니다. (변수값 0)
  – 위: 치수 문자를 치수선 위에 배치합니다. (변수값 1)
  – 외부: 치수 문자를 모든 방향에서 치수선 바깥쪽으로 배치합니다. (변수값 2)
  – JIS: 일본공업규격 표기법에 맞추어 치수 문자를 배치합니다. (변수값 3)
  – 아래: 치수 문자를 치수선 아래 방향 쪽에 배치합니다. (변수값 4)

명령: **DIMTAD** `Enter↵`

DIMTAD에 대한 새 값 입력 〈1〉: ▶ 0~4까지의 정수를 입력

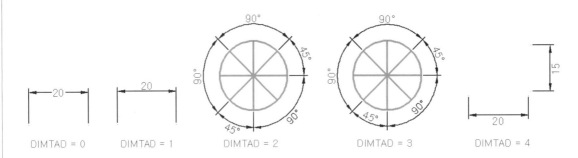

- 수평: 치수 보조선을 기준으로 한 치수선상의 치수 문자 수평 배치를 설정합니다. [**DIMJUST**]
  - 중심: 치수 문자를 치수 보조선 사이의 정중앙에 오게 배치합니다. (변수값 0)
  - 치수 보조선 1에: 치수 문자를 첫 번째 치수 보조선의 왼쪽에 배치합니다. (변수값 1)
  - 치수 보조선 2에: 치수 문자를 두 번째 치수 보조선의 오른쪽에 배치합니다. (변수값 2)
  - 치수 보조선 1 너머: 치수 문자를 첫 번째 치수 보조선 위쪽에 배치합니다. (변수값 3)
  - 치수 보조선 2 너머: 치수 문자를 두 번째 치수 보조선 위쪽에 배치합니다. (변수값 4)

명령: **DIMJUST** `Enter↵`

DIMJUST에 대한 새 값 입력 〈1〉: ▶ 0~4까지의 정수를 입력

- 뷰 방향: 치수 문자를 바라보는 방향을 설정합니다. [**DIMTXTDIRECTION**]
  - 왼쪽에서 오른쪽으로: 왼쪽에서 오른쪽으로 치수 문자를 읽을 수 있도록 배치합니다. (변수값 0)
  - 오른쪽에서 왼쪽으로: 오른쪽에서 왼쪽으로 치수 문자를 읽을 수 있도록 배치합니다. (변수값 1)

명령: **DIMTXTDIRECTION** `Enter↵`

DIMTXTDIRECTION에 대한 새 값 입력 〈켜기〉:

1 `Enter↵`

- 치수선에서 간격 띄우기: 치수선에서 치수 문자가 떨어지는 거리를 설정합니다. [**DIMGAP**]

명령: **DIMGAP** `Enter↵`

DIMGAP에 대한 새 값 입력 〈0.6250〉: 1 `Enter↵`

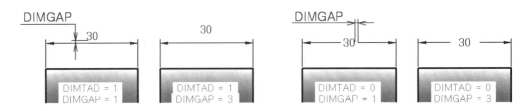

※ DIMGAP 변수값을 음수로 입력할 경우에는 치수 문자를 에워싸는 사각형이 생성됩니다.

○ **문자 정렬:** 치수 보조선을 기준으로 한 치수 문자의 정렬 방향을 설정합니다. [**DIMTIH , DIMTOH**]

- **수평:** 항상 치수 문자를 수평으로만 배치합니다. [**DIMTIH** = ON]
- **치수선에 정렬:** 치수 문자를 항상 치수선에 평행하게 배치합니다. [**DIMTIH** = OFF]
- **ISO 표준:** 치수 문자가 치수 보조선 안에 기입될 때는 치수선에 평행하게 배치하고 치수 문자가 치수 보조선 밖에 기입될 때는 수평으로만 배치합니다. [**DIMTOH**]

※ 치수 변수값을 ON 및 OFF 대신 1(ON) 및 0(OFF)으로 입력해도 됩니다.

❹ **맞춤 탭**

치수 문자, 화살표, 지시선, 치수선의 배치를 설정합니다.

각각의 항목을 선택하여 치수 문자, 화살표, 지시선, 치수선의 배치를 변경하거나 아래에 나열된 치수 변수를 바로 치수 명령과 같이 명령 입력줄에 입력하여 배치를 변경할 수 있습니다.

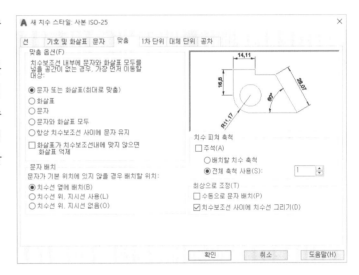

○ **맞춤 옵션:** 치수 보조선 사이 공간이 협소할 경우 치수 문자와 화살표의 표기 위치를 조정합니다. [**DIMATFIT , DIMTIX , DIMSOXD**]

- **문자 또는 화살표(최대로 맞춤):** 치수 보조선 사이의 공간에 따라 치수 문자와 화살표의 표기 위치는 치수 보조선 사이 또는 외부에 의해 자동으로 결정되어 배치됩니다. [**DIMATFIT** = 3]
- **화살표:** 치수 보조선 사이의 공간에 따라 먼저 화살표의 표기 위치를 조정한 다음 치수 문자의 표기 위치를 조정해 줍니다. [**DIMATFIT** = 1]
- **문자:** 치수 보조선 사이의 공간에 따라 먼저 치수 문자의 표기 위치를 조정한 다음 화살표의 표기 위치를 조정해 줍니다. [**DIMATFIT** = 2]
- **문자와 화살표 모두:** 치수 문자와 화살표 둘다 치수 보조선 사이에 표기가 안 될 경우에만 외부로 배치시킵니다. [**DIMATFIT** = 0]

- 항상 치수 보조선 사이에 문자 유지: 치수 문자를 항상 치수 보조선 사이에 배치시킵니다. [DIMTIX]
- 화살표가 치수 보조선 내에 맞지 않으면 화살표 억제: 치수 보조선 사이의 공간이 협소하여 화살표가 표기가 안 될 경우에는 화살표를 숨깁니다. [DIMSOXD]

○ 문자 배치: 치수 문자가 원래 정의된 위치에서 이동하는 경우 그 배치를 설정합니다. [DIMTMOVE]
- 치수선 옆에 배치: 치수 문자가 이동하면 치수선도 함께 이동됩니다. (변수값 0)
- 치수선 위, 지시선 사용: 치수 문자가 치수선에서 멀리 떨어져 있는 경우 치수 문자와 치수선을 연결하는 지시선이 표기됩니다. (변수값 1)
- 치수선 위, 지시선 없음: 치수 문자가 멀리 떨어져 있는 경우 그 상태로 표기됩니다. (변수값 2)

○ 치수 피처 축척: 모든 치수 유형의 축척 또는 도면 공간상에서 축척을 설정합니다. [DIMSCALE]
- 주석: 치수를 주석으로 지정합니다.
- 배치할 치수 축척: 모형 공간에서 설정한 축척을 기준으로 배치 공간의 축척 비율을 설정합니다.
- 전체 축척 사용: 모든 치수 설정(문자 및 화살표 크기 등)값에 대한 축척을 설정합니다.
  ※ '전체 축척 사용(DIMSCALE)'에 입력된 축척값은 치수 기입된 실제 측정값에는 영향을 주지 않습니다.

명령: DIMSCALE [Enter↵]
DIMSCALE에 대한 새 값 입력 ⟨1.0000⟩:
　　3 [Enter↵]

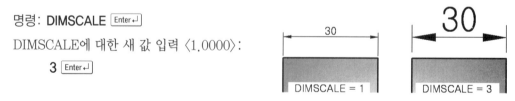

○ 최상으로 조정: 치수 문자 배치에 대한 상세한 조건을 설정합니다.
- 수동으로 문자 배치: 치수 기입 시 치수 문자 위치를 작업자가 수동으로 정합니다. [DIMUPT]

명령: DIMUPT [Enter↵]
DIMUPT에 대한 새 값 입력 ⟨끄기⟩: ON [Enter↵]

• 치수 보조선 사이에 치수선 그리기: 치수 보조선 사이에 항상 치수선을 표시합니다. [**DIMTOFL**]

명령: **DIMTOFL** [Enter↵]

DIMTOFL에 대한 새 값 입력 〈끄기〉: **ON** [Enter↵]

❺ 1차 단위 탭

치수 기입 시 적용되는 치수 문자의 단위 형식과 소수점 자리수 및 머리말과 꼬리말 등을 설정합니다.

각각의 항목을 선택하여 단위와 정밀도 등을 변경하거나 아래에 나열된 치수 변수를 바로 치수 명령과 같이 명령 입력줄에 입력하여 변경할 수 있습니다.

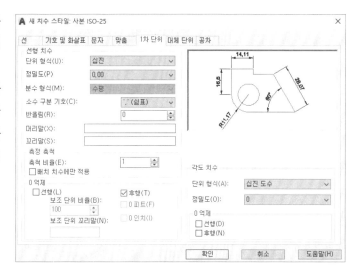

○ **선형 치수**: 선형 치수에 대한 단위 형식과 정밀도 등을 설정합니다.
• 단위 형식: 각도를 제외한 모든 선형 치수에 단위 형식을 설정합니다. [**DIMLUNIT**]

명령: **DIMLUNIT** [Enter↵]

DIMLUNIT에 대한 새 값 입력 〈2〉: ▶ 1~8까지의 정수를 입력

※ DIMLUNIT 변수값
1 과학, 2 십진, 3 엔지니어링, 4 건축, 5 분수, 6 Windows 바탕 화면

• 정밀도: 치수 문자의 소수점 자릿수를 설정합니다. [**DIMDEC**]

명령: **DIMDEC** [Enter↵]

DIMDEC에 대한 새 값 입력 〈2〉: **1** [Enter↵]

• 분수 형식: 단위 형식을 분수로 지정할 경우 분수 표시 방법을 설정합니다. [**DIMFRAC**]
   – 수평: 분수를 수평으로 배치합니다. (변수값 0)
   – 대각선: 분수를 대각선으로 배치합니다. (변수값 1)
   – 스택되지 않음: 분수를 치수 문자와 나란하게 배치합니다. (변수값 2)

명령: **DIMFRAC** Enter↵

DIMFRAC에 대한 새 값 입력 〈0〉:

　　1 Enter↵

※ 분수 크기를 변경하고자 할 때에는 'DIMTFAC' 변수를 사용하여 치수 문자의 상대적인 크기로 변경합니다.

• 소수 구분 기호: 치수 문자의 소수점 구분자를 설정합니다. [**DIMDSEP**]
　– '.' (마침표)
　– ',' (쉼표)
　– ' ' (공백)

• 반올림: 각도를 제외한 모든 선형 치수의 반올림 기준값을 설정합니다. [**DIMRND**]

명령: **DIMRND** Enter↵

DIMRND에 대한 새 값 입력 〈0.0000〉:

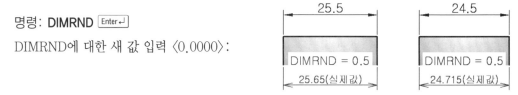

• 머리말/꼬리말: 치수 문자 앞과 뒤에 머리말과 꼬리말을 부착시킵니다. [**DIMPOST**]

명령: **DIMPOST** Enter↵

DIMPOST, 또는 없는 경우 . 입력에 대한 새

　　값 입력:

※ 머리말과 꼬리말을 같이 사용할 경우에는 '**머리말〉꼬리말**'로 입력하고 모두 사용하지 않을 경우에
는 '.(마침표)'를 입력합니다. 선형 치수 안에서 POST 변수를 사용한 경우에는 POST 변수 입력 후 그냥
Enter↵를 누르면 머리말 및 꼬리말이 없어집니다.

○ **측정 축척**: 선형 치수값에 대한 축척을 설정합니다. [**DIMLFAC**]
• 축척 비율: 선형 실제 치수값에 대한 축척 비율을 설정합니다.
• 배치 치수에만 적용: 배치 공간에 기입된 치수에 대해서만 축척 비율을 설정합니다.

명령: **DIMLFAC** Enter↵

DIMLFAC에 대한 새 값 입력 〈1.0000〉:

※ 기본값은 1이며 가급적 변경하지 않는 것이 좋습니다.

○ **0 억제**: 치수 문자 선행과 후행의 필요 없는 0값을 억제시킵니다. [**DIMZIN**]
• 선행: 소수 치수 문자에서 소수점 앞에 오는 0을 억제시킵니다. (변수값 4)
• 후행: 소수 치수 문자에서 소수점 뒤에 오는 0을 억제시킵니다. (변수값 8)

명령: **DIMZIN** Enter↵

DIMZIN에 대한 새 값 입력 〈8〉: ▶ 0~15까지의 정수를 입력

※ DIMZIN 변수값 0은 선행/후행이 모두 해제되고 변수 12는 선행/후행이 모두 활성화됩니다.

- 보조 단위 비율: 한 단위 미만인 치수일 때 거리를 보조 단위로 계산합니다.
- 보조 단위 꼬리말: 보조 단위에 꼬리말을 부착시킵니다.
- 0피트: 선형 치수가 1피트 미만일 때 '피트-인치' 치수값에서 피트 부분만 억제시킵니다.
- 0인치: '피트-인치' 치수값에서 정수로만 피트가 표기되는 경우에는 인치 부분을 억제시킵니다.

○ **각도 치수**: 각도 치수에 대한 단위 형식과 정밀도 등을 설정합니다.
- 단위 형식: 각도 치수에 단위 형식을 설정합니다. [**DIMAUNIT**]

명령: **DIMAUNIT** [Enter↵]　　　　　　　　※ DIMAUNIT 변수값
DIMAUNIT에 대한 새 값 입력 〈0〉:　　　　0 십진 도수, 1 도 분 초, 2 그라디안, 3 라디안
　　▶ 0~4까지의 정수를 입력

- 정밀도: 각도 치수에 소수점 자릿수를 설정합니다. [**DIMADEC**]

명령: **DIMADEC** [Enter↵]
DIMADEC에 대한 새 값 입력 〈0〉: **1** [Enter↵]

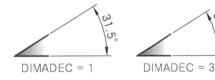

○ **0 억제**: 각도 치수에서 선행과 후행의 필요 없는 0값을 억제시킵니다. [**DIMAZIN**]
- 선행: 소수 각도 치수 문자에서 소수점 앞에 오는 0을 억제시킵니다. (변수값 1)
- 후행: 소수 각도 치수 문자에서 소수점 뒤에 오는 0을 억제시킵니다. (변수값 2)

명령: **DIMAZIN** [Enter↵]
DIMAZIN에 대한 새 값 입력 〈0〉:　▶ 0~3까지의 정수를 입력

※ DIMAZIN 변수값 0은 선행/후행이 모두 해제되고 변수 3은 선행/후행이 모두 활성화됩니다.

❻ 대체 단위 탭

치수 기입 시 적용되는 두 번째 단위를 지정하고 단위 형식과 소수점 자리수 및 머리말과 꼬리말 등을 설정합니다.

각각의 항목을 선택하여 단위와 정밀도 등을 변경하거나 아래에 나열된 치수 변수를 바로 치수 명령과 같이 명령 입력줄에 입력하여 변경할 수 있습니다.

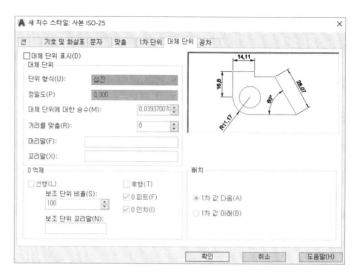

○ **대체 단위 표시**: 대체 단위를 치수 문자에 적용합니다. [**DIMALT**]

명령: **DIMALT** [Enter↵]
DIMALT에 대한 새 값 입력 〈켜기〉: **ON** [Enter↵]

○ **대체 단위**: 각도를 제외한 모든 선형 치수에 대한 대체 단위 형식과 정밀도 등을 설정합니다.

• **단위 형식**: 모든 선형 치수에 대체 단위 형식을 설정합니다. [**DIMALTU**]

명령: **DIMALTU** [Enter↵]
DIMALTU에 대한 새 값 입력 〈2〉: ▶ 1~8까지의 정수를 입력

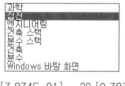

※ DIMALTU 변수값
1 과학, 2 십진, 3 엔지니어링, 4 건축(스택), 5 분수(스택), 6 건축, 7 분수, 8 Windows 바탕 화면

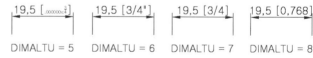

• **정밀도**: 대체 치수 문자의 소수점 자릿수를 설정합니다. [**DIMALTD**]

명령: **DIMALTD** [Enter↵]
DIMALTD에 대한 새 값 입력 〈2〉: **1** [Enter↵]

• **대체 단위에 대한 승수**: 1차 단위와 대체 단위 사이에 비례값으로 적용될 승수를 정의합니다. [**DIMALTF**]

명령: **DIMALTF** [Enter↵]

DIMALTF에 대한 새 값 입력 〈0.5000〉:
    0.03937 [Enter↵]

※ 인치를 밀리미터로 변환하려면 **25.4**를 입력.
   밀리미터를 인치로 변환하면 **0.03937**을 승수로 정의하면 됩니다.

• 거리를 맞춤: 각도를 제외한 모든 선형 대체 치수의 반올림 기준값을 설정합니다.
  [DIMALTRND]

명령: **DIMALTRND** [Enter↵]

DIMALTRND에 대한 새 값 입력 〈0.0000〉:
    0.5 [Enter↵]

• 머리말/꼬리말: 대체 치수 문자 앞과 뒤에 머리말과 꼬리말을 부착시킵니다. **[DIMAPOST]**

명령: **DIMAPOST** [Enter↵]

DIMAPOST, 또는 없는 경우 .
   입력에 대한 새 값 입력:

※ 머리말과 꼬리말을 같이 사용할 경우에는 '**머리말[]꼬리말**'로 입력하고 모두 사용하지 않을 경우에는 '.(마
  침표)'를 입력합니다. 선형 치수 안에서 APOST 변수를 사용한 경우에는 APOST 변수 입력 후 그냥 [Enter↵]
  를 누르면 머리말 및 꼬리말이 없어집니다.

○ **0 억제:** 대체 치수 문자 선행과 후행의 필요 없는 0값을 억제시킵니다. **[DIMALTZ]**
• 선행: 소수 치수 문자에서 소수점 앞에 오는 0을 억제시킵니다. (변수값 4)
• 후행: 소수 치수 문자에서 소수점 뒤에 오는 0을 억제시킵니다. (변수값 8)

   명령: **DIMALTZ** [Enter↵]

   DIMALTZ에 대한 새 값 입력 〈8〉: ▶ 0~15까지의 정수를 입력

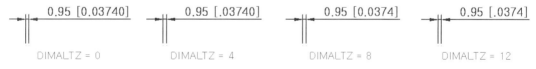

※ DIMALTZ 변수값 0은 선행/후행이 모두 해제되고 변수 12는 선행/후행이 모두 활성화됩니다.

• 보조 단위 비율: 한 단위 미만인 치수일 때 거리를 보조 단위로 계산합니다.
• 보조 단위 꼬리말: 보조 단위에 꼬리말을 부착시킵니다.
• 0 피트: 선형 치수가 1피트 미만일 때 '피트-인치' 치수값에서 피트 부분만 억제시킵니다.
• 0 인치: '피트-인치' 치수값에서 정수로만 피트가 표기되는 경우에는 인치 부분을 억제시킵니
  다.

○ **배치:** 1차 단위 치수 문자를 기준으로 대체 단위의 치수 문자의 위치를 조정합니다.

- 1차 값 다음: 1차 단위 치수 문자 뒤쪽에 대체 단위 치수 문자를 위치시킵니다.
- 1차 값 아래: 1차 단위 치수 문자 아래쪽에 대체 단위 치수 문자를 위치시킵니다.

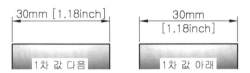

❼ 공차 탭

1차 단위 및 대체 단위 치수 문자 공차의 형식과 표시 방법을 설정합니다.

각각의 항목을 선택하여 치수 문자 공차의 형식 등을 변경하거나 아래에 나열된 치수 변수를 바로 치수 명령과 같이 명령 입력줄에 입력하여 변경할 수 있습니다.

○ **공차 형식**: 치수 문자 공차 표기 방법, 정밀도, 정렬 등을 설정합니다.

- **방법**: 여러 가지 공차의 표기 방법 중 한 가지를 지정합니다. **[DIMTOL]**

  – **없음**: 치수 문자에 공차를 사용하지 않습니다.

    명령: **DIMTOL** Enter↵

    DIMTOL에 대한 새 값 입력 〈켜기〉: **OFF** Enter↵

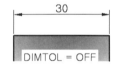

  – **대칭**: 위 치수 허용차와 아래 치수 허용차의 편차가 단일 값(±)으로 적용됩니다.

    명령: **DIMTOL** Enter↵

    DIMTOL에 대한 새 값 입력 〈끄기〉: **ON** Enter↵

    명령: **DIMTP** Enter↵

    DIMTP에 대한 새 값 입력 〈0.000〉: **0.02** Enter↵

    명령: **DIMTM** Enter↵

    DIMTM에 대한 새 값 입력 〈0.000〉: **0.02** Enter↵

    ※ '상한값' 항목에 적용될 단일 공차값을 입력합니다.

  – **편차**: 위 치수 허용차와 아래 치수 허용차의 편차가 각각 개별적으로 적용됩니다.

    명령: **DIMTOL** Enter↵

DIMTOL에 대한 새 값 입력 〈끄기〉: **ON** [Enter↵]

명령: **DIMTP** [Enter↵]

DIMTP에 대한 새 값 입력 〈0.000〉: **0.05** [Enter↵]

명령: **DIMTM** [Enter↵]

DIMTM에 대한 새 값 입력 〈0.000〉: **0.02** [Enter↵]

※ '상한값' 항목에 위 치수 허용차값을. '하한값' 항목에 아래 치수 허용차값을 입력합니다.

– 한계: 최댓값과 최솟값으로 이루어진 허용한계치수로 치수 문자가 변경됩니다.

명령: **DIMLIM** [Enter↵]

DIMLIM에 대한 새 값 입력 〈끄기〉: **ON** [Enter↵]

명령: **DIMTP** [Enter↵]

DIMTP에 대한 새 값 입력 〈0.000〉: **0.05** [Enter↵]

명령: **DIMTM** [Enter↵]

DIMTM에 대한 새 값 입력 〈0.000〉: **0.02** [Enter↵]

※ 최댓값은 '상한값'에서 치수값을 더한 값으로, 최솟값은 '하한값'에서 치수값을 뺀 값으로 치수가 표기됩니다.

– 기준: 치수 문자를 에워싸는 상자가 표시되며 이는 기계 제도법에서 기준 치수를 의미합니다.

명령: **DIMGAP** [Enter↵]

DIMGAP에 대한 새 값 입력 〈1.000〉: **−1** [Enter↵]

※ DIMGAP 변수값을 음수(−)값으로 적용하면 치수 문자에 상자가 표시 되며 상자 크기까지 변경할 수 있습니다.

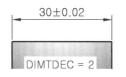

• 정밀도: 적용된 공차값의 소수점 자릿수를 설정합니다. [**DIMTDEC**]

명령: **DIMTDEC** [Enter↵]

DIMTDEC에 대한 새 값 입력 〈2〉: **4** [Enter↵]

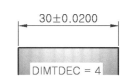

• 상한값: 대칭, 편차, 한계공차 사용 시 적용되는 상한(최대) 공차값을 입력합니다. [**DIMTP**]

명령: **DIMTP** [Enter↵]

DIMTP에 대한 새 값 입력 〈0〉: ▶ 위 치수 허용차값을 입력

• 하한값: 편차, 한계공차 사용 시 적용되는 하한(최소) 공차값을 입력합니다. [**DIMTM**]

명령: **DIMTM** [Enter↵]

DIMTM에 대한 새 값 입력 〈0〉: ▶ 아래 치수 허용차값을 입력

• 높이에 대한 축척: 치수 문자 크기를 기준으로 공차 문자의 크기 비율을 설정합니다. [**DIMTFAC**]

명령: **DIMTFAC** [Enter↵]

DIMTFAC에 대한 새 값 입력 〈1.0000〉:

0.7 [Enter↵]

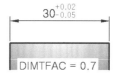
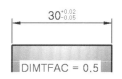

- 수직 위치: 편차 공차 문자에 대한 치수 문자의 정렬 위치를 설정합니다. [**DIMTOLJ**]
  - 맨 아래: 치수 문자를 편차 공차 문자의 아래쪽에 위치시킵니다. (변수값 0)
  - 중간: 치수 문자를 편차 공차 문자의 가운데에 위치시킵니다. (변수값 1)
  - 맨 위: 치수 문자를 편차 공차 문자의 위쪽에 위치시킵니다. (변수값 2)

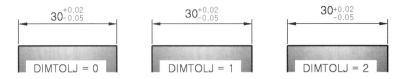

- 공차 정렬: 상위 및 하위 공차 문자가 스택되는 시점을 설정합니다.
  - 소수 구분 기호 정렬: 소수 구분 기호에 의해 공차 문자가 스택됩니다.
  - 연산 기호 정렬: 연산 기호에 의해 공차 문자가 스택됩니다.

○ **0 억제**: 적용된 공차값에서 선행과 후행의 필요 없는 0값을 억제시킵니다. [**DIMTZIN**]
- 선행: 공차값에서 소수점 앞에 오는 0을 억제시킵니다. (변수값 4)
- 후행: 공차값에서 소수점 뒤에 오는 0을 억제시킵니다. (변수값 8)

명령: **DIMTZIN** [Enter↵]

DIMTZIN에 대한 새 값 입력 〈8〉: ▶ 0~15까지의 정수를 입력

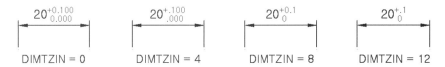

※ DIMTZIN 변수값 0은 선행/후행이 모두 해제가 되고 변수 12는 선행/후행이 모두 활성화됩니다.
- 0 피트: 공차값이 1피트 미만일 때 '피트–인치' 공차값에서 피트 부분만 억제시킵니다.
- 0 인치: '피트–인치' 공차값에서 정수로만 피트가 표기되는 경우에는 인치 부분을 억제시킵니다.

○ **대체 단위 공차**: 대체 공차 단위의 형식을 설정합니다.
- 정밀도: 적용된 대체 공차값의 소수점 자릿수를 설정합니다. [**DIMALTTD**]

명령: **DIMALTTD** [Enter↵]

DIMALTTD에 대한 새 값 입력 〈2〉: **4** [Enter↵]

- 0 억제: 적용된 대체 공차값에서 선행과 후행의 필요 없는 0값을 억제시킵니다. [**DIMALTTZ**]
  - 선행: 대체 공차값에서 소수점 앞에 오는 0을 억제시킵니다. (변수값 4)
  - 후행: 대체 공차값에서 소수점 뒤에 오는 0을 억제시킵니다. (변수값 8)

명령: **DIMALTTZ** [Enter↵]

DIMALTTZ에 대한 새 값 입력 〈8〉: ▶ 0~15까지의 정수를 입력

※ DIMALTTZ 변수값 0은 선행/후행이 모두 해제되고 변수 12는 선행/후행이 모두 활성화됩니다.
- 0 피트: 대체 공차값이 1피트 미만일 때 '피트–인치' 대체 공차값에서 피트 부분만 억제시킵니다.
- 0 인치: '피트–인치' 대체 공차값에서 정수로만 피트가 표기되는 경우에는 인치 부분을 억제시킵니다.

2 │ 세 가지 방식의 치수 기입

　DIMENSION(치수 기입)을 하기 위한 명령어 입력 방법이 AutoCAD에서는 다양하게 지원되며 작업자의 숙련도에 따라서 굳이 분류한다면 초급과 고급 사용 방법으로 나눌 수 있습니다. 세 가지 입력 방법 중 작업자 본인 성향에 알맞은 방법을 사용하기 바랍니다.

❶ 리본 또는 치수 도구상자(Dimension Toolbar)

　리본이나 치수 기입 도구모음의 단축 아이콘을 사용하여 치수를 도면에 기입하는 방법으로 AutoCAD를 처음 접하는 사용자들이 선호하는 방식입니다.

AutoCAD 클래식 작업공간에 사용하는 치수 도구상자

주 AutoCAD 2016 버전부터는 기본적으로 사용할 수 없는 기능

리본의 치수 아이콘

❷ 명령어 입력줄(Command Line)

　명령어 입력줄에 직접 치수 기입 명령어를 입력하여 도면에 기입하는 방법으로 AutoCAD에 어느 정도 익숙한 사용자들이 사용하는 방식입니다.

❸ 치수 입력줄 (DIM Line)

　주 AutoCAD 2016 버전부터는 사용할 수 없는 기능

　치수 기입 전용 명령어 입력줄인 'DIM' 안에 직접 치수 기입 명령어를 입력하여 도면에 기입하는 방법으로 'Command line'에 명령어를 입력하는 방식과 같으나 초창기부터 AutoCAD를 다룬 사용자들에겐 유용한 방식입니다. 왜냐하면 치수 변수를 많이 사용하는 경우 편리하게 입력이 가능하고 Command에서는 적용이 안 되는 명령어가 적용되기 때문입니다.

더 알기　공식적으로는 AutoCAD2016 버전부터는 치수 입력줄(DIM)을 사용할 수가 없지만 AutoLISP 으로 입력하면 여전히 사용할 수 있습니다. (*AutoCAD LT 버전은 AutoLISP을 사용할 수 없습니다.)

AutoLISP : (command "dim")

※ COMMAND 명령과 DIM 명령에서의 치수 명령어 비교

명령어	Command 단축키	DIM 단축키	설 명
DIMLINEAR	DLI	HOR, VER	선형 치수로서 수평, 수직으로 치수 기입
DIMALIGNED	DAL	AL=ALI	일반적으로 사선이나 수평, 수직선이 아닌 임의의 각도를 가지는 선분에 치수 기입
DIMARC	DAR		호의 길이 치수 기입 시 사용하며 command에서만 사용 가능 (DIMARCSYM 변수로 마크의 위치 변경)
DIMORDINATE	DOR	OR=ORD	세로좌표 치수로 UCS 원점을 기준으로 X, Y축의 방향으로 치수 기입
DIMRADIUS	DRA	RA=RAD	원, 호에 대한 반지름 치수 기입
DIMJOGGED	DJO	J=JO=JOG	Z자형 치수 기입 (DIMJOGANG 변수로 각도 변경)
DIMDIAMETER	DDI	D=DI=DIA	원, 호에 대한 지름 치수 기입
DIMANGULAR	DAN	AN=ANG	도형이나 선분의 기울어진 각도 치수 기입
QDIM			복잡한 도형의 치수 기입을 한 번의 선택으로 모든 치수를 기입해주는 신속 치수 명령
DIMBASELINE	DBA	B=BA	병렬 치수를 신속하게 기입하는 명령 (DIMDLI 변수로 간격 조절)
DIMCONTINUE	DCO	CO=CON	직렬 치수를 신속하게 기입하는 명령
DIMSPACE			미리 작성된 치수의 치수선 간격을 사용자가 정해주는 거리만큼 일정하게 조절
DIMBREAK			미리 작성된 치수의 치수 보조선의 겹친 부분을 가상으로 절단
TOLERANCE	TOL		기하학적 공차기호(형상기호)의 대화상자 출력
DIMCENTER	DCE	CE=CEN	원, 호의 중심표시나 중심선 생성 (DIMCEN 변수로 조절)
DIMINSPECT			미리 작성된 치수의 검사 정도를 백분율로 표시
DIMJOGLINE			미리 작성된 치수선에 조그선을 생성
DIMEDIT	DIMED	HOM NE=NEW OB=OBL	개별적으로 수행되는 명령어인 "HOME, NEW, ROTATE, OBLIQUE"를 한 번에 적용할 수 있도록 정의한 치수 편집
DIMTEDIT	DIMTED	TE=TED	치수 문자의 위치 변경, 각도 변경을 하며 커서로 위치를 자유자재로 이동
-DIMSTYLE		SA=SAV RES=REST STA=STAT VA=VAR	개별적으로 수행되는 명령어인 "ANNOTATIVE, SAVE, RESTORE, STATUS, VARIABLES, APPLY"를 한 번에 적용할 수 있도록 정의한 명령어 (치수 툴바의 -DIMSTYLE는 기본 "Apply"만 사용 가능)
DIMSTYLE	DST=D=DDIM	DDIM	대화상자를 이용하여 사용자가 원하는 치수 유형을 작성하고 수정

3 | 수평 및 수직 치수 기입(DIMLINEAR)하기

DIMLINEAR 명령으로 수평 또는 수직의 선형 치수를 기입합니다.

명령: **DIMLINEAR** Enter↵ [단축키: D L I]

● **수평, 수직 치수 기입하는 기본적인 방법**

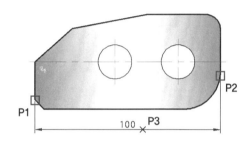
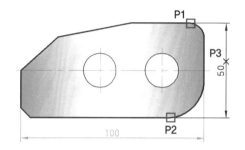

첫 번째 치수 보조선 원점 지정: **END** Enter↵ 〈− P1 선택
두 번째 치수 보조선 원점 지정: **END** Enter↵ 〈− P2 선택
치수선의 위치 지정: ▶ 임의의 위치인 **P3** 지정

※ 치수선 위치점(**P3**)은 기계 제도법에 따라 최초로 물체 외형에서 10mm 정도 떨어져 있어야 합니다.

● **DIMLINEAR 명령 옵션**

::::: 두 번째 치수보조선 원점 지정:
✕ 치수선의 위치 지정 또는
🔧 ⊢▼ DIMLINEAR [여러 줄 문자(M) 문자(T) 각도(A) 수평(H) 수직(V) 회전(R)]:

여러 줄 문자(M)	MTEXT 명령으로 입력된 문자를 편집하는 것과 같이 리본 문자 편집기가 표시되며 치수 문자에 특수 문자나 기호를 추가하거나 문자 자체를 변경할 수도 있습니다.
문자(T)	명령어 입력줄에서 치수 문자를 포함한 특수 문자나 기호를 추가하거나 변경합니다.
각도(A)	치수 문자의 기울기를 설정합니다.
수평(H)	무조건 수평으로만 치수가 기입됩니다.
수직(V)	무조건 수직으로만 치수가 기입됩니다.
회전(R)	치수선과 치수 보조선을 회전시켜 치수가 기입됩니다.

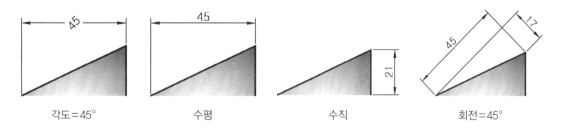

각도=45°	수평	수직	회전=45°

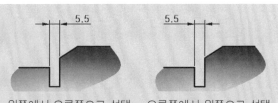

■ 치수 보조선 간격이 협소할 때 첫 번째(P1)와 두 번째(P2) 선택 순서에 따라 오른쪽 그림과 같이 치수 문자의 위치가 변경됩니다.

왼쪽에서 오른쪽으로 선택　　오른쪽에서 왼쪽으로 선택

■ '여러 줄 문자 (M)'나 '문자 (T)' 옵션으로 치수 문자를 편집할 때 두 개의 퍼센트 기호(%%)를 사용하여 특수 문자를 삽입하거나 문자에 윗줄 또는 밑줄 긋기를 할 수 있습니다.

%%C = Ø　(원 지름 기호 표시)
%%D = °　(각도나 치수 기호 표시)
%%P = ±　(더하기/빼기 공차 기호 표시)
%%O = $\overline{123}$ (윗줄 긋기)
%%U = $\underline{123}$ (밑줄 긋기)

객체를 바로 선택하여 수평과 수직 치수를 기입하고 치수 문자 앞에 지름 기호 입력하기

RECTANG 명령으로 임의의 위치에 가로 **80**에 세로 **50**의 직사각형을 작도하고 따라합니다.

명령: DIMLINEAR [Enter↵]
첫 번째 치수 보조선 원점 지정 또는 〈객체 선택〉: [Enter↵]
치수 기입할 객체 선택: ▶ 수평선 P1을 선택
치수선의 위치 지정 또는 [여러 줄 문자(M)/문자(T)…]:
　　　T [Enter↵]
새 치수 문자를 입력 〈80〉: **%%U70** [Enter↵]
치수선의 위치 지정 또는 [여러 줄 문자(M)/문자(T)…]:
　　▶ 수평 치수선을 표기할 대략적인 위치를 지정

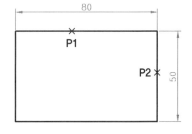

명령: [Enter↵]
첫 번째 치수 보조선 원점 지정 또는 〈객체 선택〉: [Enter↵]
치수 기입할 객체 선택: ▶ 수직선 P2를 선택
치수선의 위치 지정 또는 [여러 줄 문자(M)/문자(T)…]:
　　　M [Enter↵]
　　▶ 표시된 문자 편집기에 치수 50 앞에 '**%%C**'를
　　　입력하고 문자 편집기를 닫습니다.
치수선의 위치 지정 또는 [여러 줄 문자(M)/문자(T)…]:
　　▶ 수직 치수선을 표기할 대략적인 위치를 지정

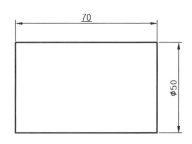

 기계 제도법상에서 치수 문자에 밑줄의 의미는 비례 치수가 아님을 나타냅니다.

4 ┃ 정렬 치수 기입(DIMALIGNED)하기

DIMALIGNED 명령으로 두 점에 평행한 정렬된 선형 치수를 기입합니다.

 명령: **DIMALIGNED** [Enter↵] [단축키: Ｄ Ａ Ｌ]

● **정렬 치수 기입하는 기본적인 방법**

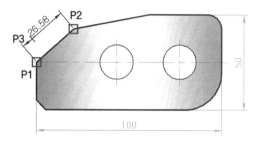

첫 번째 치수 보조선 원점 지정: **END** [Enter↵] 〈– **P1** 선택
두 번째 치수 보조선 원점 지정: **END** [Enter↵] 〈– **P2** 선택
치수선의 위치 지정: ▶ 임의의 위치인 **P3** 지정

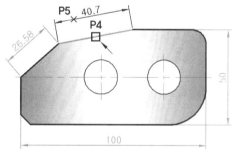

첫 번째 치수 보조선 원점 지정 또는 〈객체 선택〉: [Enter↵]
치수 기입할 객체 선택: ▶ **P4** 선택
치수선의 위치 지정: ▶ 임의의 위치인 **P5** 지정

● **DIMALIGNED 명령 옵션**

```
┊┊┊┊ 두 번째 치수보조선 원점 지정:
  ✕  치수선의 위치 지정 또는
  🔧 ↘▾ DIMALIGNED [여러 줄 문자(M) 문자(T) 각도(A)]:
```

여러 줄 문자(M)	MTEXT 명령으로 입력된 문자를 편집하는 것과 같이 리본 문자 편집기가 표시되며 치수 문자에 특수 문자나 기호를 추가하거나 문자 자체를 변경할 수도 있습니다.
문자(T)	명령어 입력줄에서 치수 문자를 포함한 특수 문자나 기호를 추가하거나 변경합니다.
각도(A)	치수 문자의 기울기를 설정합니다.

5 | 지름 치수 기입(DIMDIAMETER)하기

DIMDIAMETER 명령으로 원이나 호 객체에 지름(∅)으로 치수를 기입합니다.

 명령: **DIMDIAMETER** [Enter↵] [단축키: [D][D][I]]

● 지름 치수 기입하는 기본적인 방법

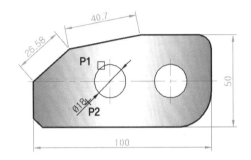 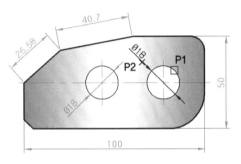

호 또는 원 선택: ▶ 원 **P1** 선택

치수선의 위치 지정 또는 [여러 줄 문자(M)/문자(T)/

각도(A)]: ▶ 임의의 위치인 **P2** 지정

※ 지름 치수에서 치수선 위치 점(**P2**)은 기계 제도법에 따라 45° 방향으로 기입해 주어야 합니다.

 지름 치수 문자를 원 안쪽으로 표기하기 위해 이동시키면 치수선 한쪽에는 화살표가 없어지는데 이럴 경우에는 치수 변수 **DIMATFIT**값을 0 또는 1로 설정하면 됩니다.

6 | 반지름 치수 기입(DIMRADIUS)하기

DIMRADIUS 명령으로 원이나 호 객체에 반지름(R)으로 치수를 기입합니다.

 명령: **DIMRADIUS** [Enter↵] [단축키: [D][R][A]]

● 반지름 치수 기입하는 기본적인 방법

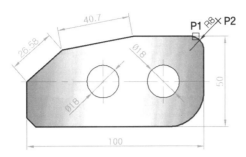

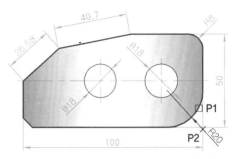

호 또는 원 선택: ▶ 원 P1 선택

치수선의 위치 지정 또는 [여러 줄 문자(M)/문자(T)/
각도(A)]: ▶ 임의의 위치인 P2 지정

※ 반지름 치수에서 치수선 위치점(P2)
은 기계 제도법에 따라 45°방향으로
기입해 주어야 합니다.

● DIMDIAMETER , DIMRADIUS 명령 옵션

여러 줄 문자(M)	MTEXT 명령으로 입력된 문자를 편집하는 것과 같이 리본 문자 편집기가 표시되며 치수 문자에 특수 문자나 기호를 추가하거나 문자 자체를 변경할 수도 있습니다.
문자(T)	명령어 입력줄에서 치수 문자를 포함한 특수 문자나 기호를 추가하거나 변경합니다.
각도(A)	치수 문자의 기울기를 설정합니다.

7 | 각도 치수 기입(DIMANGULAR)하기

DIMANGULAR 명령으로 직선이나 원, 호 객체에 각도(°) 치수를 기입합니다.

 명령: **DIMANGULAR** Enter↵ [단축키: D A N]

● 각도 치수 기입하는 기본적인 방법

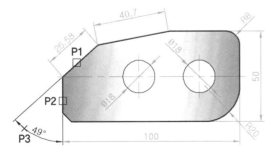

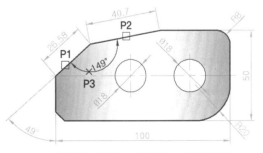

호, 원, 선을 선택하거나 〈정점 지정〉: ▶ P1 선택
두 번째 선 선택: ▶ P2 선택

치수 호 선의 위치 지정 또는 [여러 줄 문자(M)/
문자(T)…]: ▶ 임의의 위치인 P3 지정

※ 각도를 기입하기 위해 두 개의 직선을
지정 후 마우스 커서를 이동시키면 두
직선에 적용할 수 있는 여러 가지 각도
가 보여집니다.

● DIMANGULAR 명령 옵션

> 호, 원, 선을 선택하거나 〈정점 지정〉:
> 두 번째 선 선택:
> ▼ DIMANGULAR 치수 호 선의 위치 지정 또는 [여러 줄 문자(M) 문자(T) 각도(A) 사분점(Q)]:

여러 줄 문자(M)	MTEXT 명령으로 입력된 문자를 편집하는 것과 같이 리본 문자 편집기가 표시되며 치수 문자에 특수 문자나 기호를 추가하거나 문자 자체를 변경할 수도 있습니다.
문자(T)	명령어 입력줄에서 치수 문자를 포함한 특수 문자나 기호를 추가하거나 변경합니다.
각도(A)	치수 문자의 기울기를 설정합니다.
사분점(Q)	각도 기입 방향을 고정시키는 사분점을 지정합니다.

호 또는 원에 각도 치수 기입하기

• 호에 각도 치수 기입

명령: DIMANGULAR [Enter↵]
호, 원, 선을 선택하거나 〈정점 지정〉: ▶ P1 선택
치수 호 선의 위치 지정 또는 [여러 줄 문자(M)/문자(T)…]:
 ▶ 임의의 위치인 P2 지정

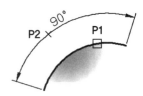

• 정점 지정을 통한 원에 각도 치수 기입

명령: DIMANGULAR [Enter↵]
호, 원, 선을 선택하거나 〈정점 지정〉: [Enter↵]
각도 정점 지정: CEN [Enter↵] 〈− ▶ P3 선택
첫 번째 각도 끝점 지정: QUA [Enter↵] 〈− ▶ P4 선택
두 번째 각도 끝점 지정: QUA [Enter↵] 〈− ▶ P5 선택
치수 호 선의 위치 지정 또는 [여러 줄 문자(M)/문자(T)…]:
 ▶ 임의의 위치인 P6 지정

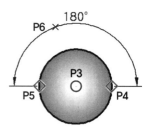

 '정점 지정'으로 각도 치수를 기입 시에는 3점을 통해서만 치수가 기입됩니다.

8 │ 병렬 치수 기입(DIMBASELINE)하기

DIMBASELINE 명령은 기입된 치수 하나를 기준으로 해서 병렬로 선형 및 각도 그리고 세로좌표 치수를 손쉽게 기입할 수 있도록 해줍니다.

 명령: **DIMBASELINE** Enter⏎　[단축키: Ｄ Ｂ Ａ]

● **병렬 치수 기입하는 방법**

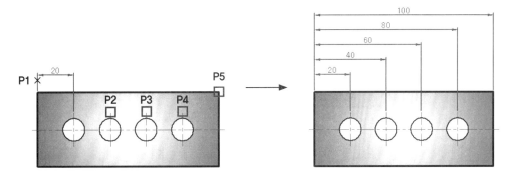

두 번째 치수 보조선 원점 지정 또는 ...〈선택(S)〉: Enter⏎

기준 치수 선택: ▶ 치수 보조선 왼쪽 **P1** 선택

두 번째 치수 보조선 원점 지정...: **END** Enter⏎　〈− **P2** 선택

두 번째 치수 보조선 원점 지정...: **END** Enter⏎　〈− **P3** 선택

두 번째 치수 보조선 원점 지정...: **END** Enter⏎　〈− **P4** 선택

두 번째 치수 보조선 원점 지정...: **END** Enter⏎　〈− **P5** 선택

※ DIMBASELINE 명령을 사용하기 위해서는 반드시 치수 20mm가 기입되어 있어야 합니다.

※ 병렬 치수 기입 시 치수선과 치수선의 간격은 DIMSTYLE 명령이나 DIMDLI 치수 변수로 미리 설정되어 있어야 합니다.

※ 기계 제도에서 치수선과 치수선 간격은 8mm로 사용합니다.

 병렬 치수 기입 전 마지막으로 작성되었던 치수가 있는 경우에는 곧바로 그 치수가 기준 치수가 되어 치수가 기입되며 기준을 변경하고자 한다면 '선택(S)' 옵션을 사용하여 지정하면 됩니다.

9 | 직렬 치수 기입(DIMCONTINUE)하기

DIMCONTINUE 명령은 기입된 치수 하나를 기준으로 해서 직렬로 선형 및 각도 그리고 세로좌표 치수를 손쉽게 기입할 수 있도록 해줍니다.

 명령: **DIMCONTINUE** [Enter↵] [단축키: D C O]

● 직렬 치수 기입하는 방법

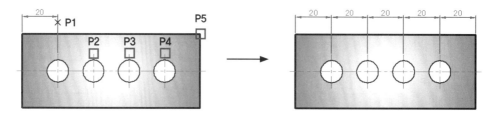

연속된 치수 선택: ▶ 치수 보조선 오른쪽 **P1** 선택

두 번째 치수 보조선 원점 지정...: **END** [Enter↵] 〈– P2 선택

두 번째 치수 보조선 원점 지정...: **END** [Enter↵] 〈– P3 선택   ※ DIMCONTINUE 명령을 사용하기 위

두 번째 치수 보조선 원점 지정...: **END** [Enter↵] 〈– P4 선택   해서는 반드시 치수 20mm가 기입

두 번째 치수 보조선 원점 지정...: **END** [Enter↵] 〈– P5 선택   되어 있어야 합니다.

10 | 세로좌표 치수 기입(DIMORDINATE)하기

DIMORDINATE 명령은 데이텀(기준 원점)으로부터 각각의 위치점을 수평 또는 수직 거리로 치수를 기입하는 세로좌표 치수 기입 방법입니다. 금형 제작 도면에서 가장 많이 사용되는 치수 기입 방법입니다.

 명령: **DIMORDINATE** [Enter↵] [단축키: D O R]

● 세로좌표 치수 기입하는 방법

※ 세로좌표 치수를 기입하기 위해서는 제일 먼저 데이텀을 설
   정해야 합니다.

명령: UCS [Enter↵]

UCS의 원점 지정 또는 [면(F)...] 〈표준〉: **O** [Enter↵]

새 원점 지정 〈0,0,0〉: **END** [Enter↵] 〈– P1 선택

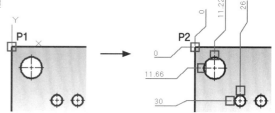

명령: **DIMORDINATE** `Enter↵`

피쳐 위치를 지정: **END** `Enter↵`　⟨— P2 선택

지시선 끝점을 지정 또는 [X데이텀(X)/Y데이텀(Y)/여러 줄 문자(M)/문자(T)/각도(A)]:

　　▶ 커서를 이동시켜 수평/수직 좌표를 결정하여 치수 문자 위치를 적당한 위치로 지정

 데이텀(UCS 좌표)을 원래 위치인 WCS 원점으로 복귀시키고자 한다면 다음과 같이 명령을
실행합니다.

> 명령: **UCS** `Enter↵`
> UCS의 원점 지정 또는 [면(F)/이름(NA)/객체(OB)/이전(P)/뷰(V)/표준(W)...] ⟨표준⟩: `Enter↵`

● DIMORDINATE 명령 옵션

```
::::: 명령: DIMORDINATE
 ✕  피쳐 위치를 지정:
 ⚲  ╬▾ DIMORDINATE 지시선 끝점을 지정 또는 [X데이텀(X) Y데이텀(Y) 여러 줄 문자(M) 문자(T) 각도(A)]:
```

X데이텀(X)	오직 X 세로좌표 치수로만 방향이 결정됩니다.
Y데이텀(Y)	오직 Y 세로좌표 치수로만 방향이 결정됩니다.

11 │ 신속 치수 기입(QDIM)하기

　QDIM 명령은 객체를 선택한 후 일련의 여러 치수 기입 방식을 지정하여 자동으로 신속하게 치수
를 기입합니다.

 명령: **QDIM** `Enter↵`

● QDIM 명령 옵션

```
::::: 치수 기입할 형상 선택:
 ✕  ⚡▾ QDIM 치수선의 위치 지정 또는 [연속(C) 다중(S) 기준선(B) 세로좌표(O) 반지름(R) 지름(D) 데이텀 점(P) 편집(E)
 ⚲  설정(T)] ⟨연속(C)⟩:
```

연속(C)	DIMCONTINUE 명령과 같이 직렬로 일련의 치수가 자동으로 기입됩니다.
다중(S)	치수선이 일정한 간격으로 서로 간격 띄우기 되어 쌓아가는 방식으로 치수가 자동으로 기입됩니다.
기준선(B)	DIMBASELINE 명령과 같이 병렬로 일련의 치수가 자동으로 기입됩니다.

세로좌표(O)	치수 보조선 한 개와 데이텀 점을 기준으로 일련의 세로좌표 치수가 기입됩니다.
반지름(R)	선택된 모든 원과 호에 일련의 반지름 치수가 기입됩니다.
지름(D)	선택된 모든 원과 호에 일련의 지름 치수가 기입됩니다.
데이텀 점(P)	'기준선'과 '세로좌표' 치수의 기준점을 변경합니다.
편집(E)	치수를 생성하기 전에 앞서 선택한 위치의 점을 제거하거나 추가합니다.
설정(T)	선택하고자하는 점을 '끝점' 또는 '교차점' 중 어떤 객체 스냅을 먼저 자동으로 사용하여 선택할 것인지 우선순위를 설정합니다.

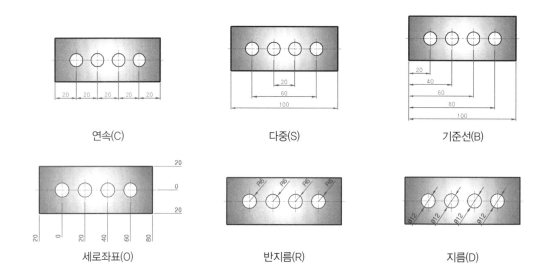

연속(C)　　　　　　　다중(S)　　　　　　기준선(B)

세로좌표(O)　　　　　반지름(R)　　　　　지름(D)

▶ QDIM 명령으로 '다중' 치수 기입하고 문제점 해결하기

명령: **QDIM** `Enter↵`
치수 기입할 형상 선택: ▶ 걸치기(P1–P2) 선택으로 그림과 같이 선택
치수 기입할 형상 선택: `Enter↵`
치수선의 위치 지정 또는 [연속(C)/다중(S)/기준선(B)…]: **S** `Enter↵`
치수선의 위치 지정…: ▶ 적당한 임의의 치수선 위치점을 지정

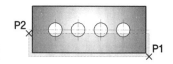

[문제점] 오른쪽 그림과 같이 치수 문자가 좌우로 기입됩니다.
[해 결] 치수 기입 후 치수선을 모두 업데이트시켜 주어야 합니다.
[방 법] 📷 **명령**: −DIMSTYLE `Enter↵`
　　　　　　　A `Enter↵`
　　　객체 선택: ▶ 치수선 모두 선택한 후 `Enter↵`

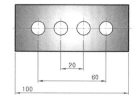

12 | 호에 Z자형 치수 기입(DIMJOGGED)하기

DIMJOGGED 명령으로 호에 Z자형(번개 치수) 치수를 기입합니다. 아주 큰 호(ARC) 객체에 적용되는 치수로 호의 중심과 객체가 멀리 떨어져 있는 경우에 많이 사용됩니다.

 명령: **DIMJOGGED** Enter↵ [단축키: D J O]

● **Z자형 치수 기입하는 방법**

호 또는 원 선택: ▶ 호 객체를 P1 선택
중심 위치 재지정 지정: **NEA** Enter↵ ─〉 임의점인 P2 선택
치수선의 위치 지정 또는 [...]: ▶ 적당한 위치로 P3 지정
꺾기 위치 지정: ▶ 적당한 위치로 P4 지정

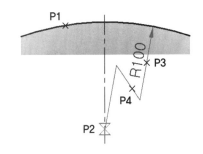

더 알기 치수 유형(DIMSTYLE) 명령이나 DIMJOGANG 변수로 꺾기 각도를 변경할 수 있습니다.

13 | 호의 길이 치수 기입(DIMARC)하기

DIMARC 명령으로 호의 길이 치수를 기입합니다.

 명령: **DIMARC** Enter↵ [단축키: D A R]

● **DIMARC 명령 옵션**

명령: DIMARC
호 또는 폴리선 호 세그먼트 선택:
DIMARC 호 길이 치수 위치 지정 또는 [여러 줄 문자(M) 문자(T) 각도(A) 부분(P) 지시선(L)]:

여러 줄 문자(M)	MTEXT 명령으로 입력된 문자를 편집하는 것과 같이 리본 문자 편집기가 표시가 되며 치수 문자에 특수 문자나 기호를 추가하거나 문자 자체를 변경할 수도 있습니다.
문자(T)	명령어 입력줄에서 치수 문자를 포함한 특수 문자나 기호를 추가하거나 변경합니다.
각도(A)	치수 문자의 기울기를 설정합니다.
부분(P)	호의 길이 치수 내에서 두 개의 스냅점을 사용하여 호의 길이를 재지정합니다.
지시선(L)	호 각이 90도보다 클 경우에만 호 중심을 향하여 방사상 방향으로 지시선이 추가됩니다.

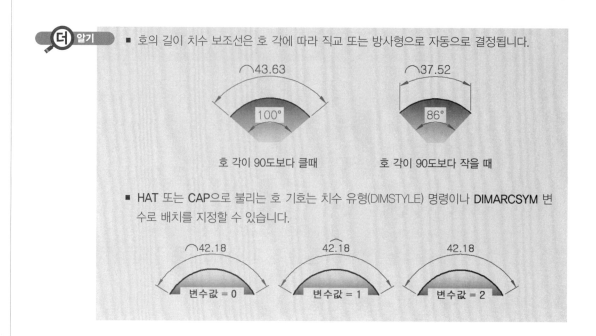

- 호의 길이 치수 보조선은 호 각에 따라 직교 또는 방사형으로 자동으로 결정됩니다.

호 각이 90도보다 클때   호 각이 90도보다 작을 때

- HAT 또는 CAP으로 불리는 호 기호는 치수 유형(DIMSTYLE) 명령이나 **DIMARCSYM** 변수로 배치를 지정할 수 있습니다.

변수값 = 0   변수값 = 1   변수값 = 2

14 │ 치수선 간격 일정(DIMSPACE)하게 조정하기

DIMSPACE 명령은 기입된 모든 치수의 치수선 간격을 자동으로 한 번에 일정하게 조정합니다.

 명령: **DIMSPACE** [Enter ↵]

● **치수선 간격 일정하게 조정하는 방법**

기본 치수 선택: ▶ 기준 치수선인 P1 선택
간격을 둘 치수 선택: ▶ 기준 치수와 일정한 간격을 유지할 치수를 지정
간격을 둘 치수 선택: [Enter ↵]
값 또는 [자동(A)] 입력 〈자동(A)〉: **8** [Enter ↵]

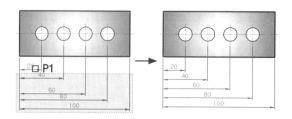

※ '자동(A)' 옵션은 기준 치수의 치수 문자 높이의 두 배로 자동으로 간격 거리가 정해집니다.

15 │ 검사 치수 기입(DIMINSPECT)하기

DIMINSPECT 명령은 제조 부품을 검사하는 주기를 삽입하는 것으로 기입된 치수와 공차가 지정된 범위를 벗어나지 않도록 보장하기 위해 사용합니다.

 명령: **DIMINSPECT** [Enter↵]

● **검사 치수 대화상자**

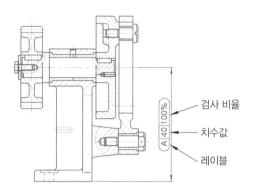

16 │ 치수선에 꺾기 선(DIMJOGLINE) 삽입하기

DIMJOGLINE 명령은 실제 측정된 거리보다 중간 부분을 생략하고 단축하여 작도한 부품에 기입된 치수선에 그 상태를 나타내고자 할 때 사용합니다.

 명령: **DIMJOGLINE** [Enter↵]

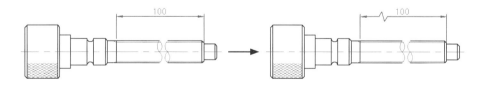

※ 꺾기의 크기는 치수 문자 높이와 DIMSTYLE 명령 내에 있는 '꺾기 높이 비율' 값을 곱하여 결정됩니다.

17 | 다중 지시선 기입(MLEADER)하기

MLEADER 명령으로 다중 지시선을 기입합니다. 다중 지시선 스타일(MLEADERSTYLE)을 지정한 경우 해당 유형으로 다중 지시선을 기입할 수 있습니다.

 명령: **MLEADER** [Enter↵]

● MLEADER 명령 옵션

```
::::: 지시선 화살촉 위치 지정 또는 [지시선 연결선 먼저(L)/컨텐츠 먼저(C)/옵션(O)] <옵션>:
✕ ⌐○▾ MLEADER 옵션 입력 [지시선 유형(L) 지시선 연결선(A) 컨텐츠 유형(C) 최대점(M) 첫 번째 각도(F) 두 번째 각도(S)
⌐ 종료 옵션(X)] <종료 옵션>:
```

지시선 화살촉 먼저(H)	다중 지시선 화살표 위치를 먼저 지정한 후 연결선 위치를 지정합니다.
지시선 연결선 먼저(L)	다중 지시선 연결선 위치를 먼저 지정한 후 화살표를 다음에 지정합니다.
콘텐츠 먼저(C)	미리 설정된 다중 지시선 콘텐츠 유형을 먼저 지정한 후 화살표를 지정합니다.
옵션(O)	다중 지시선에 적용되는 여러 가지 설정(콘텐츠 유형 등)을 지정합니다.

[옵션 (O)]

지시선 유형(L)	'직선', '스플라인', '없음'의 세 가지 중 연결선 상태를 설정합니다.
지시선 연결선(A)	수평 연결선 사용 여부를 '예/아니오'로 지정하며 기본값은 '예'이며 '아니오'는 일회성으로만 적용됩니다. '예(Y)'로 입력할 경우 연결선 거리값을 설정할 수 있습니다.
콘텐츠 유형(C)	'블록', '여러 줄 문자', '없음' 세 가지 중 연결선 뒤에 삽입할 콘텐츠를 결정합니다.
최대점(M)	연속으로 연결되는 연결선의 최대 개수를 입력하며 단, 일회성으로 적용됩니다.
첫 번째 각도(F)	첫 번째 연결선에 적용될 각도를 입력하며 단, 일회성으로 적용됩니다.
두 번째 각도(S)	최대점을 세 개 이상 사용할 경우 두 번째 연결선에 적용될 각도를 입력합니다.
종료 옵션(X)	다중 지시선의 '옵션(O)'만 종료합니다.

MLEADERSTYLE , MLEADEREDIT , MLEADERALIGN , MLEADERCOLLECT 명령

● MLEADERSTYLE 명령

 다중 지시선 유형을 작성하거나 수정합니다.

지시선 형식 탭　　　　　지시선 구조 탭　　　　　내용 탭

> **더 알기** '내용' 탭에서 다중 지시선 유형을 '블록'으로 변경한 경우 여러 가지 형태의 블록 콘텐츠를 사용할 수 있습니다.

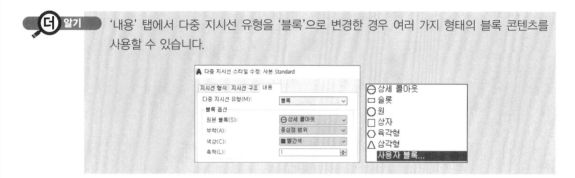

● **MLEADEREDIT 명령**

기입된 다중 지시선에서 지시되는 선을 추가하거나 제거하고자 할 때 사용합니다.

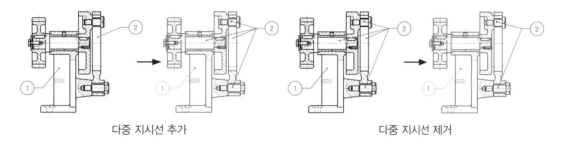

다중 지시선 추가　　　　　　　　　　다중 지시선 제거

● **MLEADERALIGN 명령**

기입된 다중 지시선들의 콘텐츠 부분을 정렬하고 콘텐츠 간격을 일정하게 설정합니다.

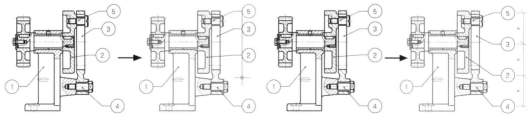

콘텐츠 정렬　　　　　　　　　　콘텐츠 간격 일정하게 조정

● **MLEADERCOLLECT 명령**

 기입된 다중 지시선의 블록을 행 또는 열로 배치하여 지시선 하나로 표시합니다.

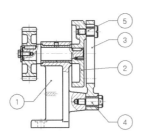   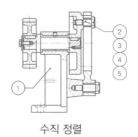   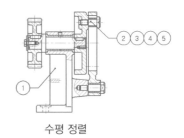

　　　　　　　　　　　수직 정렬　　　　　　　　　　　　수평 정렬

▶ 다중 지시선 유형을 만들고 기입하기

명령: **MLEADERSTYLE** [Enter↵]

　　▶ 새로 만들기(N)... 버튼을 클릭하여 새 스타일 이름을 'TEST'
　　로 멍멍하고 오른쪽 그림과 같이 '지시선 형식' 탭과 '내
　　용' 탭을 설정한 후 'TEST' 유형을 활성화시키고 대화상
　　자를 닫습니다.

명령: **MLEADER** [Enter↵]

지시선 화살촉 위치 지정 또는 [지시선 연결선 먼저(L)...]
　　〈옵션〉:
　　　　▶ 조립 부품 내 임의의 위치를 지정
지시선 연결선 위치 지정:
　　　　▶ [F8]을 OFF시키고 적당한 블록
　　　　위치를 지정

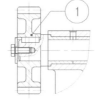

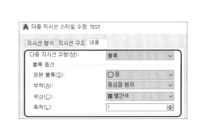

※ 표시된 속성 편집창에 숫자를 입력하여 완성합니다.

AutoCAD 작업환경 설정

7

이 장에서는 다음과 같은 내용을 배울 수 있습니다.

- AutoCAD의 시작 화면
- 명령어 입력줄과 단축키 설정
- AutoCAD 클래식 작업공간 만들기
- 도면파일 불러오기
- 작업환경 설정

1 │ AutoCAD의 시작 화면

AutoCAD를 실행 시 표시되는 초기 화면의 내용은 다음과 같습니다.

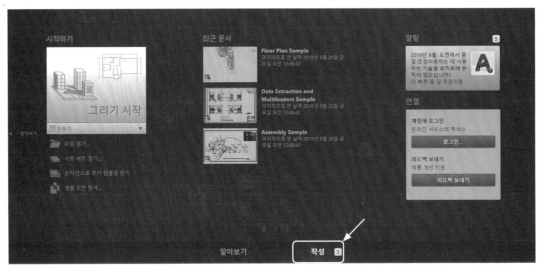

> **작성** 탭에는 세 가지 항목(시작하기, 최근 문서, 연결)이 포함되어 있습니다.

- 그리기 시작

  새 도면을 열어 도면 작성을 시작합니다.

- 템플릿

  여러 가지 도면 관련 작업조건이 미리 설정된 템플릿 파일을
  불러와 설정되어 있는 내용을 기반으로 작업을 시작합니다.

- 파일 열기...

  기존의 작성된 도면 파일을 불러들여 편집을 시작합니다.

- 시트 세트 열기...

  저장된 시트 세트 데이터 파일(도면 배치나 파일 경로 및
  프로젝트 데이터를 관리)을 불러옵니다.

- 온라인으로 추가 템플릿 얻기

  AutoCAD 커뮤니티 사이트로 연결되며 템플릿을 다운받
  아 사용할 수 있습니다.

- 샘플 도면 탐색...

  AutoCAD에서 기본적으로 제공하는 샘플 도면 파일을 불
  러옵니다.

최근
문서

알림
·
연결

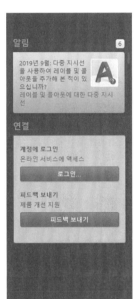

최근에 작업한 도면이나 불러온 도면 파일들이 나열되고 나열된 도면의 최종 작업날짜와 시간을 확인할 수 있으며, 클릭 시 해당 도면 파일을 불러들여 편집 작업을 시작합니다.

- 알림

  프로그램 업데이트, 활용 팁, 오프라인 도움말 등 오토캐드 정보와 관련된 알림이 표시됩니다. 두 개 이상의 새 알림이 있을 경우 알림 창 오른쪽에 알림 배지가 카운터 됩니다.

- 계정에 로그인

  네이버맵이나 다음맵처럼 위치 기반 서비스를 제공하여 작업 도면과 일치할 수 있습니다. 단, 오토데스크의 클라우드 서비스인 Autodesk Account 계정이 있어야 사용 가능합니다.

- 피드백 보내기

  AutoCAD 담당자에게 제품의 보완점을 바로 건의할 수 있는 웹사이트가 연결됩니다.

알아보기 탭에는 다섯 가지 항목(새로워진 사항, 시작하기 비디오, 기능 비디오, 학습 팁, 온라인 지원)이 포함되어 있습니다.

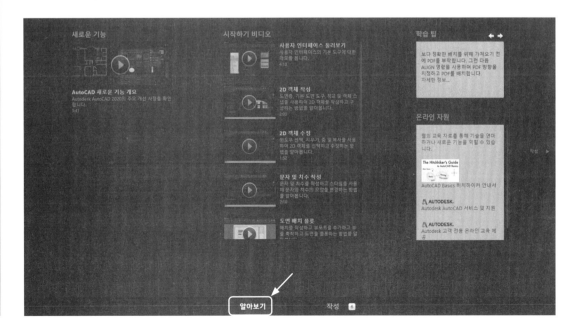

알아보기 탭에서는 오토캐드 2020 버전의 새로운 기능들의 사용방법과 오토캐드 기본 도구 사용법 또는 오토캐드 2020 버전에서 개선된 사항 등을 비디오 영상으로 알아볼 수 있습니다. 단, 인터넷에 연결되어 있어야 교육 리소스인 알아보기 페이지가 표시됩니다.

 STARTMODE 기본값 1에서 도면을 작업하는 중 시작 탭으로 빠르게 바로 전환하고자 한다면 Ctrl + Home 키를 누르면 됩니다(**GOTOSTART** 명령).

2 │ 명령어 입력줄과 단축키 설정

명령행에 명령의 처음 몇 글자를 입력하면 '제안 명령 리스트'가 표시됩니다. '제안 명령 리스트'에는 가장 자주 사용하는 명령어가 리스트 맨 위에 표시되며 시스템 변수 및 콘텐츠도 포함되어 있습니다.

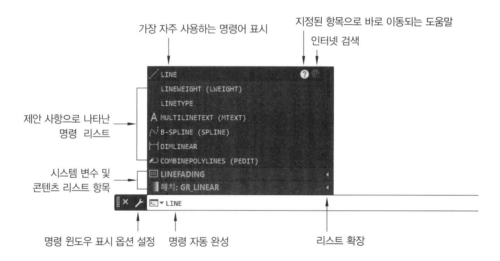

■ 시스템 변수 및 콘텐츠 리스트 항목의 확장(+)은 키보드 (Tab)키를 눌러 전환시킬 수도 있습니다.

■ '제안 명령 리스트' 기능이 필요 없다면 명령행에서 사용자화 🔧 버튼을 클릭 시 표시되는 메뉴에서 '**검색 입력 옵션...**'을 선택하여 오른쪽 그림과 같이 3곳의 체크를 모두 해제하면 됩니다.

※ **AUTOCOMPLETE** 명령으로 검색 입력 옵션을 모두 ON/OFF 할 수 있습니다.

단축키(ACAD.PGP)를 사용자화하는 방법

AutoCAD 단축키는 'acad.pgp' 파일에 정의되어 있으며 설정 방법은 다음과 같습니다.

1 acad.pgp 파일을 불러옵니다.

리본: 관리 탭 → 사용자화 패널 → 별칭 편집

메뉴: 도구 → 사용자화 → 프로그램 매개변수 편집

2 윈도우 메모장에 표시된 acad.pgp 파일 안의 내용을 확인한 후 적당한 위치에 사용자화 형식에 맞게 단축키를 추가하거나 변경합니다.

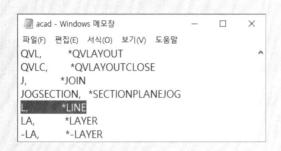

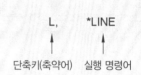

단축키(축약어)   실행 명령어

3 추가하거나 변경된 단축키를 사용하기 위해서는 메모장을 저장 후 아래 2가지 방법 중 1가지를 해야 합니다.

▷ AutoCAD를 종료 후 다시 실행합니다. AutoCAD가 재실행될 때 변경된 acad.pgp 파일이 로드되기 때문입니다.

▷ AutoCAD 종료 없이 REINIT 명령을 사용하여 acad.pgp 파일을 로드시킬 수 있습니다. 명령행에 REINIT 명령을 입력하면 표시되는 대화창에서 'PGP 파일'을 체크하고 확인 버튼을 누르면 acad.pgp 파일이 재로드되기 때문에 바로 단축키를 사용할 수 있습니다.

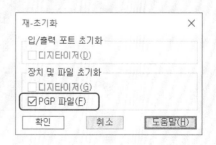

※ REINIT 명령은 프로그램 매개변수 파일 및 디지타이저 입/출력 포트를 다시 초기화할 때 사용합니다.

3 | AutoCAD 클래식 작업공간 만들기

초창기 윈도우 버전부터 사용한 방식인 AutoCAD 클래식 작업공간은 2016 버전부터는 사용할 수 없게 되었지만 작업자가 사용자화시켜 작업공간에 추가시킬 수 있습니다. 방법은 다음과 같습니다.

① AutoCAD 왼쪽 상단에 위치한 신속 접근 도구 막대의 드롭다운 버튼을 클릭하여 '메뉴 막대 표시'를 클릭합니다.

② 표시된 메뉴에서 '도구/팔레트/리본'을 클릭하여 리본을 숨겨 줍니다.

③ '도구/도구막대/AutoCAD'를 클릭하여 작업에 필요한 도구막대를 불러옵니다.

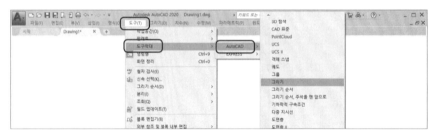

※ 표준, 그리기, 수정, 도면층, 특성, 스타일, 치수 등의 가장 많이 사용하는 도구 모음을 불러옵니다.

④ '도구/작업공간/다른 이름으로 현재 항목 저장...'을 클릭하여 설정된 내용을 작업공간에 저장합니다.

표시된 작업공간 저장 대화창 이름란에 'AutoCAD 클래식'으로 입력하고 저장합니다.

앞으로는 필요할 때마다 생태 표시줄에 있는 🔧 아이콘을 클릭하여 작업공간을 손쉽게 전환시킬 수 있습니다.

4 | 도면 파일 불러오기

응용프로그램 버튼 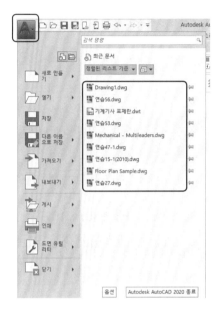을 클릭하면 최근에 사용한 도면의 리스트가 표시되며 해당 파일을 선택하여 불러올 수 있습니다.

- 최근 사용한 파일의 개수를 0부터 50까지 조정할 수 있습니다.
  〈방법〉 명령: **OPTION** `Enter↵` [**단축키:** `O` `P`]
  '열기 및 저장' 탭의 '응용프로그램 메뉴' 항목

더 알기 작업공간을 사용자가 사용자화시켜 'AutoCAD클래식'을 사용하고 있는 경우에는 메뉴바 '파일(F)'의 하위 메뉴 아래에서도 최근에 사용한 도면 리스트가 표시됩니다.

- 도면 파일을 여러 개 불러와 사용할 경우에는 다음과 같이 여러 가지 방법으로 파일 간에 전환시켜 사용할 수 있습니다.

| 시작 | Mechanical - Multileaders × | Floor Plan Sample × | 기계기사 표제란.dwt* × | Drawing1 × | + |

- AutoCAD 2014부터 추가된 파일 탭을 클릭하여 파일 간에 편리하게 이동합니다. 또한 파일 탭을 마우스로 드래그하여 탭의 순서를 변경할 수 있습니다.
- `Ctrl`+`⇆` : Ctrl키를 누른 상태에서 Tab키를 눌러가며 순차적으로 도면 파일 간에 이동을 합니다.

더 알기 파일 탭이 필요 없는 경우에는 OPTION 명령 실행 후 '화면표시' 탭의 '윈도우 요소' 항목의 '파일 탭 표시(S)'를 체크 해제하면 됩니다.

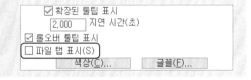

- 일반적으로 AutoCAD 클래식 작업공간에서 사용하는 메뉴 막대를 표시한 경우에는 메뉴바 '윈도우(W)'의 하위메뉴 아래에서도 해당 도면 파일을 클릭하여 이동할 수 있습니다.

5 | 작업환경 설정

AutoCAD를 쉽고 빠르게 사용하기 위해서는 작업화면 상태나 명령어 입력 방법 등을 사용자에 알맞게 도면설계 환경을 설정해야 합니다.

STARTUP(스타트업) 시스템 변수 설정

새 도면과 저장된 템플릿을 빠르게 사용하기 위해 startup 시스템 변수의 변수값을 변경하여 대화상자를 간결하게 변경할 수 있습니다.

다음과 같이 명령행에 시스템 변수를 입력합니다.

명령: STARTUP Enter↵
새로운 변수값: 1 Enter↵   ※ 초기 변수값은 3으로 설정되어 있습니다.

새로운 도면(명령 : NEW 또는 Ctrl+N)을 열거나 AutoCAD를 다시 실행하면 초기 화면에 변경된 '새 도면 작성' 대화상자가 화면상에 나타납니다.

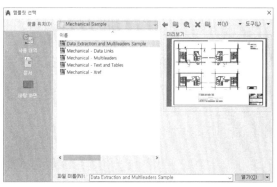

STARTUP 변수값 〈0〉   STARTUP 변수값 〈1〉

표시된 새 도면 작성 대화상자에서는 4가지 방법 [도면 열기], [처음부터 시작], [템플릿 사용], [마법사 사용]으로 도면 작도 시 필요한 기본적인 환경을 설정할 수 있습니다.

도면 열기   처음부터 시작   템플릿 사용   마법사 사용

📂	도면 열기	저장되어 있는 AutoCAD 도면 파일(dwg 파일 형식)을 불러옵니다.
📄	처음부터 시작	기본 단위(인치법 또는 미터법)만 설정하여 새 도면을 작성합니다.
📄	템플릿 사용	저장되어 있는 템플릿(dwt 파일 형식) 파일을 불러와 새 도면을 작성합니다.
🪄	마법사 사용	도면 단위, 각도 단위와 방향, 도면 영역을 순차적으로 설정합니다.
찾아보기...		저장된 파일 경로를 지정하여 파일(dwg 또는 dwt)을 찾아 불러옵니다.

 더 알기 템플릿은 **원형 파일**이라고도 부르며 도면 설계 환경(단위, 도면 크기 등)과 표제란 등 설계 시 계속 반복되어 사용되는 것을 dwt 파일로 저장하여 도면 작업을 신속하게 시작할 수 있습니다.

OPTION(옵션) 설정

AutoCAD 시스템의 설정을 사용자 환경에 최적화시켜 도면 작업을 한결 수월하게 할 수 있으므로 반드시 본인에게 알맞게 설정하여 사용하는 것이 좋습니다. 여기서는 도면 작업 시 꼭 필요한 부분 위주로 설정하는 방법을 설명하겠습니다.

다음과 같이 명령행에 입력합니다.

명령: OPTION Enter↵ **또는 CONFIG** Enter↵ [단축키: O P]

● 파일 탭

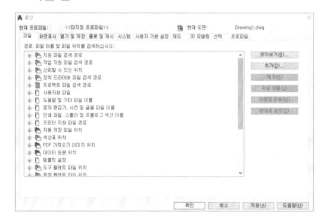

문자 글꼴, 사용자화 파일, 플러그인, 삽입할 도면, 선 종류 및 해치 패턴, 자동 저장 파일, 템플릿 등을 검색할 폴더 경로를 설정합니다.

- 자동 저장 파일 위치: 도면 작업 중 혹시나 모를 컴퓨터 시스템 불안정으로 다운될 경우를 대비하여 미리 설정된 시간(분)이 지나면 자동으로 백업되는 파일의 위치를 변경합니다.
'자동 저장 파일 위치' 부분을 더블 클릭 시 기본 저장 위치를 아래 그림과 같이 확인할 수 있습니다. (명령행에서 시스템 변수 'SAVEFILE'을 입력하여 확인할 수도 있습니다.)

옵션창 오른쪽 상단의 [찾아보기(B)...]를 클릭하여 자동 저장 위치를 작업자가 원하는 위치로 변경합니다. (명령행에서 시스템 변수 'SAVEFILEPATH'를 입력하여 변경할 수도 있습니다.)

명령행에 시스템 변수인 'SAVETIME' 입력 후 분 단위로 자동 저장 타이머(0~600 사이의 정수)를 설정하면 설정된 간격마다 미리 지정된 저장 위치에 자동으로 저장되며, 이때 저장된 파일 이름은 미리 저장했을 경우와 저장하지 않았을 경우 다르게 정해집니다.

미리 저장을 했을 경우 자동 저장 파일 이름	저장 이름1_1_1_□□□□.sv$
저장을 따로 하지 않았을 경우 자동 저장 파일 이름	Drawing1_1_1_□□□□.sv$

- **자동 저장을 사용하는 방법은 다음과 같습니다.**
SAVETIME을 실행 전에 찾기 편한 곳으로 자동 저장 파일 위치를 미리 변경하고 나서 명령행에 **SAVETIME**을 입력하여 분 단위로 저장하고자 하는 타이머 시간을 입력합니다.
(※ 타이머 시간은 매 15분 간격마다 자동 저장하는 것을 권장합니다.)

- **도면 작업 중 컴퓨터가 다운되는 불상사가 발생했을 경우 자동 저장된 도면을 다음과 같이 불러와야 합니다.**
바탕화면의 '내 컴퓨터'에서 자동 저장 파일 위치로 이동하여 복원시킬 최근 파일을 찾아 파일 확장자를 SV$에서 DWG로 변경해야만 해당 파일을 AutoCAD에서 열 수 있습니다.

● 화면표시 탭

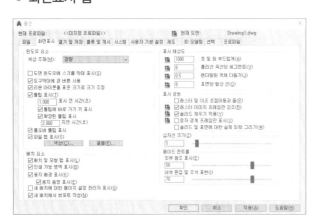

AutoCAD 도면 환경 고유의 화면표시 설정 및 배치 설정, 해상도 조정 등을 사용자화합니다.

- 도구 막대에 큰 버튼 사용: 체크 시 아이콘의 크기를 2배(32×32픽셀) 정도 크게 표시합니다.
- 색상: 색상 옵션 대화상자를 사용하여 윈도우 내에 있는 요소들의 색상을 변경합니다.

 가급적 도면 영역(응용 프로그램 윈도우)의 색상은 **검정색**을 사용할 것을 권장하며 변경 방법은 '**컨텍스트-2D 모형 공간, 인터페이스 요소-균일한 배경, 색상-검은색**'을 선택하여 적용합니다.

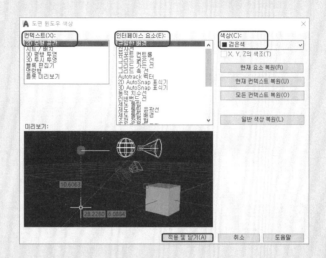

- **현재 요소 복원**: 현재 선택된 인터페이스 요소의 색상만 기본 색상으로 복원합니다.
- **현재 컨텍스트 복원**: 현재 선택된 컨텍스트의 모든 인터페이스 요소의 색상만 기본 색상으로 복원합니다.
- **모든 컨텍스트 복원**: 모든 인터페이스 요소의 색상을 한꺼번에 기본 색상으로 복원합니다.

- 십자선 크기: 화면 크기의 백분율(%)로 도면 영역(응용 프로그램 윈도우)의 십자선 크기를 변경합니다.

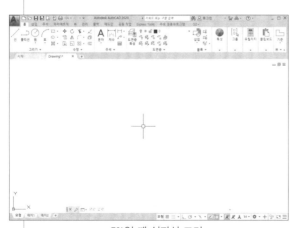

5%일 때 십자선 크기

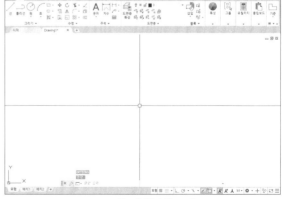

100%일 때 십자선 크기

 시스템 변수 'CURSORSIZE'로 십자선 크기를 변경할 수 있습니다.

● 사용자 기본 설정 탭

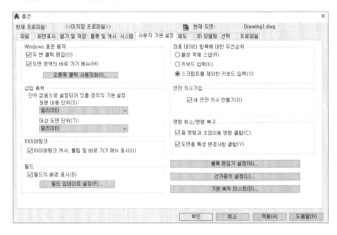

키 입력 및 마우스 오른쪽 버튼 클릭 동작 등의 옵션을 변경하여 도면 작업 방식을 최적화시켜 좀 더 신속하게 도면 작업을 할 수 있습니다.

• 두 번 클릭 편집: 체크 시 작성된 도면 요소들을 더블 클릭하여 속성이나 문자 편집을 할 수 있습니다.

 시스템 변수 'DBLCLKEDIT'로 두 번 클릭 편집을 ON/OFF시킬 수 있습니다.

• 도면 영역의 바로 가기 메뉴: 마우스 오른쪽 버튼 클릭 시 나타나는 바로 가기 메뉴(POP-UP MENU)의 사용 여부를 변경합니다. 체크 해제 시 마우스 오른쪽 버튼 클릭은 Enter↵키로 기본 설정됩니다.

바로 가기 메뉴

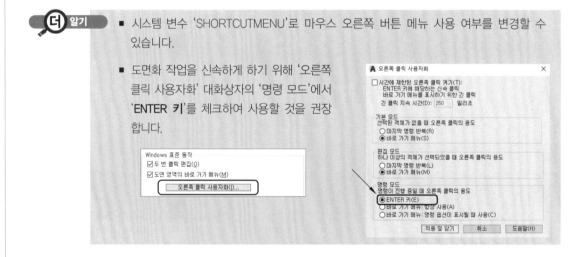

■ 시스템 변수 'SHORTCUTMENU'로 마우스 오른쪽 버튼 메뉴 사용 여부를 변경할 수 있습니다.

■ 도면화 작업을 신속하게 하기 위해 '오른쪽 클릭 사용자화' 대화상자의 '명령 모드'에서 'ENTER 키'를 체크하여 사용할 것을 권장합니다.

• 새 연관 치수 만들기: 체크 시 치수가 기입된 객체(도형 요소)를 수정하면 치수가 연관되어 위치나 방향, 측정값이 자동으로 변경되지만, 체크하지 않는다면 객체와 치수가 별개로 인식됩니다.

반드시 '새 연관 치수 만들기'를 체크하여 사용할 것을 권장합니다.

시스템 변수 'DIMASSOC'로 연관 치수 관계를 변경(0~2 사이의 정수)할 수 있습니다.
- DIMASSOC값 (0)일 때: 객체와 치수가 별개로 인식되고 치수 속성도 파괴됩니다.
- DIMASSOC값 (1)일 때: 객체와 치수가 별개로만 인식되고 치수 속성은 그대로 유지됩니다.
- DIMASSOC값 (2)일 때: 객체와 치수가 연관되어 같이 움직입니다.

● 제도 탭

AutoSNAP(OSNAP)과 AutoTRACK 등의 여러 가지 편집 기능에 대한 옵션을 변경합니다.

- 표식기: 체크 시 객체에 마우스 커서를 위치시키면 기하학적 기호인 스냅점이 표시됩니다.

- 마그넷: 체크 시 객체의 스냅점 근처로 커서를 위치시키면 커서가 자동으로 움직입니다.
- AutoSnap 툴팁 표시: 체크 시 객체의 해당 스냅점에 대한 이름이 표시됩니다.
- 색상: AutoSnap 표식기의 색상을 변경합니다. (※ 적당한 색상을 선택합니다.)
- AutoSnap 표식기 크기: AutoSnap 표식기의 크기를 스크롤바로 변경합니다.

※ 적당한 크기로 설정해야 객체 스냅(OSNAP)을 사용해서 도면 작업을 쉽게 할 수 있습니다.

- 조준창 크기: 객체 스냅(OSNAP)점에 마우스 커서를 얼마나 가까이 가져가야 마그넷이 적용되는지를 결정하는 크기입니다.

※ 적당한 크기로 설정해야 객체 스냅(OSNAP)을 사용해서 도면 작업을 쉽게 할 수 있습니다.

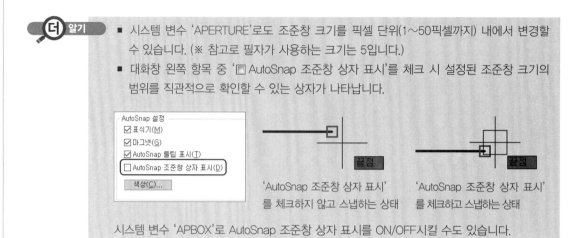

- 시스템 변수 'APERTURE'로도 조준창 크기를 픽셀 단위(1~50픽셀까지) 내에서 변경할 수 있습니다. (※ 참고로 필자가 사용하는 크기는 5입니다.)
- 대화창 왼쪽 항목 중 '□ AutoSnap 조준창 상자 표시'를 체크 시 설정된 조준창 크기의 범위를 직관적으로 확인할 수 있는 상자가 나타납니다.

'AutoSnap 조준창 상자 표시'를 체크하지 않고 스냅하는 상태

'AutoSnap 조준창 상자 표시'를 체크하고 스냅하는 상태

시스템 변수 'APBOX'로 AutoSnap 조준창 상자 표시를 ON/OFF시킬 수도 있습니다.

● 선택 탭

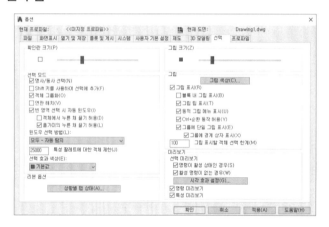

객체를 여러 가지 형태로 선택하는 것에 대한 옵션을 변경합니다.

• 확인란 크기: AutoCAD 편집 명령어 사용 시 나타나는 객체 선택 박스 크기를 변경합니다.

※ 적당한 크기로 설정해야 편집 명령어 사용 시 객체 선택을 수월하게 할 수 있습니다.

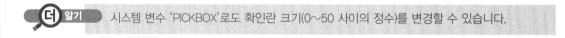

시스템 변수 'PICKBOX'로도 확인란 크기(0~50 사이의 정수)를 변경할 수 있습니다.

• 명사/동사 선택: 체크하지 않을 시 편집 명령어를 입력한 후 객체를 선택할 수 있으며, 체크 시에는 객체를 먼저 선택하고 편집 명령어를 나중에 입력할 수 있습니다.

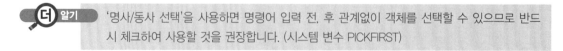

'명사/동사 선택'을 사용하면 명령어 입력 전, 후 관계없이 객체를 선택할 수 있으므로 반드시 체크하여 사용할 것을 권장합니다. (시스템 변수 PICKFIRST)

• 빈 영역 선택 시 자동 윈도우: 체크 시 빈 영역을 마우스로 클릭하면 선택 윈도우 박스가 나타납니다. (※ 반드시 체크하여 사용해야 합니다.)

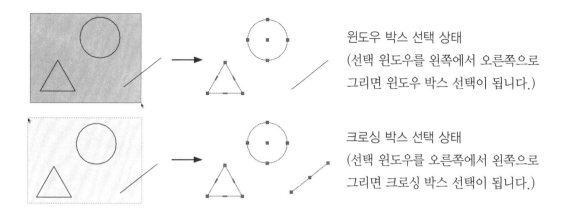

윈도우 박스 선택 상태
(선택 윈도우를 왼쪽에서 오른쪽으로
그리면 윈도우 박스 선택이 됩니다.)

크로싱 박스 선택 상태
(선택 윈도우를 오른쪽에서 왼쪽으로
그리면 크로싱 박스 선택이 됩니다.)

• 그립 크기: 객체를 선택하면 객체의 스냅점에 나타나는 작은 사각형의 크기를 변경합니다.

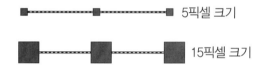
5픽셀 크기

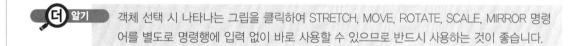
15픽셀 크기

시스템 변수 'GRIPSIZE'로 그립 크기를 픽셀(1~255 사이 정수)로 변경할 수 있습니다.

• 그립 표시: 객체 선택 시 나타나는 그립을 ON/OFF시킵니다.

> **더 알기** 객체 선택 시 나타나는 그립을 클릭하여 STRETCH, MOVE, ROTATE, SCALE, MIRROR 명령
> 어를 별도로 명령행에 입력 없이 바로 사용할 수 있으므로 반드시 사용하는 것이 좋습니다.

AutoCAD

꿀팁으로
파워유저되기

- PDF 파일을 DWG 파일로 변환
- DWG 파일을 PDF 파일로 변환
- 상위 버전 DWG 파일을 하위 버전으로 일괄 변환
- 전자 전송 패키지 만들기
- 외부 도면에 문자가 누락되었을 때 해결 방법
- 치수 연관 관계
- 레이어(도면층) 그룹 생성
- 객체 분리하기
- DWG 도면 비교하기
- AutoCAD 속도 향상시키기

1 | PDF 파일을 DWG 파일로 변환

간혹 발주를 한 업체에 도면을 요구하면 AutoCAD의 dwg 파일이 아닌 pdf 파일로 오는 경우가 있습니다. 그냥 출력해서 보기만 한다면 빠르고 편해서 문제가 되지 않지만 도면에 변경 사항이 있는 경우나 특정 부분에 없는 치수를 확인하고자 할 때는 난감합니다.

AutoCAD는 벡터 방식의 그래픽 프로그램입니다. 그래서 예전에는 '일러스트레이터' 또는 '코렐드로우'와 같은 벡터 방식의 그래픽 프로그램을 이용하여 pdf 파일을 dwg 파일로 변경하여 사용할 수밖에 없었습니다. 그러나 지금은 오토캐드 릴리스 2017부터 도입된 강력한 기능들 중 하나인 **'PDF 가져오기'** 기능으로 아주 쉽게 변환하여 사용할 수 있습니다.

벡터 방식이란, AutoCAD에서 작도된 선이나 원, 호 등의 객체는 그림 파일로 출력되는 것이 아니라 숫자나 문자로 이루어진 특수한 텍스트 형식으로 관리가 되기 때문에 AutoCAD 파일은 데이터베이스 프로그램과 같으며 이것을 벡터(vector)라고 부릅니다.

벡터 방식의 장점은 그림 파일이 아닌 텍스트 파일이기 때문에 출력할 때 종이 크기에 관계없이 선들이 깨끗하게 인쇄가 됩니다. 벡터 방식의 반대되는 개념의 그림 파일인 비트맵(bmp) 방식이 있는데 비트맵은 화면의 픽셀 단위로 작도된 객체가 저장되기 때문에 큰 종이에 확대해서 출력하고자 할 때에는 많은 문제점이 발생됩니다.

변환하기 적합한 형식인지 확인

PDF 데이터를 오토캐드 도면으로 모두 가져올 수는 없습니다. 그래서 변환하기 앞서 우선 pdf 파일이 dwg 파일 형식으로 변환하기에 적합한지 확인을 해야 합니다.

확인 방법은 다음과 같습니다.

pdf 파일을 확대할 때 선들이 재생성되고 픽셀이 깨지지 않고 매끈하게 표시된다면 pdf 파일이 벡터 기반이란 걸 알 수 있습니다. 앞서 말한 것과 같이 벡터 기반의 pdf 파일만 오토캐드 도면으로 가져올 수 있습니다.

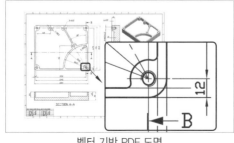

벡터 기반 PDF 도면
(8배 확대-픽셀이 깨지지 않음)

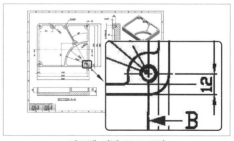

비트맵 기반 PDF 도면
(8배 확대-픽셀이 깨짐)

벡터기반 PDF 도면 변환하기

명령을 입력하거나 리본의 삽입 탭에서 아이콘을 클릭하여 PDF 도면을 가져올 수 있습니다.

 명령: PDFIMPORT [Enter↵]

명령어 입력

리본의 삽입 탭의 아이콘 선택

명령이나 아이콘 클릭 후 가져올 PDF도면 선택이 완료되면 PDF 가져오기 대화창이 뜨는데 여기서 자신이 원하는 설정을 한 후 확인을 눌러주면 오토캐드 파일로 변환됩니다.

● **PDF 가져오기 대화상자**

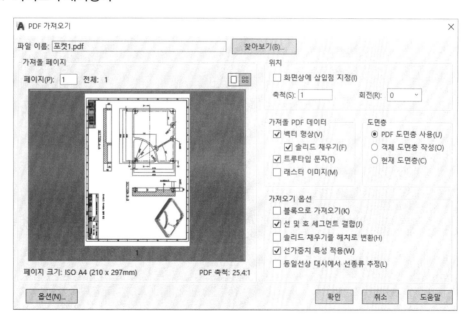

가져온 pdf 파일의 현재 축척이 대화상자 아래쪽에 표시되며 축척 비율을 변경할 경우에는 대화상자 오른쪽 상단에 있는 축척 옵션을 사용합니다.

만약 오토캐드로 변환된 도면의 축척이 다른 경우에는 SCALE 명령의 옵션 '참조(R)'를 사용하여 쉽게 작업자가 원하는 크기로 맞출 수 있습니다. (기초편 6장 참고!)

2 ｜ DWG 파일을 PDF 파일로 변환

여러 개의 dwg 파일들을 한꺼번에 일괄적으로 pdf 파일로 쉽게 변
환하거나 또는 한 개씩 개별적으로 변환할 수 있습니다.

개별 변환하기

EXPORTPDF 명령을 사용하거나 또는 출력(PLOT) 시 '프린터/플로터' 이름을 'DWG To PDF' 등
으로 지정하여 pdf 파일로 변환할 수 있습니다.

 명령: EXPORTPDF Enter↵

[단축키: EPDF]

• PDF로 저장 대화상자

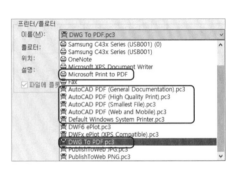

　　　　명령어 입력　　　　　　　　　　　　　출력(PLOT) 시 PDF로 지정

일괄 변환하기

배치 플롯(게시) 명령을 사용하여 여러 개의 시트 또는 도면을 pdf 파일로 변환할 수 있습니다.

아래 그림과 같이 3가지 방법으로 배치 플롯(게시)을 생성하는 대화상자로 들어갈 수 있습니다.

 명령: PUBLISH Enter↵　　　　

배치 플롯
여러 개의 시트 또는 도면을 플로터, 프
린터, DWF 또는 PDF 파일에 게시합니다.

1. 명령어를 입력합니다.　　2. 🅰 응용 프로그램에서
　　　　　　　　　　　　　　게시 아이콘을 클릭합
　　　　　　　　　　　　　　니다.

3. 🅰 응용 프로그램에서 🖨
인쇄 또는 리본의 출력탭에서
배치 플롯을 선택합니다.

pdf 파일로 일괄 변환하는 방법 연습하기

바탕화면에 있는 'CAD연습도면' 폴더 안에서 저장된 파일
'연습-1'을 불러옵니다.

명령: OPEN [Enter↵] [단축키: Ctrl+O]

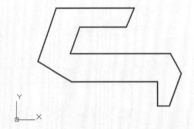

① 페이지 설정 관리자 대화상자에서 새로 만들기(N)... 버튼을 클릭합니다. 나타난 새 페이지 설정 대화상자
에서 '새 플롯 설정 이름'을 SAMPLE로 입력하고 확인(O) 버튼을 클릭합니다.

명령: PAGESETUP [Enter↵]

✕ 🔧 ☰ ▾ PAGESETUP

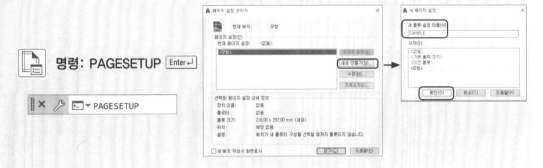

② 페이지 설정 대화상자에서 pdf 파일로 출력할 '용지 크기', '플롯 축척', '도면 방향', '플롯 스타일 테이
블(펜 지정)' 등을 설정한 후 대화상자를 모두 닫습니다.

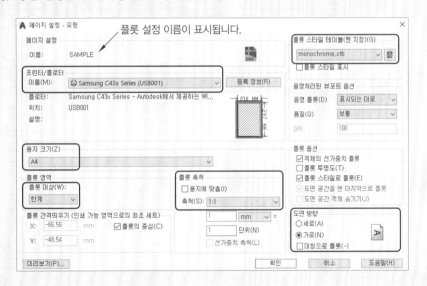

'프린터/플로터' 항목에서 현재 연결해 사용 중인 프린터 기종을 선택해도 문제 없습니다. '용지 크기'는
A4 그리고 '플롯 영역'은 가급적 한계로 설정합니다.

 '플롯 영역'의 **한계**로 설정해서 출력하기 위해서는 반드시 도면 작업 시 **LIMITS** 명령으
로 도면 한계를 결정한 후 도면을 작업한 경우에만 정확하게 적용됩니다.

③ 💾 저장 아이콘을 클릭하여 현재까지 변경된 작업을 저장합니다.

④ **게시** 대화상자에서 현재 열려 있는 도면(연습-1)이 자동으로 나열됩니다.
'모든 열린 도면을 자동으로 로드'가 체크되어 있기 때문에 현재 도면의 시트가 나열된 것입니다.

명령: PUBLISH Enter↵

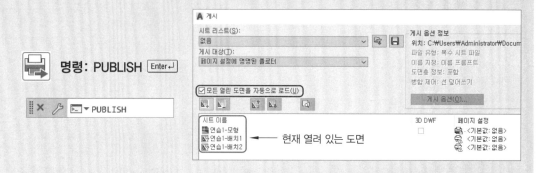

⑤ 리스트에 나열된 현재 열려 있는 도면(연습-1)의 시트를 드래그하여 모두 선택한 후 삭제(Del 또는 🔲 시트 제거)합니다.

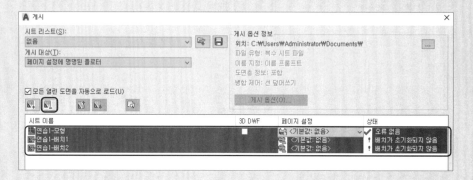

⑥ '게시 대상'을 PDF로 변경하고 'PDF 사전 설정'을 **DWG To PDF**로 변경합니다. 그리고 '게시 옵션' 버튼을 클릭합니다.

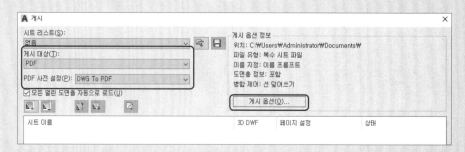

⑦ 'PDF 게시 옵션' 대화상자에서 '다중 시트 파일'을 체크 해제하고 pdf 파일이 출력될 경로와 품질 등의 옵션을 설정한 후 확인 버튼을 클릭합니다.
'다중 시트 파일'을 체크하면 여러 도면들이 한 개의 pdf 파일로 생성되고 체크 해제하면 여러 도면들이 각각의 pdf 파일로 출력됩니다.

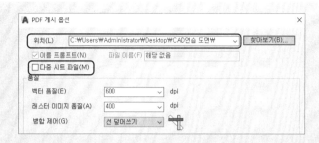

8 '시트 추가 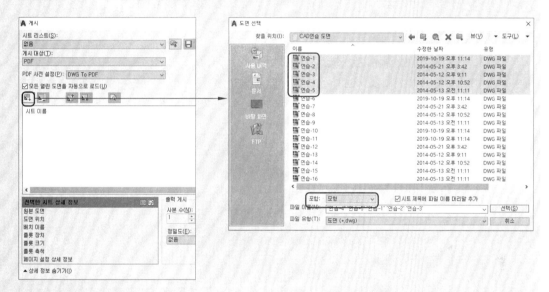 ' 아이콘을 클릭하여 나타난 '도면 선택' 대화상자에서 바탕화면의 'CAD연습도면' 폴더로 이동합니다. 그리고 pdf 파일로 변환할 파일들을 드래그하여 선택하고 반드시 '포함' 항목에서 **모형**으로 변경한 후 선택 버튼을 클릭합니다.

9 시트 리스트에 나열된 도면 파일들을 모두 선택하고 '페이지 설정' 항목에서 1~3단계에서 **연습-1** 도면에 생성한 **SAMPLE**을 선택합니다.

더 알기   반드시 1~3단계에서 **PAGESETUP**으로 설정된 도면 **연습-1** 파일이 가장 최상위(마우스 드래그로 순서 변경)에 있도록 지정한 후 나열된 도면 파일을 모두 선택하고 페이지 설정을 해야 합니다. 그래야 한꺼번에 **SAMPLE**로 페이지 설정을 적용할 수 있습니다.

⑩ 그림과 같이 '페이지 설정' 항목에서 **SAMPLE**로 설정이 되었는지 확인합니다. 그리고 '배경에 게시' 옵션을 체크 해제하고 **게시** 버튼을 클릭합니다.

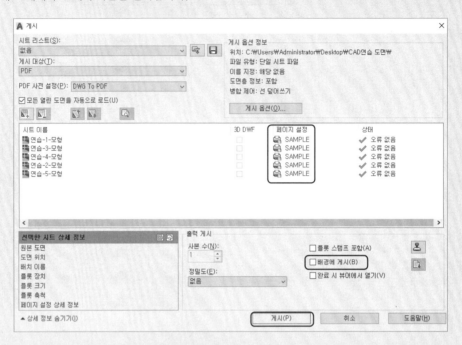

> **더 알기** '배경에 게시' 옵션을 체크하면 게시 작업이 시스템 백그라운드에서 진행되어 pdf 파일이 생성되는 작업 시간이 더 소요됩니다.

⑪ '시트 리스트 저장' 확인창에서 '아니오'를 선택합니다. 배치 플롯 작업이 진행이 모두 끝나면 7단계에서 PDF 출력 저장 경로로 지정된 폴더로 이동하여 출력된 pdf 파일을 확인합니다.

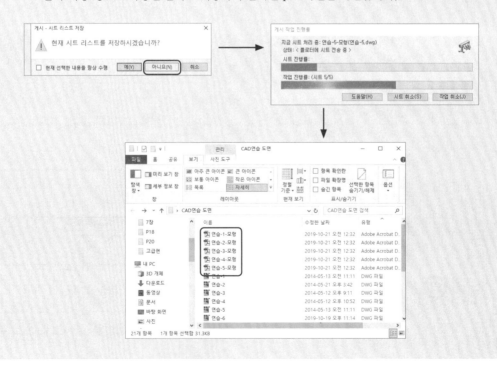

3 | 상위 버전 DWG 파일을 하위 버전으로 일괄 변환

　　DWG 파일을 메일로 거래처에 보냈지만 거래처의 오토캐드가 나보다 현저히 낮은 하위 버전을 사용하는 경우 거래처에서는 도면을 열어볼 수 없습니다.

　　DWG 파일 형식은 몇 년마다 업데이트 되기 때문에 업체와 모든 도면을 공유하기 위해서는 호환되는 도면 파일 형식을 알고 있는 것이 현명합니다.

도면 파일 형식	공유되는 범위의 릴리스 제품군
AutoCAD 2018	AutoCAD 2018 ~ AutoCAD 2020
AutoCAD 2013	AutoCAD 2013 ~ AutoCAD 2017
AutoCAD 2010	AutoCAD 2010 ~ AutoCAD 2012
AutoCAD 2007	AutoCAD 2007 ~ AutoCAD 2009
AutoCAD 2004	AutoCAD 2004 ~ AutoCAD 2006
AutoCAD 2000	AutoCAD 2000 ~ AutoCAD 2002
AutoCAD R14	AutoCAD R14 및 AutoCAD LT 97/98

일괄 변환하기

　　도면 파일이 한 두 개 정도는 파일 저장 시 하위 버전 파일형식으로 변경하여 하나하나씩 저장할 수 있지만 분량이 많을 경우에는 엄청 짜증이 나는 작업입니다. 그래서 DWG 파일 버전을 하위 버전으로 일괄 변환하는 방법에 대해 알아보겠습니다.

① AutoCAD를 실행하고 응용프로그램 버튼을 클릭하여 '다른 이름으로 저장/DWG 변환'을 선택합니다.

② 'DWG 변환' 창에서 '🖹 파일 추가' 버튼을 클릭하여 변환할 도면을 불러옵니다.

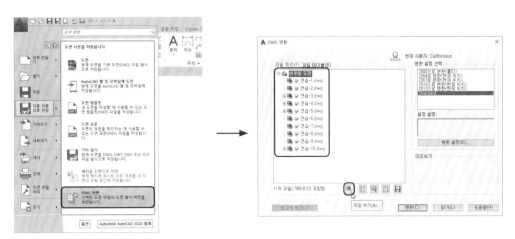

③ 같은 창에서 '변환 설정' 버튼을 클릭합니다. '변환 설정' 창에서 '수정' 버튼을 클릭합니다.

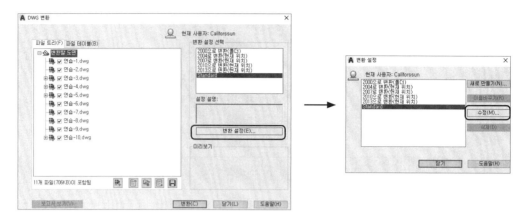

④ '변환 설정 수정' 창에서 변환 유형과 파일 형식 그리고 변환된 파일을 저장할 폴더 경로를 설정하고 확인 버튼을 클릭합니다.

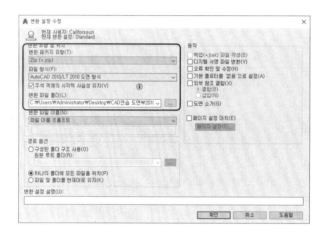

⑤ '변환 설정' 창을 닫고 'DWG 변환' 창에서 '변환' 버튼을 클릭하면 DWG 파일 형식 변환이 시작됩니다.

⑥ 변환이 끝나면 지정된 폴더 경로로 찾아가 변환된 도면 파일을 확인합니다.

4 | 전자 전송 패키지 만들기

전자 메일 전송을 위한 도면 파일 세트를 하나의 패키지로 묶어 보낼 수 있습니다. 도면 파일 세트에는 외부 참조, 폰트 등 전송 도면과 관련된 모든 종속 파일을 자동으로 포함시킬 수 있습니다.

 명령: ETRANSMIT Enter↵

● **전송 파일 작성 대화상자**

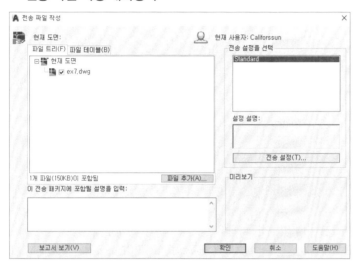

- **현재 도면**: 리스트에 현재 열려 있는 도면이 종속 파일과 함께 나열됩니다.
- **파일 추가**: 다른 도면 파일도 추가하여 현재 도면과 함께 패키지로 묶습니다.
- **전송 설정을 선택**: 이전에 저장된 전송 설정이 나열됩니다.
- **전송 설정**: 대화상자를 통해 전송 설정을 추가, 수정, 삭제합니다.

 전자 전송 패키지 파일 만들기 연습

전자 전송 패키지로 작성될 고급편 5장의 '④ 외부 참조하기'에서 저장된 **외부 참조 연습** 파일을 불러옵니다.

1 명령: ETRANSMIT Enter↵

2 '전송 파일 작성 대화상자'에서 현재 도면에 더 추가할 도면이 있으면 '파일 추가' 버튼을 클릭합니다. 더 추가할 도면이 없으면 '전송 설정' 버튼을 클릭합니다.

3 전송 설정 유형을 추가하거나 수정, 삭제할 수 있는 '전송 설정' 대화창이 나타납니다. 현재 유형(Standard)을 변경하기 위해 '수정' 버튼을 클릭합니다.

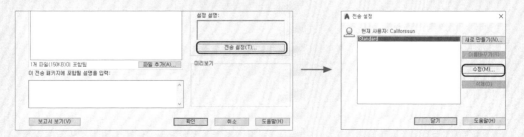

4 '전송 설정 수정' 대화창에서는 전송 패키지 파일의 보관 유형 및 저장 위치 그리고 종속 파일 포함 유무

등을 변경할 수 있습니다.

다음과 같이 설정하고 대화창을 닫습니다.

1. 전송 패키지 유형:
   Zip (*.zip)
2. 파일 형식:
   AutoCAD 2010/LT2010
3. 보관 파일 폴더:
   "CAD연습 도면"
4. 경로 옵션:
   '하나의 폴더에 모든 파
   일을 위치' 체크
5. 동작:
   '외부 참조 결합' 체크
   '도면 소거' 체크
6. 옵션 포함:
   '글꼴 포함' 체크

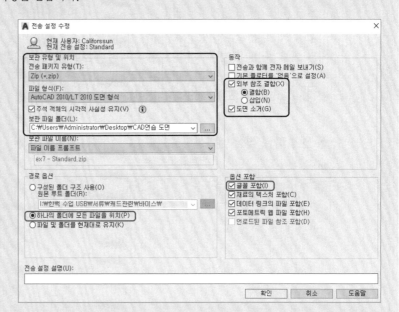

- '하나의 폴더에 모든 파일을 위치'는 하나의 지정된 폴더에 모든 파일이 패키지로 설치됩니다.
- '외부 참조 결합'은 외부 참조된 DWG 파일이 현재 도면에 영구적인 한 부분으로 결합됩니다. '외부 참조 결합'을 해제시에는 종속 관계를 계속 유지하며 참조 파일이 만들어 집니다.
- '도면 소거'는 자동으로 소거(PURGE) 작업을 수행하여 도면의 파일 크기를 줄입니다.

5 '전송 설정' 창을 닫고 '전송 파일 작성' 창의 현재 도면 항목에서 패키지로 묶을 파일들의 종류를 **파일 트리** 탭과 **파일 테이블** 탭에서 확인할 수 있습니다.

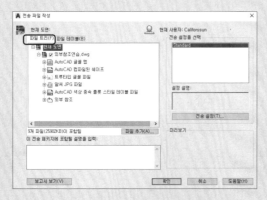

※ 리스트에 나열된 파일 이름 맨 앞의 체크☑ 표시를 해제시켜 패키지에 묶을 파일에서 제외시킬 수 있습니다.

6 '전송 파일 작성' 창의 확인 버튼을 클릭합니다. 미리 설정된 보관 파일 폴더 'CAD연습 도면'에 패키지 압축 파일 이름을 "**전자전송 연습**"이라 명명하고 창을 닫습니다.

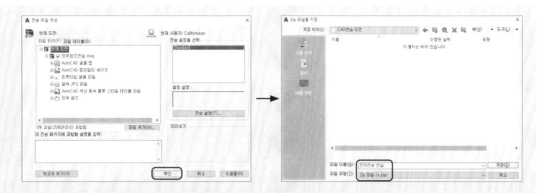

7 저장된 폴더 경로로 이동하여 **"전자전송 연습"** 압축 파일(.zip)을 찾아 압축을 풀어 확인합니다.

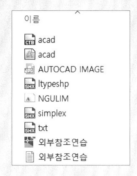

외부 참조 결합을 사용할 경우 패키지 파일　　　　　　　외부 참조 결합을 사용하지 않을 경우 패키지 파일

 도면 패키지를 이전 버전 파일 형식으로 변환하여 만들 경우 이전 버전의 알고리즘에 따른 대형 객체 크기 제한을 초과하는 객체가 패키지 대상에 포함되어 있으면 패키지 변환 오류가 발생되어 전자 전송 파일이 만들어지지 않습니다.

5 | 외부 도면에 문자가 누락되었을 때 해결 방법

외부에서 가져온 도면을 불러올 때 가끔 도면에서 사용된 글꼴이 누락된 경우 그림과 같은 창이 나타납니다.

　→ **각 SHX 파일에 대한 대치 지정**

선택 시 '스타일에 대한 글꼴 지정' 창이 나타나며 여기서 대치 글꼴을 누락된 SHX 파일 수만큼 선택해야 합니다. 그러면 누락된 글꼴들이 대치한 글꼴로 표시됩니다.

　→ **누락된 SHX 파일을 무시하고 계속**

선택 시 누락된 SHX 파일 글꼴로 작성된 도면의 문자가 빠지고 오픈 됩니다.

※ **누락된 SHX 파일에 대한 대치 지정은 임시방편입니다.**
대치 지정한 현재 도면 상태에서는 더 이상 'SHX 파일 누락' 창이 나타나지 않지만 대치한 도면을 저장하고 AutoCAD를 다시 실행한 후 해당 도면을 오픈하면 'SHX 파일 누락' 확인창이 계속 나타납니다.

 AutoCAD에서 사용되는 글꼴은 2가지가 있습니다. SHX (쉐이프 글꼴)와 TTF (트루타입 글꼴) 입니다.

- 트루타입 글꼴(TTF 또는 TTC)은 윈도우 폰트이며 다음 경로에 저장되어 있습니다.
[C:₩WINDOWS₩FONTS]
- 쉐이프 글꼴(SHX)은 AutoCAD 폰트이며 다음 경로에 저장되어 있습니다.
[C:₩PROGRAM FILES₩AUTODESK₩AUTOCAD 2020₩FONTS]

문자 스타일에 누락된 SHX 글꼴 해결하기

① 외부에서 가져온 도면을 오픈 시 'SHX 파일 누락' 확인창이 나타나면 **각 SHX 파일에 대한 대치 지정**을 선택합니다.

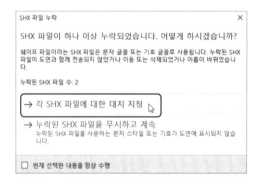

② 나타난 '스타일에 대한 글꼴 지정' 창에서 누락된 폰트 'asia'를 확인하고 대치할 글꼴을 한글을 지원하는 'whgtxt.shx'로 선택하고 확인 버튼을 클릭합니다.

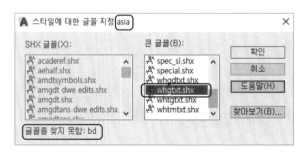

※ '누락된 SHX 파일 수: 2'의 숫자만큼 대치 글꼴을 지정해야 합니다.

③ 도면이 열리면 명령행에 STYLE 또는 [단축키 ST]를 입력합니다.

④ 나타난 '문자 스타일' 창에서 ②번 단계에서 확인한 누락된 폰트 스타일과 글꼴을 찾습니다.

※ 폰트 이름 앞에 노란색 느낌표가 누락된 글꼴을 나타내며, 바로 그 스타일을 수정해야 합니다.

⑤ 노란색 느낌표가 표시된 SHX 글꼴은 'romans.shx'로, 큰 글꼴은 'whgtxt.shx'로 변경하고 적용 버튼을 클릭합니다.

⑥ 나머지 스타일에 대해서도 누락된 SHX 파일 여부를 확인합니다. 이상이 있으면 ⑤번 단계와 똑같은 글꼴로 변경하고 이상이 없으면 닫기 버튼을 클릭하여 '문자 스타일' 창을 닫습니다.

⑦ 도면을 저장하고 AutoCAD를 재실행합니다. 다시 해당 도면을 열었을 때 SHX 파일 누락 메시지가 나타나지 않아야 문제가 해결된 것입니다.

6 | 치수 연관 관계

치수 기입된 객체를 모두 선택해서 이동(Move)하다보면 객체는 제대로 이동되는데 기입된 치수는 이동이 되지 않고 한 쪽만 늘어나는 경우가 종종 있습니다. 객체와 치수의 연관 관계에 오류가 발생해서 그렇습니다. 이럴 경우에는 객체와 치수의 연관 관계를 끊어야 문제없이 이동됩니다.

 연관성을 제거하기 위해 **EXPLODE** 명령을 치수에 사용하면 치수의 고유 특성까지 모두 없어지고 일반적인 객체로 변환되어 도면 관리가 무척 어려워집니다.

DIMDISASSOCIATE (명령)

이미 도면에 기입된 치수의 연관성을 해제합니다.

● DIMDISASSOCIATE 명령 프롬프트

```
명령: DIMDISASSOCIATE
연관해제할 치수를 선택하십시오 ...
DIMDISASSOCIATE 객체 선택:
```

DIMASSOC (시스템 변수)

앞으로 기입될 치수의 연관성과 분해 여부를 조정합니다. (초기 변수값: 2)

변수 값	설명
0	치수의 선, 화살촉, 문자 등이 각각 별개의 객체로 분해되어 기입됩니다. ※ EXPLODE 명령으로 치수를 분해한 결과와 같습니다.
1	치수가 단일 객체로 형성되며 객체와 비연관 치수로 기입됩니다. ※ DIMDISASSOCIATE 명령의 특성과 같습니다.
2	치수가 단일 객체로 형성되며 객체와 링크된 연관 치수로 기입됩니다.

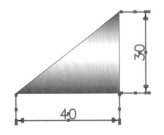

※ 변수 값 0인 치수 결과

값 0으로 설정 후 치수를 기입할 경우 치수선 위치를 지정하면 변수값 1이나 2에는 없는 새 치수 문자를 입력하라는 프롬프트가 나타납니다.

```
치수선의 위치 지정 또는
[여러 줄 문자(M)/문자(T)/각도(A)/수평(H)/수직(V)/회전(R)]:
DIMLINEAR 새 치수 문자를 입력 <40>:
```

7 | 레이어(도면층) 그룹 생성

소수의 레이어를 사용할 경우에는 문제가 없지만 다수의 레이어를 사용할 경우 도면층 리스트 공간을 많이 차지하고 바로바로 원하는 레이어를 선택하는 것이 불편해집니다. 그래서 다수의 레이어를 관리할 수 있는 강력한 기능인 레이어 그룹 기능이 필요합니다.

레이어 그룹 필터 생성 방법

① AutoCAD를 실행하고 **LAYER** 명령을 입력합니다.
② 나타난 '레이어 특성 팔레트'에서 그림과 같이 특정 레이어를 6개 정도 만듭니다.

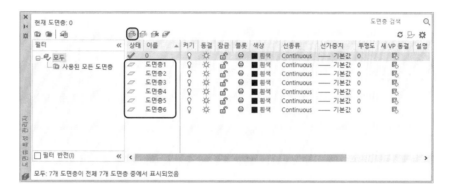

③ '🖿 **새 그룹 필터**' 버튼을 클릭하여 레이어 그룹을 생성합니다.
④ 생성된 그룹 필터 이름을 '**외부**'라고 변경하고 같은 방법으로 새 그룹 필터를 생성합니다. 이번에는 그룹 필터 이름을 '**내부**'라고 변경합니다.

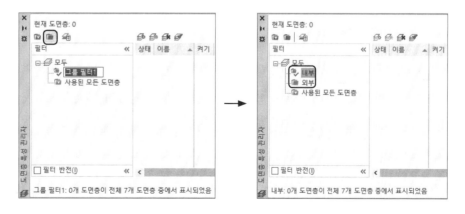

⑤ '모두'를 클릭하여 레이어가 모두 보이게 합니다. 그런 다음 도면층 0을 클릭하고 Shift 키를 누른 상태에서 도면층 3을 클릭합니다. 선택된 도면층 4개를 드래그하여 '내부'에 넣습니다.

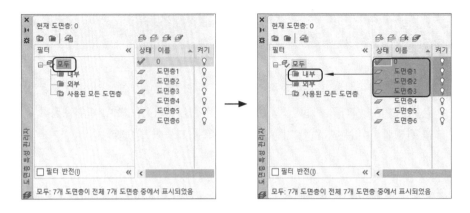

⑥ 도면층 1을 클릭하고 Ctrl 키를 누른 상태에 도면층 4와 도면층 6을 클릭합니다. 선택된 레이어 3개를 드래그 하여 '외부'에 넣습니다

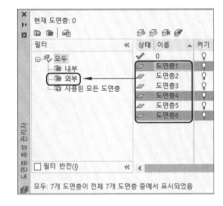

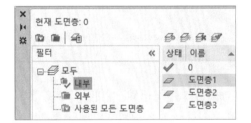

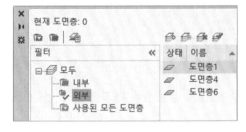

필터 그룹이 완성됐습니다.

앞으로는 '내부'나 '외부' 필터 그룹을 클릭하면 해당 그룹에 속한 도면층만 표시됩니다. 이것은 리본의 도면층 패널과도 연동됩니다.

 팔레트 왼쪽 하단에 있는 **'필터 반전'**을 체크하면 현재 사용하고 있는 레이어 필터 그룹을 제외한 나머지 필터 그룹의 도면층이 모두 표시됩니다.

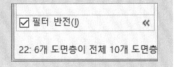

그룹 필터 내에 여러 하위 그룹 생성

그룹 필터 내에서도 좀 더 세분화(특정 기능 또는 용도와 연관성)시켜 도면층을 관리하기 위해 하위 그룹을 겹겹이 만들 수 있습니다. 개수 제한 없이 하위 그룹을 겹겹이 만들 수 있고 그룹 필터 내

에 포함된 도면층에 전혀 영향 없이 자유롭게 삭제할 수 있습니다.

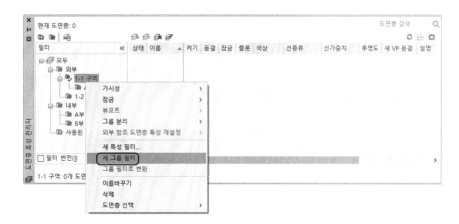

※ 하위 그룹을 만들고자 하는 그룹 필터에서 오른쪽 버튼을 클릭하여 나타난 팝업창에서 '새 그룹 필터'를 클릭하여 하위 그룹을 만듭니다.

특성을 이용한 그룹 필터 생성

'🗐 새 특성 필터'는 지정된 특성 값을 포함하는 도면층만 제한하여 신속하게 그룹을 만듭니다. 예를 들어 동결되고 잠겨있는 도면층만 표시되도록 도면층 리스트를 제한할 수 있습니다.

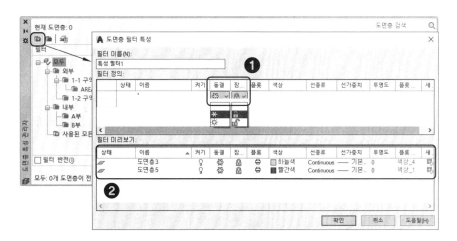

※ '❶필터 정의'에서 특성 값을 지정하면 '❷필터 미리보기'에 특성 값에 일치한 도면층만 나열됩니다.

8 | 객체 분리하기

레어어를 사용한 전문적인 도면 관리가 아닌 단순하게 현재 복잡한 도면에서 손쉽게 작업자가 원하는 객체만 보이게 할 수 있습니다. 객체 분리(Isolate Objects)라는 기능으로 선택한 객체만 보이고 선택하지 않는 객체는 임시로 숨겨줍니다.

 명령: ISOLATEOBJECTS Enter↵ **[단축키: ISOLATE]**

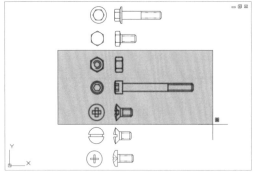

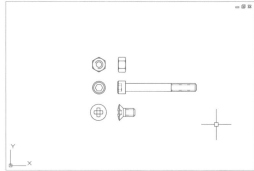

ISOLATE 명령으로 보고 싶은 객체를 선택 　　　　　　　선택한 결과

※ **UNISOLATEOBJECTS {UNISOLATE}** 명령은 숨겼던 객체를 다시 모두 보이게 합니다.

※ **HIDEOBJECTS** 명령은 ISOLATEOBJECTS 기능의 반대로 선택된 객체를 숨깁니다.

상태막대 사용

상태막대의 '객체 분리 ' 버튼을 사용하면 좀 더 편하게 **ISOLATEOBJECTS** 명령, **HIDEOBJECTS** 명령, **UNISOLATEOBJECTS** 명령을 사용할 수 있습니다.

- (추가) 객체 분리: ISOLATEOBJECTS
- 객체 숨기기: HIDEOBJECTS
- 객체 분리 끝: UNISOLATEOBJECTS

WIPEOUT (명령)

객체의 특정 부분만 숨기고자 할 경우에는 **WIPEOUT** 명령을 사용하면 됩니다. 채워진 사변형을 만드는 **SOLID** 명령과 흡사하지만 용도가 다릅니다. WIPEOUT 명령은 프레임을 만들어 객체를 가릴 때 사용합니다. 만들어진 프레임의 표시 여부도 설정할 수 있습니다.

9 | DWG 도면 비교하기

오토캐드 릴리스 2019부터 도입된 dwg 파일 비교 기능이 릴리스 2020에서 더욱 향상되게 개선되었습니다. 현재 도면과 비교할 도면에 차이점을 실시간으로 비교하고 변경할 수 있습니다.

 명령: COMPARE Enter↵

DWG 비교

원본 도면과 비교하려는 도면을 준비합니다.

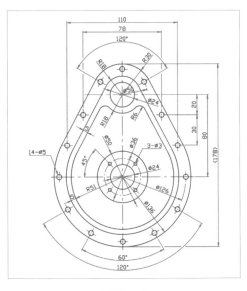

원본 도면

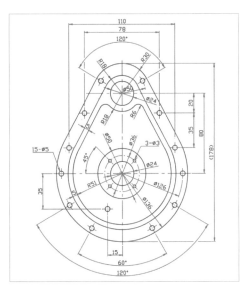

비교 도면 (5곳이 변경됨)

① 우선 원본 도면을 불러옵니다.

② COMPARE 명령이나 리본의 '공동 작업' 탭에서 DWG 비교 아이콘을 클릭하여 비교 도면을 불러옵니다.

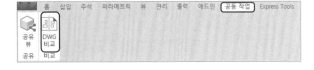

현재 도면(원본)과 비교 도면에 차이점이 바로 표시됩니다.

- 회색 객체는 현재 도면과 비교 도면에 모두 정확하게 일치하여 존재하고 있음을 나타냅니다.
- 녹색 객체는 현재 도면에서만 존재하고 있음을 나타냅니다.
- 적색 객체는 비교 도면에서만 존재하고 있음을 나타냅니다.
- 현재 도면과 비교 도면이 불일치하는 객체가 있는 구간에 구름형 리비전이 만들어집니다.

차이점이 여러 가지 색상으로 표시되며 각 색상의 용도를 확인하고 설정할 수 있는 '설정 패널'을 표시하고자 할 경우에는 화면 상단 중앙에 있는 'DWG 비교 도구막대'의 **설정 ⚙** 아이콘을 클릭합니다.

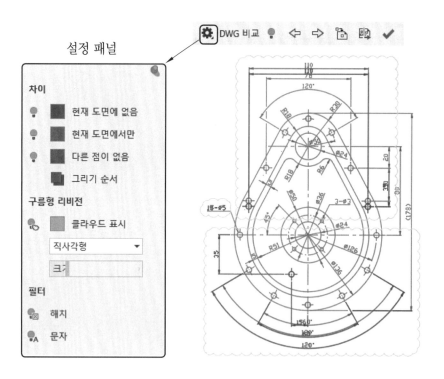

• 비교 작업이 시작될 때 DWG 비교 도구막대가 표시되며 각각의 옵션 기능은 다음과 같습니다.

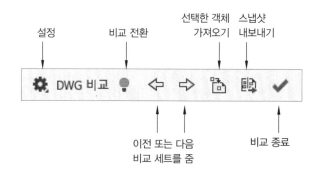

- ⚙ 설정: 설정 패널을 표시합니다.
- 💡 비교 전환: 현재 도면(원본)과 비교 결과 상태의 화면표시로 전환시킵니다.
- ⇦ ⇨ 이전 또는 다음: 비교 결과 상태에서 차이점이 있는 곳을 순차적으로 신속하게 줌 확대합니다.
- 🗋 객체 가져오기: 비교 도면(빨간색 표시)의 객체를 선택해 실시간으로 현재 도면으로 가져옵니다. 현재 도면으로 가져온 객체는 모두 자동적으로 회색으로 변경됩니다.
- 🖾 스냅샷 내보내기: 두 도면간에 차이점을 결합한 새 스냅샷 도면을 만듭니다. 스냅샷 도면을 열 때마다 'DWG 비교 스냅샷' 도구막대가 표시됩니다. ⚙ DWG 비교 스냅샷 ⇦ ⇨ ×
- ✔ 비교 종료: 현재 도면의 비교를 종료합니다.

10 | AutoCAD 속도 향상시키기

AutoCAD에서 도면 작업 시 반응하는 속도 느림현상과 버벅거림으로 작업에 지장을 주는 경우 윈도우 시스템 설정과 캐드에서 메모리에 부담을 많이 주는 기능을 해제시켜 속도를 향상시킬 수 있습니다.

1. 윈도우 시스템 설정

• '제어판/시스템/고급 시스템 설정/고급 탭의 성능'에서 아이콘 대신 미리보기로 표시, 바탕화면의 아이콘 레이블에 그림자 사용 등만 체크하고 사용

※ 경우에 따라 '최적 성능으로 조정'을 선택할 것.

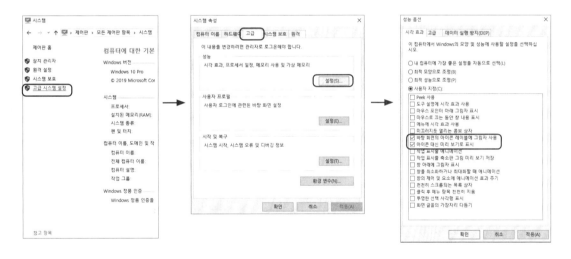

• '제어판/사용자 계정/사용자 계정 컨트롤 설정 변경/성능'에서 사용자 계정 컨트롤 끄기(맨 아래)로 설정

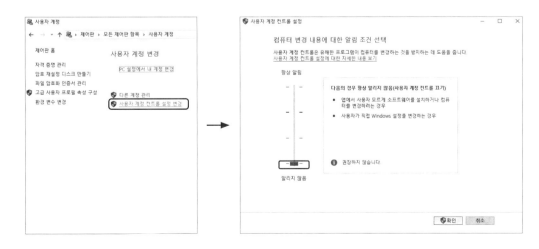

- 에어로(Aero) 테마 사용하지 말 것.

※ 캐드 작업 시 랙(lag)이 생기는 중요 요인 중의 하나이다.

Window7 - '제어판/개인 설정'   Window10 - 바탕화면 우측 클릭 메뉴/개인 설정

2. 캐드 시스템 변수 설정

시스템 변수	초기값	용도
DWGCHECK - 0	1	도면을 열 때 도면의 잠재적인 문제를 상시 검사 끄기
QPMODE - 0	-1	신속 속성 끄기
DYNMODE - 0	3	동적 입력 끄기 F12 [마우스 버벅거림이 상당히 줄어 듦]
SELECTIONCYCLING - 0	2	선택 순환 기능 끄기 [Ctrl+W]
HPQUICKPREVIEW - 0	1	해치 작업 시 미리보기 끄기
VTENABLE - 0	3	줌 윈도우 작업 시 뷰 전환이 다이내믹하게 되는 기능 끄기 (VTDURATION 변수는 다이내믹 뷰 전환 딜레이(delay) 시간을 설정하는 것으로 VTENABLE 변수가 0일 때는 적용이 안됨)
WHIPTHREAD - 3	1	CPU 다중 프로세서(멀티코어) 사용 유무를 설정 (AutoCAD LT 버전은 적용 안됨)
DRAGP1 - 10	5000	하드웨어 가속을 사용하는 경우, 2D 객체 마우스 끌기 작업중 화면표시 벡터의 수를 조정
DRAGP2 - 25	10	소프트웨어 가속을 사용하는 경우, 2D 객체 마우스 끌기 작업 중 화면표시 벡터의 수를 조정
ERHIGHLIGHT - 0	1	도면의 외부 참조 강조 표시 끄기

그외 설정

• 캐드: **GRAPHICSCONFIG** 또는 **3DCONFIG**

※ 작업자의 그래픽 카드 성능이 높다면 켜고, 떨어진다
면 끄기

• 캐드: **AUTOCOMPLETE** 또는 **-INPUTSEARCHOPTIONS**

```
명령: -INPUTSEARCHOPTIONS
현재 설정: 자동 완성 = N, 자동 수정 = N, 시스템 변수 = N, 컨텐츠 = N, 중간 문자열 = N, 지연 = 0.30
-INPUTSEARCHOPTIONS 검색 입력 옵션 입력 [자동 완성(C) 자동 수정(R) 시스템 변수(S) 컨텐츠(T) 중간 문자열(M)
지연(D)]:
```

※ 자동 완성 옵션 전부(자동 완성, 자동 수정, 시스템 변수, 컨텐츠, 중간 문자열) no로 설정

• 시스템: AutoCAD 2013 이상 버전에서 명령어 입력 시 끊기는 현상이 발생할 때 해결 방법
① AutoCAD를 종료하고 **제어판**에서 **시스템**을 더블 클릭합니다.
② 시스템 창 왼쪽 항목에서 '**고급 시스템 설정**'을 선택합니다.
③ 시스템 속성 창 고급 탭에서 '**환경 변수**'를 클릭합니다.

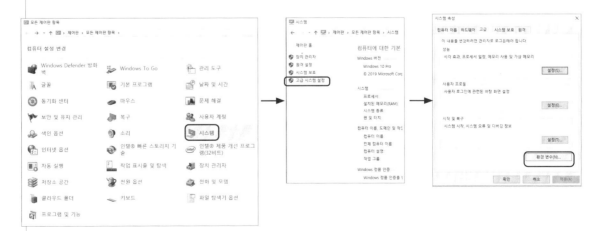

④ 환경 변수 창에서 '새로 만들기'를 클릭하고 새 사용자 변수 창이 뜨면 변수 이름은 그림과 같이
USEOLDCOMMANDLINE를 입력하고 변수 값은 **TRUE** 를 입력 후 확인을 클릭합니다.

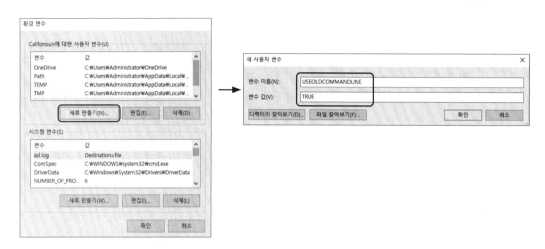

⑤ 캐드를 실행한 후 명령행(Command Line) 창이 단순한 형태(예전 모습)로 보이면 정상적으로
환경 변수를 만든 것입니다.

더 알기　추가된 환경 변수를 삭제하고 오토캐드를 다시 실행하면 명령행이 최신 형태로 되돌아옵니다.

부 록

종합 과제

AutoCAD 2020

종합 과제 1: 분할 와셔와 열쇠형 와셔 작도하기

① 10.5　2-R2　Ø30　(R5.25)

② (24)　R8　Ø32　R4.25　Ø8.5　R24　2-R3

종합 과제 2: 브래킷 벤딩 부품 작도하기

①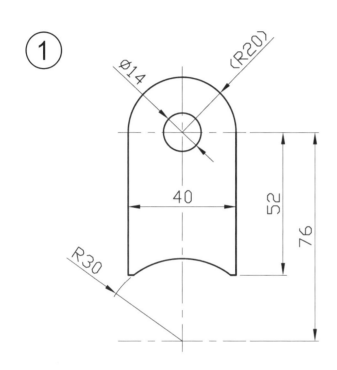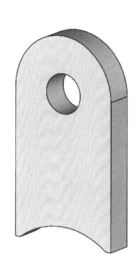

②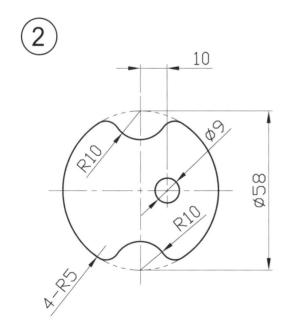

종합 과제 3: 브래킷 벤딩 부품 작도하기

①

②

종합 과제 4: 브래킷 벤딩 부품 작도하기

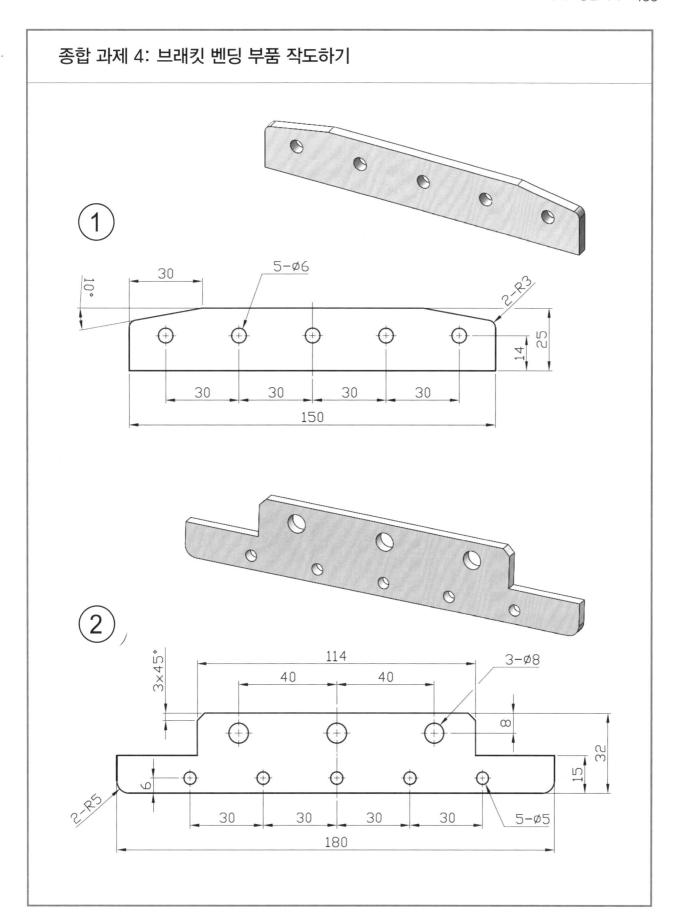

종합 과제 5: 브래킷 벤딩 부품 작도하기

종합 과제 6: 브래킷 벤딩 부품 작도하기

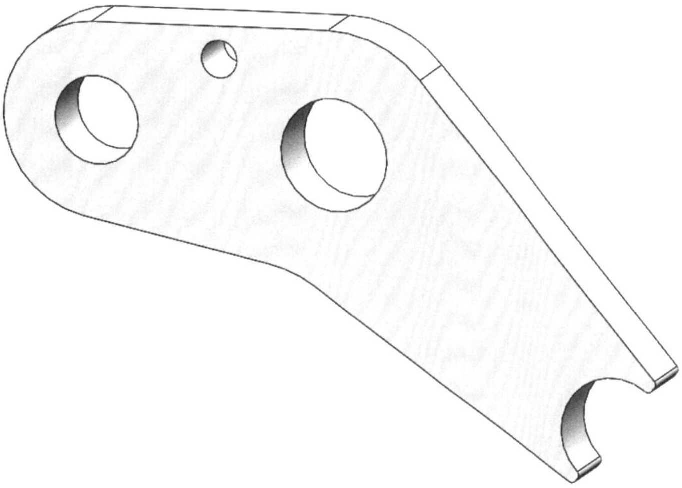

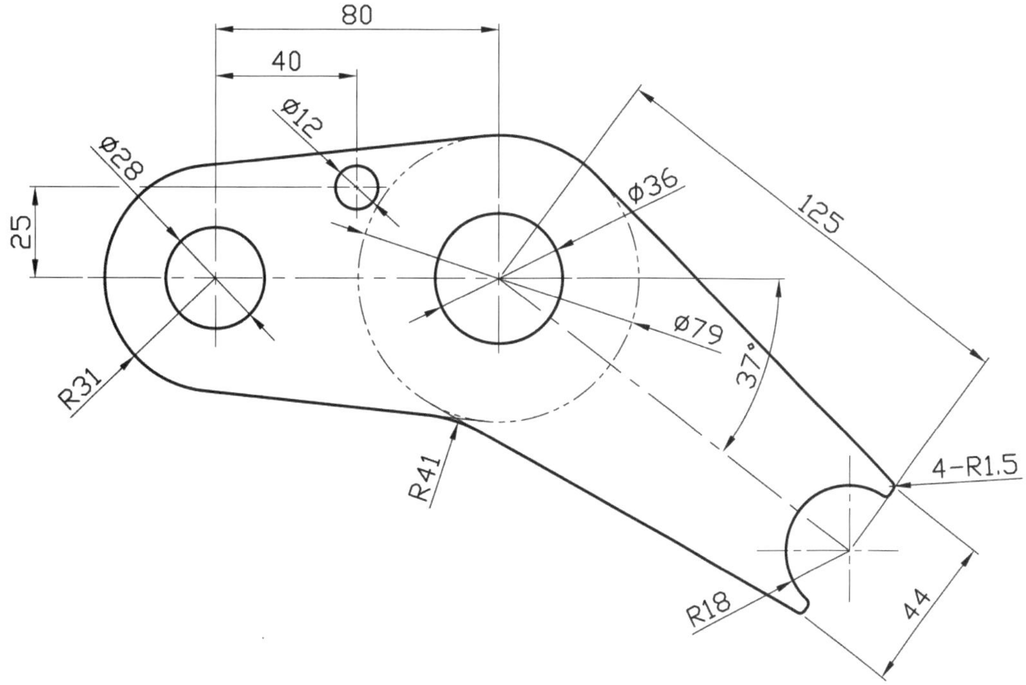

80

40

Ø12

Ø28

25

Ø36

125

Ø79

37°

R31

R41

4-R1.5

R18

44

종합 과제 7: 브래킷 벤딩 부품 작도하기

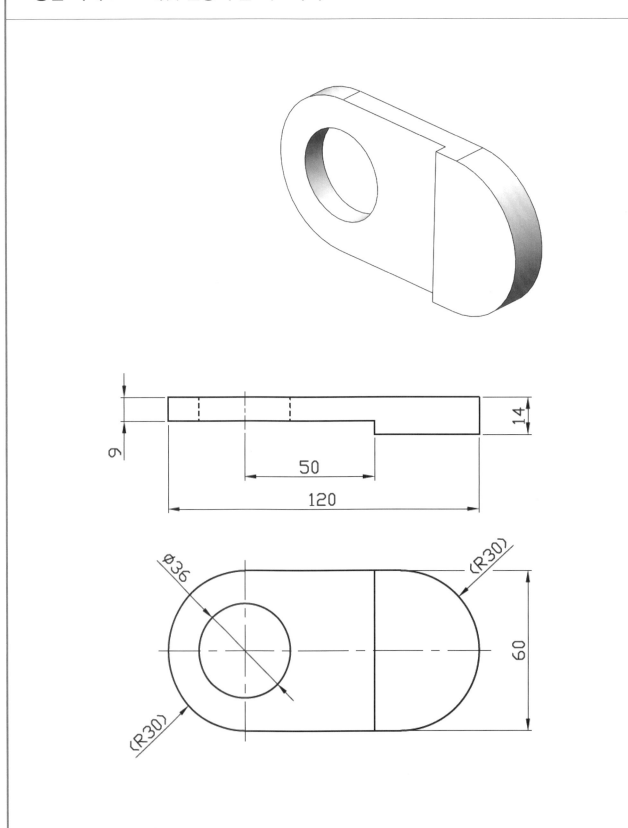

종합 과제 8: 브래킷 벤딩 부품 작도하기

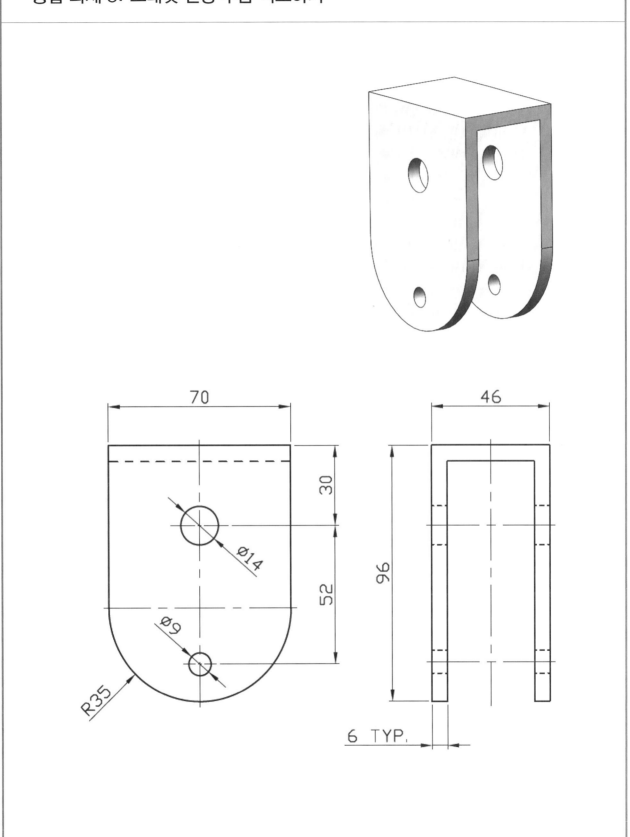

종합 과제 9: 브래킷 벤딩 부품 작도하기

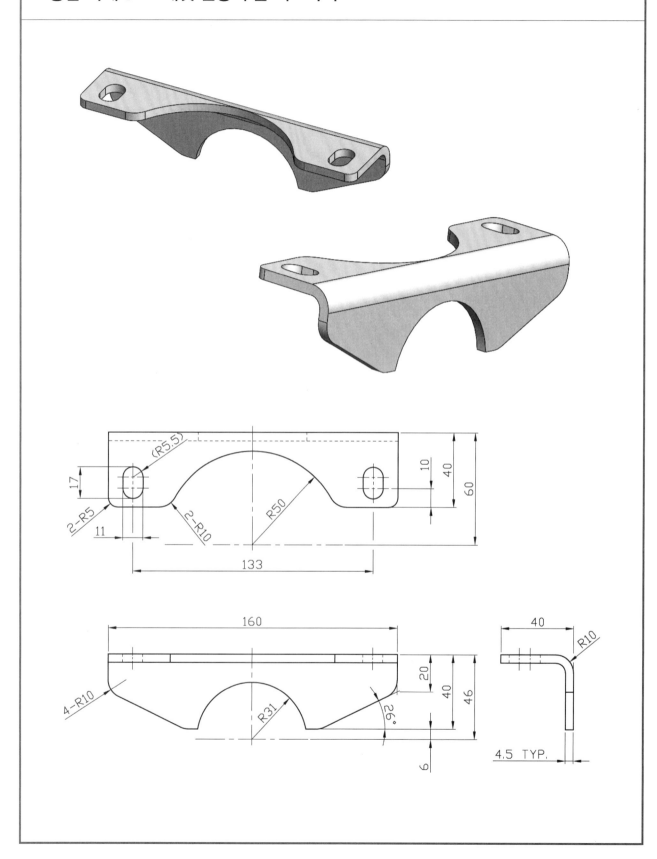

종합 과제 10: 브래킷 플레이트 작도하기

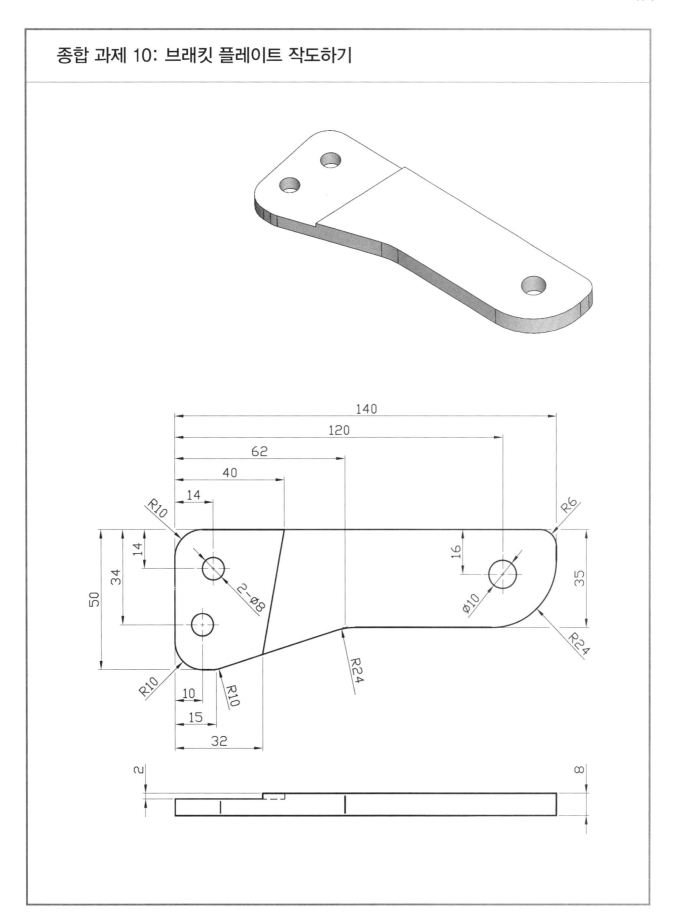

종합 과제 11: 간단한 컵 작도하기

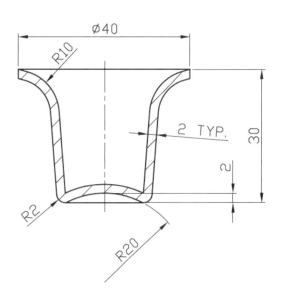

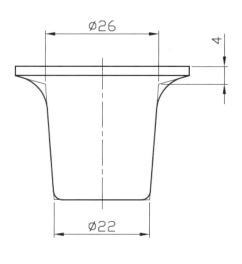

종합 과제 12: 휠(Wheel) 작도하기

종합 과제 13: 핸들 작도하기

종합 과제 14: 핸들 작도하기

종합 과제 15: 육각 볼트와 너트 작도하기

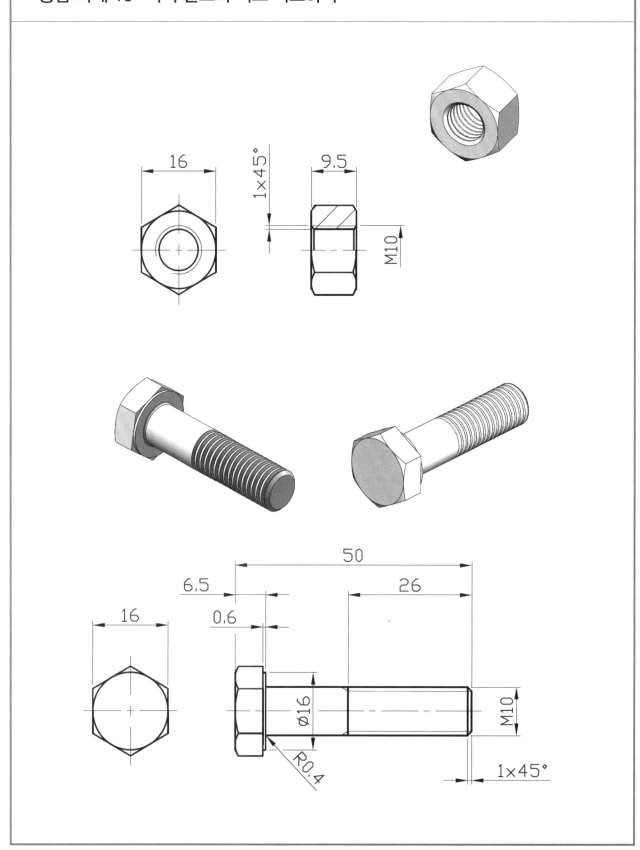

종합 과제 16: 아이 너트 작도하기

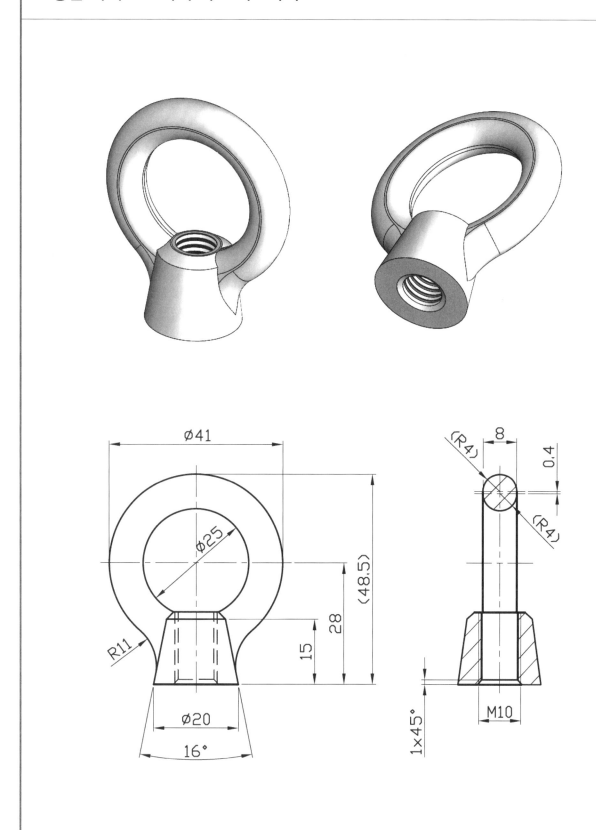

종합 과제 17: 나비 볼트 작도하기

종합 과제 18: 지그(JIG)판 작도하기

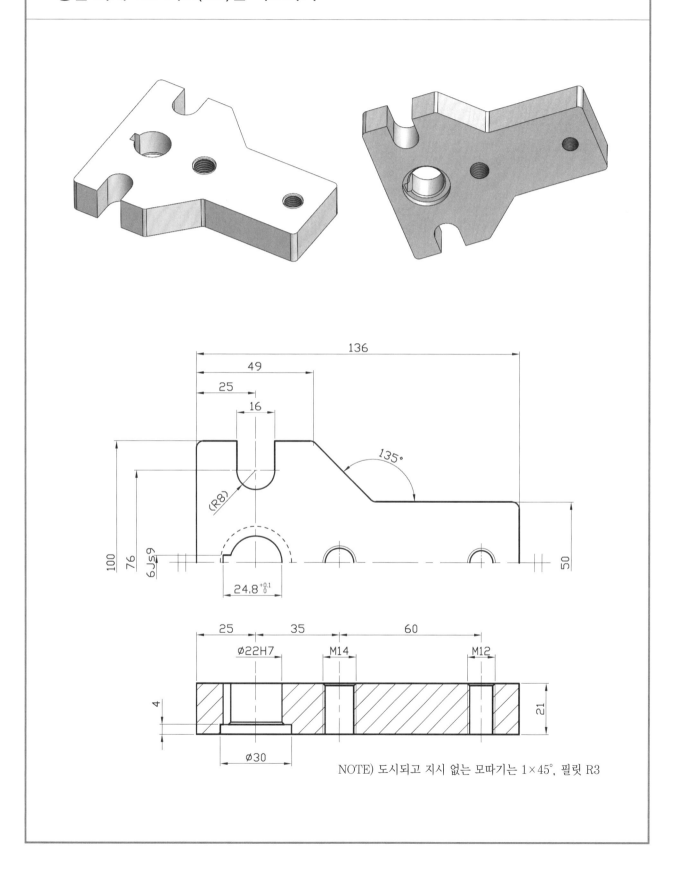

NOTE) 도시되고 지시 없는 모따기는 1×45°, 필릿 R3

종합 과제 19: 이동 클램프 작도하기

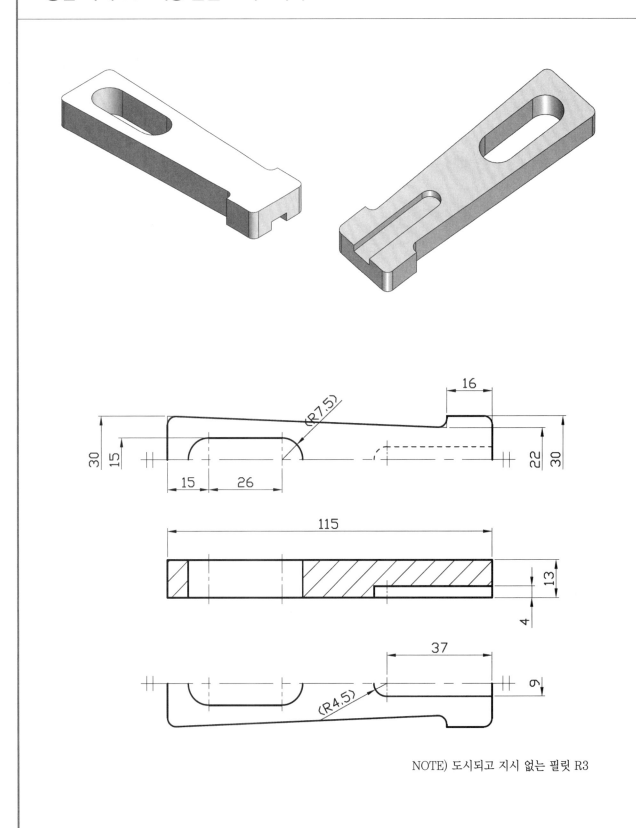

NOTE) 도시되고 지시 없는 필릿 R3

종합 과제 20: 편집 명령을 사용하여 도형 그리기

①

88
44
ø70
ø100
ø12
6-ø9
76
92

②

150°
R70
30×45°
6-ø4
25
88
35
3
76
145
151

종합 과제 21: 모깎기와 모따기 편집 명령을 사용하여 그리기

①

R15
Ø50
4 TYP.
Ø70
Ø20
30°
R5
10°
15°
R5
20°
30
50
50
65
2-Ø12

②

2-Ø18
R10
Ø50
Ø92
Ø50
42
70
R50
2-Ø24
R10
60
30

종합 과제 22: 배열 편집 명령을 사용하여 그리기

①

②

종합 과제 23: 실무 도면 작도하기

종합 과제 24: 실무 도면 작도하기

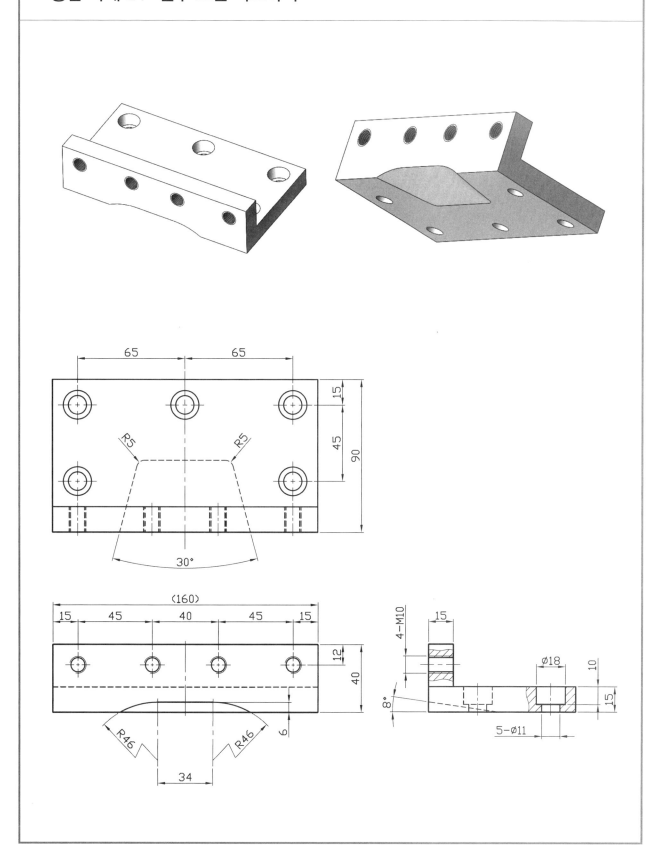

종합 과제 25: 실무 도면 작도하기

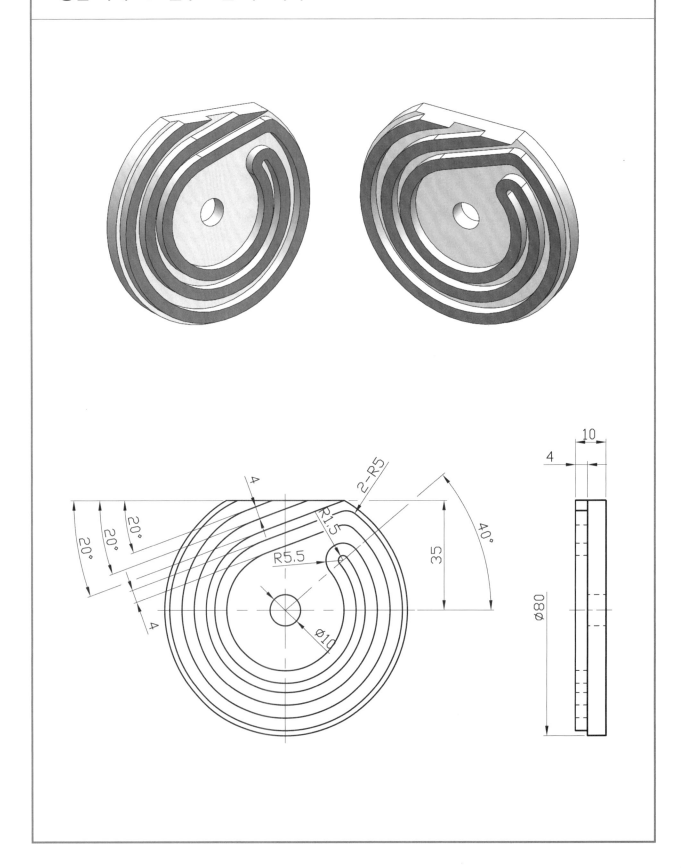

종합 과제 26: 실무 도면 작도하기

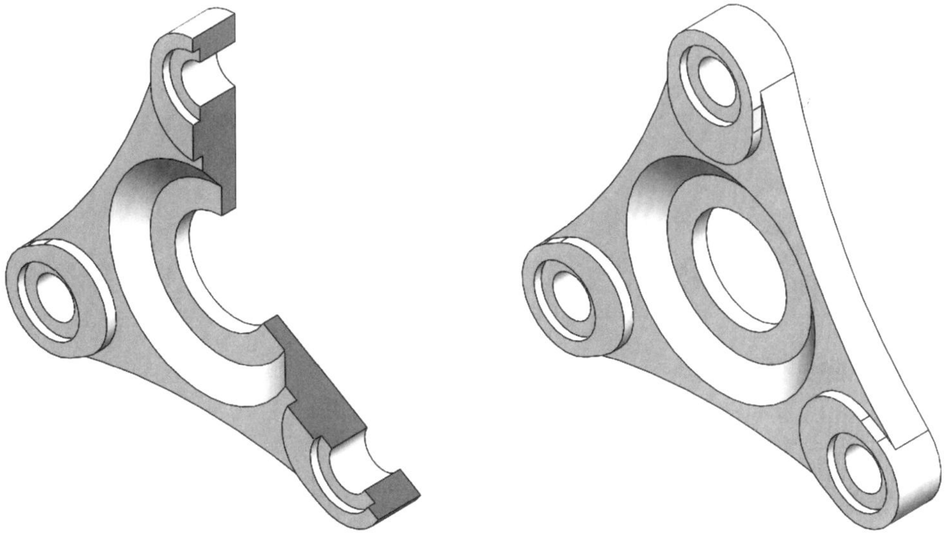

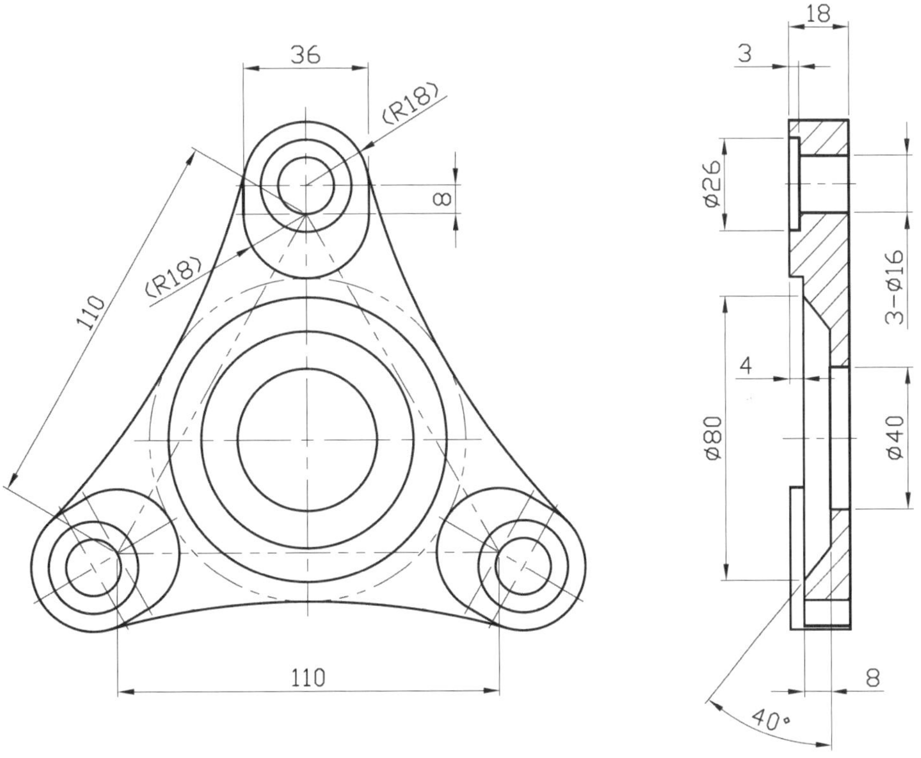

36

(R18)

8

(R18)

110

110

18

3

Ø26

3-Ø16

4

Ø80

Ø40

8

40°

종합 과제 27: 실무 도면 작도하기

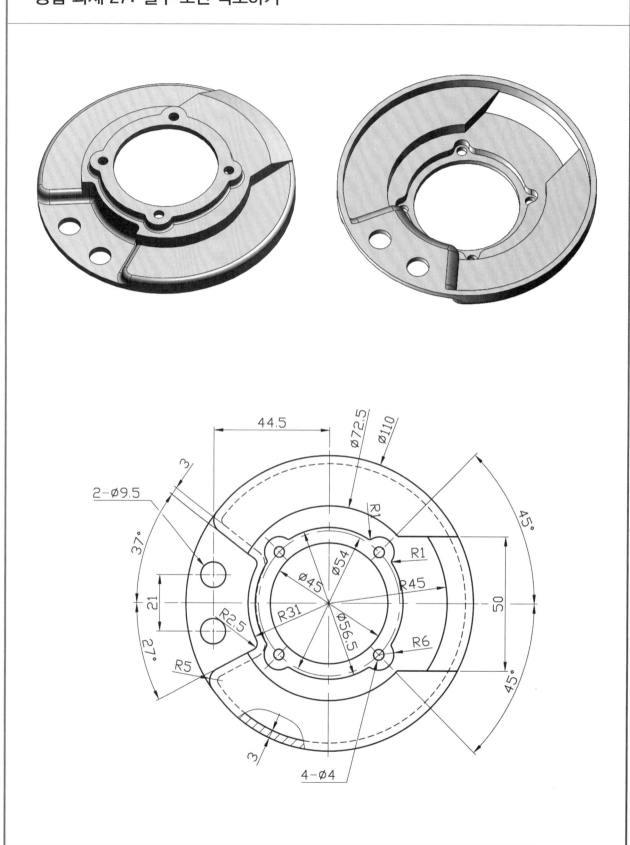

종합 과제 28: 실무 도면 작도하기

종합 과제 29: 타원을 사용하여 캐릭터 그리기

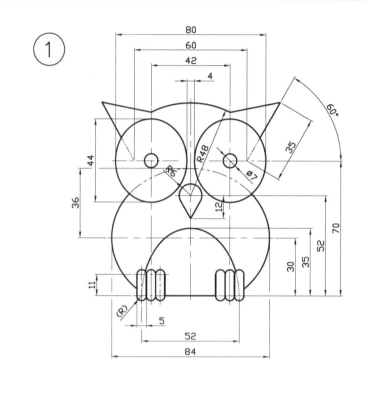

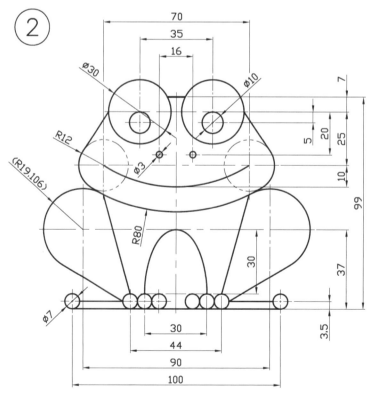

종합 과제 30: 도넛과 다중선을 사용하여 픽토그램 작도하기

① Ø90 Ø60 선두께 10mm

② 60 60 25 32 Ø30 Ø30 26 26 50 50 70 53 165 12 12 48 12 12 14 64 6 18 15 18 7 50 56

종합 과제 31: 도넛과 다중선을 사용하여 픽토그램 작도하기

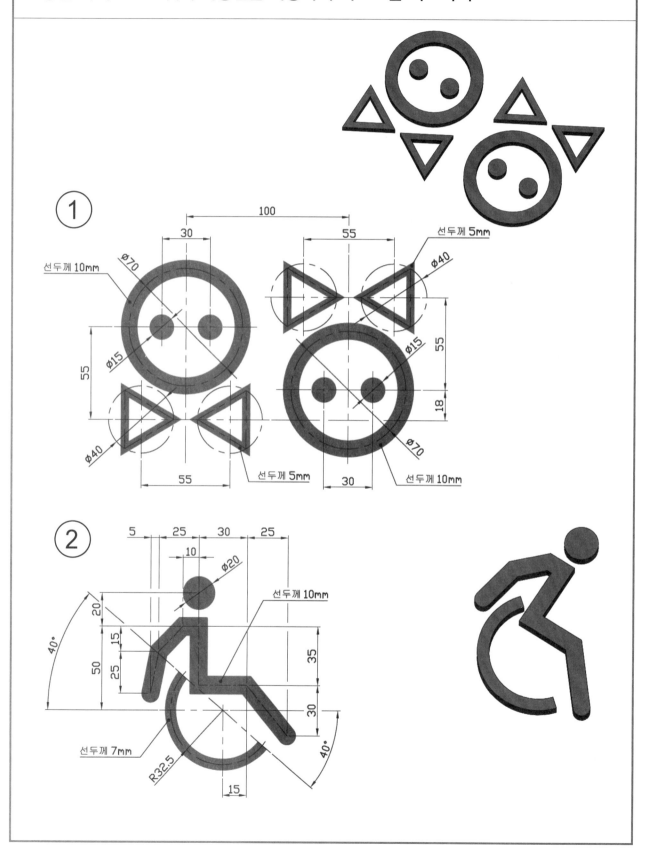

종합 과제 32: 도넛과 다중선을 사용하여 픽토그램 작도하기

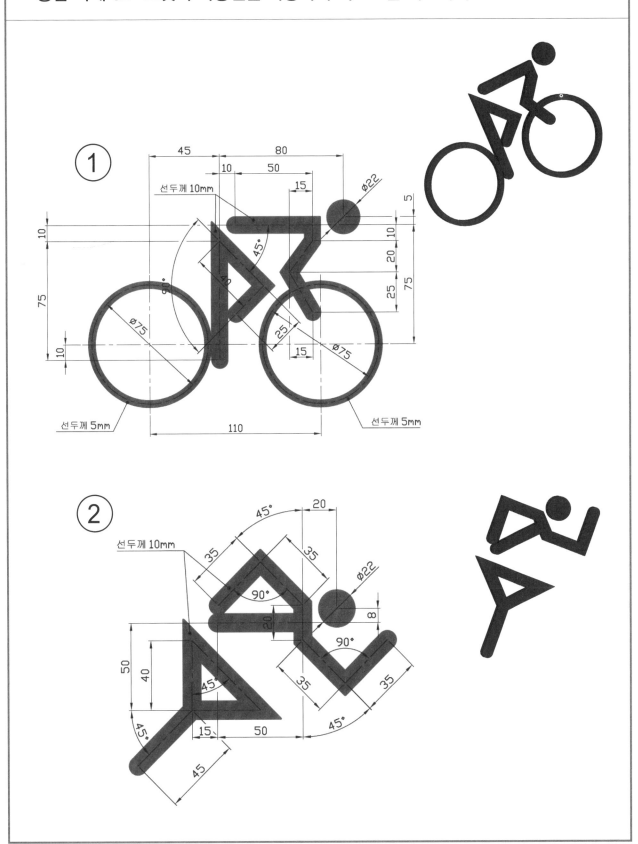

종합 과제 33: 삼각법 도면 그리기

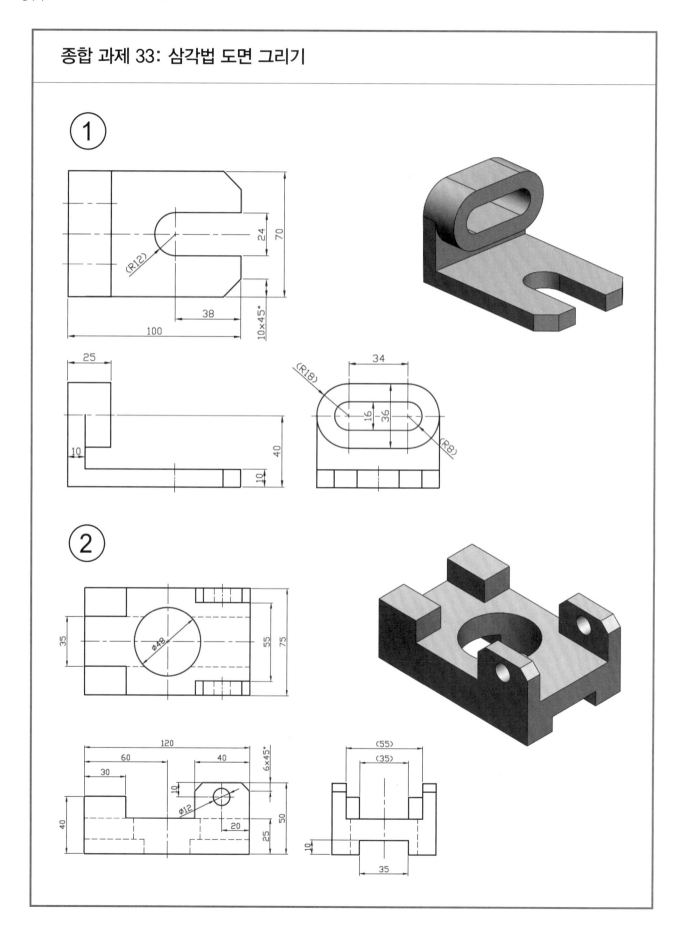

종합 과제 34: 삼각법 도면 그리기

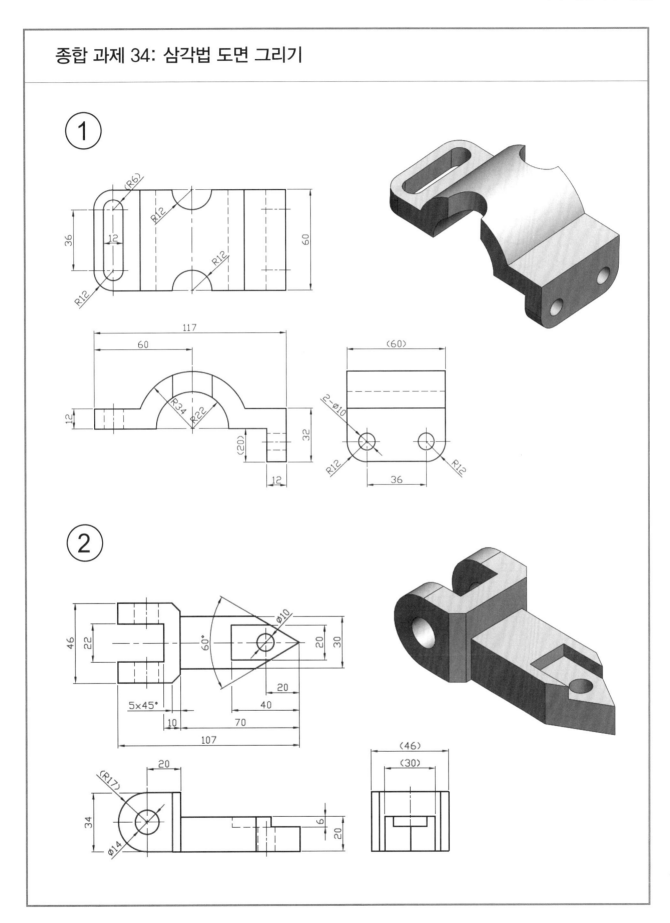

종합 과제 35: 삼각법 도면 그리기

①

②

종합 과제 36: 기계 부품 작도하기

'레이어(LAYER)'를 만들어 정해진 층을 사용하여 작도하기 바랍니다.

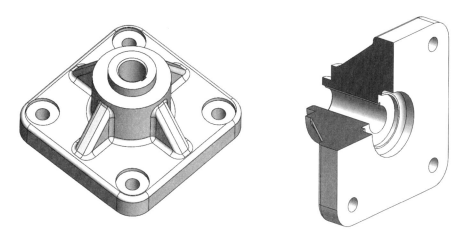

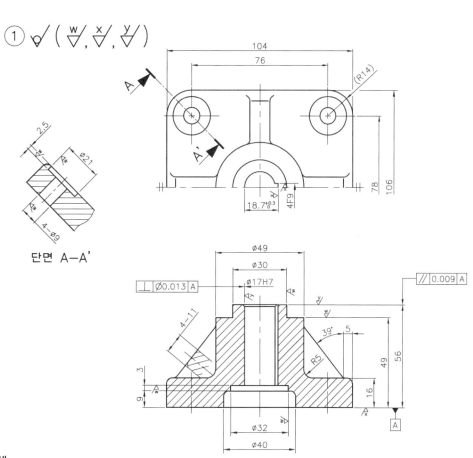

단면 A-A'

품 명: 본체
재 질: GC200

NOTE) 도시되고 지시 없는 모따기는 1×45°, 필릿은 R3

종합 과제 37: 기계 부품 작도하기

'레이어(LAYER)'를 만들어 정해진 층을 사용하여 작도하기 바랍니다.

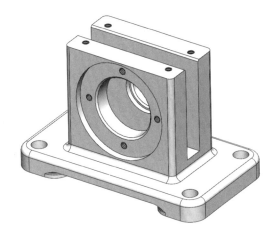

NOTE) 도시되고 지시 없는 모따기는 $1 \times 45°$, 필릿은 R3

품 명: 본체
재 질: GC250

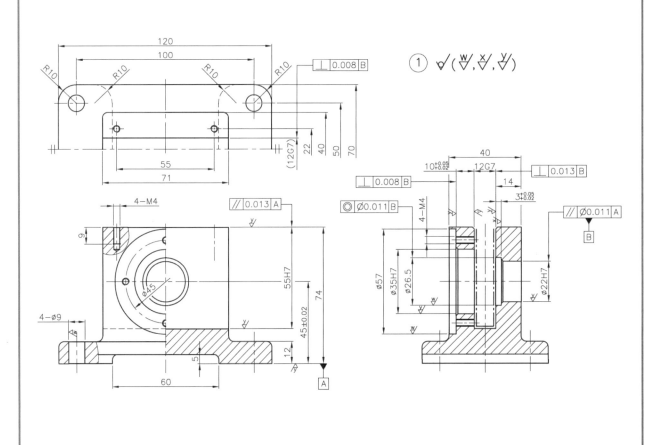

종합 과제 38: 기계 부품 작도하기

'레이어(LAYER)'를 만들어 정해진 층을 사용하여 작도하기 바랍니다.

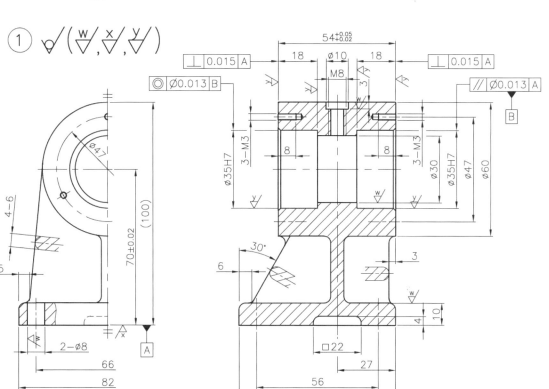

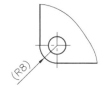

품 명: 본체
재 질: GC200

NOTE) 도시되고 지시 없는 모따기는 $1 \times 45°$, 필릿은 R3

AutoCAD 2020 기초와 실습

2020년 1월 10일 1판 1쇄
2024년 1월 10일 1판 4쇄

저자 : 김재중
펴낸이 : 이정일

펴낸곳 : 도서출판 **일진사**
www.iljinsa.com

04317 서울시 용산구 효창원로 64길 6
대표전화 : 704-1616, 팩스 : 715-3536
이메일 : webmaster@iljinsa.com
등록번호 : 제1979-000009호(1979.4.2)

값 28,000원

ISBN : 978-89-429-1603-0